“十二五”职业教育国家规划立项教材

国家卫生和计划生育委员会“十二五”规划教材
全国中等卫生职业教育教材

供营养与保健专业用

正常人体结构与功能

主　编　赵文忠

副主编　张维烨　张　鹤

编　者（以姓氏笔画为序）

马　鸣（云南省昆明卫生职业学院）
杨黎辉（河南省郑州市卫生学校）
张　鹤（河南省许昌学院医学部）
张冬华（江西省赣州卫生学校）
张维烨（山东省青岛卫生学校）
赵文忠（河南省郑州市卫生学校）
赵国志（吉林省通化市卫生学校）
韩爱国（山东省潍坊护理职业学院）

秘　书　杨黎辉（河南省郑州市卫生学校）

人民卫生出版社

图书在版编目(CIP)数据

正常人体结构与功能/赵文忠主编. —北京:人民卫生出版社,2015

ISBN 978-7-117-21608-1

Ⅰ.①正… Ⅱ.①赵… Ⅲ.①人体结构 Ⅳ.①Q983

中国版本图书馆 CIP 数据核字(2015)第 252658 号

正常人体结构与功能

主　　编：赵文忠
出版发行：人民卫生出版社（中继线 010-59780011）
地　　址：北京市朝阳区潘家园南里 19 号
邮　　编：100021
E - mail：pmph @ pmph.com
购书热线：010-59787592　010-59787584　010-65264830
印　　刷：北京铭成印刷有限公司
经　　销：新华书店
开　　本：787×1092　1/16　印张：19
字　　数：474 千字
版　　次：2016 年 1 月第 1 版　2022 年 12 月第 1 版第 3 次印刷
标准书号：ISBN 978-7-117-21608-1/R · 21609
定　　价：79.00 元
打击盗版举报电话：010-59787491　E -mail：WQ @ pmph.com
（凡属印装质量问题请与本社市场营销中心联系退换）

出版说明

为全面贯彻党的十八大和十八届三中、四中、五中全会精神，依据《国务院关于加快发展现代职业教育的决定》要求，更好地服务于现代卫生职业教育快速发展的需要，适应卫生事业改革发展对医药卫生职业人才的需求，贯彻《医药卫生中长期人才发展规划（2011—2020年）》《现代职业教育体系建设规划（2014—2020年）》文件精神，人民卫生出版社在教育部、国家卫生和计划生育委员会的领导和支持下，按照教育部颁布的《中等职业学校专业教学标准（试行）》医药卫生类（第二辑）（简称《标准》），由全国卫生职业教育教学指导委员会（简称卫生行指委）直接指导，经过广泛的调研论证，成立了中等卫生职业教育各专业教育教材建设评审委员会，启动了全国中等卫生职业教育第三轮规划教材修订工作。

本轮规划教材修订的原则：①明确人才培养目标。按照《标准》要求，本轮规划教材坚持立德树人，培养职业素养与专业知识、专业技能并重，德智体美全面发展的技能型卫生专门人才。②强化教材体系建设。紧扣《标准》，各专业设置公共基础课（含公共选修课）、专业技能课（含专业核心课、专业方向课、专业选修课）；同时，结合专业岗位与执业资格考试需要，充实完善课程与教材体系，使之更加符合现代职业教育体系发展的需要。在此基础上，组织制订了各专业课程教学大纲并附于教材中，方便教学参考。③贯彻现代职教理念。体现"以就业为导向，以能力为本位，以发展技能为核心"的职教理念。理论知识强调"必需、够用"；突出技能培养，提倡"做中学、学中做"的理实一体化思想，在教材中编入实训（实验）指导。④重视传统融合创新。人民卫生出版社医药卫生规划教材经过长时间的实践与积累，其中的优良传统在本轮修订中得到了很好的传承。在广泛调研的基础上，再版教材与新编教材在整体上实现了高度融合与衔接。在教材编写中，产教融合、校企合作理念得到了充分贯彻。⑤突出行业规划特性。本轮修订紧紧依靠卫生行指委和各专业教育教材建设评审委员会，充分发挥行业机构与专家对教材的宏观规划与评审把关作用，体现了国家卫生计生委规划教材一贯的标准性、权威性、规范性。⑥提升服务教学能力。本轮教材修订，在主教材中设置了一系列服务教学的拓展模块；此外，教材立体化建设水平进一步提高，根据专业需要开发了配套教材、网络增值服务等，大量与课程相关的内容围绕教材形成便捷的在线数字化教学资源包，为教师提供教学素材支撑，为学生提供学习资源服务，教材的教学服务能力明显增强。

人民卫生出版社作为国家规划教材出版基地，有护理、助产、农村医学、药剂、制药技术、营养与保健、康复技术、眼视光与配镜、医学检验技术、医学影像技术、口腔修复工艺等24个专业的教材获选教育部中等职业教育专业技能课立项教材，相关专业教材根据《标准》颁布情况陆续修订出版。

营养与保健专业编写说明

2010年，教育部公布《中等职业学校专业目录(2010年修订)》，将卫生保健(0803)更名为营养与保健专业(100400)，目的是面向医院、社区卫生保健机构、养老机构、学校、幼儿园以及餐饮、食品与保健品等行业，培养具有基础营养、公共营养、临床营养知识与技能，服务于健康人群、亚健康人群、疾病患者的德智体美全面发展的高素质劳动者和技能型人才。人民卫生出版社积极落实教育部、国家卫生和计划生育委员会相关要求，推进《标准》实施，在卫生行指委指导下，进行了认真细致的调研论证工作，规划并启动了教材的编写工作。

本轮营养与保健专业规划教材与《标准》课程结构对应，设置公共基础课(含公共选修课)、专业基础课、专业技能课(含专业核心课、专业选修课)教材。其中专业核心课教材根据《标准》要求设置共9种。

本轮教材编写力求贯彻以学生为中心、贴近岗位需求、服务教学的创新教材编写理念，教材中设置了“学习目标”“病例/案例”“知识链接”“考点提示”“本章小结”“目标测试”“实训/实验指导”等模块。“学习目标”“考点提示”“目标测试”相互呼应衔接，着力专业知识掌握，提高专业考试应试能力。尤其是“病例/案例”“实训/实验指导”模块，通过真实案例激发学生的学习兴趣、探究兴趣和职业兴趣，满足了“真学、真做、掌握真本领”的新时期卫生职业教育人才培养新要求。

本系列教材将于2016年2月前全部出版。

全国卫生职业教育教学指导委员会

第一届全国中等卫生职业教育营养与保健专业教育教材建设评审委员会

全国中等卫生职业教育
国家卫生和计划生育委员会“十二五”规划教材目录

总序号	适用专业	分序号	教材名称	版次
1	护理专业	1	解剖学基础 **	3
2		2	生理学基础 **	3
3		3	药物学基础 **	3
4		4	护理学基础 **	3
5		5	健康评估 **	2
6		6	内科护理 **	3
7		7	外科护理 **	3
8		8	妇产科护理 **	3
9		9	儿科护理 **	3
10		10	老年护理 **	3
11		11	老年保健	1
12		12	急救护理技术	3
13		13	重症监护技术	2
14		14	社区护理	3
15		15	健康教育	1
16	助产专业	1	解剖学基础 **	3
17		2	生理学基础 **	3
18		3	药物学基础 **	3
19		4	基础护理 **	3
20		5	健康评估 **	2
21		6	母婴护理 **	1
22		7	儿童护理 **	1
23		8	成人护理(上册)- 内外科护理 **	1
24		9	成人护理(下册)- 妇科护理 **	1
25		10	产科学基础 **	3
26		11	助产技术 **	1
27		12	母婴保健	3
28		13	遗传与优生	3

续表

总序号	适用专业	分序号	教材名称	版次
29	护理、助产专业共用	1	病理学基础	3
30		2	病原生物与免疫学基础	3
31		3	生物化学基础	3
32		4	心理与精神护理	3
33		5	护理技术综合实训	2
34		6	护理礼仪	3
35		7	人际沟通	3
36		8	中医护理	3
37		9	五官科护理	3
38		10	营养与膳食	3
39		11	护士人文修养	1
40		12	护理伦理	1
41		13	卫生法律法规	3
42		14	护理管理基础	1
43	农村医学专业	1	解剖学基础 **	1
44		2	生理学基础 **	1
45		3	药理学基础 **	1
46		4	诊断学基础 **	1
47		5	内科疾病防治 **	1
48		6	外科疾病防治 **	1
49		7	妇产科疾病防治 **	1
50		8	儿科疾病防治 **	1
51		9	公共卫生学基础 **	1
52		10	急救医学基础 **	1
53		11	康复医学基础 **	1
54		12	病原生物与免疫学基础	1
55		13	病理学基础	1
56		14	中医药学基础	1
57		15	针灸推拿技术	1
58		16	常用护理技术	1
59		17	农村常用医疗实践技能实训	1
60		18	精神病学基础	1
61		19	实用卫生法规	1
62		20	五官科疾病防治	1
63		21	医学心理学基础	1
64		22	生物化学基础	1
65		23	医学伦理学基础	1
66		24	传染病防治	1

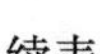

续表

总序号	适用专业	分序号	教材名称	版次
67	营养与保健专业	1	正常人体结构与功能 *	1
68		2	基础营养与食品安全 *	1
69		3	特殊人群营养 *	1
70		4	临床营养 *	1
71		5	公共营养 *	1
72		6	营养软件实用技术 *	1
73		7	中医食疗药膳 *	1
74		8	健康管理 *	1
75		9	营养配餐与设计 *	1
76	康复技术专业	1	解剖生理学基础 *	1
77		2	疾病学基础 *	1
78		3	临床医学概要 *	1
79		4	康复评定技术 *	2
80		5	物理因子治疗技术 *	1
81		6	运动疗法 *	1
82		7	作业疗法 *	1
83		8	言语疗法 *	1
84		9	中国传统康复疗法 *	1
85		10	常见疾病康复 *	2
86	眼视光与配镜专业	1	验光技术 *	1
87		2	定配技术 *	1
88		3	眼镜门店营销实务 *	1
89		4	眼视光基础 *	1
90		5	眼镜质检与调校技术 *	1
91		6	接触镜验配技术 *	1
92		7	眼病概要	1
93		8	人际沟通技巧	1
94	医学检验技术专业	1	无机化学基础 *	3
95		2	有机化学基础 *	3
96		3	分析化学基础 *	3
97		4	临床疾病概要 *	3
98		5	寄生虫检验技术 *	3
99		6	免疫学检验技术 *	3
100		7	微生物检验技术 *	3
101		8	检验仪器使用与维修 *	1
102	医学影像技术专业	1	解剖学基础 *	1
103		2	生理学基础 *	1
104		3	病理学基础 *	1

续表

总序号	适用专业	分序号	教材名称	版次
105		4	医用电子技术 *	3
106		5	医学影像设备 *	3
107		6	医学影像技术 *	3
108		7	医学影像诊断基础 *	3
109		8	超声技术与诊断基础 *	3
110		9	X 线物理与防护 *	3
111	口腔修复工艺专业	1	口腔解剖与牙雕刻技术 *	2
112		2	口腔生理学基础 *	3
113		3	口腔组织及病理学基础 *	2
114		4	口腔疾病概要 *	3
115		5	口腔工艺材料应用 *	3
116		6	口腔工艺设备使用与养护 *	2
117		7	口腔医学美学基础 *	3
118		8	口腔固定修复工艺技术 *	3
119		9	可摘义齿修复工艺技术 *	3
120		10	口腔正畸工艺技术 *	3
121	药剂、制药技术专业	1	基础化学 **	1
122		2	微生物基础 **	1
123		3	实用医学基础 **	1
124		4	药事法规 **	1
125		5	药物分析技术 **	1
126		6	药物制剂技术 **	1
127		7	药物化学 **	1
128		8	会计基础	1
129		9	临床医学概要	1
130		10	人体解剖生理学基础	1
131		11	天然药物学基础	1
132		12	天然药物化学基础	1
133		13	药品储存与养护技术	1
134		14	中医药基础	1
135		15	药店零售与服务技术	1
136		16	医药市场营销技术	1
137		17	药品调剂技术	1
138		18	医院药学概要	1
139		19	医药商品基础	1
140		20	药理学	1

** 为“十二五”职业教育国家规划教材

* 为“十二五”职业教育国家规划立项教材

前言

本教材是按照建立职业教育人才成长“立交桥”的要求，围绕“三基五性三特定”的原则来制定中职营养与保健专业的教学计划和教学大纲，教学内容以“必需、够用”为度，重点涉及正常人体各系统、器官和细胞的结构和生理功能的基本知识、基本理论和基本技能，重视知识的科学性和连贯性、启发性和适用性；坚持以学生为主体，力求符合中职学生的认知特点，本着适用的原则，适当降低知识的难度，设计最佳的编排结构和编写风格，着力提升教材的创新性和可读性。总之，求精、求简、求新、求实是编写本教材所遵循的基本指导思想。

本教材是中职营养与保健专业的首套系列教材之一，有如下特点：

1. 作为营养与保健专业的一门重要的专业基础课，在制定教学大纲和学时分配上，针对营养与保健专业的专业要求有所侧重，将消化系统的结构和功能、新陈代谢等章节作为重点，以满足专业课基本需求；在教材编写过程中，将系统解剖学、组织学、生理学、生物化学和胚胎学五门学科的基础知识有机整合，在内容上进行了科学地衔接与优化，避免知识的遗漏和不必要的重复，充分体现本教材为专业培养目标和职业岗位需求服务的主旨。

2. 以学生为主体，力争做到符合中职学生的认知规律，在内容的选择和表述上尽量变难为易，化繁为简，简化原理描述，突出重点内容；如在每章增加案例和知识链接，每章后面有本章小结和思考题，以激发学生的学习兴趣，引导学生主动学习，增加对学生的吸引力，帮助学生掌握正确的学习方法。

3. 与营养士(师)资格证书考试紧密接轨。营养士资格证书考试是中职营养与保健专业学生从业的入门考试，通过考试是教学应达到的基本要求。因此，教材内容力求与职业资格证书考试紧密结合，在易考的知识点处勾出考点提示。

4. 本书后附有正常人体结构与功能的教学大纲和学时分配建议，可供师生根据营养与保健专业特点和教学计划要求，灵活选用教材内容和章节顺序。

5. 实验内容的选定上，根据学生的认知规律和营养与保健专业的特点，重点以认知性和操作性实验为主，使学生成为实践能力较强、适用于保健机构的实用型卫生专业人才。

本书的各位编者都是长期在解剖学及组织胚胎学、生理学、解剖生理学、生物化学教学一线的骨干教师，在编写过程中参考并吸收了营养士(师)考试大纲及相关学科教材的成果，同时也融入了各自在教学中的经验，有利于知识体系的建立和有机衔接，把握好重点和难点，力求教与学的有的放矢。

本书在编写过程中，得到了参编学校领导、教研室的大力支持，尤其感谢郑州市卫生学校章正瑛老师的大力支持和无私帮助，谨表示衷心的感谢。

由于编写时间紧，编者水平有限，书中定有不妥和疏漏之处，恳请广大师生给予批评指正，以便不断完善。

赵文忠

2015年10月

目 录

第一章 绪　论

学习目标

1. 掌握：人体的组成、分部、方位术语，兴奋性与阈强度（阈值）的关系，内环境及其稳态，生命活动调节的三种方式，正反馈和负反馈的生理意义。
2. 熟悉：人体结构与功能的学习方法，刺激和反应。
3. 了解：人体结构与功能的定义、内容及在医学中的地位；新陈代谢、生殖。

第一节　正常人体结构与功能的内容范围

一、正常人体结构与功能的定义、内容及在医学中的地位

《正常人体结构与功能》是讲述正常人体的组成、代谢、结构、功能及其发生发展的一门课程。包括传统的系统解剖学、组织学、生理学、生物化学和胚胎学。

解剖学是用刀的切割和肉眼观察的方法来研究正常人体形态结构的科学。

组织学是用显微镜观察的方法研究正常人体微细结构的科学。随着透射电镜和扫描电镜的发明，全面进入了超微结构时代，深入研究人体的超微结构和功能。

生理学是研究人体生命活动规律的科学。随着基础科学和新技术的迅速发展，推动生理学的快速发展，已深入到细胞内生物分子的各种理化变化之中。

生物化学是研究生命化学的科学，是在分子水平探讨生命的本质，研究生物体的分子结构与功能、物质代谢与调节，及其在生命活动中的作用。例如在营养方面，发现了人类必需氨基酸、必需脂肪酸及多种维生素；在内分泌方面，发现了多种激素，并将其分离、合成。生物化学发展进入分子生物学时期。

胚胎学是研究人体在发生、发育和生长过程中形态结构变化的科学。

以上几门学科用不同的研究方法、从不同的角度、在不同水平上来研究正常人体的结构和功能，相互渗透，密切联系。因此，《正常人体结构与功能》是把这几门基础课有机地融合起来而形成的一门课程。

《正常人体结构与功能》是营养与保健专业的重要医学基础课。通过学习，掌握正常人体各系统主要器官的位置、形态、结构特点和功能，重点是消化系统的结构和生理，生物氧化、糖代谢、脂类代谢、蛋白质分解代谢及能量代谢等方面的知识，为营养与保健专业的学生学习专业课程奠定坚实的基础。

二、正常人体结构与功能的学习方法

（一）结构和功能相联系的观点

学习《正常人体结构与功能》课程，要用形态结构与功能相联系的观点来学习，人体的形态结构与功能是互相依存、互相影响的。例如成熟红细胞为无核的双凹圆盘状结构，富含血红蛋白，可穿过全身各种血管，具有运输 O_2 和 CO_2 的功能。一旦红细胞皱缩或溶血破裂，其功能将随之丧失。

（二）理论和实践相结合的观点

正常人体结构与功能中有关形态结构的名词、内容及相应的描述比较多，不易记忆，百闻不如一见，通过实验课观察解剖标本、组织切片、模型挂图、结合活体触摸加深印象，增进理解。正常人体的生理活动、物质代谢和能量代谢是生命活动的机制，较为抽象，通过案例教学加深理解和记忆，例如胰岛素治疗糖尿病的机制等。因此，要学好《正常人体结构与功能》这一课程，必须充分利用各种教学资源，重视实践课、积极参与教学活动，加深理解、增进记忆。

（三）整体观点

学习正常人体结构与功能必须具有局部与整体相统一的整体观点。人体是个有机的统一整体，各器官系统都是整体的一部分，不能离开整体而单独存在，它们之间有着密切的联系和影响。在学习中，必须注意每一器官系统与其他器官系统的联系和相互影响，注意各器官系统在整体中的地位和作用，形成对人体结构和功能的整体观。

三、人体的组成与分部

（一）人体的组成

细胞是构成人体形态结构和功能的基本单位，组成细胞的物质主要有蛋白质、核酸、脂类、糖类、水及无机盐等化合物。许多形态结构相似、功能相近的细胞和细胞间质构成的细胞群体，称为组织。人体的组织有上皮组织、结缔组织、肌组织和神经组织四大类。几种不同的组织形成具有一定形态、能完成一定功能的结构称器官，如心、肺、肝等。许多能共同完成某方面功能的器官组成系统，人体有运动、呼吸、消化、脉管、泌尿、生殖、神经、内分泌和感觉器等九大系统，其中消化系统、呼吸系统、泌尿系统和生殖系统的绝大多数器官位于胸腔、腹腔或盆腔内，且直接或间接地借助于孔或裂与外界相通，统称为内脏。

（二）人体的分部

人体分为头、颈、躯干和四肢 4 部分。头分为面部和颅部；颈分为颈部和项部；躯干的前面分为胸部、腹部、盆部和会阴部，后面分为背部和腰部；四肢分为上肢和下肢，上肢又分为肩、臂、前臂和手，下肢分为臀、大腿、小腿和足。

四、正常人体结构常用术语

为了正确描述人体各器官的形态结构、位置及其相互关系，解剖学规定了标准的解剖学姿势、方位、轴和面的术语。

（一）人体解剖学姿势

指身体直立，两眼平视前方，上肢下垂于躯干两侧，掌心向前，下肢并拢，足尖向前（图 1-1）。

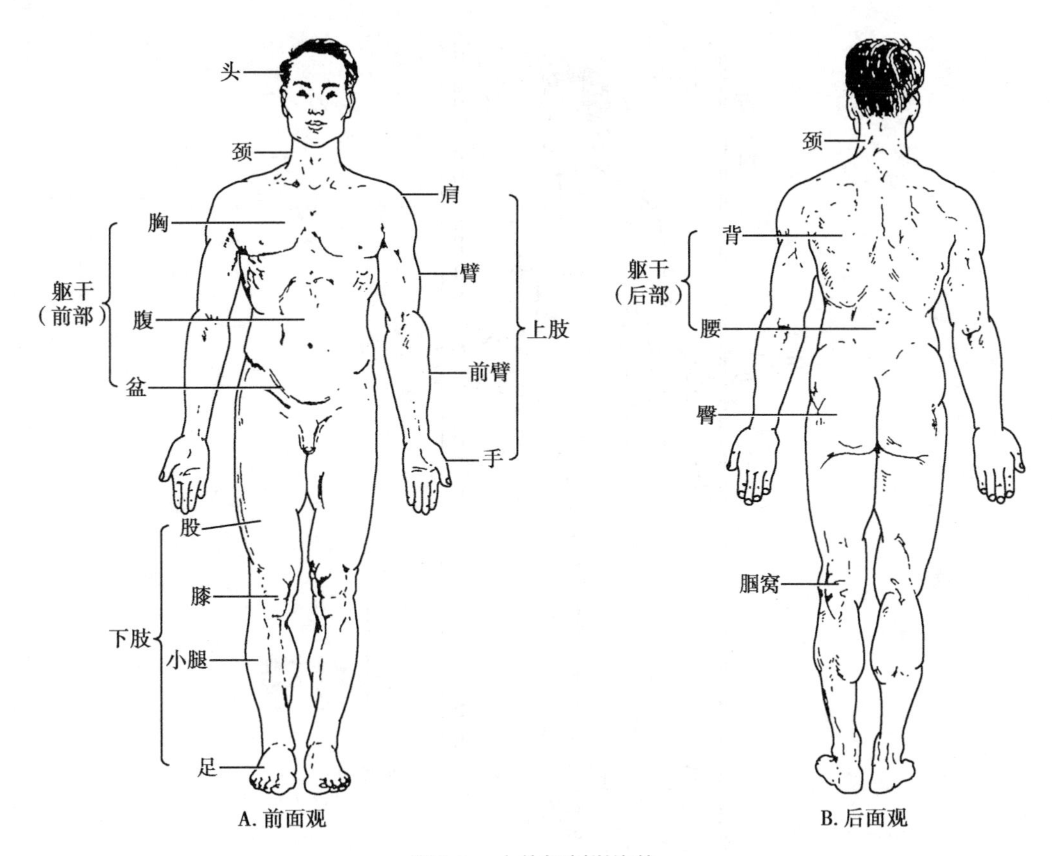

图 1-1　人体解剖学姿势

（二）方位术语

1. 上和下　近头者为上，近足者为下。
2. 前和后　近胸腹者为前，近腰背者为后。
3. 内和外　凡属空腔器官，近腔者为内，远腔者为外。
4. 内侧和外侧　近身体正中矢状面者为内侧，反之为外侧。
5. 浅和深　近皮肤或器官表面者为浅，远者为深。
6. 近侧和远侧　在四肢，近躯干者为近侧，远躯干者为远侧。

（三）轴

为了准确描述关节运动形式，以解剖学姿势为准，通过人体某部位或结构的假设线，可分为矢状轴、冠状轴和垂直轴三种（图 1-2）。

1. 矢状轴　呈前后方向与水平面平行的轴。
2. 冠状轴　呈左右方向与水平面平行的轴。
3. 垂直轴　呈上下方向与水平面垂直的轴。

（四）面

以解剖学姿势为标准，可作矢状面、冠状面和水平面 3 种切面（图 1-2）。

1. 矢状面　是前后方向将人体分为左、右两部分的切面。其中，通过人体正中的切面称为正中矢状面。
2. 冠状面（额状面）　是左右方向将人体分为前、后两部分的切面。
3. 水平面（横切面）　将人体分为上、下两部分的切面。

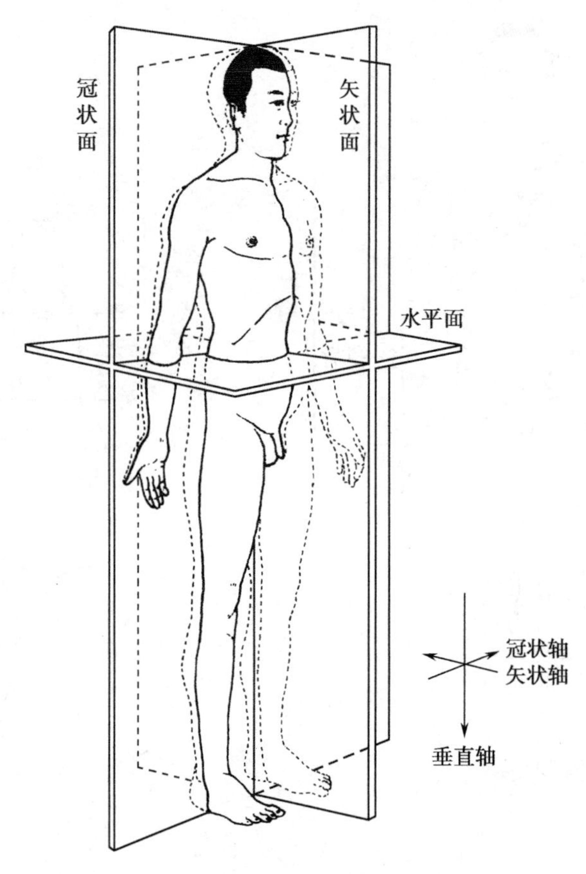

图 1-2 人体的轴和面

在描述器官切面时，常以器官自身的长轴为标准，与器官长轴平行的切面为纵切面，与其长轴垂直的切面为横切面。

第二节 生命活动的基本特征

生物体生命活动的基本特征主要包括新陈代谢、兴奋性和生殖。

一、新陈代谢

机体与环境之间进行物质交换和能量转化，以实现自我更新的过程，称为新陈代谢，包括合成代谢（同化作用）和分解代谢（异化作用）两个方面。合成代谢是指机体不断从外界摄取营养物质构成自身结构与能量储备的过程；分解代谢是指机体不断分解自身结构释放能量、并将代谢废物排出体外的过程。新陈代谢的过程中，机体内各种物质代谢的同时伴随着能量的变化。例如，糖和脂肪在体内分解过程中，需要利用从环境中获得的 O_2，在酶的催化下氧化分解为 CO_2 和 H_2O，同时释放出能量，为分解代谢。

新陈代谢是生命活动的最基本特征，新陈代谢一旦停止，生命也就终结。

二、兴奋性

机体生活在一定的环境中，当环境发生变化时，机体能作出反应以适应环境的改变，如

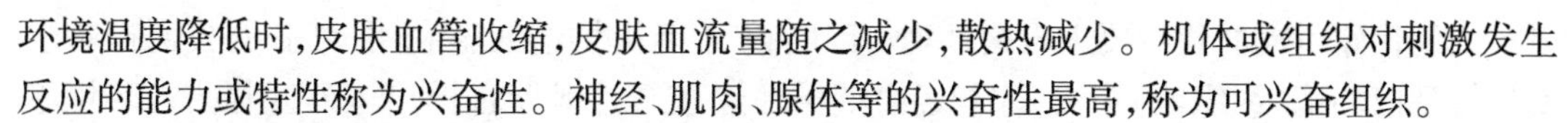

环境温度降低时,皮肤血管收缩,皮肤血流量随之减少,散热减少。机体或组织对刺激发生反应的能力或特性称为兴奋性。神经、肌肉、腺体等的兴奋性最高,称为可兴奋组织。

(一)刺激与反应

刺激是能被机体或组织感受的环境变化。刺激的种类很多,可分为物理性刺激,如电、机械、温度、声、光、放射线等;化学性刺激,如酸、碱、药物等;生物性刺激,如细菌、病毒等。对人类来说,语言、文学、思维、情绪等社会因素等也会形成强烈的心理刺激。

反应是机体或组织接受刺激后发生的变化。反应有两种表现形式,即兴奋和抑制。接受刺激后,组织或机体由相对静止转为活动或活动由弱变强称为兴奋;相反,接受刺激后,组织或机体活动减弱或变为相对静止称为抑制。如气温升高,人体散热活动加强(兴奋);气温降低,人体散热活动减弱(抑制)。

(二)刺激与反应的关系

刺激必须作用于可兴奋组织才可能引起反应,刺激是原因,反应是结果。

刺激引起组织细胞产生反应必须具备三个条件,即足够的强度、一定的持续时间和单位时间内强度的变化幅度。一定的持续时间和单位时间内强度的变化幅度固定,能引起组织发生反应的最小刺激强度,称为阈强度(阈值)。强度等于阈强度的刺激称为阈刺激,小于阈强度的刺激称为阈下刺激,大于阈强度的刺激称为阈上刺激。

阈值的大小可反映组织兴奋性的高低。阈值越小,说明组织兴奋性越高,阈值越大,组织兴奋性越低。可见,组织的兴奋性与阈值呈反变关系。

三、生殖

人体生长发育到一定阶段后,能够产生与自己相似的子代个体,称为生殖。一切生物都是通过生殖来延续种族,所以生殖也是生命活动的基本特征之一(详见第十二章)。

第三节　机体与环境

人体的一切生命活动都是在一定的环境中进行的,脱离环境,人体将无法生存。

一、人体对外环境的适应

外环境是指机体生存的环境,包括自然环境和社会环境。

自然环境随着春夏秋冬四季气温、气压、温度和光照的变化,人体都会感受不同的刺激,并不断地作出反应,以适应自然环境的变化。例如,在炎热的环境中,通过增加汗液的蒸发来降温,保持体温相对稳定;在寒冷的环境中,人体就会通过减少散热量、增加产热量维持体温的稳定。

人类不仅是生物人,也是社会人,社会环境对人体的影响越来越明显。

二、内环境及其稳态

机体生存在大气环境中,但机体的绝大部分细胞并不直接与大气环境接触,而是生活在一个液体环境之中。机体内的液体总称为体液,正常成人体液约占体重的60%,其中,约2/3分布于细胞内,称为细胞内液;约1/3分布在细胞外,称为细胞外液,包括血浆、组织液、淋巴液、房水和脑脊液等。细胞外液就是细胞直接生存的液体环境,因此将细胞外液称为内环境。细胞代谢所需的营养要进入内环境(组织液)才能提供给细胞利用;细胞的代谢产物也要先排到内环境(组织液)中去,才能经血液循环运送至排泄器官排出体外,因此,内环境不仅是细胞直接进行新陈代谢的场所,也是细胞与外环境进行物质交换的中介。

内环境的各种理化因素(如温度、pH、O_2 分压、CO_2 分压、渗透压等)保持相对稳定的状态,称为内环境稳态,简称稳态。它是机体维持正常生命活动的必要条件。稳态是一个动态平衡,一方面细胞随时进行着新陈代谢,另一方面外界环境的不断改变,这些可扰乱或破坏内环境稳态,这时,各器官系统的功能及时作出相应的调整,如肺的呼吸活动可补充细胞代谢消耗的 O_2,排出代谢产生的 CO_2,维持内环境中 O_2 和 CO_2 分压的稳态;胃肠道的消化、吸收可补充细胞代谢所消耗的营养物质;肾的排泄功能将各种代谢产物排出体外,从而使内环境中各种营养物质和代谢产物维持相对稳定。一旦机体的活动发生严重紊乱,内环境的稳态将难以维持,新陈代谢也将不能正常进行,机体的生命就会受到威胁。

总之,内环境稳态是细胞、器官维持正常生存和活动的必要条件,各系统、器官的正常活动又能维持内环境的稳态。

第四节　人体生命活动的调节

当机体的内外环境发生改变时,人体的生命活动要进行调节,使机体构成统一的整体以适应环境的变化,同时,维持机体内环境的稳态。

一、人体生命活动的调节方式

人体对各种功能活动的调节方式主要有 3 种,即神经调节、体液调节和自身调节。

(一)神经调节

1. 基本方式　通过神经系统的活动对机体生理功能进行的调节称为神经调节,其基本方式是反射。反射是指在中枢神经系统的参与下,机体对刺激产生的规律性反应。反射活动的结构基础是反射弧。反射弧由 5 部分组成,即感受器、传入神经、神经中枢、传出神经和效应器。如果反射弧中任何一个环节中断或功能障碍,反射活动将不能进行(图 1-3)。

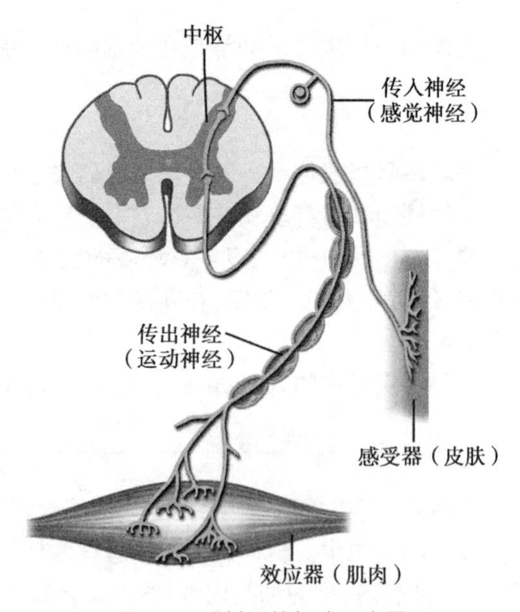

图 1-3　反射弧的组成示意图

2. 反射的类型　按照反射的形成过程,反射分为非条件反射和条件反射两类。非条件反射是指生来就有、数量有限、比较固定和形式低级的反射活动,包括吸吮反射、腱反射等。非条件反射无需大脑皮质参与,皮质下各级中枢就可形成。它使机体能够初步适应环境,对个体生存具有重要的保护意义。条件反射是指通过后天学习和训练而形成的反射,是反射活动的高级形式,是机体在生活过程中,按照所处的生活条件,在非条件反射的基础上逐步建立起来的,其数量无限,可以建立,也可以消退。条件反射的中枢在大脑皮质。

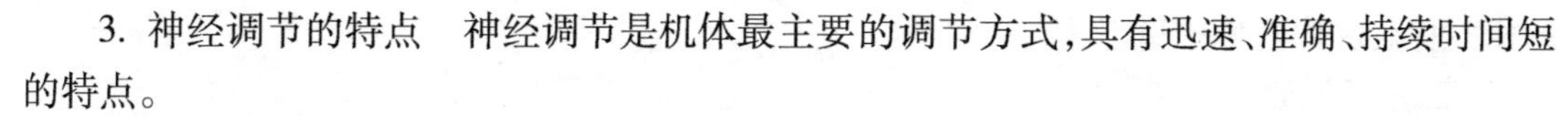

3. 神经调节的特点 神经调节是机体最主要的调节方式，具有迅速、准确、持续时间短的特点。

（二）体液调节

体液调节是指体液中的化学物质通过体液途径对机体功能进行的调节。参与体液调节的化学物质主要指内分泌腺（如垂体、甲状腺、肾上腺和性腺等）和内分泌细胞（如分散于消化管黏膜、下丘脑、肾、心等器官）分泌的激素。激素经血液循环运送到全身各处，对机体的新陈代谢、生长、发育和生殖等功能的调节，称为全身性体液调节，是体液调节的主要方式。其次，组织细胞产生的一些化学物质，如 CO_2、H^+、乳酸等，仅在局部的组织液内扩散，调节附近的组织细胞的功能，这种调节方式称为局部性体液调节。

体液调节的特点是缓慢、持久、影响范围较广。

（三）自身调节

许多组织细胞自身能对周围环境变化发生适应性的反应，是组织细胞本身的生理特性，不依赖于神经或体液因素的作用，称为自身调节。例如血压升高时，肾入球小动脉的血管壁平滑肌在受到牵拉刺激时会发生收缩反应，维持局部血流量的相对恒定。其特点是调节幅度较小，对维持某些组织细胞功能的相对稳定具有一定作用。

二、人体生命活动调节的反馈作用

人体内存在着许多精细复杂的自动控制系统，从细胞和分子的水平上对细胞的各种功能进行调节。

在控制部分和受控部分构成的回路中，控制部分发出控制信息使受控部分发生活动，受控部分发出反馈信息返回控制部分，使控制部分根据反馈信息来调整自己的活动，这种由受控部分发出反馈信息影响控制部分活动的过程称为反馈（图 1-4）。

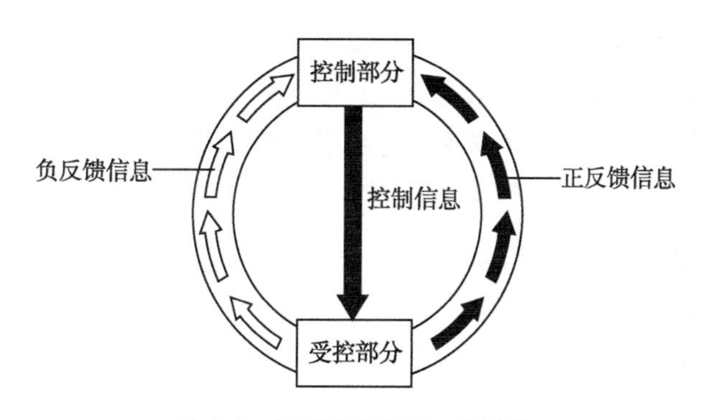

图 1-4 反馈环路和正、负反馈

根据反馈信息的作用不同，将反馈分为负反馈和正反馈 2 种。

（一）负反馈

负反馈是指反馈信息与控制信息作用相反的反馈。即当某种生理活动过强时，通过负反馈可使该生理活动减弱；当某种生理活动过弱时，又可使该生理活动增强。如当人体的动脉血压高于正常时，动脉压力感受器立即将信息通过传入神经反馈到心血管中枢，使心血管中枢的活动发生改变，调节心脏和血管的活动，使动脉血压回降。反之，当动脉血压降低时，通过负反馈，使其迅速回升到正常范围。因此，负反馈的意义在维持机体各种生理功能活动的相对稳定和内环境的稳态。

（二）正反馈

正反馈是指反馈信息与控制信息作用相同的反馈。如在排尿反射中，膀胱内尿液达到一定量时，刺激膀胱壁内的感受器，引起排尿反射，当尿液进入尿道时，又可刺激尿道的感受器，产生反馈信息传至排尿中枢，使排尿中枢的活动加强，促进排尿。可见，正反馈的生理意义是使某些生理活动一旦发动，就不断加强，迅速完成。血液凝固、分娩过程中也由正反馈控制。

本章小结

正常人体结构与功能包括解剖学、组织胚胎学、人体生理学和生物化学。

人体是由细胞、组织、器官和系统组成。人体的组织有四大类，几种不同的组织结合构成器官，在功能上有密切联系的一些器官结合构成系统。人体有九个系统。各系统在神经系统和体液因素的调节下，构成一个完整的机体，进行正常的功能活动。

机体生存的自然环境和社会环境是机体的外环境。组织细胞生存的细胞外液是机体的内环境。内环境稳态是机体进行正常生命活动的必要条件。内环境稳态是动态平衡，其相对稳定性受机体完善的调节系统调节，有神经调节、体液调节和自身调节三种方式。负反馈可维持内环境稳态，正反馈可保证某些生理功能迅速完成。

（赵文忠）

目标测试

思考题

1. 简述人体组成的层次。
2. 简述内环境及内环境稳态。
3. 人体生命活动的主要调节方式有哪些？各有哪些特点？
4. 举例说明正反馈和负反馈的生理意义。

第二章 细胞与基本组织

学习目标

1. 掌握：细胞膜的结构和物质转运方式；突触的概念。
2. 熟悉：上皮组织的分类和分布；腺上皮和腺的结构；平滑肌的结构特征。
3. 了解：细胞的增殖；结缔组织的结构特点；肌组织的结构特点和骨骼肌的收缩机制；神经组织的结构特点；细胞的生物电现象。

第一节 细　　胞

一、细胞的结构与功能

细胞是人体形态结构与生理功能的基本单位。尽管形态不一，但都具有共同的基本结构。在显微镜下，细胞可分为细胞膜、细胞质和细胞核3部分(图2-1，图2-2)。

(一) 细胞膜

细胞膜是细胞表面的一层薄膜，主要由类脂、蛋白质和糖类构成。光镜下细胞膜难以分辨。电镜下，细胞膜呈“两暗夹一明”的3层结构，即内、外两层呈深暗色；中间一层呈浅色，称单位膜(图2-3)。细胞内的膜性细胞器也有相似的3层结构，常统称为生物膜。

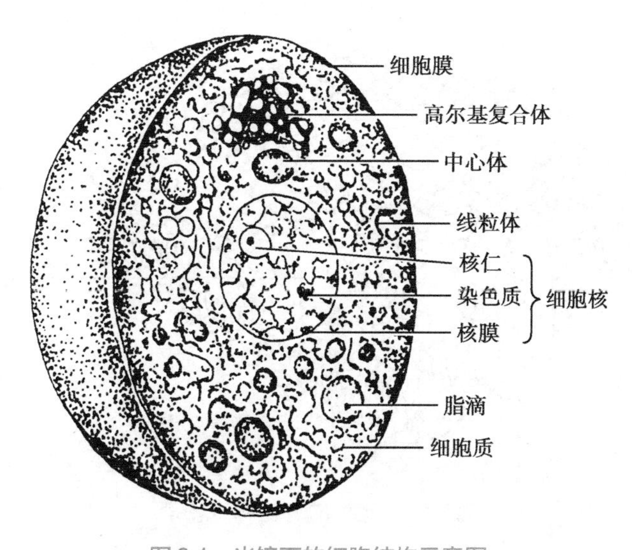

图2-1 光镜下的细胞结构示意图

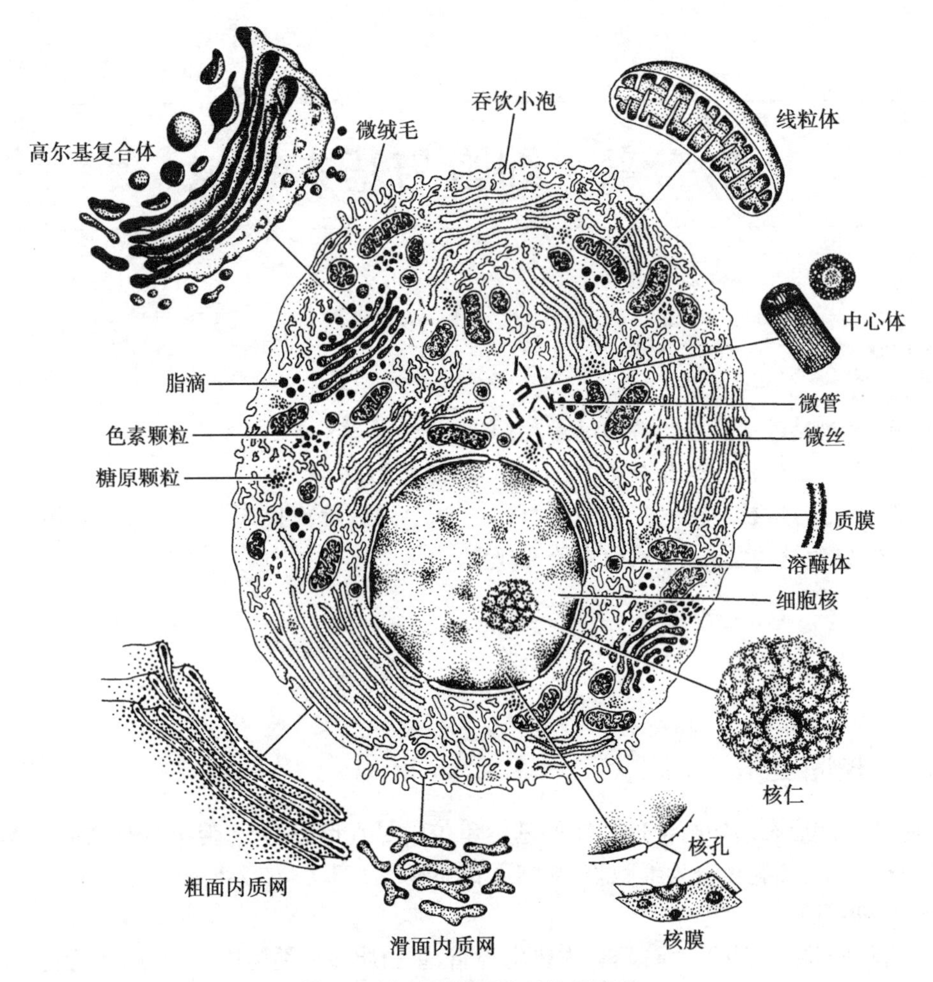

图 2-2　电镜下的细胞结构示意图

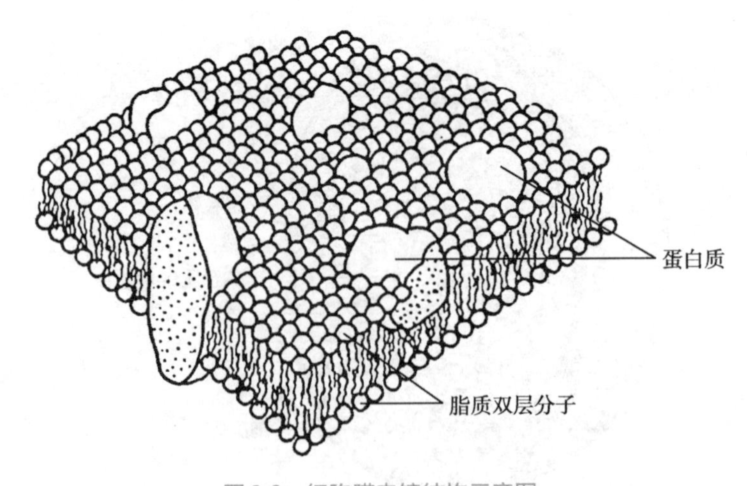

图 2-3　细胞膜电镜结构示意图

1. 细胞膜的分子结构　细胞膜为单位膜。其分子结构公认为是液态镶嵌模型学说，是以液态的类脂双分子层为基架，其中镶嵌着蛋白质（图 2-3）。类脂分子的熔点较低，在体温条件下呈液态，可以流动；蛋白质可移动，这些蛋白质具有重要的生理功能，如物质转运功能、受体功能及免疫功能等。

2. 细胞膜的功能　细胞膜对维持细胞形态、保护细胞起着重要的作用。

（1）细胞膜的物质转运功能：细胞与周围环境之间的物质交换，是通过细胞膜的转运功能实现的，其转运方式有以下 4 种。

1）单纯扩散：单纯扩散是指脂溶性小分子物质从细胞膜的高浓度一侧向低浓度一侧转运的过程。由于细胞膜的基架是类脂双分子层，因此，脂溶性物质及气体小分子物质能以此方式转运，如乙醚、丙酮、O_2、CO_2 等。影响单纯扩散的主要因素是膜两侧物质的浓度差和膜对该物质的通透性。

2）易化扩散：水溶性或脂溶性很小的小分子物质在膜蛋白的帮助下，由膜的高浓度一侧向低浓度一侧转运的过程，称为易化扩散。根据参与的膜蛋白不同，将易化扩散分为两种，载体易化扩散和通道易化扩散。

①载体易化扩散：载体能在细胞膜的一侧与被转运物质结合，通过蛋白质构型改变而将物质运至膜的另一侧，如葡萄糖、氨基酸等（图 2-4）。

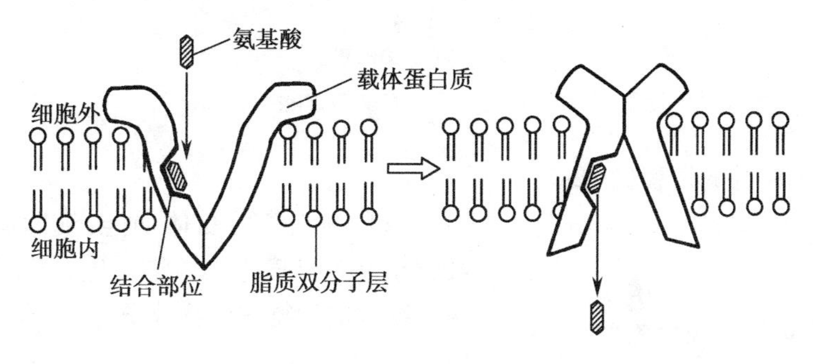

图 2-4　载体易化扩散示意图

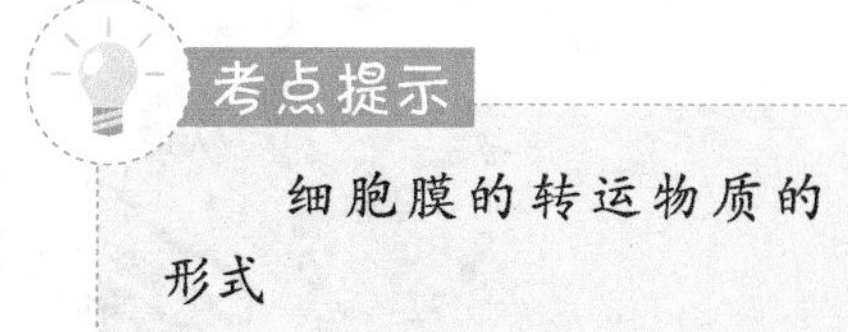

②通道易化扩散：通道易化扩散主要转运各种离子，如 Na^+、K^+、Ca^{2+}、Cl^- 等。通道的开闭是通过“闸门”控制的，故又称门控通道。该通道蛋白具有特异性，即某种离子通道开放时，只允许特定的离子通过（图 2-5）。

3）主动转运：离子或小分子物质在膜上“泵”的作用下，逆浓度差或逆电位差的耗能转运过程，称为主动转运。

细胞膜上有多种离子泵，最主要的是 Na^+-K^+ 泵，简称 Na^+ 泵，Na^+ 泵实际上是一种 Na^+-K^+ 依赖式 ATP 酶。当细胞内 Na^+ 浓度增高或细胞外 K^+ 浓度增高时，Na^+ 泵就被激活，将细胞外 K^+ 运至细胞内，同时将细胞内 Na^+ 运至细胞外，从而形成和保持细胞内高 K^+、低 Na^+，细胞外高 Na^+、低 K^+ 的生理状态（图 2-6）。

4）入胞和出胞作用：入胞是指大分子或团块物质从细胞外进入细胞内的过程，包括吞噬和吞饮两种形式（图 2-7）。固体物质的入胞过程为吞噬，如中性粒细胞吞噬细菌的过程；液态物质的入胞过程为吞饮，如小肠上皮对营养物质的吸收。出胞是指大分子或团块物质

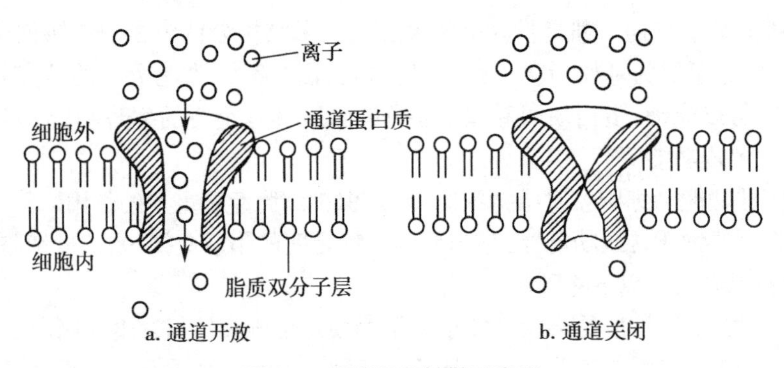

图 2-5 通道易化扩散示意图

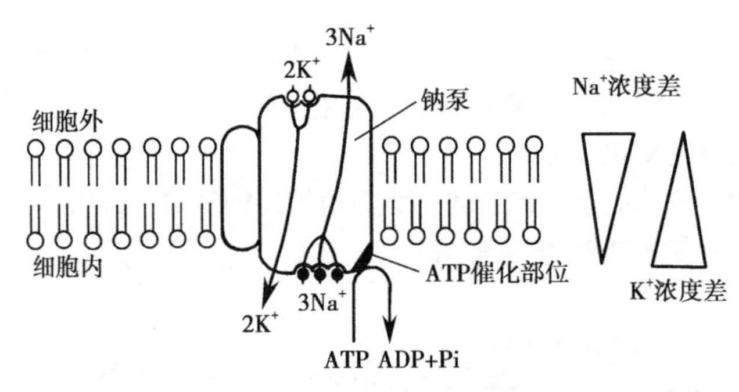

图 2-6 钠泵转运示意图

从细胞内排到细胞外的过程(图 2-7)。

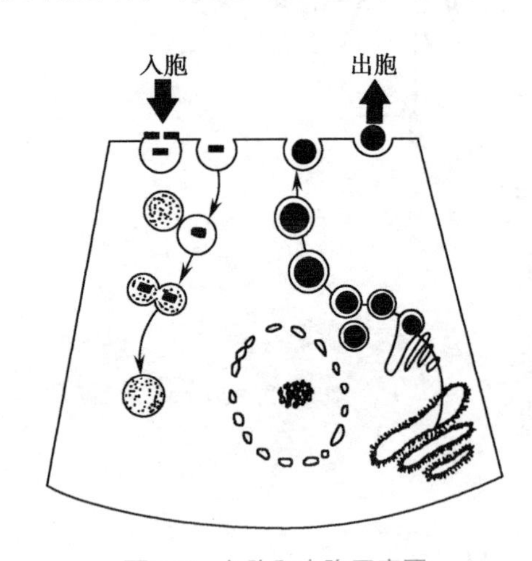

图 2-7 入胞和出胞示意图

(2) 细胞膜的受体功能:细胞膜的受体是指细胞膜上能与某些化学物质进行特异性结合并诱发生物效应的特殊生物分子,其化学本质通常是蛋白质。

3. 细胞的生物电现象 体内一切活细胞不论在安静时还是活动时都伴随有电的变化,这种电称为生物电。生物电是极其普遍而又十分重要的生命现象,是细胞实现各种功能活动的基础。目前临床上广泛应用的心电图、肌电图、脑电图等检查,都是观察这些器官活动时所产生的生物电现象。细胞膜内外两侧带电离子的不均匀分布和跨膜移动产生了细胞的生物电现象,故也称跨膜电位,包括静息电位和动作电位两种形式。电位的数值因细胞的种类不同而有差异,下面以神经细胞为例来描述生物电现象。

(1) 静息电位:细胞在安静状态下,存在于细胞膜两侧的电位差称为静息电位,内负外正。细胞在安静状态下,跨膜电位内负外正的状态,称极化状态,简称为极化;静息电位(指绝对值)增大的状态称为超极化;静息电位减小的状态称为去极化,也称除极;跨膜电位内正外负的状态称为反极化;细胞去极化或反极化后,再向静息电位方向恢复的过程称为复极化。

生物电的产生有两个前提条件：①细胞内外离子的分布不均衡。②细胞膜在不同状态下对离子的通透性不同（表 2-1）。

表 2-1 安静状态下细胞内外离子分布及离子通透性

主要离子	膜内（mmol/L）	膜外（mmol/L）	膜对离子通透性
Na^+	18	145	通透性很小
K^+	140	3	通透性大
Cl^-	7	120	通透性很小
A^-（蛋白质）	60	15	无通透性

在安静状态下，膜对 K^+ 的通透性较大（K^+通道开放），对 Na^+ 和 Cl^- 的通透性很小（Na^+通道、Cl^-通道关闭），而对膜内大分子 A^-（带负荷的蛋白质）没有通透性，因此 K^+顺浓度差向膜外扩散，膜外正电荷增多，形成了内负外正的跨膜电位差，阻碍了 K^+继续外流，当促使 K^+外流的动力（浓度差）与阻止 K^+外流的阻力（电位差）达到平衡时，膜内外的电位差即为静息电位，神经细胞的静息电位为-70mV。因此，静息电位主要是由 K^+外流所形成的电-化学平衡电位。

（2）动作电位：可兴奋细胞在受到一个适宜刺激时，在静息电位基础上产生的可扩布性的电位变化称为动作电位（图 2-8），是细胞兴奋的标志。

> **考点提示**
>
> 静息电位、动作电位的概念

每个动作电位波形包括一个上升支和一个下降支。上升支是膜电位去极化和反极化过程，膜内电位由-70mV 迅速上升至+30mV；下降支是膜电位的复极化过程，膜电位由+30mV 迅速下降至-70mV。整个动作电位历时短暂，不超过 2ms，波形尖锐，故也称为锋电位。

动作电位上升支是由于细胞接受刺激后，膜对 Na^+通透性增高，造成 Na^+迅速内流，使膜内负电位值减小，当膜内负电位至-55mV，Na^+通道突然大量开放，使 Na^+迅速内流。这个使钠通道迅速开放的跨膜电位，称阈电位。大量的 Na^+内流形成去极化和反极化（又称为超射）；至 Na^+电化学平衡为止。因此，动作电位的上升支是 Na^+内流达到的电化学平衡电位。之后，细胞膜的 K^+通道开放，K^+顺浓度差和电位差迅速外流，膜内电位迅速下降，形成复极化的下降支，恢复至静息电位时 K^+电化学平衡电位的状态。

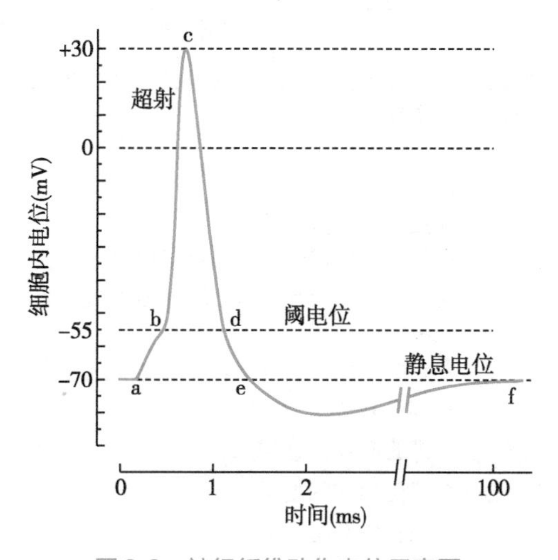

图 2-8 神经纤维动作电位示意图

细胞膜在复极化后，细胞膜内 Na^+ 和细胞膜外 K^+ 浓度都增加，激活细胞膜上的 Na^+-K^+泵，主动转运细胞内 Na^+ 和细胞外的 K^+，使细胞内外离子的分布得到恢复，维持细胞正常的兴奋性。

动作电位的特点是：①“全”或“无”现象。只要刺激强度达到阈强度就能引发动作电位；刺激强度达不到阈强度就不能引发动作电位。②不衰减性。动作电位的幅度不会随传导距离的增大而减小。动作电位一旦在细胞膜的某一点产生，就会沿着细胞膜传遍整个细胞。③双向传导。即动作电位可从受刺激的部分向两端传导，通过局部电流形成有效刺激沿着细胞膜不断产生新的动作电位（图2-9）。机体内神经纤维上传导的动作电位称为神经冲动。

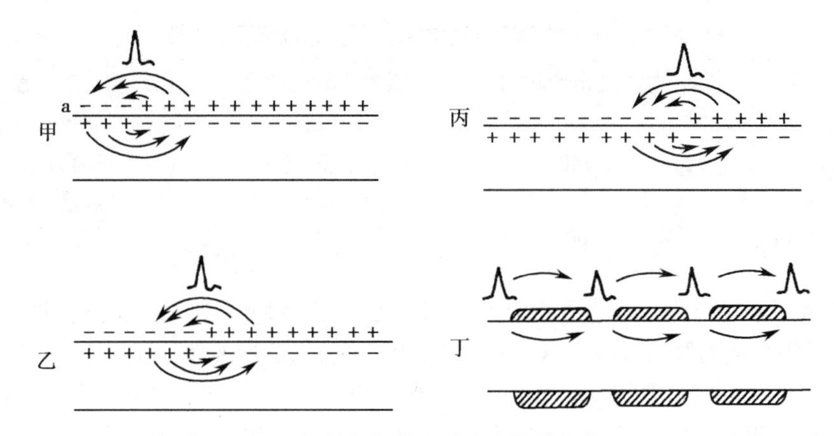

图2-9 神经纤维上动作电位的传导

甲、乙、丙：动作电位在无髓神经纤维上依次传导 丁：动作电位在有髓神经纤维上的跳跃式传导

（二）细胞质

细胞质位于细胞膜与细胞核之间，是细胞完成多种生命活动的场所，包括基质、细胞器和内含物3部分。

1. 基质 呈透明黏稠半流动的胶体状态。基质中含有水、无机盐、脂类、糖类、蛋白质等，其中许多蛋白质是有特定催化功能的酶。基质是细胞质内有形成分的生活环境及物质代谢的重要场所。

2. 细胞器 是指悬浮于细胞质基质中的有形成分，具有一定的形态结构，执行一定的生理功能。光镜下可见到的细胞器有：线粒体、高尔基复合体、中心体等；电镜下除看到上述细胞器外，还可以看到内质网、核糖体、溶酶体等细胞器（图2-2）。细胞器承载着细胞的生长、维持、修复和控制等方面的功能（表2-2）。

表2-2 主要细胞器的名称、形态结构和功能

细胞器	形态结构	功能
线粒体	光镜下呈颗粒状或粗线状；电镜下呈椭圆形；由双层单位膜围成，外膜光滑，内膜折叠成嵴，含多种酶	氧化分解细胞内的营养物质，产生能量（ATP）
内质网	由单位膜围成的管或扁平囊	
	粗面内质网（有核糖体附着）	与蛋白质合成有关
	滑面内质网（无核糖体附着）	与糖、脂类、固醇类激素的合成有关
高尔基复合体	由扁平囊、大泡和小泡围成	对蛋白质进行加工、浓缩，形成分泌颗粒或溶酶体
溶酶体	由单位膜围成球泡状结构，含多种酸性水解酶	消化分解细胞内衰老的细胞器和细胞所吞噬的异物
微体	由单位膜围成的卵圆形小体，含过氧化氢酶	对细胞起保护作用
核糖体	电镜下呈椭圆形小体，由RNA和蛋白质构成	合成蛋白质的场所
中心体	由两个互相垂直的中心粒构成	参与细胞分裂
细胞骨架	包括微管、微丝和中间丝	构成细胞支架，参与细胞运动和细胞分裂

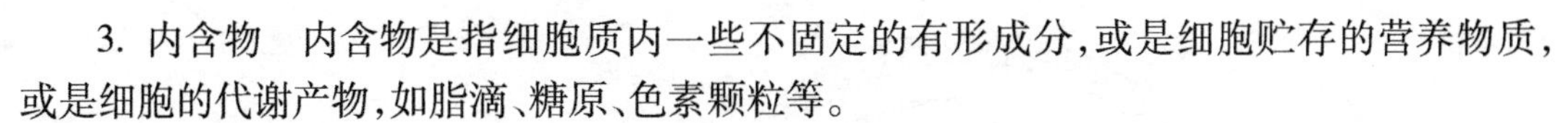

3. 内含物　内含物是指细胞质内一些不固定的有形成分，或是细胞贮存的营养物质，或是细胞的代谢产物，如脂滴、糖原、色素颗粒等。

（三）细胞核

除血小板和成熟的红细胞外，人体内所有细胞都有细胞核。在电镜下观察，细胞核主要由核膜、核仁、染色质和核基质构成（图 2-10）。

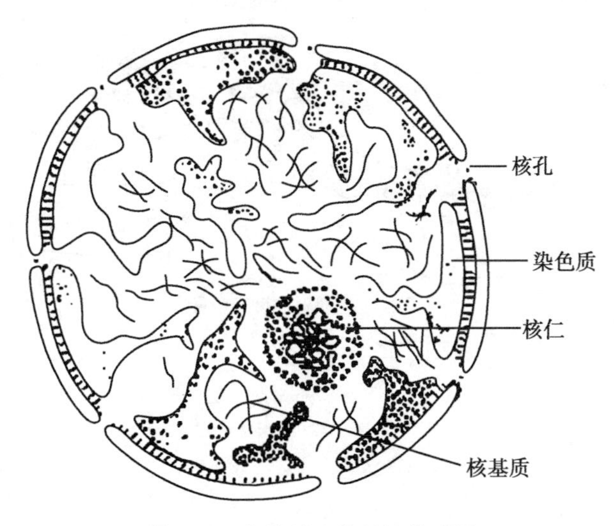

图 2-10　细胞核立体结构模式图

1. 核膜　为核表面的双层单位膜。核膜上有核孔，是细胞核和细胞质之间进行物质交换的通道。

2. 核仁　为圆形或椭圆形的颗粒状结构，一般为 1～2 个，位置不定，常偏于核的一侧。

3. 染色质与染色体　电镜下，染色质呈细丝状结构，其化学成分主要是 DNA 和蛋白质。DNA 是人体遗传的物质基础。在细胞分裂期，染色质细丝螺旋化成为染色体。所以染色质与染色体是同一种物质在细胞不同时期的两种表现形式。人体细胞有 46 条染色体，组成 23 对。其中 22 对为常染色体；另一对为性染色体，决定人类的性别，在男性为 XY，在女性为 XX。

4. 核基质　呈透明胶状物，含水、无机盐、各种蛋白质等，为核内代谢活动提供适宜的环境。

二、细胞的增殖

（一）细胞增殖的方式

细胞增殖是细胞生命活动的重要特征之一，通过细胞增殖，细胞的数量增加，生物体不断生长。细胞分裂有 3 种方式，即无丝分裂、有丝分裂和减数分裂。人体细胞以有丝分裂方式为主。

（二）细胞增殖周期

细胞增殖周期（简称细胞周期）是指连续分裂的细胞从上一次有丝分裂结束，到下一次有丝分裂结束所经历的全过程。细胞周期可分为 4 个时期，即 G_1 期、S 期、G_2 期和 M 期，M 期又分为前期、中期、后期、末期（图 2-11）。

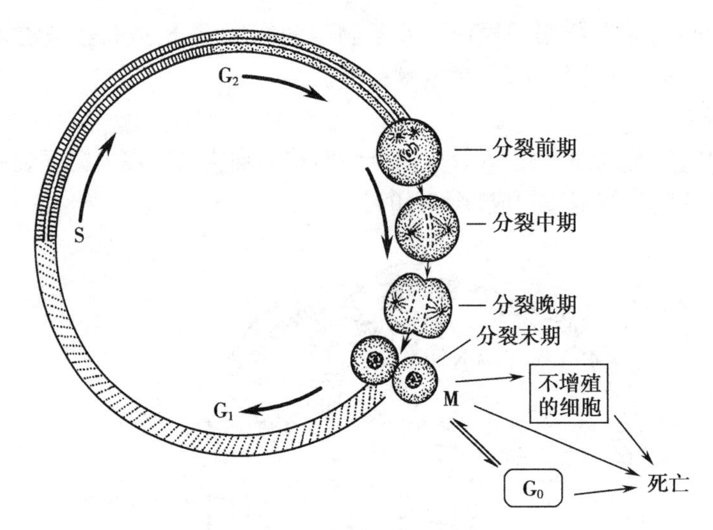

图 2-11　细胞周期示意图

第二节　基本组织

案例

男性，16 岁，体重 50kg，在实验室内因酒精燃烧、不慎烧伤头面部和双上肢，患者出现声音嘶哑，呼吸急促或困难、哮鸣音，鼻毛烧伤，口鼻有黑色分泌物。面部、双上肢水疱。急诊入院，诊断为：①头面部及双上肢浅Ⅱ度烧伤；②呼吸道烧伤。

请问：1. 患者的病变累及哪类组织？

2. 如果患者不进行积极治疗，会出现哪些危害？

许多形态结构相似、功能相同或相近的细胞借细胞间质结合在一起形成组织。按其结构和功能特点，可将人体组织分为上皮组织、结缔组织、肌组织和神经组织。

一、上皮组织

上皮组织简称上皮，是由大量紧密排列的上皮细胞和少量细胞间质构成。依其形态、分布和功能的不同，分为被覆上皮、腺上皮和特殊上皮 3 大类。上皮组织具有保护、吸收、分泌、排泄和感觉等功能。本部分仅讲述被覆上皮和腺上皮。

（一）被覆上皮

被覆上皮是指分布于人体的体表、衬贴在体腔及有腔器官内表面的上皮。一般所说的上皮是指被覆上皮而言。

1. 被覆上皮的结构特征　被覆上皮的种类较多，但都具有以下共同特征：①细胞多，且排列紧密，细胞间质少。②上皮细胞有明显的极性，即有游离面和基底面，朝向有腔器官的腔面或身体表面的一端游离称游离面，与游离面相对的一端称基底面。③上皮

考点提示

被覆上皮的分类及主要分布

组织一般无血管,其所需的营养由深部结缔组织供应。

2. 被覆上皮的类型及分布　根据上皮细胞的层数,被覆上皮分为单层上皮和复层上皮。其中单层上皮根据细胞的形态可分为4种,复层上皮根据细胞的形态可分为两种(表2-3)。

表2-3　被覆上皮的分类及主要分布

按层次分类	按细胞形态分类	主要分布
单层上皮	单层扁平上皮	内皮:位于心、血管、淋巴管内表面 间皮:位于胸膜、腹膜和心包膜表面
	单层立方上皮	肾小管、小叶间胆管等
	单层柱状上皮	胃、肠、胆囊、子宫等
	假复层纤毛柱状上皮	呼吸道
复层上皮	复层扁平上皮	未角化的:口腔、食管、阴道 角化的:皮肤的表皮
	变移上皮	肾盏、肾盂、输尿管、膀胱

(1) 单层扁平(鳞状)上皮:由一层扁平细胞紧密排列而成,细胞呈多边形,游离面边缘锯齿状,核圆居中,从侧面看,细胞扁薄(图2-12)。衬贴于心、血管及淋巴管内表面的单层扁平上皮,称内皮。内皮薄而光滑,有利于液体的流动和物质交换。被覆于胸膜、腹膜和心包膜等处的单层扁平上皮,称间皮。间皮光滑湿润,可减少器官活动时相互间的摩擦。

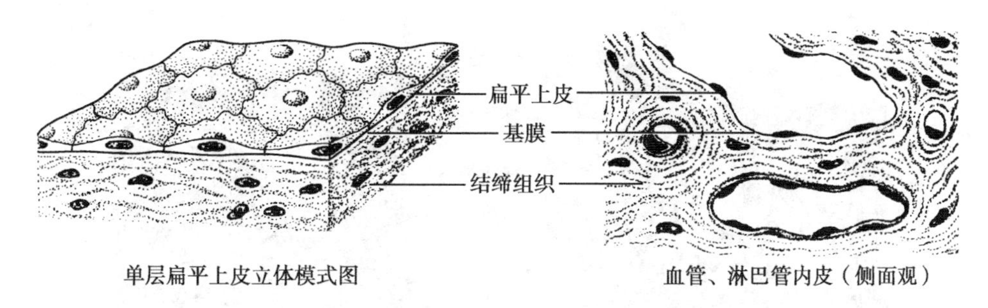

图2-12　单层扁平上皮模式图

(2) 单层立方上皮:由一层立方形的细胞紧密排列而成,细胞呈立方形,核圆居中(图2-13)。分布于肾小管、小叶间胆管及甲状腺滤泡等处,具有分泌和吸收功能。

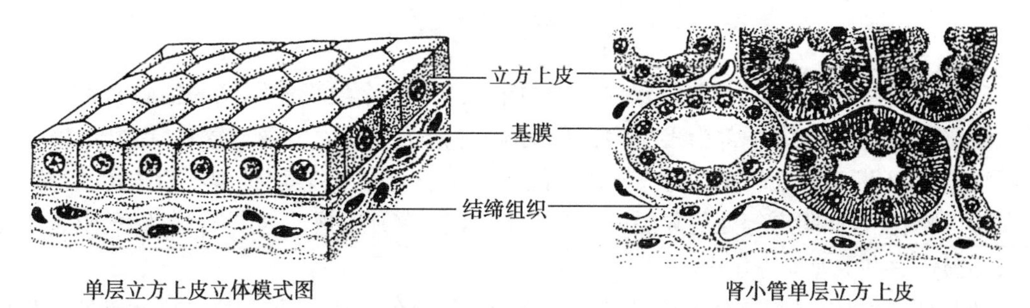

图2-13　单层立方上皮模式图

（3）单层柱状上皮：由一层棱柱状细胞紧密排列而成，从侧面看，细胞呈柱状，细胞核椭圆形，位于细胞基底部（图2-14）。分布于胃、肠、胆囊和子宫等器官的腔面，具有保护、分泌和吸收等功能。

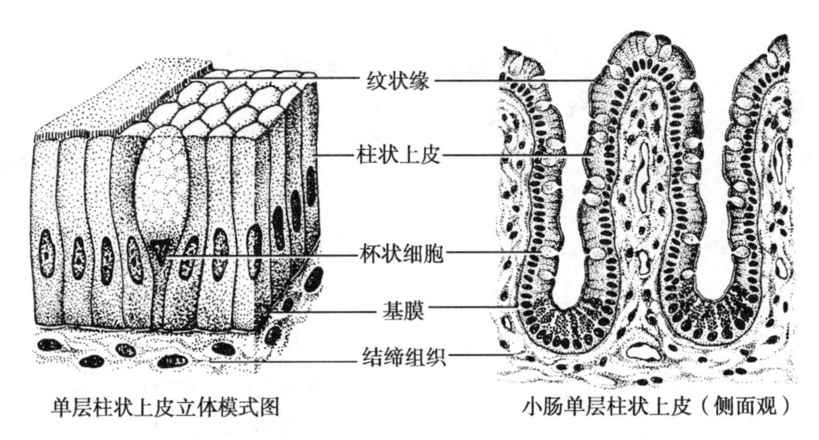

图2-14 单层柱状上皮模式图

（4）假复层纤毛柱状上皮：由柱状细胞、杯状细胞、梭形细胞及锥体形细胞等构成，各细胞核不在一个平面上，但基底面都附于基膜上，看上去似多层，实为一层，因而称为假复层纤毛柱状上皮（图2-15）。这种上皮主要分布于呼吸道黏膜，其中柱状细胞的纤毛具有节律性摆动的特性，杯状细胞分泌的黏液能黏附尘粒，对呼吸道起湿润和清洁保护作用。

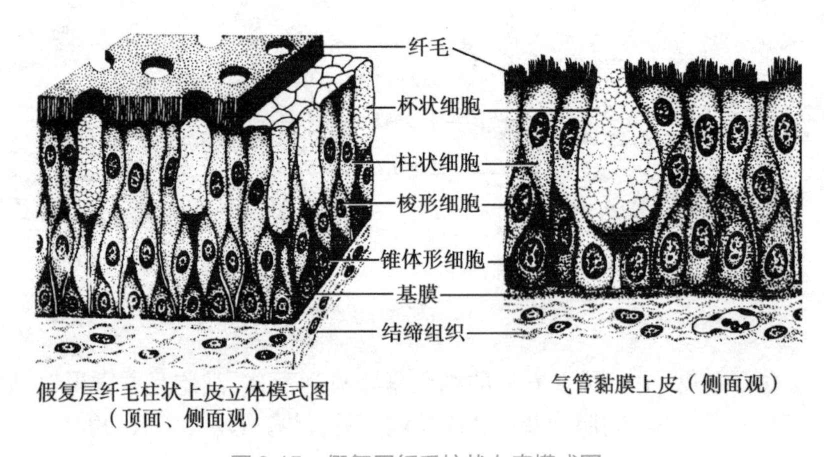

图2-15 假复层纤毛柱状上皮模式图

（5）复层扁平上皮：又称复层鳞状上皮（图2-16），由多层形态不同的细胞紧密排列而成。浅层细胞为扁平形；中部为多层多边形细胞；底层为一层立方形或矮柱状细胞，称为基底层细胞，其不断地分裂增殖。分布于皮肤的复层扁平上皮，其表层细胞不断角化、脱落，而分布于口腔、食管和阴道等处的复层扁平上皮不角化。复层扁平上皮具有耐摩擦、阻止异物侵入和损伤后再生修复等作用。

（6）变移上皮：又称移行上皮，由多层细胞组成，分布于肾盂、输尿管及膀胱等处。其特点是上皮细胞的大小、形状和层数可随器官的收缩与扩张而发生改变（图2-17）。

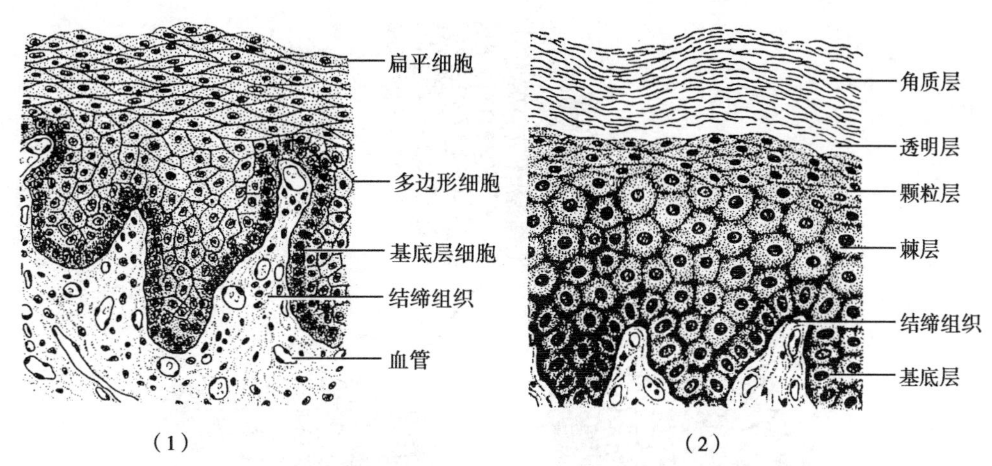

图 2-16 复层扁平上皮模式图

(1)未角化复层扁平上皮;(2)角化复层扁平上皮

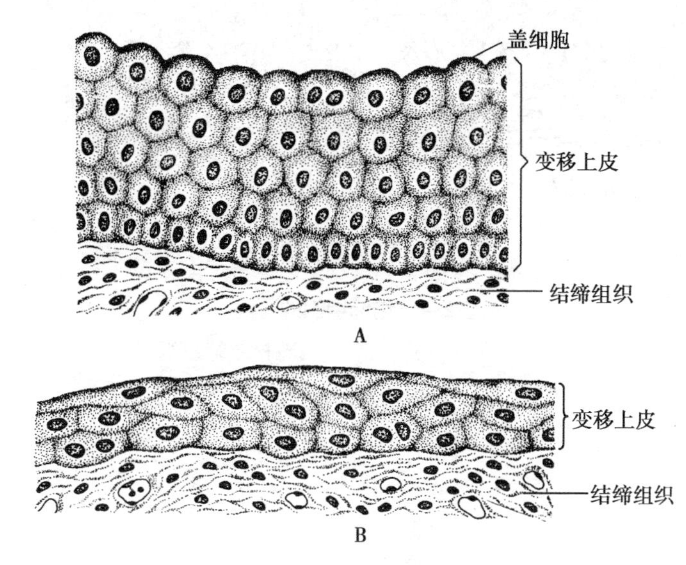

图 2-17 变移上皮模式图

(A. 膀胱空虚时;B. 膀胱充盈时)

(二)腺上皮和腺

腺上皮是指以分泌功能为主的上皮,而腺则是以腺上皮为主要成分构成的器官(图 2-18)。腺依其分泌物的排出方式不同分为外分泌腺和内分泌腺。外分泌腺的分泌物经导管排到体表或体腔内,如汗腺、唾液腺等。外分泌腺又可区分为单细胞腺和多细胞腺;内分泌腺没有导管,也称无管腺,其分泌物经血液和淋巴或组织液输送,如甲状腺、肾上腺等。

二、结缔组织

结缔组织由细胞和大量细胞间质构成,其细胞间质包括基质和纤维。在体内结缔组织主要起连接、支持、营养、修复和保护等作用。它包括胶态的固有结缔组织、固态的软骨组织和骨组织及液态的血液(表 2-4)。

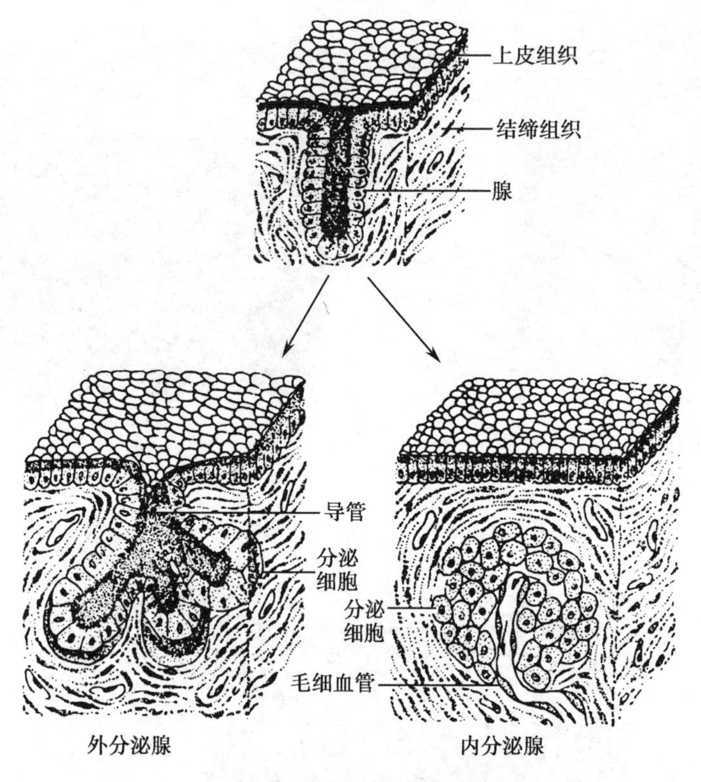

图 2-18 腺上皮及腺模式图

表2-4 结缔组织的分类

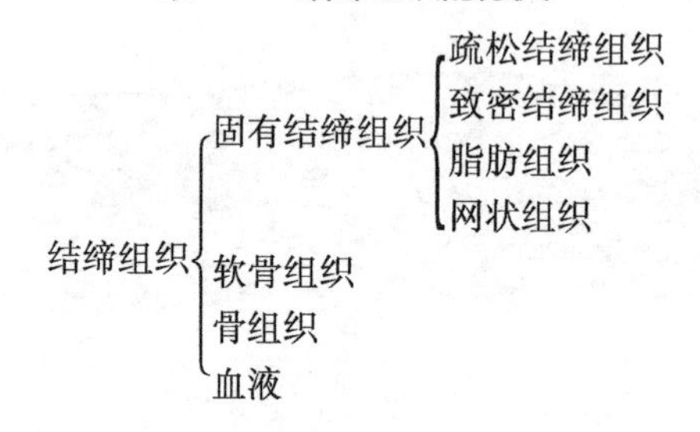

- 结缔组织
  - 固有结缔组织
    - 疏松结缔组织
    - 致密结缔组织
    - 脂肪组织
    - 网状组织
  - 软骨组织
  - 骨组织
  - 血液

（一）固有结缔组织

1. 疏松结缔组织　疏松结缔组织结构疏松，形似蜂窝，故又称蜂窝组织。其特点是：细胞数量少，种类多且分散，纤维排列松散，基质含量较多。在体内疏松结缔组织分布广泛，它位于器官之间、组织之间及细胞之间，起连接、支持、营养、防御和修复等作用（图 2-19）。

（1）细胞：

1）成纤维细胞：疏松结缔组织中的主要细胞，呈多突扁平形，细胞核呈椭圆形，染色较淡。成纤维细胞能合成基质和纤维，在创伤修复中起重要作用。

2）巨噬细胞：细胞有伪足，形状不固定，呈圆形、椭圆形或不规则形。细胞核小，胞质内有吞噬颗粒。巨噬细胞是血液中的单核细胞进入结缔组织后形成的，具有活跃的变形运动能力，可吞噬异物和衰老细胞，参与免疫应答调节。

3）浆细胞：浆细胞呈圆形或卵圆形，细胞核呈圆形，偏于一侧，染色质呈轮辐状排列。能合成和分泌免疫球蛋白（Ig）即抗体，参与体液免疫。

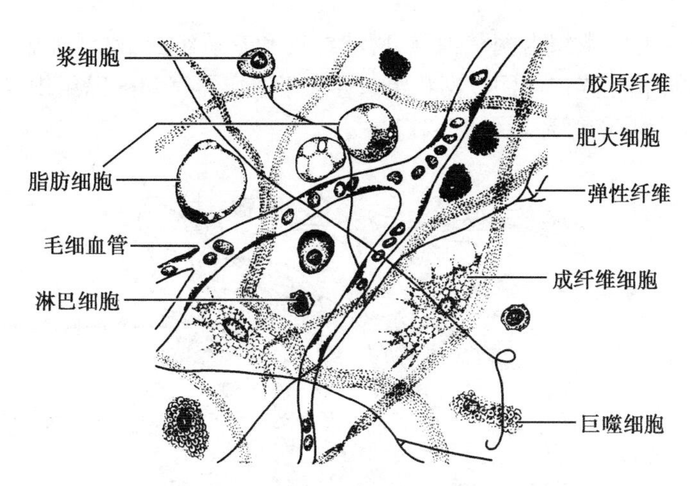

图 2-19 疏松结缔组织铺片模式图

4）肥大细胞:成群分布于小血管周围。细胞呈圆形或卵圆形,细胞核小而圆,位于细胞中央,胞质内充满粗大的异染性颗粒,颗粒内含肝素、组胺、白三烯等生物活性物质。肝素有抗凝血作用;组胺和白三烯可引起荨麻疹、哮喘等过敏反应。

5）脂肪细胞:单个或成群分布。细胞呈大小不等的球形,胞质内含有脂滴,细胞核常被挤到一侧。脂肪细胞能合成和贮存脂肪,参与脂类代谢。

（2）细胞间质:包括纤维和基质。

1）纤维:有 3 种,即胶原纤维、弹性纤维和网状纤维。胶原纤维新鲜时呈白色,故又称白纤维,胶原纤维韧性大,抗拉力强,但弹性较差,它是结缔组织具有支持作用的物质基础;弹性纤维新鲜时呈黄色,故又称黄纤维,纤维较细,有分支并交织成网,弹性纤维弹性好,但韧性差,其弹性会随着年龄的增长而逐渐减弱;网状纤维数量最少,纤维细短而分支较多,常相互交织成网,网状纤维主要存在于网状组织。

2）基质:呈无定形的胶体状,其化学成分主要为蛋白多糖和水。基质中含有从毛细血管渗出的液体,称组织液。组织液是组织细胞和血液之间进行物质交换的媒介。

2. 致密结缔组织　其特点是:细胞和基质成分少,纤维成分多、粗大且排列紧密,以胶原纤维和弹性纤维为主。主要分布于肌腱、韧带、皮肤真皮、巩膜、器官的被膜等处,有支持、连接和保护等作用(图 2-20)。

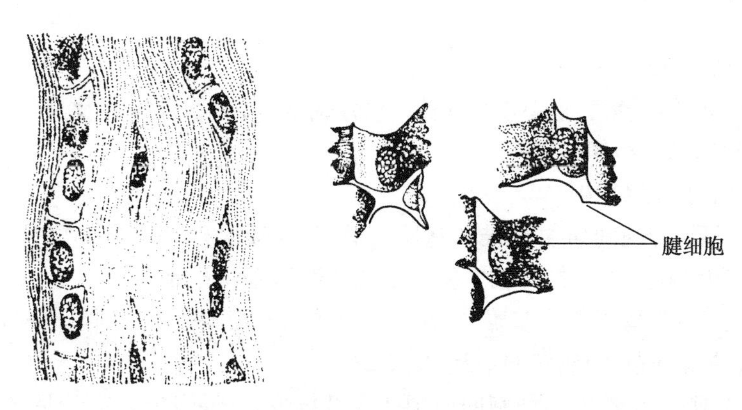

图 2-20 致密结缔组织（肌腱与腱细胞）

3. 网状组织 网状组织由网状细胞、网状纤维和基质组成，网状细胞为多突起的星形细胞，细胞突起彼此相互连接成网。网状组织存在于造血器官和淋巴组织等处，构成血细胞的发生和淋巴细胞发育的微环境（图2-21）。

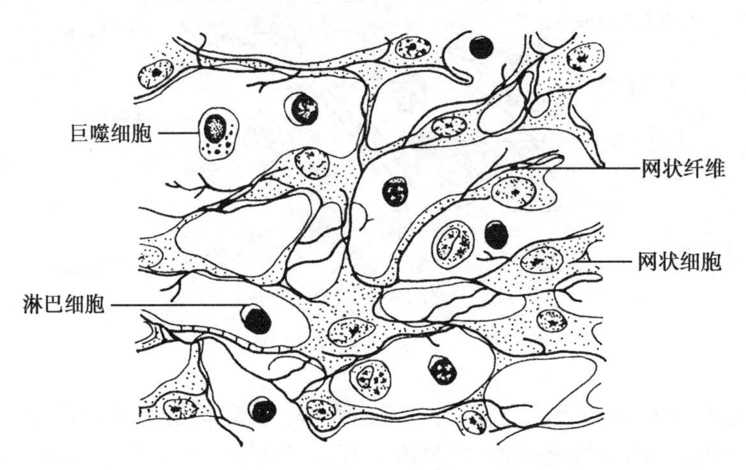

图2-21 网状组织模式图

4. 脂肪组织 脂肪组织主要由大量脂肪细胞群集而成，并被少量疏松结缔组织分隔成许多脂肪小叶（图2-22）。脂肪组织主要分布于皮下、网膜、系膜和黄骨髓等处。具有贮存脂肪、支持、缓冲、保护脏器和维持体温等作用。

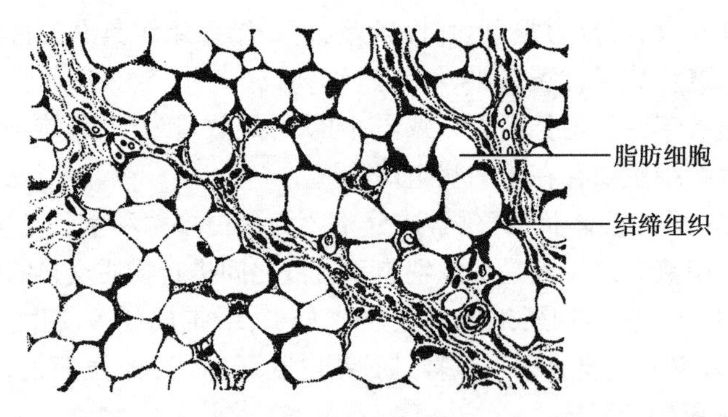

图2-22 脂肪组织模式图

（二）软骨组织和软骨

软骨组织由软骨细胞和细胞间质构成。软骨是器官，由软骨组织及其表面的软骨膜构成。软骨膜由致密结缔组织构成。

1. 软骨组织的一般结构

（1）细胞间质：细胞间质由纤维和基质构成，呈均质状。基质主要成分为蛋白多糖和水，呈凝胶状。包埋在基质中的纤维主要有胶原纤维和弹性纤维。

（2）软骨细胞：包埋于软骨基质中，近软骨膜的软骨细胞较小，幼稚，越靠近软骨组织内部细胞越大，并成群分布，为成熟的细胞（图2-23）。

2. 软骨的分类 软骨依其细胞间质中所含纤维成分的不同分为：透明软骨、弹性软骨和纤维软骨。

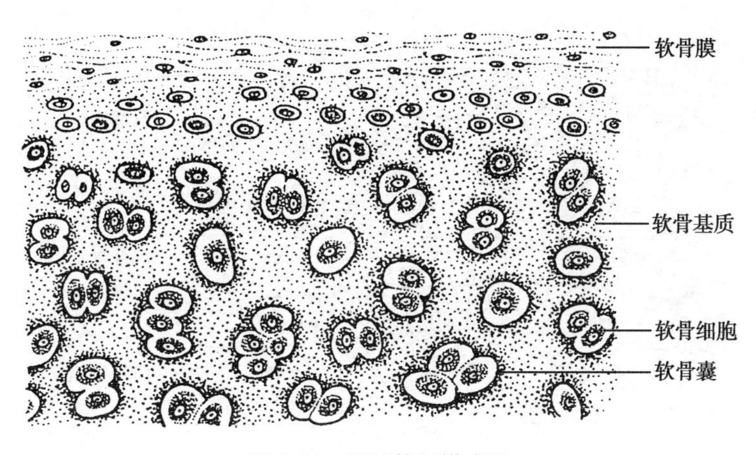

图 2-23 透明软骨模式图

（三）骨组织

骨组织是人体内一种坚硬的结缔组织，由骨细胞和坚硬的细胞间质构成。

1. 细胞间质 骨组织的细胞间质是一种钙化的细胞间质，由有机物和无机物构成。有机物含量少，其成分为胶原纤维和基质，基质呈凝胶状，具有黏合作用；无机物含量较多，其主要成分为磷酸钙和碳酸钙等。

骨胶原纤维被基质黏合在一起，并有钙盐沉积构成薄板状结构，称骨板（图 2-24）。骨组织形成的骨板构成了骨密质和骨松质。骨板内或骨板之间有许多小腔，称骨陷窝，陷窝向周围呈放射状排列的细小管道，称骨小管，相邻骨陷窝的骨小管相互连通。

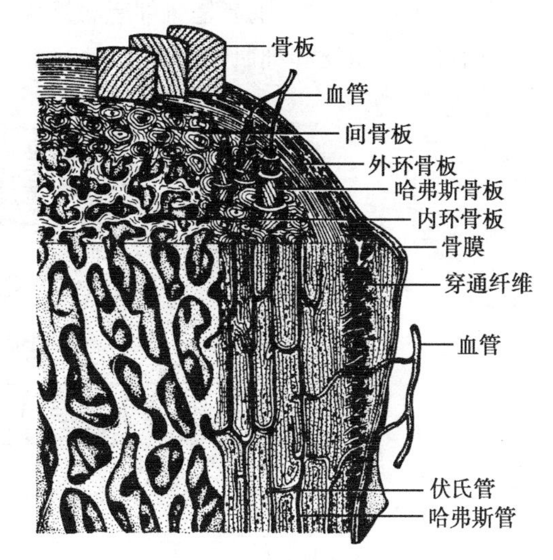

图 2-24 长骨结构模式图

2. 骨细胞 骨细胞位于骨陷窝内，其表面有很多突起伸入骨小管内，相邻骨细胞突起彼此相互接触。

（四）血液（详见第三章血液）

三、肌组织

肌组织主要由肌细胞构成，在肌细胞之间有少量的结缔组织、丰富的血管、淋巴管和神经等。肌细胞细长呈纤维状，又称肌纤维。肌组织具有收缩和舒张的功能，根据其形态结构和功能特点，肌组织可分为骨骼肌、心肌和平滑肌 3 类。

（一）骨骼肌

骨骼肌借肌腱附于骨骼上，主要由许多平行排列的骨骼肌纤维构成。骨骼肌收缩迅速而有力，但不持久，并受意识支配，属随意肌；因骨骼肌纤维在光镜下有明显的横纹，又称横纹肌。

1. 骨骼肌的结构 光镜下，骨骼肌纤维呈细长的圆柱状，长短不一。细胞核呈扁椭圆形，数量较多，位于细胞周缘，紧靠肌膜（图 2-25）。细胞质内含有许多与细胞长轴平行排列的肌原纤维。

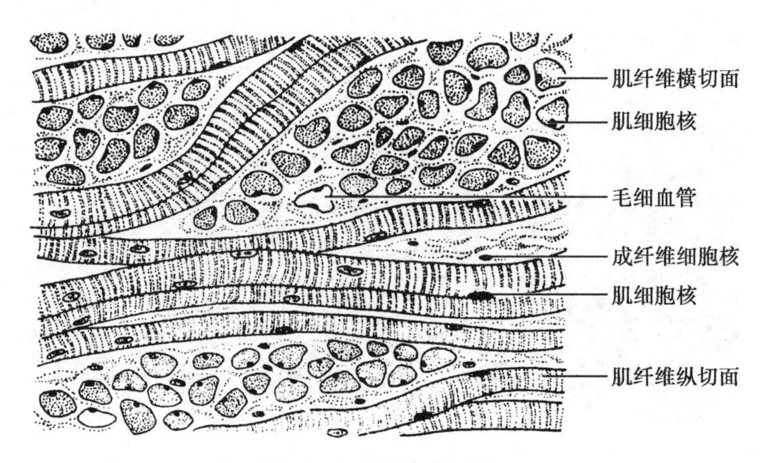

图 2-25 骨骼肌模式图

（1）肌原纤维：肌原纤维有明带（I 带）和暗带（A 带）交替排列，两带中央各有一条线，分别称 M 线和 Z 线。相邻两条 Z 线之间的一段肌原纤维称肌节（图 2-26），由 1/2 明带+1 个暗带+1/2 明带组成。肌节是肌细胞收缩和舒张的基本结构和功能单位。电镜下，每条肌原纤维由许多粗肌丝和细肌丝构成。

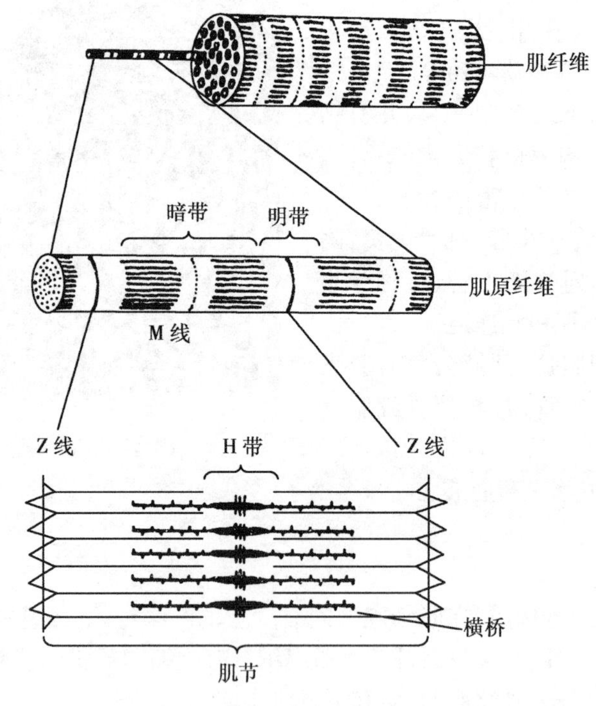

图 2-26 骨骼肌纤维逐级放大模式图

（2）肌管系统：骨骼肌细胞内有横小管和纵小管两套独立的肌管系统。横小管由肌膜向细胞内凹陷形成；纵小管又称肌浆网，其末端在横小管附近形成膨大的终池，可贮存和释放 Ca^{2+}。横小管和其两侧的终池形成三联体。

2. 骨骼肌的收缩功能

（1）骨骼肌收缩过程：目前常用肌丝滑行学说解释，肌细胞收缩时肌原纤维的缩短，不是由于肌丝本身的缩短，而是由于每个肌节发生了粗、细肌丝相对滑行的结果。

（2）兴奋-收缩耦联：骨骼肌收缩中，把膜的电兴奋过程和肌细胞的收缩过程联系起来的中介过程，称为兴奋-收缩耦联。其结构基础是三联体，耦联因子是 Ca^{2+}。

（3）骨骼肌收缩形式：骨骼肌收缩是指肌肉张力增加和（或）肌肉长度缩短的机械变化。肌肉收缩的形式与其所承受的负荷有关。肌肉在收缩前所承受的负荷称为前负荷，可通过增加肌肉收缩前的初长度来增加肌肉的收缩力。肌肉在收缩过程中所承受的负荷称为后负荷，肌肉收缩时首先表现为长度不变而张力增加，以克服负荷，表现为等长收缩状态；当张力增加到等于或大于后负荷时，肌肉缩短而张力不再增加，即等张收缩状态。

骨骼肌受到一次刺激，引起一次收缩，称为单收缩。骨骼肌受到连续刺激时，可出现持续的收缩状态，称为强直收缩。正常情况下，人体内骨骼肌的收缩都属于强直收缩。

（二）心肌

心肌主要由心肌纤维构成。分布于心脏和邻近心脏的大血管根部的管壁中，心肌收缩具有自动节律性，缓慢而持久，不易疲劳，且不受意识支配，属不随意肌。

光镜下，心肌纤维呈短圆柱状，有分支，彼此吻合成网。相邻心肌纤维的连接处形成的结构称闰盘，在一般染色标本中其着色较深，呈横行或阶梯状细线。心肌纤维一般有一个卵圆形的细胞核，位于细胞中央，心肌纤维在纵切面上也显示横纹，但不如骨骼肌纤维的明显（图 2-27）。

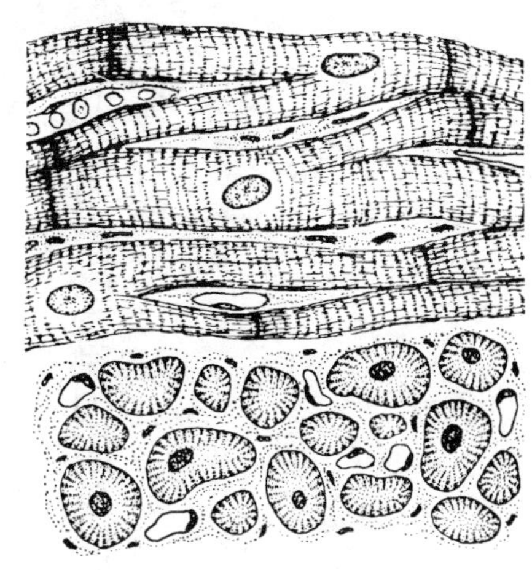

图 2-27 心肌模式图

（三）平滑肌

平滑肌主要由平滑肌纤维构成，广泛分布于许多内脏器官管壁和血管壁等处。收缩缓慢而持久，不受意识控制，属不随意肌。

平滑肌纤维呈长梭形，大小不一，无横纹，细胞核一个，呈长圆形或杆状，位于细胞中央。绝大部分平滑肌纤维平行成束或成层排列，同一层平滑肌纤维多平行排列并相互嵌合，相邻肌层内平滑肌纤维的排列方向不同，因此在横切面上肌纤维的直径粗细不等（图 2-28）。

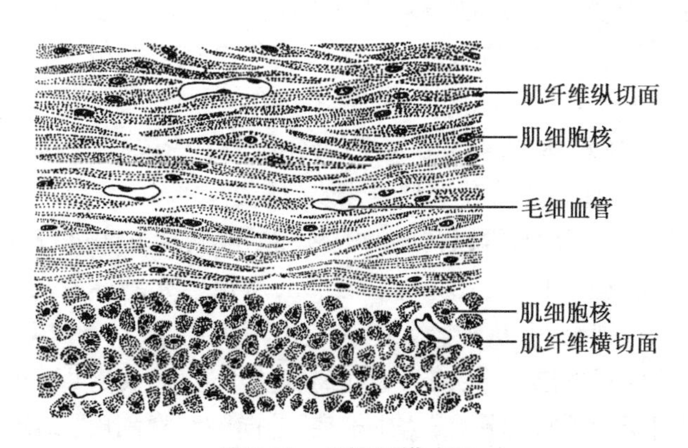

图 2-28 平滑肌模式图

四、神经组织

神经组织由神经细胞和神经胶质细胞构成。神经细胞是神经系统的基本结构和功能单位,故又称神经元。它具有接受刺激、整合信息和传导冲动的生理功能,有些神经元还具有内分泌功能。神经胶质细胞对神经元起支持、保护、绝缘、营养等作用。

(一)神经元

1. 神经元的结构和功能　神经元由胞体和突起两部分组成(图2-29)。

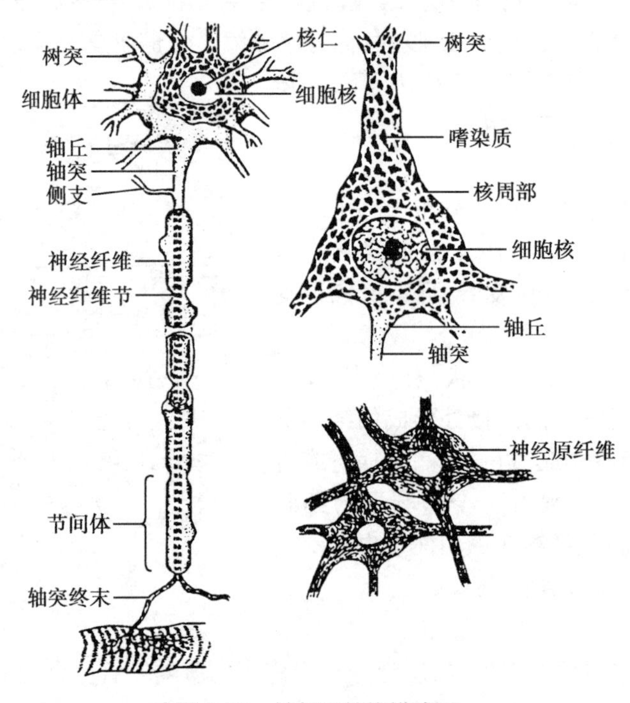

图2-29　神经元结构模式图

(1) 胞体:大小不一,形态各异,有圆形、星形、梭形等多种形态,是神经元的代谢和营养中心。细胞质内除含有一般细胞器外,还含有两种神经元特有的细胞器即嗜染质(能合成蛋白质和神经递质)和神经原纤维(具有支持神经元的作用)。

(2) 突起:突起由神经元的细胞膜和细胞质突出形成,分为树突和轴突两种。

1) 树突:较短有分支,呈树枝状,每个神经元有1个或多个树突,其主要功能是接受刺激,并将神经冲动传给胞体。

2) 轴突:一般比树突细,呈细索状。每个神经元只有1个轴突,其长短不一。轴突的主要功能是将神经冲动由胞体传递给其他神经元或效应器。

2. 神经元的分类　神经元通常以突起的数目和功能两种方法进行分类。

(1) 按神经元的突起数目分类:①多极神经元,从神经元胞体发出多个突起,其中1个轴突,多个树突。②双极神经元,从神经元胞体发出两个突起,1个轴突,1个树突。③假单极神经元,神经元从胞体只发出1个突起,但在离胞体不远处,突起即分为两个分支,一个为周围突,分布到外周组织和器官,另一支为中枢突,伸向脑和脊髓(图2-30)。

(2) 按神经元的功能分类:①感觉神经元:也称传入神经元,多为假单极神经元,将神经

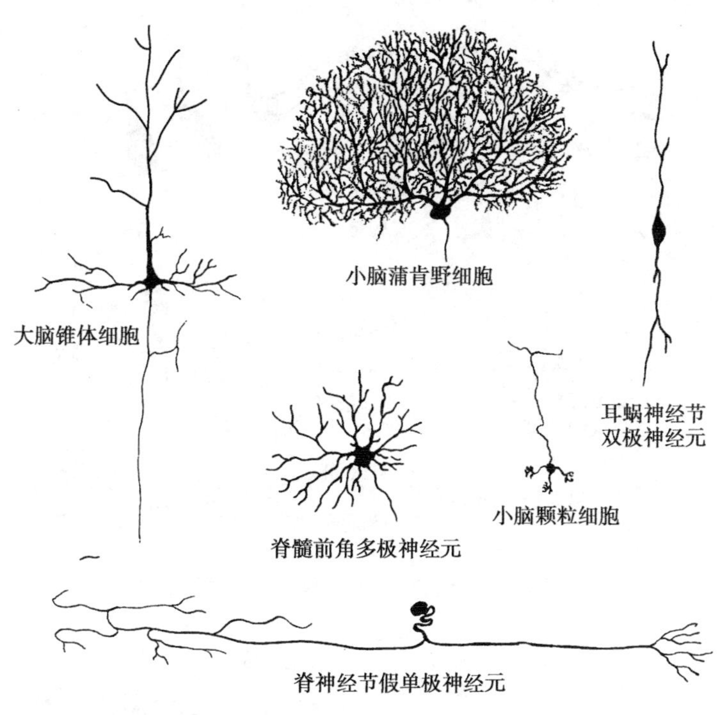

图 2-30 几种不同形态的神经元模式图

冲动传向中枢。②运动神经元:也称传出神经元,多为多极神经元,它能把中枢发出的神经冲动传给肌肉或腺体,支配其活动。③中间神经元:也称联络神经元,介于感觉和运动两类神经元之间,起联络作用。

3. 神经元间的信息传递

(1) 突触的结构和分类:突触是神经元与神经元之间,或神经元与其他效应细胞(肌细胞、腺细胞)之间相接触并进行信息传递的部位。它是神经元传递信息的重要结构,突触可分为电突触和化学突触两类。

神经系统中较为多见的是化学性突触。一个经典的化学性突触由突触前膜、突触间隙和突触后膜 3 部分组成(图 2-31)。突触前神经元的轴突末梢膨大,形成突触小体。突触小体内有大量突触小泡,其中贮存着高浓度的神经递质。突触小体面对突触后神经元的膜,称突触前膜。突触后神经元面对突触小体的胞体或突起的细胞膜称为突触后膜,膜上有能与相应递质结合的受体。突触前膜和突触后膜之间的间隙称为突触间隙。

(2) 突触传递:突触前神经元的信息,通过传递,引起突触后神经元活动发生改变的过程,称突触传递。

(3) 神经-肌肉接头:是运动神经元轴突末梢在骨骼肌肌纤维上的接触点,属于突触。它由接头前膜、接头间隙和接头后膜 3 部分组成。接头前膜是神经轴突末梢的细胞膜,释放的神经递质是乙酰胆碱(ACh);接头后膜是与接头前膜相对应的肌细胞膜,也称为终板膜,有与 ACh 结合的 N 型受体和能水解 ACh 的胆碱酯酶。

(二) 神经胶质细胞

神经胶质细胞广泛分布于神经系统中,根据其分布的位置不同,分为中枢神经系统的胶质细胞(图 2-32)和周围神经系统的胶质细胞。

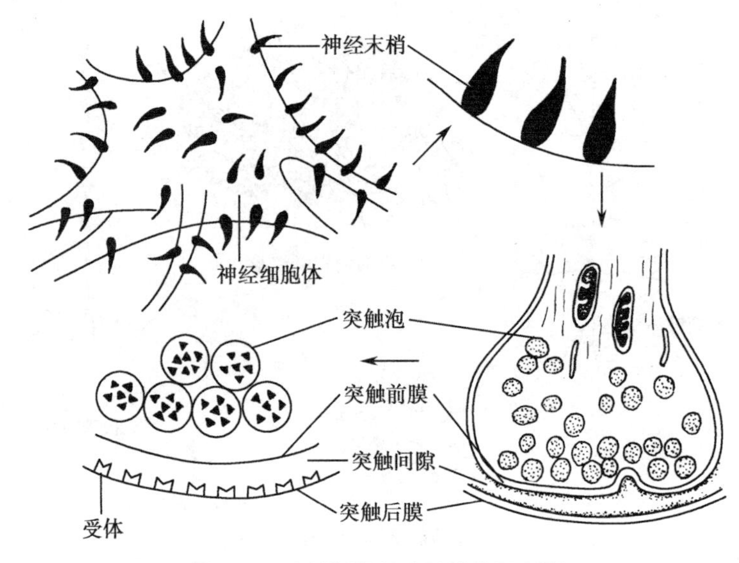

图 2-31　突触逐级放大及结构示意图

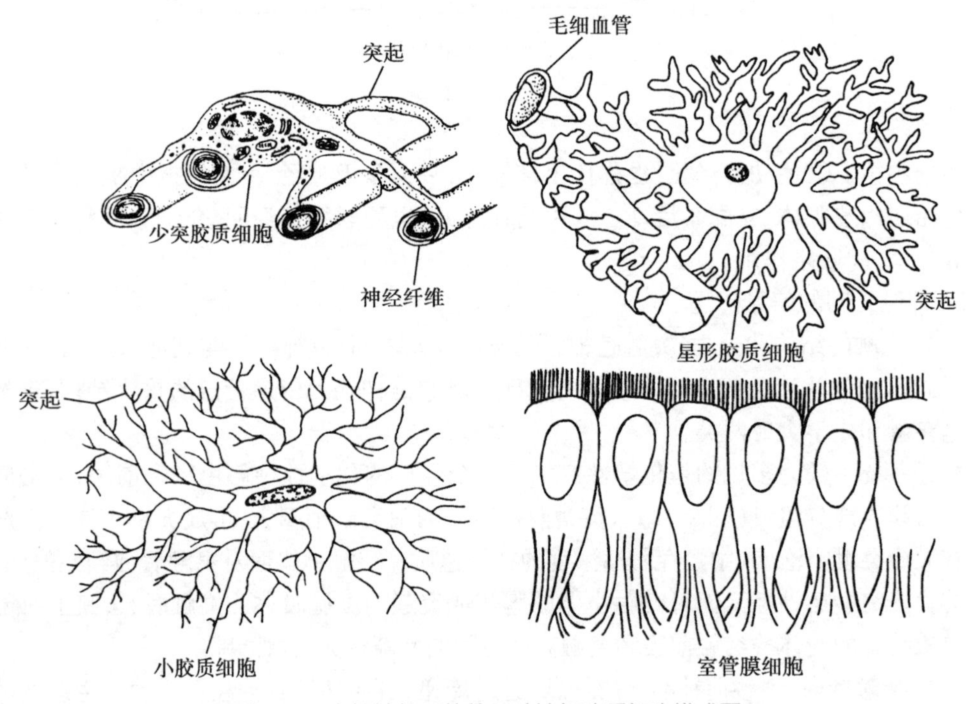

图 2-32　中枢神经系统的几种神经胶质细胞模式图

中枢神经系统的胶质细胞主要有星形胶质细胞、少突胶质细胞和小胶质细胞 3 种，星形胶质细胞在神经冲动的传导过程中起绝缘作用，并参与血-脑屏障的构成。少突胶质细胞参与中枢神经系统中有髓神经纤维髓鞘的构成。小胶质细胞来源于血液中的单核细胞，具有吞噬功能。

周围神经系统的胶质细胞主要包括神经膜细胞，也称施万细胞，它包裹在神经元突起的外面，参与构成周围神经系统的神经纤维，有营养、保护和绝缘作用。

（三）神经纤维

神经纤维是由神经元的长突起和包在它外面的神经胶质细胞构成的结构。其主要功能是传导神经冲动。神经纤维根据有无髓鞘可分为两类。

1. 有髓神经纤维　周围神经系统中的有髓神经纤维是由神经元的长突起及周围的髓鞘和神经膜构成(图2-33)。神经膜细胞的包裹呈节段性,相邻节段间的无髓鞘窄部,称为郎飞结。中枢神经系统的有髓神经纤维的髓鞘是由少突胶质细胞的突起包卷而成。传导冲动的方式是呈跳跃式,即在郎飞结之间形成局部电流进行传导,传导速度快。

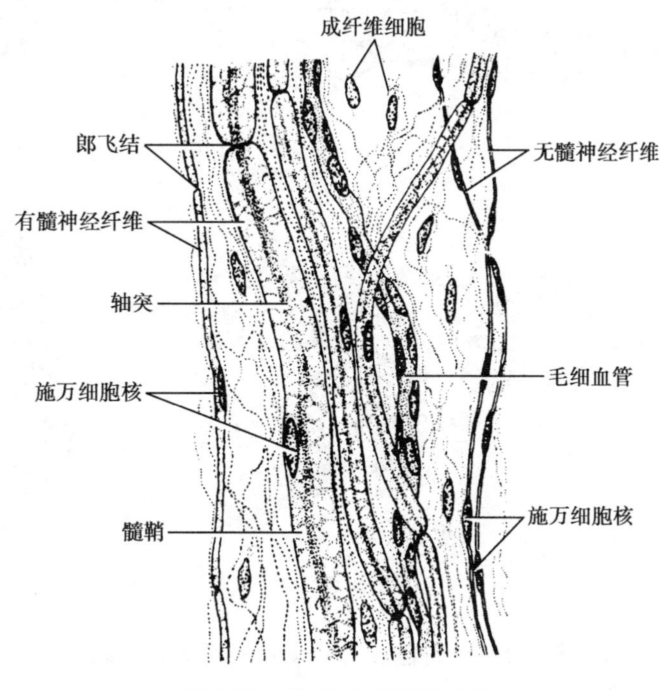

图2-33　周围神经纤维模式图

2. 无髓神经纤维　周围神经系统的无髓神经纤维由较细的神经元突起和包在它外面的神经膜细胞构成,但神经膜细胞不形成髓鞘。无髓神经纤维神经冲动的传导速度比有髓神经纤维慢。

(四)神经末梢

神经末梢是周围神经纤维的终末部分终止于其他组织或器官内所形成的一些特殊结构。按其功能的不同可分为两大类。

1. 感觉神经末梢　感觉神经末梢是感觉神经纤维的终末部分与所在组织共同形成的结构,又称感受器。它能接受机体内、外环境的各种刺激,并将刺激转化为神经冲动,传向中枢,产生感觉。感受器种类很多,根据形态结构的不同,可分两类(图2-34)。

(1)游离神经末梢:是感觉神经纤维的终末脱去髓鞘反复分支而成,能感受冷、热和痛觉刺激。

(2)有被囊神经末梢:神经纤维末梢外面包裹有结缔组织被囊,种类较多,常见的有:①触觉小体,能感受触觉。②环层小体,能感受压觉和振动觉。③肌梭,能感受肌纤维的伸缩变化,在骨骼肌的活动中起重要调节作用。

2. 运动神经末梢　运动神经末梢是运动神经纤维的终末部分,分布于肌组织和腺体所形成的结构,又称效应器。其功能是支配肌纤维的收缩和调节腺体的分泌。

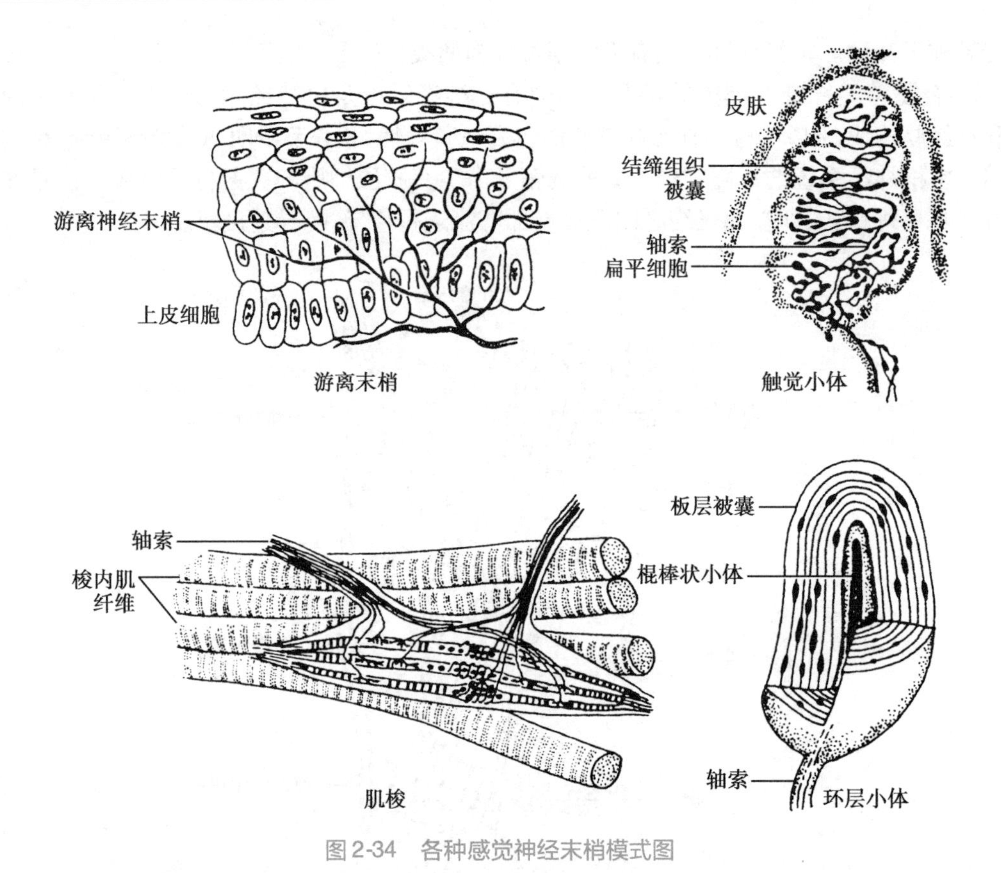

图 2-34 各种感觉神经末梢模式图

（1）躯体运动神经末梢：分布于骨骼肌的运动神经纤维，在接近肌纤维处失去髓鞘，称运动终板（见神经-肌接头）。

（2）内脏运动神经末梢：分布于心肌、内脏及血管平滑肌和腺体等处，与平滑肌和腺体建立突触。

本章小结

细胞是人体结构与功能的基本单位，细胞可分为细胞膜、细胞质和细胞核 3 部分。细胞与周围环境之间的物质交换，是通过细胞膜的转运功能实现的。细胞的生物电是实现各种功能活动的基础，有静息电位和动作电位，动作电位是细胞兴奋的标志。

基本组织可分为上皮组织、结缔组织、肌组织和神经组织 4 大类。上皮组织由大量密集排列的上皮细胞和少量的细胞间质组成，分为被覆上皮、腺上皮和特殊上皮。结缔组织由多种细胞和大量的细胞间质构成，分为固有结缔组织、血液、软骨组织和骨组织。肌组织主要由肌细胞和细胞间质构成，分为骨骼肌、心肌和平滑肌。神经组织由神经元和神经胶质细胞组成。突触是神经元与神经元之间，或神经元与其他效应细胞（肌细胞、腺细胞）之间相接触并进行信息传递的部位。

（张维烨 张鹤）

目标测试

思考题

1. 简述细胞膜的转运物质的方式和特点。
2. 简述被覆上皮的共同特征、分类及主要分布。
3. 简述疏松结缔组织中的五种细胞的功能。
4. 简述静息电位和动作电位的形成机制。
5. 简述三种肌组织的结构特点。
6. 简述突触和突触传递的概念。

第三章　血　　液

学习目标

1. 掌握：血液的组成；血浆的成分及作用；血浆渗透压；红细胞；血液凝固和血量。
2. 熟悉：白细胞；血小板和血型。
3. 了解：血液的理化性质和纤维蛋白溶解。

血液随血液循环运送至全身各部分，起运输 O_2、营养物质、代谢产物、CO_2 和激素等物质的作用，血液还具有缓冲酸碱性、参与体温调节、生理性止血、发挥防御和保护作用，是人体内环境中最活跃的部分。

第一节　血液的组成和理化性质

案例

临床上常检测血液来了解身体的部分功能状态，血常规检查更是入院后的常规检查项目之一。

请问：1. 血液由什么组成？

2. 为何血液能反映人体的部分功能状态？

一、血液的组成

将新鲜血液注入含抗凝剂的比容管充分混匀并离心后，血液分 3 层，上层浅黄色透明的液体为血浆，下层深红色的物质为红细胞，中间有一薄层灰白色不透明的物质为白细胞和血小板（图 3-1）。因此，血液由血浆和血细胞组成，血细胞包括红细胞、白细胞和血小板（图 3-2）。

考点提示

血液的组成

血细胞在血液中所占容积的百分比，称血细胞比容，也称红细胞比容，可反映血液中（红）细胞与血容量的相对关系。血细胞比容的正常值，成年男性为 40% ~50%，成年女性为 37% ~48%，新生儿约为 55%。机体状态不同时，血细胞比容可改变。如贫血患者常因红细胞数量减少致血细胞比容降低，严重脱水、腹泻、烧伤患者常因血浆丢失过多致血细胞比容增大。

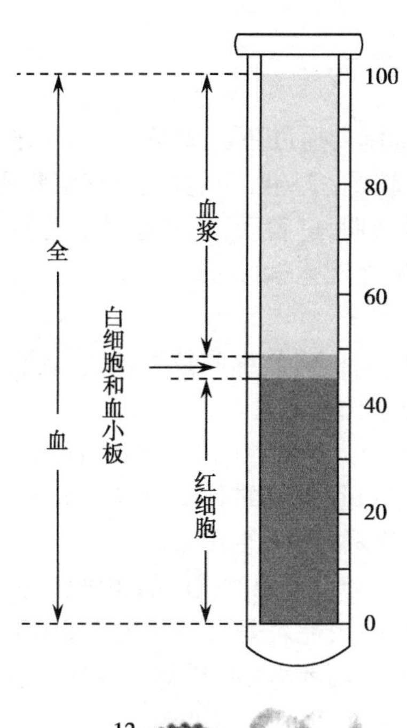

图 3-1　血液的组成示意图

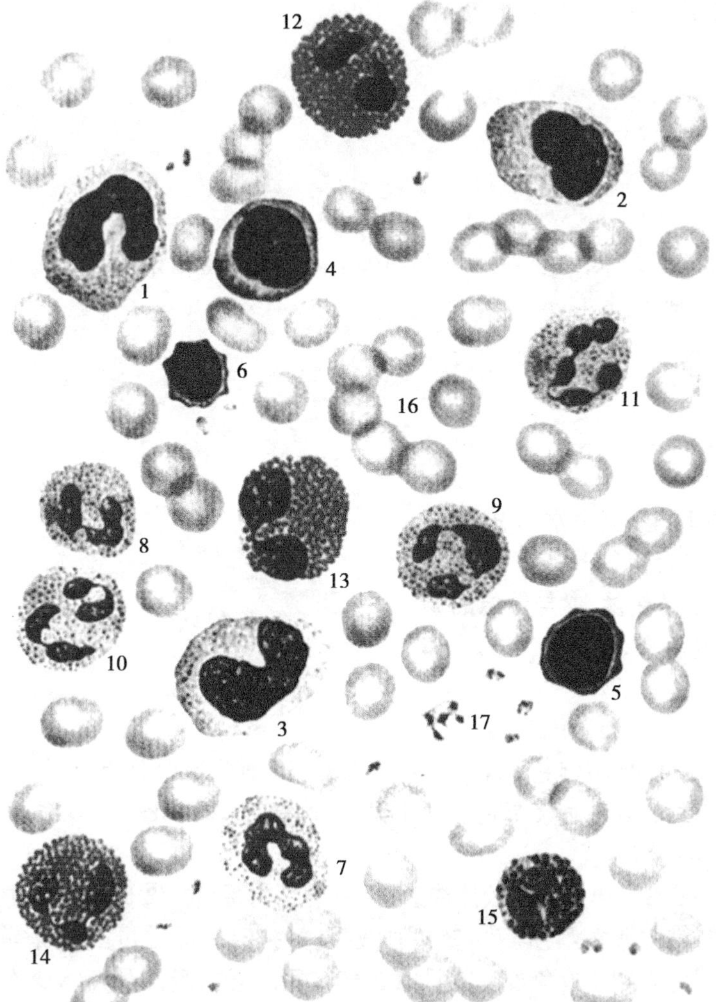

图 3-2　血细胞

1～3:单核细胞;4～6:淋巴细胞;7～11:中性粒细胞;12～14:嗜酸性粒细胞;15:嗜碱性粒细胞;16:红细胞;17:血小板

二、血液的理化性质

1. 颜色 血液的颜色主要取决于红细胞内血红蛋白的颜色。动脉血中氧合血红蛋白较多,呈现鲜红色;静脉血中去氧血红蛋白较多,呈暗红色;贫血时红细胞或血红蛋白含量减少,颜色偏淡。血浆呈淡黄色,空腹时清澈透明,进餐后,尤其是进食较多的脂类食物后,可因血浆脂蛋白增多而浑浊。因此,临床检测血液化学成分时,要求空腹取血,避免食物对检测结果造成影响。

2. 比重 正常人血液的比重为1.050~1.060,红细胞数量越多,血液比重越大;血浆比重为1.025~1.030,血浆蛋白含量越高,血浆比重越大。

3. 黏度 血液的黏度来源于血液内部分子或颗粒间的摩擦。若水的黏度为1,则血液的黏度是水的4~5倍,主要取决于红细胞数量;血浆的黏度为水的1.6~2.4倍,主要取决于血浆蛋白的含量。血液的黏度是形成血流阻力的重要因素之一。

4. 酸碱度 正常人血浆pH为7.35~7.45。血浆酸碱度的相对稳定依赖血液中的缓冲对以及肺和肾的正常功能。血液中最重要的缓冲对是血浆中的$NaHCO_3/H_2CO_3$。若$pH<7.35$,称为酸中毒;若$pH>7.45$,称为碱中毒。两者均可影响体内各种酶的活动,导致机体生理功能紊乱,严重时危及生命。

第二节 血 浆

案例

姜某,女,7岁,每日大量蛋白尿,血浆蛋白含量<30g/L,水肿,诊断为肾病综合征。

请问:1. 血浆内有哪些物质,各有什么作用?

2. 该患者出现水肿的原因是什么?

一、血浆的成分及其作用

血浆是血细胞生存的内环境,其中水占91%~92%,溶质占8%~9%。水作为溶剂具有运输作用外,还有较高的比热,有利于运送热量,参与体温的调节。溶质主要是血浆蛋白、电解质、小分子有机物和一些气体。

考点提示

血浆的成分

(一)血浆蛋白

血浆蛋白是血浆中各种蛋白的总称,正常含量为65~85g/L。血浆蛋白分为白蛋白、球蛋白和纤维蛋白原3类。正常成年人血浆蛋白中白蛋白的含量为40~48g/L,球蛋白为15~30g/L,纤维蛋白原为2~4g/L。

血浆蛋白的主要功能有:①参与形成血浆胶体渗透压,主要是白蛋白。②作为载体协助运输血浆中激素、脂类、离子、维生素等物质。③参与血液凝固、抗凝和纤维蛋白溶解等过程。④抵抗病原微生物和毒素,参与体液免疫。⑤具有营养作用。⑥白蛋白及其钠盐构成缓冲对,调节酸碱平衡。

（二）无机盐

血浆中的无机盐主要以离子形式存在，其中阳离子有 Na^+、K^+、Ca^{2+}、Mg^{2+}等，主要是 Na^+，阴离子有 Cl^-、HCO_3^-、HPO_4^{2-}等，主要是 Cl^-。这些离子对维持血浆晶体渗透压、酸碱平衡、神经和肌肉的正常兴奋性等具有重要作用。

（三）非蛋白含氮化合物

血浆中除蛋白质以外的氨基酸、尿素、尿酸、肌酐等含氮化合物，称为非蛋白含氮化合物，这类化合物中的氮称为非蛋白氮（NPN）。正常人血浆 NPN 含量为 14～25mmol/L。血中 NPN 是蛋白质和核酸的代谢产物，主要通过肾排泄，故测定血浆 NPN 含量有助于了解机体蛋白质的代谢水平和肾的排泄功能。

（四）其他

血浆中还含有葡萄糖、脂类、维生素、激素、酮体、乳酸、O_2、CO_2 等营养物质和代谢产物等。

二、血浆渗透压

血浆渗透压是血液的一种基本特性，是血液中的溶质颗粒吸引水分子透过半透膜的力量。其大小与血液中溶质颗粒的数目呈正相关，与溶质的种类和颗粒大小无关。

（一）血浆渗透压的组成、形成和正常值

血浆渗透压约为 5790mmHg，由血浆晶体渗透压和血浆胶体渗透压两部分构成。血浆晶体渗透压是由血浆中的 NaCl、葡萄糖、尿素等晶体物质形成的，其中 80% 来自 Na^+和 Cl^-。血浆胶体渗透压是由血浆蛋白等胶体物质形成的，主要是白蛋白，正常值约为 25mmHg。

渗透压与血浆渗透压相近的溶液，称为等渗溶液，临床上最常用的等渗溶液有 0.9% NaCl 溶液和 5% 葡萄糖溶液；渗透压低于血浆渗透压的溶液，称为低渗溶液，如 0.6% NaCl 溶液；渗透压高于血浆渗透压的溶液，称为高渗溶液，如 10% 葡萄糖溶液和 25% 甘露醇溶液。

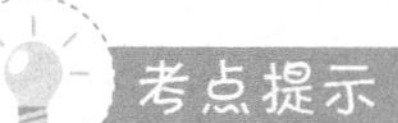

血浆渗透压的组成、形成和生理作用

（二）血浆渗透压的生理作用

血浆周围有细胞膜和毛细血管壁两种具有不同通透性的半透膜，因此，血浆晶体渗透压和胶体渗透压具有不同的生理作用（图 3-3）。

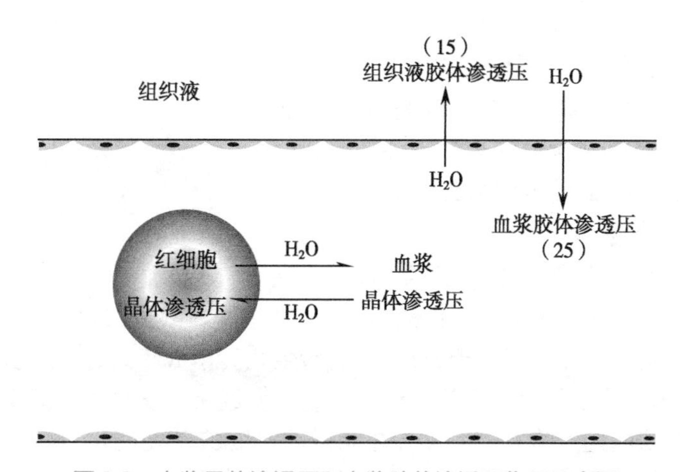

图 3-3 血浆晶体渗透压和血浆胶体渗透压作用示意图

1. 血浆晶体渗透压的作用　细胞膜的通透性具有允许水自由通过、不允许蛋白质通过，且对大部分晶体物质有严格限制的特点。正常情况下，血细胞内的渗透压与血浆渗透压基本相等，血细胞能维持正常的形态和功能。当细胞内、外渗透压不相等时，水分子在渗透压的吸引作用下由低渗透压处扩散至高渗透压处。若将红细胞置于低渗溶液中，水分将被吸入到红细胞内，红细胞逐渐肿胀，甚至会导致破裂，红细胞内的大量血红蛋白逸出，称为溶血；相反，若将红细胞置于高渗溶液中，红细胞内的水分被吸出，红细胞会皱缩，失去正常功能。由于血浆胶体渗透压远小于血浆晶体渗透压，当两者共同产生作用时，血浆胶体渗透压的作用可以忽略不计，故血浆晶体渗透压对维持细胞内外的水平衡和保持红细胞正常形态具有重要作用。

2. 血浆胶体渗透压的作用　毛细血管壁的通透性是允许水和晶体物质自由通过，不允许蛋白质通过，故毛细血管壁两侧的晶体渗透压相等。正常情况下，血浆蛋白浓度高于组织液中蛋白浓度，组织液中的水被血浆胶体渗透压吸入毛细血管内，维持正常的血容量。若肝、肾功能异常或营养不良使血浆蛋白浓度降低，会导致组织液的水滞留于组织间隙形成水肿。因此，血浆胶体渗透压对调节毛细血管内外水分的交换、维持正常血容量有重要作用。

第三节　血　细　胞

病例

李某，女，32岁，头晕乏力半年，面色萎黄，指甲、睑结膜色淡，月经量大。血常规检查红细胞数量 2.9×10^{12}/L，血红蛋白含量80g/L，血片检查见：红细胞形态不一，小者多见，红细胞中心淡染区扩大。诊断为缺铁性贫血（小细胞低色素性贫血）。

请问：1. 该患者诊断为贫血的依据是什么？

2. 该患者贫血的原因是什么？

3. 该患者的贫血应该如何治疗？

一、红细胞

（一）红细胞的形态、正常值与功能

人类正常成熟的红细胞（RBC）无细胞核，呈双凹圆盘形，细胞质内含大量的血红蛋白。

红细胞的结构

红细胞是血液中数量最多的血细胞。我国成年人男性红细胞正常值为 $(4.0\sim5.5)\times10^{12}$/L，女性为 $(3.5\sim5.0)\times10^{12}$/L；血红蛋白含量正常值，男性为120～160g/L，女性为110～150g/L。正常人红细胞数量和血红蛋白含量可因年龄、环境和状态不同而存在生理差异。如儿童低于成年人，但新生儿高于成年人；高原地区居民高于平原地区居民；妊娠期因血浆容量增多而使红细胞数量和血红蛋白含量相对减少。

红细胞的主要功能是运输 O_2 和 CO_2，并能缓冲血液酸碱度变化，这些功能都是靠血红蛋白实现的。一旦红细胞破裂溶血，红细胞和血红蛋白将丧失功能。

(二)红细胞的生理特性

1. 渗透脆性　红细胞在低渗溶液中发生膨胀、破裂和溶血的特性,称为红细胞的渗透脆性。红细胞在0.9% NaCl 的等渗溶液中可保持其正常形态;在0.6% ~0.8% NaCl 中膨胀呈球形但不破裂;在0.42% NaCl 中开始有部分红细胞破裂溶血;在0.35% NaCl 中全部破裂溶血,说明红细胞膜对低渗溶液有一定的抵抗力,用渗透脆性表示。渗透脆性越大,红细胞膜对低渗溶液的抵抗力越小,越容易发生破裂溶血。生理情况下,新生的红细胞脆性小,衰老的红细胞渗透脆性大。

2. 悬浮稳定性　红细胞在血浆中能保持悬浮状态而不易下沉的特性,称为悬浮稳定性,常用红细胞沉降率(ESR,简称血沉)表示。活动性肺结核、风湿热等疾病时血沉加快。

(三)红细胞的生成、调节与破坏

1. 红细胞的生成

(1)生成部位:红骨髓是成年人生成红细胞的场所,其正常的造血功能是红细胞生成的前提条件。在红细胞发育成熟过程中,细胞体积和细胞核逐渐变小;细胞质中的血红蛋白从无到有逐渐增多,最后达到正常水平;细胞核逐渐消失。当骨髓受到某些药物(如氯霉素、抗癌药)或理化因素(如射线)等作用时,其造血功能受到抑制,出现全血细胞减少,称为再生障碍性贫血。

(2)生成原料:合成血红蛋白所需的主要原料是蛋白质和铁。此外,还需维生素 B_6、B_2、C、E 以及微量元素钴、锌和铜等。

成年人每天需要铁20~30mg 用于红细胞生成,但每天仅需从食物中吸收1mg,其余95%来自体内衰老红细胞破坏后被循环利用的铁。当机体对铁的需求量增大但摄入不足(如儿童生长期、妇女月经期、妊娠期和哺乳期等)或吸收障碍,或长期慢性失血时,都会导致机体缺铁,红细胞内血红蛋白合成减少,而引起缺铁性贫血(又称低色素小细胞性贫血)。

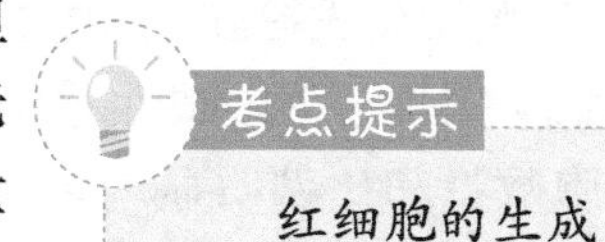

(3)成熟因子:叶酸和维生素 B_{12} 是红细胞生成的成熟因子。当叶酸和维生素 B_{12} 缺乏时,红细胞分裂延缓甚至发育停滞,体积增大,引起巨幼红细胞性贫血。

2. 红细胞生成的调节　红细胞生成主要受促红细胞生成素和雄激素的调节。

(1)促红细胞生成素(EPO):EPO 主要由肾合成。其主要功能是使血液中成熟红细胞增多。当机体贫血或缺氧时,肾合成和分泌 EPO 增加,刺激红骨髓产生更多的红细胞,提高运氧能力。高原居民、长期从事重体力劳动和体育锻炼的人,红细胞数量较多。晚期肾病患者,常因促红细胞生成素合成不足而引起肾性贫血。

(2)雄激素:雄激素既能直接刺激骨髓造血,又能促进促红细胞生成素的产生以增加红细胞的产生。这是成年男性红细胞数量多于女性的原因之一。

3. 红细胞的破坏　红细胞平均寿命约为120天,在骨髓、脾等处被吞噬细胞吞噬。脾功能亢进时,红细胞破坏能力增强,引起脾性贫血。

二、白细胞

(一)白细胞的分类与数量

白细胞(WBC)是一类无色有核的血细胞。正常成年人白细胞总数为$(4.0\sim10.0)\times10^9/L$,新生儿白细胞总数一般约为$15\times10^9/L$。光镜下,根据白细胞胞质中是否含有特殊颗粒,白细胞分为有粒白细胞和无粒白细胞两类。有粒白细胞包括中性粒细胞、嗜酸性粒细胞和嗜碱性粒细胞;无粒白细胞包括淋巴细胞和单核细胞。白细胞分类、百分比及主要生理功能见表3-1。

表3-1 血液中白细胞分类、百分比及主要生理功能

分类	百分比(%)	主要生理功能
中性粒细胞	50~70	吞噬功能,参与机体的非特异性免疫
嗜酸性粒细胞	0.5~5	参与寄生虫免疫和限制过敏反应
嗜碱性粒细胞	0~1	参与过敏反应,抗凝血作用
单核细胞	3~8	组织吞噬细胞、识别和杀伤肿瘤细胞、激活淋巴细胞的特异性免疫应答等
淋巴细胞	20~40	特异性免疫反应

(二)白细胞的形态和生理功能

白细胞的胞体呈球形,体积一般比红细胞大,主要功能是参与机体的防御功能,其中中性粒细胞和单核细胞具有吞噬功能,参与机体的非特异性免疫,而淋巴细胞则与特异性免疫有关。

1. 中性粒细胞 细胞核呈分叶状,以2~3叶核多见,形态多样;胞质染成粉红色,内含细小但分布均匀的淡紫红色颗粒。急性化脓性感染时,白细胞总数、中性粒细胞数量和比例明显增多;当血液的中性粒细胞数量减少时,机体抵抗力降低,容易发生感染。

白细胞的分类及功能

2. 嗜酸性粒细胞 细胞核常分2叶,借细丝相连;胞质内充满粗大、分布均匀的橘红色嗜酸性颗粒。机体发生过敏反应或寄生虫感染时,常伴有嗜酸性粒细胞增多。

3. 嗜碱性粒细胞 细胞核分叶呈"S"形或不规则形,着色较浅;胞质内充满大小不等、分布不均的紫蓝色嗜碱性颗粒。颗粒内含组胺、过敏性慢反应物质和肝素等。组胺、过敏性慢反应物质与过敏反应有关;肝素具有抗凝血作用。

4. 单核细胞 是体积最大的一种血细胞,细胞呈圆形或卵圆形;胞核形态多样,着色浅;胞质较多。血液中的单核细胞是尚未成熟的细胞,吞噬能力较弱,在血液内停留2~3天后进入组织中继续发育成巨噬细胞,吞噬能力增强,吞噬各种病原微生物和衰老死亡的细胞,识别和杀伤肿瘤细胞,还参与激活淋巴细胞的特异性免疫应答。

5. 淋巴细胞 细胞呈圆形或卵圆形;胞核呈圆形,着色深,染成深紫蓝色,占细胞的大部分;胞质很少。淋巴细胞主要分为两类:一类是T淋巴细胞,参与细胞免疫;另一类是B淋巴细胞,参与体液免疫。

三、血小板

(一)血小板的形态和数量

血小板是骨髓中成熟的巨核细胞胞质碎片,体积小,无核,平均寿命为7~14天。正常成年人血小板数为$(100\sim300)\times10^9/L$。剧烈运动、妊娠中晚期血小板可增多;女性月经期血小板可减少。若血小板数超过$1000\times10^9/L$,称血小板过多,易发生血栓。血小板数低于50×

10^9/L,称血小板减少,易产生出血倾向,出现皮肤、黏膜下出血或紫癜。

（二）血小板的生理功能

1. 维持血管内皮的完整性 血小板能填补血管内皮细胞脱落的空隙并与周围血管内皮细胞相融合,促进血管内皮的修复。当血小板减少时,血管内皮的破损不易修复而出现小的出血点。

血小板的生理功能

2. 参与生理性止血 小血管损伤后,血液从血管流出,数分钟后出血自行停止的现象称为生理性止血。临床上用出血时间来衡量生理性止血的功能,正常人出血时间为1～3分钟,血小板数量减少时,出血时间将延长。

第四节 血液凝固与纤维蛋白溶解

张某,女,25岁,骑车不小心摔倒,擦伤皮肤。清洁处理后伤口处结痂,边缘处有淡黄色透亮液体析出。

请问:1. 患者伤口处发生了哪些生理现象?

2. 伤口边缘析出的液体是什么?

一、血液凝固

血液由流动的液体状态变成不能流动的凝胶状态的过程,称为血液凝固,简称凝血。凝血过程需要多种凝血因子的参与,其实质是血浆中可溶性的纤维蛋白原转化为不溶性的纤维蛋白的过程,纤维蛋白交织成网,并网罗血细胞及血液中的其他成分形成凝血块。

血液凝固后,血凝块回缩,析出的淡黄色液体称为血清。血清和血浆的主要区别是血清中没有纤维蛋白原。

（一）凝血因子

血液与组织中直接参与凝血的物质称为凝血因子。国际上根据凝血因子被发现的先后顺序,按罗马数字进行排列如下(表3-2)。这些凝血因子中:①只有因子Ⅲ来源于组织,其他凝血因子均在血液中。②除因子Ⅳ是Ca^{2+}外,其他凝血因子均为蛋白质,且大多数为无活性的酶原形式。③凝血因子的代号右下角标“a”,说明该因子被激活。④绝大多数凝血因子都在肝内生成,因子Ⅱ、Ⅶ、Ⅸ、Ⅹ在肝内合成时还需维生素K,故肝受损或维生素K缺乏时,将导致凝血障碍。此外,前激肽释放酶、血小板磷脂(PF_3)等也参与凝血。

（二）血液凝固的基本过程

血液凝固的基本过程大致分为3步:①凝血酶原激活物的形成。②凝血酶的形成。③纤维蛋白的形成。

1. 凝血酶原激活物的形成 凝血酶原激活物是由因子Ⅹa、因子Ⅴ、Ca^{2+}和PF_3所形成的复合物,其形成有内源性凝血和外源性凝血两条途径。

(1) 内源性凝血途径:该途径的凝血因子全部来源于血浆,由因子Ⅻ启动。

表 3-2 国际命名法编号的凝血因子

因子编号	同义名	因子编号	同义名
Ⅰ	纤维蛋白原	Ⅷ	抗血友病因子
Ⅱ	凝血酶原	Ⅸ	血浆凝血活酶
Ⅲ	组织因子	Ⅹ	斯图亚特因子
Ⅳ	Ca^{2+}	Ⅺ	血浆凝血活酶前质
Ⅴ	前加速素	Ⅻ	接触因子
Ⅶ	前转变素	XⅢ	纤维蛋白稳定因子

注:因子Ⅵ是Ⅴa,不视为独立的凝血因子

(2)外源性凝血途径:该途径是由血管外的组织因子与血液接触而启动的凝血过程。

2. 凝血酶的形成　内源性或外源性凝血途径产生的凝血酶原激活物可迅速激活血浆中的凝血酶原(因子Ⅱ)为具有活性的凝血酶(Ⅱa)。

3. 纤维蛋白的形成　凝血酶能迅速将纤维蛋白原转变为不溶性的纤维蛋白,交织成网并网罗血细胞形成血凝块(图 3-4)。

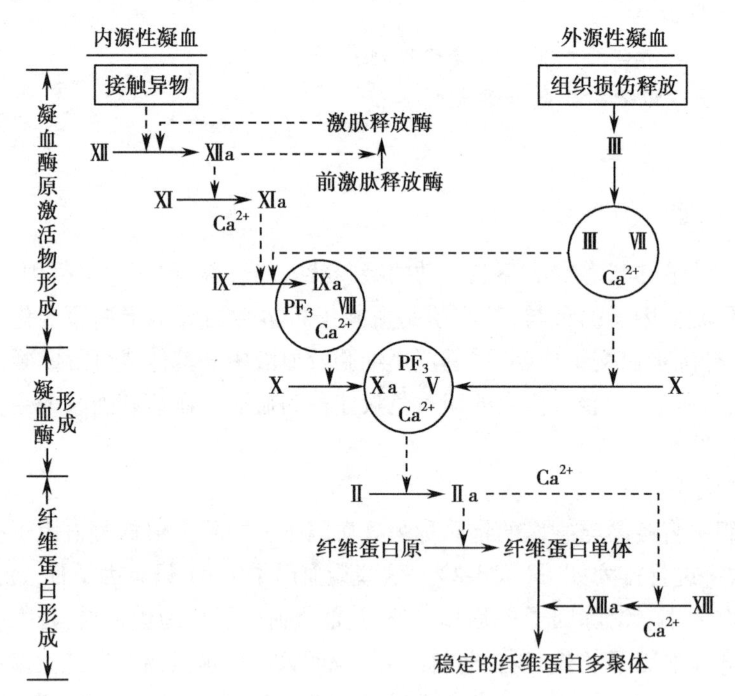

图 3-4　血液凝固过程示意图
→变化方向 - - - →催化作用

(三)抗凝系统

正常情况下,血管内血液不会发生凝固,即使发生损伤,血液凝固也局限于受损处的血管,这是因为血管内皮完整,血流速度快,且血液中存在抗凝物质。

血液中的抗凝物质主要有抗凝血酶和肝素。抗凝血酶与凝血酶结合使后者失活。肝素与抗凝血酶结合后,两者的抗凝作用都得以增强。

（四）影响凝血的因素

在实际工作中，常采取一些措施，加强、延缓或防止血液凝固的发生。

引起凝血障碍的因素

1. 加速凝血　血液与异物表面接触、增温提高酶的活性、补充维生素K促进凝血因子合成等都能加速凝血过程。故外科手术前常注射维生素K，术中或术后常用温热的纱布或明胶海绵促进止血。

2. 延缓或抗凝血　低温可降低酶的活性，延缓凝血过程；去除血中Ca^{2+}可产生抗凝血作用；肝素具有体内、体外抗凝作用。临床上常用枸橼酸钠作为体外抗凝剂，去除血浆中的Ca^{2+}，从而起到抗凝的作用。

二、纤维蛋白溶解

正常情况，组织损伤后形成的止血栓完成止血作用后，逐步溶解，使堵塞的血管重新畅通，有利于损伤组织的供血与修复。纤维蛋白被分解液化的过程，简称纤溶。止血栓溶解所依赖的纤维蛋白溶解系统，简称纤溶系统，主要包括纤维蛋白溶解酶原、纤溶酶、纤溶酶原激活物和纤溶抑制物。

（一）纤溶酶原的激活

纤溶酶原主要由肝产生。能使纤溶酶原激活为活性很强的纤溶酶的物质，统称为纤溶酶原激活物，主要有：①由血管内皮细胞释放的血管激活物。②由因子Ⅻa激活的激肽释放酶。③组织损伤时释放的组织激活物，以子宫、前列腺、甲状腺、淋巴结、卵巢和肺等组织中含量高。因此，这些部位手术后伤口易渗血。

（二）纤维蛋白（原）的降解

纤溶酶可将纤维蛋白和纤维蛋白原分解为许多可溶性的小肽，统称为纤维蛋白降解产物。纤维蛋白降解产物通常不再发生凝固，且具有抗凝作用。

（三）纤溶抑制物及其作用

血浆中存在对抗纤维蛋白溶解的物质，统称为纤溶抑制物，主要有两类：一类是抗纤溶酶，能与纤溶酶结合成复合物并使其失活；另一类是抗活化素，能抑制纤溶酶原的激活。

正常人体纤溶系统和血液凝固之间处于动态平衡。若纤溶系统亢进，止血栓过早溶解可有出血倾向；纤溶系统抑制，则不利于血管的再通，加重血栓栓塞。

第五节　血量与血型

陈某，男，23岁，体重约60kg，因车祸导致内脏破裂出血约800ml，急救给予输血处理，输血前取血检测血型。

请问：1. 患者为什么要给予输血急救？

2. 输血前为何要检测血型？

一、血量

体内血液的总量称血量。正常人总血量占体重的7% ~8%,为每千克体重70~80ml血液。人体内血液约90%在心血管内循环流动,称为循环血量;另外约10%的血量储存在肝、肺、肠系膜、皮下静脉等处,称为贮存血量。机体在剧烈运动、情绪激动或大量失血时,贮存血量可参与血液循环,以补充循环血量。血量的相对稳定能使机体的血压维持在正常水平,保证全身各器官、组织的血液供应。

若一次失血量少于全身血量的10%,机体会迅速调节代偿并加速造血,使循环血量和血细胞恢复正常,而不出现明显症状。故一次献血200~400ml,机体不会受到损伤。若一次失血量达到全身血量的20%,机体代偿功能将不足,可出现血压下降、脉搏加快、四肢厥冷、口渴、眩晕等现象,甚至昏迷。若一次失血量达到全身血量的30%或以上,不及时抢救,就会危及生命。故大失血的患者必须立即输血。

二、血型

血型是血细胞膜上存在的特异性抗原类型,对输血、器官移植等具有重要价值。通常所说的血型是指红细胞膜上存在的特异性抗原类型。目前已知人类红细胞膜上同时存在有30个不同血型系统,其中与临床关系密切的是ABO血型系统和Rh血型系统。

(一)ABO血型系统

1. ABO血型的分型依据和特点 在ABO血型系统中,红细胞膜上存在的抗原有A抗原和B抗原两种。ABO血型系统的分型依据是:根据红细胞膜上所含的特异性抗原的有无和种类,分为A型、B型、O型和AB型4种血型。ABO血型系统的特点是在人类的血清中存在有天然的抗体,不能与自身红细胞膜上存在的抗原发生抗原抗体反应(表3-3)。

血型的概念和ABO血型的分型依据

表3-3 ABO血型系统

血型	红细胞膜上的抗原	血清中的抗体
A型	A	抗B
B型	B	抗A
AB型	A和B	无
O型	无	抗A和抗B

2. ABO血型与输血 当红细胞膜上的抗原与其对应的抗体相遇时,可发生凝集反应,红细胞凝集成团继而发生溶血,将会危及生命。因此,输血的根本原则是避免发生凝集反应,应首选同型输血。

3. 交叉配血试验 为避免输血时发生凝集反应,即使是血型相同,输血前仍须做交叉配血试验。交叉配血分为主侧和次侧配血。主侧是将供血者的红细胞与受血者的血清进行混合;次侧是将受血者的红细胞与供血者的血清相混合。配血有3种结果:①只要主侧凝集,次侧是否有凝集,均属配血不合,不能输血。②主侧、次侧均不凝集,为配血相合,可以输

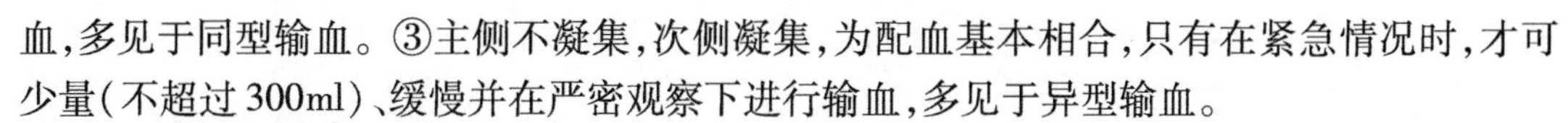

血，多见于同型输血。③主侧不凝集，次侧凝集，为配血基本相合，只有在紧急情况时，才可少量（不超过300ml）、缓慢并在严密观察下进行输血，多见于异型输血。

（二）Rh 血型系统

Rh 血型系统是最先在恒河猴的红细胞上发现的，后来证实人红细胞上也具有这种血型系统。

1. Rh 血型系统的分型依据和特点　通常将红细胞膜上含有 D 抗原者称为 Rh 阳性，无 D 抗原者称为 Rh 阴性。该系统的特点是血清中不存在天然的抗体，只有当 Rh 阴性者在接受 Rh 阳性的血液后，才会产生抗 D 抗体，其可透过胎盘屏障。

2. Rh 血型系统的临床意义

（1）输血反应：Rh 阴性者第一次接受 Rh 阳性者的血液时，不会发生凝集反应，但 Rh 阴性者经输血后会产生抗 D 抗体。若再次接受 Rh 阳性者血液时，就会发生凝集反应。

（2）母婴血型不合：若 Rh 阴性母亲第一次孕育 Rh 阳性的胎儿，在分娩时胎儿的红细胞或 D 抗原进入母体，刺激母体产生抗 D 抗体。若再次孕育 Rh 阳性胎儿时，母体内的抗 D 抗体通过胎盘进入胎儿体内发生凝集反应，引起新生儿溶血甚至胎儿死亡。

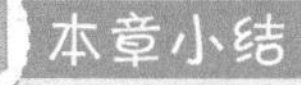

本章小结

血液是人体内功能最活跃的部分，由血浆和血细胞构成。血浆中含有的电解质和血浆蛋白可形成血浆晶体渗透压和血浆胶体渗透压。血细胞有红细胞、白细胞和血小板。红细胞具有运输和缓冲的功能，与其内含有的血红蛋白有密切关系，红细胞生成过程中有生成部位、主要原料和成熟因子，其数量可受调节而变化，衰老后被机体破坏。白细胞可分为5类，在机体的免疫和防御保护中发挥重要作用。血小板参与了机体的生理性止血。血液可以发生血液凝固，这在修复小血管损伤方面有重要作用。若血管破裂导致失血过多，则须输血抢救。输血前要对血型进行鉴定和交叉配血试验，保证输血安全。最常用的血型有 ABO 血型系统和 Rh 血型系统。

（杨黎辉）

目标测试

思考题

1. 简述血浆的主要成分及作用。
2. 简述血浆晶体渗透压的分类及其形成和生理作用。
3. 简述血细胞的种类、正常值和生理功能。
4. 简述血液凝固的基本过程。
5. 简述 ABO 血型系统的分型依据和输血原则。

第四章 运动系统

学习目标

1. 掌握:骨的构造、化学成分和物理性质;全身重要的骨性标志;膈肌的位置及作用。
2. 熟悉:全身各骨的名称、位置及形态;脊柱的组成、椎骨间的连结、胸廓的组成及运动形式;人体上、下肢主要关节的组成及运动形式;背肌、胸肌、腹肌、四肢肌的名称、形态、位置和功能。
3. 了解:骨的分类;骨连结的分类、颅骨的连结、骨盆的组成;肌的分类、肌的构造、肌的辅助结构、头颈肌的名称、形态和位置。

运动系统由骨、骨连结和骨骼肌三部分组成。全身各骨借骨连结相连构成骨骼。骨骼是人体的支架,对人体起支持、保护和运动作用。肌附着在骨的表面,在神经系统支配下进行收缩和舒张,牵拉骨而产生运动。

第一节 骨

案例

患者,女性,65岁。接外孙放学回家途中,小孩踩到冰面上,不小心滑倒。患者用手搀扶小孩,与其一起摔倒,患者右髋部直接着地,当即感觉疼痛剧烈、活动受限,伤后无昏迷,无恶心、呕吐,无出血等不适,即送当地医院就诊,拍髋关节片提示诊断为"右股骨颈骨折"。

请问:为什么同时摔倒,老人骨折,小孩却没有骨折?

一、概述

成人共有206块骨(图4-1),除6块听小骨属于感觉器外,其余按部位可分为颅骨、躯干骨和四肢骨三部分。

(一)骨的形态分类

根据外形可分为长骨、短骨、扁骨和不规则骨等。

1. 长骨 呈长管状,分为一体两端。体又称骨干,指长骨中部细长部分,内有一空腔,称骨髓腔,内有骨髓;两端膨大,称骨骺,其表面光滑,称关节面,覆有关节软骨。多位于四

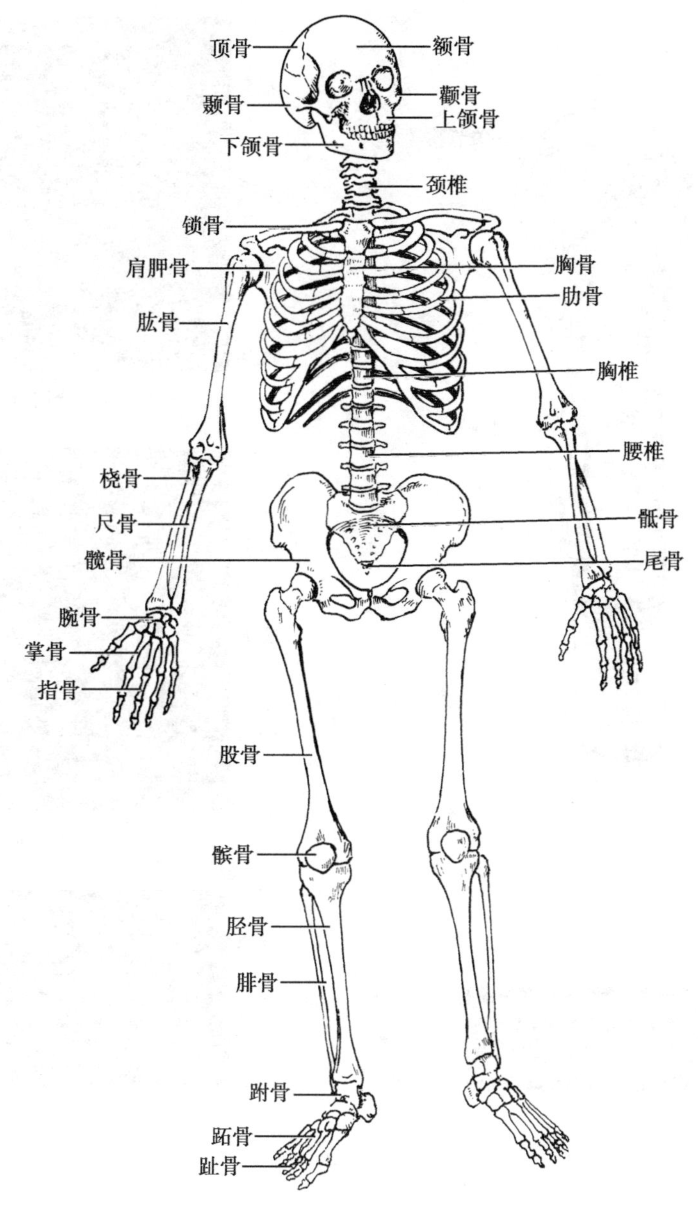

图4-1　全身骨骼（前面）

肢，如肱骨、股骨等。

2. 短骨　短小，近似于立方形，主要分布于手腕和足的后部，如腕骨和跗骨等。

3. 扁骨　扁薄，呈板状，分布于头、胸等处，如顶骨、胸骨和肋骨等。

4. 不规则骨　形状不规则，如椎骨、颞骨等。

（二）骨的构造

骨主要由骨质、骨膜和骨髓三部分构成（图4-2）。

1. 骨质　分为骨密质和骨松质两部分。骨密质分布于骨的表面，结构致密，坚实耐压。骨松质分布于骨的内部，结构疏松，由许多片状骨小梁构成，呈海绵状。

2. 骨膜　除关节面以外，骨表面都被有骨膜。骨膜内含有丰富的血管、神经和幼稚的

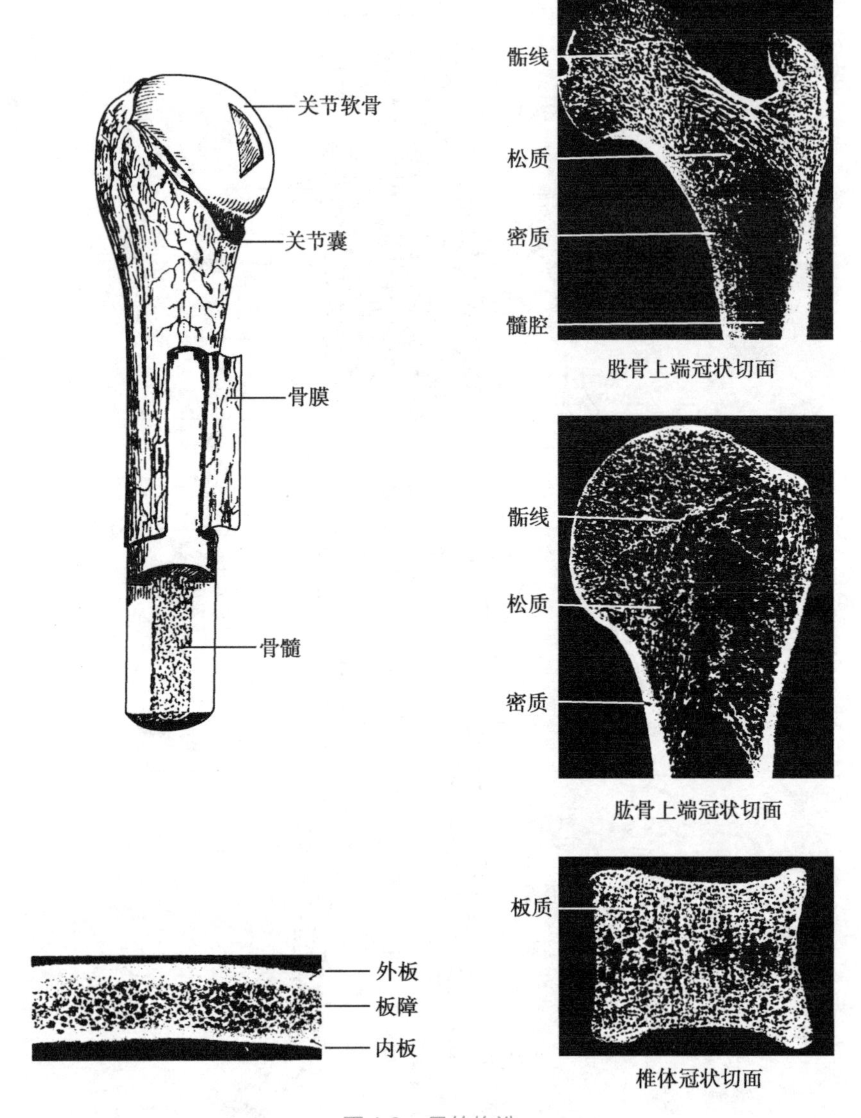

图4-2 骨的构造

成骨细胞，对骨的营养、生长发育和创伤修复具有重要作用，故在骨科手术中应尽量保留骨膜。

3. 骨髓 存在于骨髓腔和骨松质的间隙内，可分为红骨髓和黄骨髓。红骨髓有造血功能，呈深红色，主要由网状组织、不同发育阶段的血细胞和少量的脂肪细胞等构成。6岁前后开始，长骨内的红骨髓造血细胞逐渐减少，脂肪细胞逐渐增多，成年后红骨髓几乎都已转化为黄色的黄骨髓，失去造血能力。但当大量失血或贫血时，黄骨髓又可转化为红骨髓，恢复造血功能。在椎骨、胸骨、肋骨、髂骨及长骨的骨松质内终生都有红骨髓。

（三）骨质的化学成分和物理特性

骨质的化学成分包括有机质和无机质。正常成人，有机质占1/3，主要由骨胶原纤维和黏多糖蛋白组成，使骨具有韧性和弹性；无机质占2/3，主要由钙盐（如磷酸钙和碳酸钙）组成，使骨具有硬度和脆性。骨为体内最大的钙库，人体内的钙99%存在于骨内。当血钙增高时，钙盐可沉积于骨内；反之，当血钙降低时，可使骨钙溶解入血，以此来调节血钙的浓度。

幼儿骨内有机质含量多些，无机质含量少些，因而富有韧性和弹性，不易骨折，但硬度小，易变形。随着年龄的增长，有机质逐渐减少，无机质逐渐增多。因而老年人骨的韧性和弹性小而脆性大，易骨折。

二、躯干骨

成人躯干骨共51块，包括椎骨26块、肋12对和胸骨1块。

（一）椎骨

新生儿的椎骨共33块，其中颈椎7块、胸椎12块、腰椎5块、骶椎5块、尾椎4块。成年后5块骶椎融合为1块骶骨、4块尾椎融合为1块尾骨，故成人共有26块椎骨。

1. 椎骨的一般形态　椎骨的前部呈矮圆柱状，称椎体。后部为弓形骨板，称椎弓，椎弓与椎体共同围成椎孔。所有椎骨的椎孔相连形成椎管，其内容纳脊髓。椎体与椎弓连接处较缩细，称椎弓根，椎弓的后部称椎弓板。椎弓根上、下缘各有一切迹，称椎上、下切迹。由相邻椎骨的椎上切迹和椎下切迹围成椎间孔，内有脊神经通过。椎弓发出7个突起，其中向后伸的1个称棘突，向两侧伸的1对称横突，向上、下各伸出1对，分别称上关节突和下关节突（图4-3）。

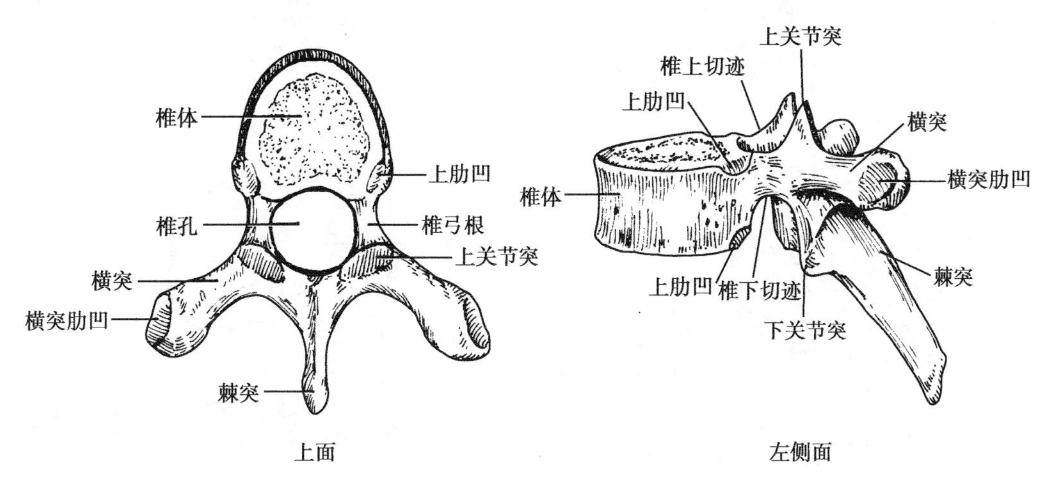

图4-3　胸椎

2. 各部椎骨的形态特点

（1）颈椎：椎体较小，横突根部有横突孔，2～6颈椎棘突短而分叉（图4-4）。

第1颈椎又称寰椎，呈环形，无椎体、无棘突；第2颈椎又称枢椎，从椎体上方向上伸出一个指状突起，称齿突；第7颈椎又称隆椎，棘突特别长，体表可触及，是计数椎骨序数的重要标志。

（2）胸椎：椎体两侧近上、下缘处和横突末端均有小的关节面，分别称上肋凹、下肋凹和横突肋凹，与肋后端相接。棘突细长，斜伸向后下方（图4-3）。

（3）腰椎：椎体较大，棘突呈板状，水平伸向后（图4-5）。

（4）骶骨：呈倒三角形，底朝上，其前缘中部向前突出，称骶骨岬（图4-6）；尖向下，与尾

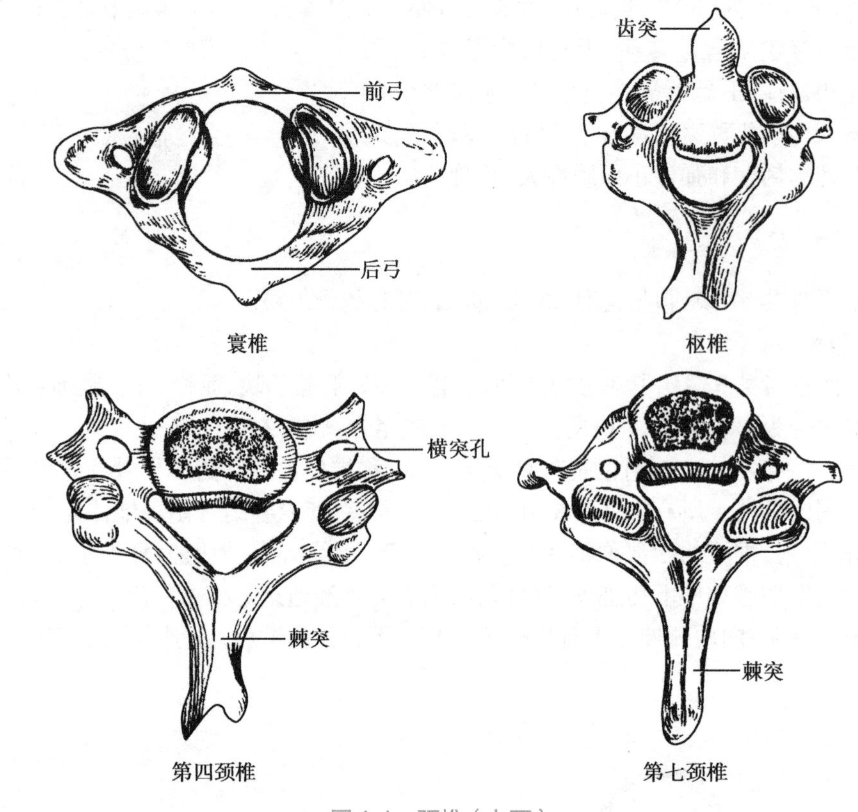

图 4-4 颈椎（上面）

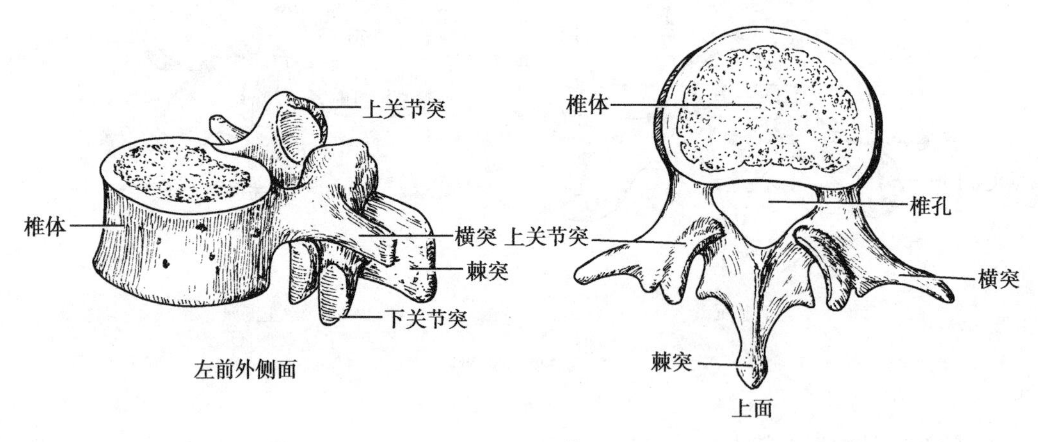

图 4-5 腰椎

骨相接。前面光滑略凹，有 4 对骶前孔；后面粗糙隆凸，有 4 对骶后孔。骶骨两侧有耳状面，骶骨内有纵行的骶管，分别与骶前、后孔相通。骶管下端呈三角形裂开，称骶管裂孔。裂孔两侧有向下突出的骶角，体表可触及，是骶管麻醉进针标志。

（5）尾骨：呈三角形，上端接骶骨，下端游离于肛门的后方（图 4-6）。

（二）胸骨

胸骨 1 块，位于胸前壁正中，自上而下分为胸骨柄、胸骨体和剑突三部分（图 4-7）。胸骨柄上缘中部凹陷，称颈静脉切迹。柄和体相连结处稍向前凸，称胸骨角。胸骨角平对第 2

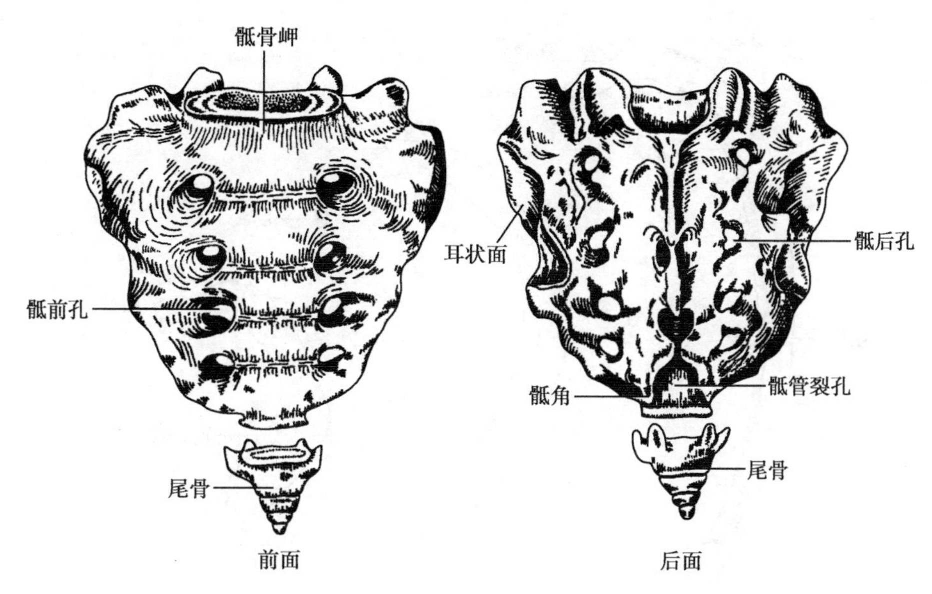

图 4-6　骶骨和尾骨

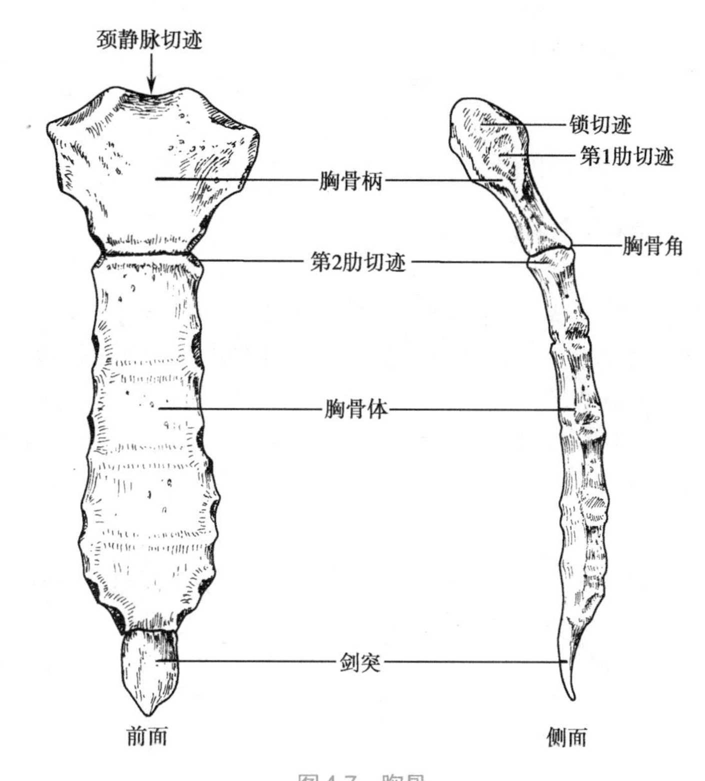

图 4-7　胸骨

肋,可在体表摸到,是计数肋骨的标志。胸骨体是长方形的骨板,外侧缘有 2 ~7 肋切迹。剑突窄而薄,末端游离。

（三）肋

肋共 12 对,呈弓形,由前端的肋软骨和后端的肋骨组成(图 4-8)。肋体内面近下缘处有一浅沟,称肋沟,肋间血管和神经沿此沟走行。

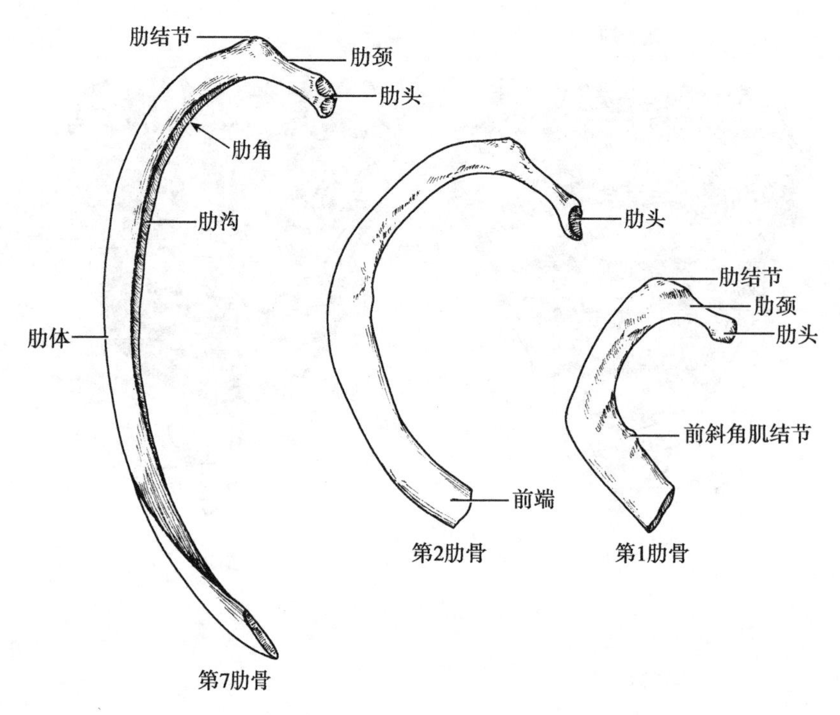

图 4-8 肋骨

三、四肢骨

四肢骨包括上肢骨和下肢骨。

（一）上肢骨

上肢骨每侧 32 块，共 64 块，包括锁骨、肩胛骨、肱骨、尺骨、桡骨和手骨。

1. 锁骨 位于胸廓的前上方，呈“～”形，全长均可在体表摸到（图 4-9）。锁骨内侧 2/3 粗大，凸向前；外侧 1/3 扁平，凸向后。

2. 肩胛骨 位于胸廓后面外上方，呈三角形（图 4-10）。前面为一大而浅的窝，朝向肋骨，称肩胛下窝。后面有一斜向外上的骨嵴，称肩胛冈。冈外侧端扁平，称肩峰，是肩部的最

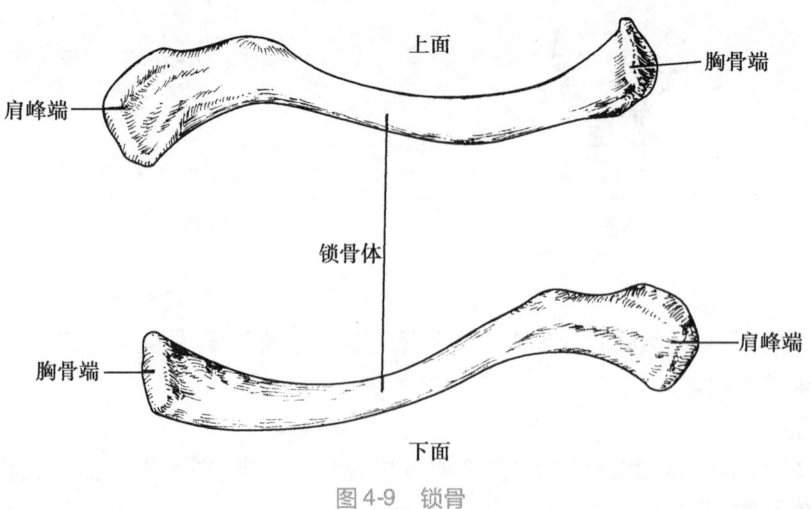

图 4-9 锁骨

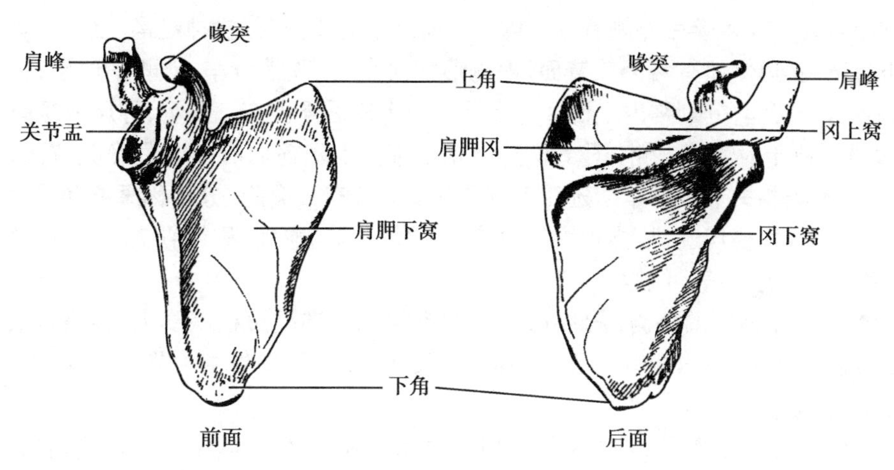

图 4-10 肩胛骨

高点。肩胛骨上缘向外侧伸出一指状突起，称喙突。肩胛骨上角平对第 2 肋，下角平对第 7 肋或第 7 肋间隙；外侧角最肥厚，有一朝向外侧的浅凹，称关节盂，与肱骨头共同组成肩关节。

3. 肱骨 位于臂部，是典型的长骨，有一体和两端（图 4-11）。上端膨大，其内上部呈半球形，称肱骨头。肱骨头外侧有一较大隆起，称大结节；前方有一较小隆起，称小结节。头与体交界处稍缩细，易骨折，称外科颈。肱骨体中部前外侧面有一粗糙隆起，称三角肌粗隆，是

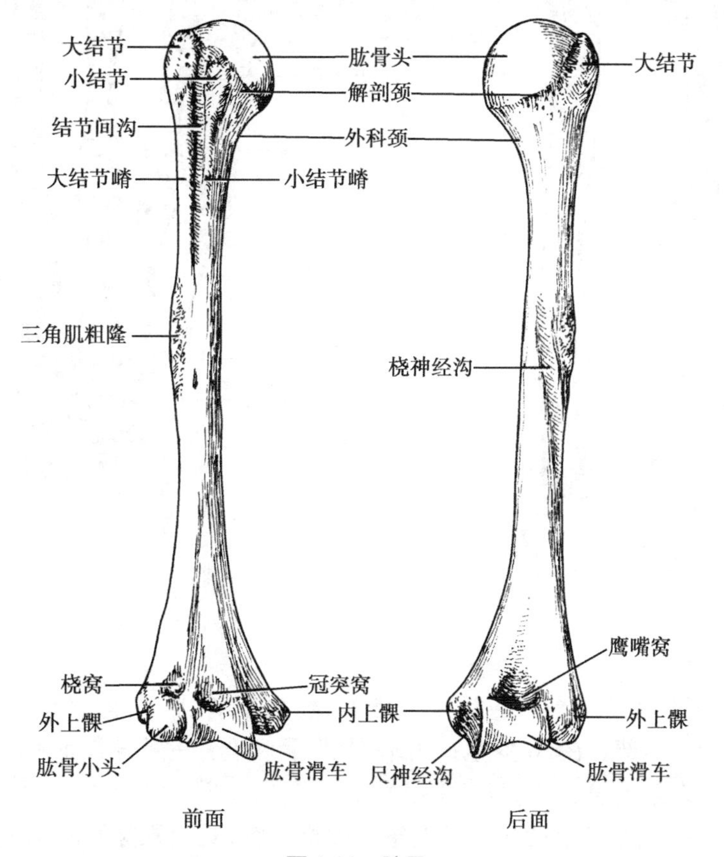

图 4-11 肱骨

三角肌的附着处。在粗隆后外侧有一自内上斜向外下的浅沟，称桡神经沟，桡神经紧贴此沟通过。下端宽扁，远侧面有两个关节面，内侧形如滑车，称肱骨滑车；外侧呈球形，称肱骨小头。两侧各有一突起，分别称内上髁和外上髁。内上髁后下方有一浅沟，称尺神经沟。

4. 尺骨 位于前臂的内侧(图 4-12)，上粗下细。上端前面有一半月形关节面，称滑车切迹，与肱骨滑车相关节。滑车切迹后上方和前下方各有一突起，分别称鹰嘴和冠突。冠突外侧面有一凹窝，称桡切迹，与桡骨头相关节。尺骨下端稍膨大，称尺骨头，其后内侧有向下的突起，称尺骨茎突，体表可触及。

5. 桡骨 位于前臂的外侧(图 4-12)，上细下粗。上端呈短柱状膨大，称桡骨头。下端的远侧面与腕骨相关节；内侧有一弧形凹面，称尺切迹，与尺骨头相关节；外侧向下突起，形成桡骨茎突，体表可触及。

6. 手骨 包括 8 块腕骨、5 块掌骨和 14 块指骨(图 4-13)。其中腕骨近侧列的手舟骨、月骨、三角骨参与构成腕关节。

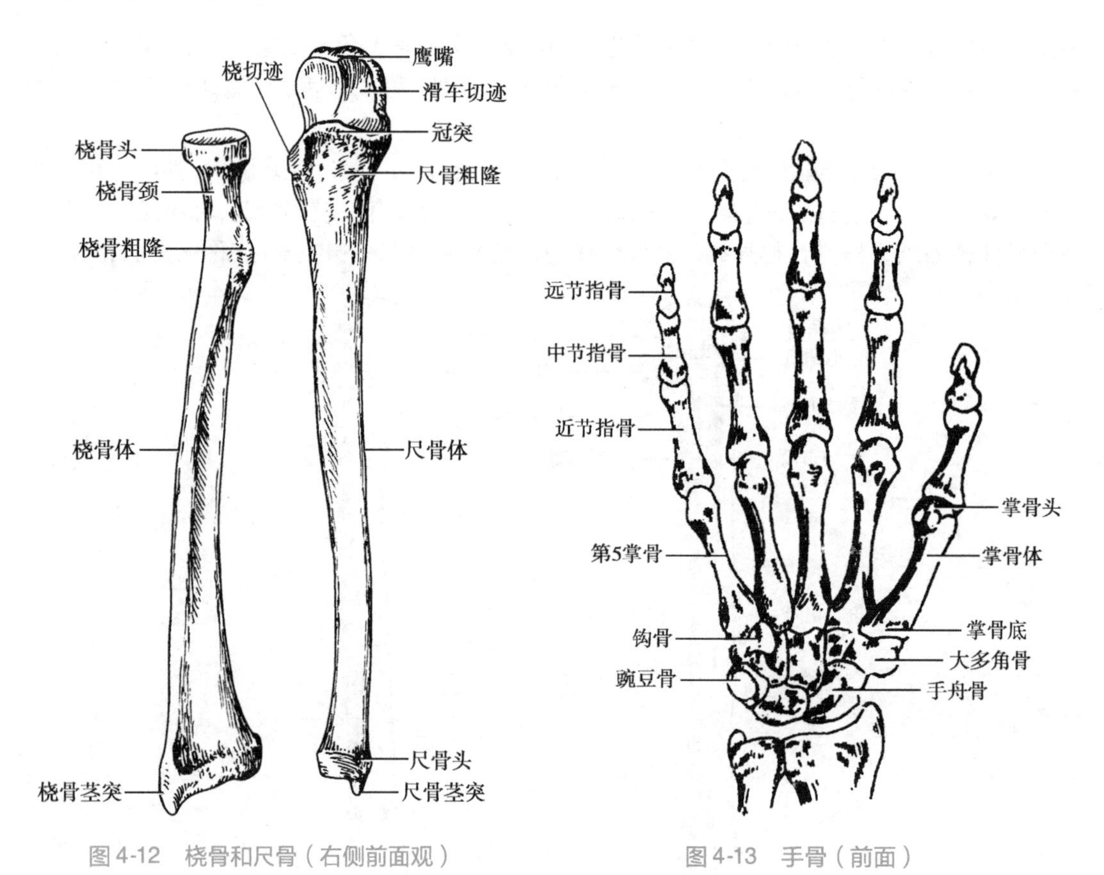

图 4-12 桡骨和尺骨（右侧前面观）

图 4-13 手骨（前面）

（二）下肢骨

下肢骨每侧 31 块，共 62 块，包括髋骨、股骨、髌骨、胫骨、腓骨和足骨。

1. 髋骨 位于盆部。在 16 岁左右，由髂骨、耻骨和坐骨三骨融合而成(图 4-14)。融合处形成一大而深的窝，称髋臼，与股骨头相关节。髋臼下方卵圆形大孔称闭孔。髋骨上缘肥厚，称髂嵴。两侧髂嵴最高点的连线平对第 4 腰椎棘突，是腰椎穿刺时确定腰椎序数的标志。髂嵴前端有一突起，称髂前上棘。髂前上棘后上方，髂嵴向外侧突出，称髂结节。髂骨翼内面有一大而浅窝，称髂窝，窝后下方有耳状面，与骶骨耳状面相关节。髋骨后部最低点有粗糙的坐骨结节，其后上方伸出一尖锐突起，称坐骨棘，该棘的上方称坐骨大切迹，下方称坐骨小切迹。髋骨前下部分为耻骨上支和耻骨下支。两支转弯处内侧有一椭圆形粗糙面，称耻骨联合面，与对侧同名面相接构成耻骨联合。

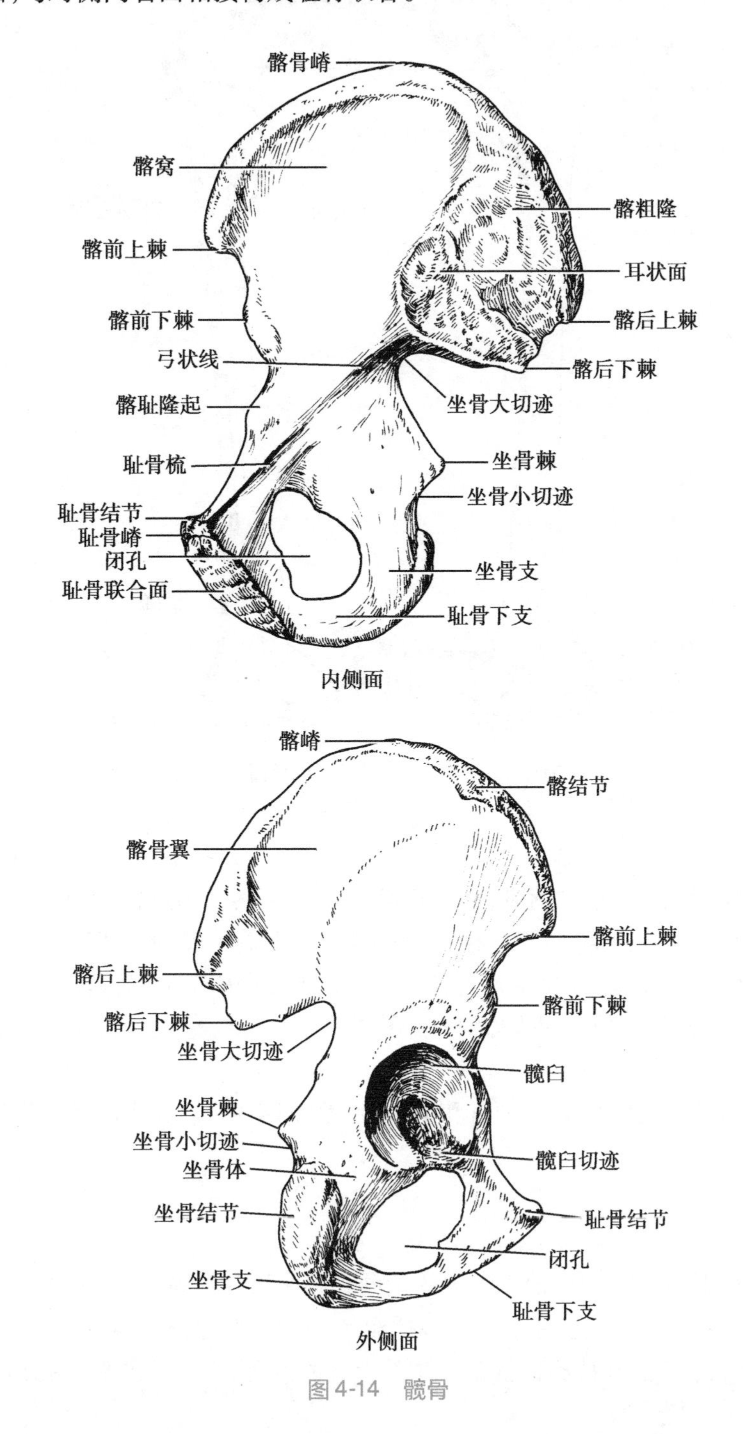

图 4-14 髋骨

2. 股骨 位于大腿部，是人体最粗最长的长骨，分为一体两端（图 4-15）。上端有朝向内上方呈半球形的膨大，称股骨头；头的外下方较细部分，称股骨颈；颈根部有向外上突出的粗糙隆起,称大转子;向内下突出较小的粗糙隆起,称小转子。中间为股骨体,略凸向前。下端两个突向下后方的膨大,分别称内侧髁和外侧髁。两髁侧面有内上髁和外上髁。

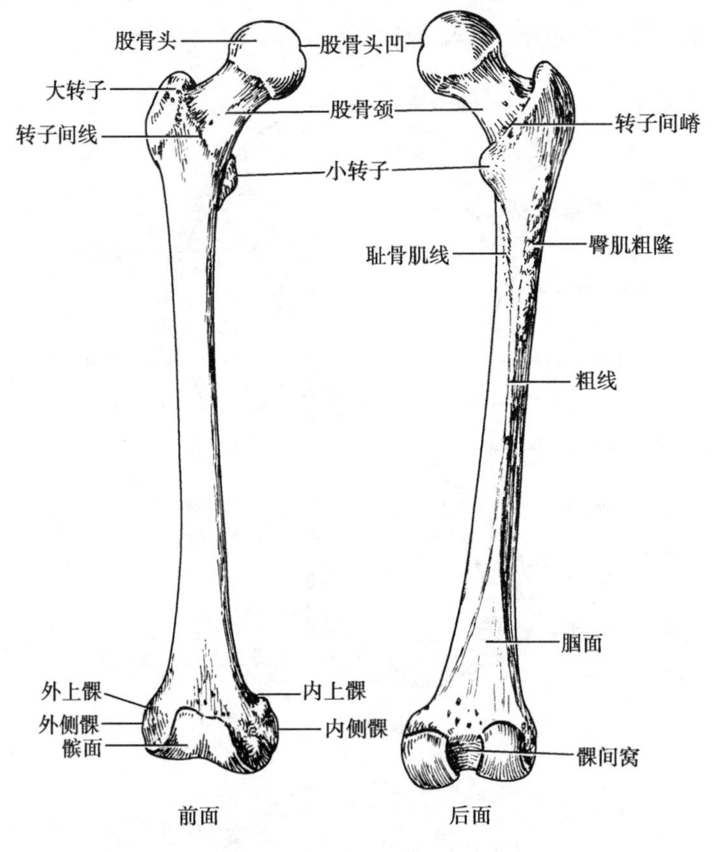

图 4-15 股骨

3. 髌骨 位于股骨下端的前方,略呈底朝上,尖朝下的三角形(图 4-16)。

4. 胫骨 位于小腿内侧,呈三棱柱形(图 4-16)。上端粗大,形成胫骨内侧髁和外侧髁。上端前面下部有胫骨粗隆。中间为胫骨体。下端内侧部向内下突起,形成内踝。

5. 腓骨 位于小腿的后外侧,细长(图 4-16)。上端膨大为腓骨头,下端膨大,称外踝。

6. 足骨 包括 7 块跗骨、5 块跖骨和 14 块趾骨(图 4-17)。其中跗骨近侧列的距骨参与构成踝关节。

四、颅骨

成人颅骨有 23 块,按其所在位置,分为脑颅骨和面颅骨两部分(图 4-18)。

1. 脑颅骨 位于颅的后上部,8 块,包括额骨、筛骨、蝶骨、枕骨各 1 块,顶骨、颞骨各 2 块。它们共同围成颅腔,支持和保护脑。颅腔上方称颅盖,下方称颅底,后方正中有枕骨大孔,脊髓由此与脑相连。

2. 面颅骨 位于颅的前下部,15 块,包括犁骨、下颌骨、舌骨各 1 块,上颌骨、鼻骨、泪骨、颧骨、腭骨、下鼻甲骨各 2 块。

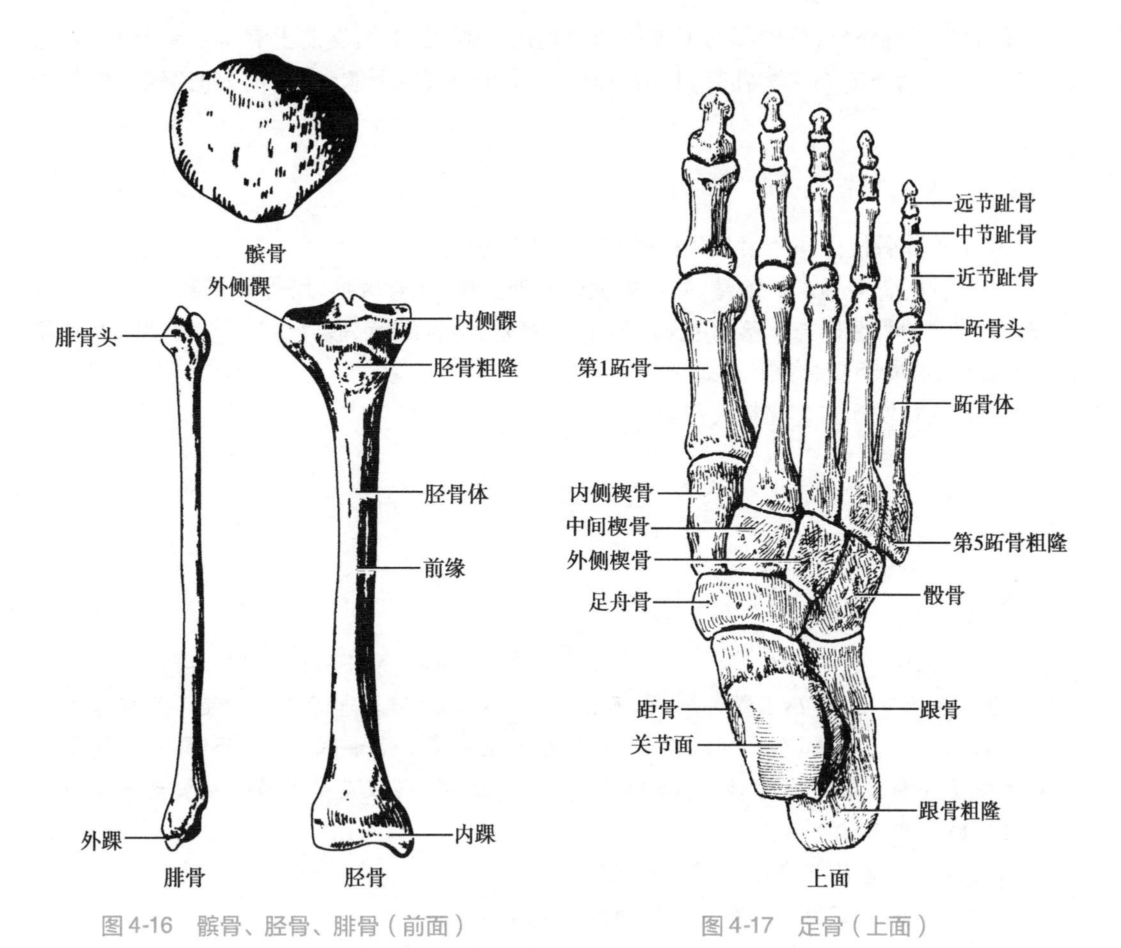

图 4-16 髌骨、胫骨、腓骨（前面）

图 4-17 足骨（上面）

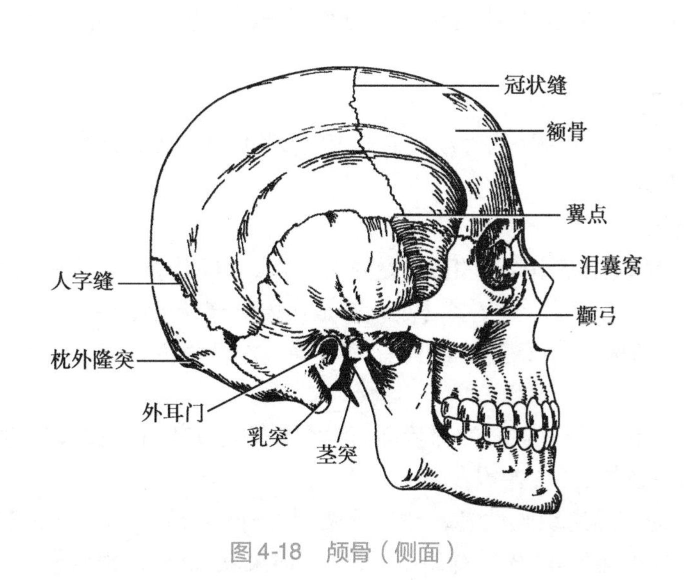

图 4-18 颅骨（侧面）

下颌骨呈马蹄铁形，分中部的下颌体和两侧的下颌支，下颌支向上有两个突起，后方宽大，称髁突。颞骨下方突起称乳突，其前方有一光滑凹窝，称下颌窝，窝前方的突起，称关节结节。

五、重要的骨性标志

1. 躯干骨的骨性标志　第7颈椎棘突、胸骨角、肋弓。

2. 上肢骨的骨性标志　锁骨、肱骨内上髁和外上髁、尺骨鹰嘴、尺骨及桡骨茎突。

3. 下肢骨的骨性标志　髂前上棘、髂结节、髂嵴、坐骨结节、股骨大转子、股骨内上髁和外上髁、髌骨、胫骨粗隆、内踝、外踝。

4. 颅骨的骨性标志　枕骨大孔。

第二节　骨　连　结

患者，男性，40岁。四小时前乘公共汽车，左下肢搭于右下肢上，突然急刹车，右膝顶撞于前座椅背上，即感右髋部剧痛，不能活动。来院诊治。患者身体素健。无特殊疾病，无特殊嗜好。检查：全身情况良好，心肺腹未见异常。骨科情况：仰卧位，右下肢短缩，右髋呈屈曲内收内旋畸形。各项活动均受限。右膝、踝及足部关节主动被动活动均可，右下肢感觉正常。

请问：1. 患者最可能发生哪个关节脱位？

2. 该关节的组成和主要运动方式是什么？

一、概述

骨与骨之间的连结装置称骨连结。按连结方式不同，可分为直接连结和间接连结两类。

（一）直接连结

骨与骨间借致密结缔组织、软骨或骨直接相连，其间无腔隙，称直接连结。其特点是活动幅度小或不能活动。

（二）间接连结

骨与骨之间借膜性结缔组织囊相连，囊内有腔隙，称间接连结，又称关节。关节一般具有较大的活动度，在肌的牵引下产生各种运动，是人体骨连结的主要形式。

1. 关节的基本结构　每个关节都具有关节面、关节囊和关节腔3种基本结构（图4-19）。

（1）关节面：是构成关节各骨的邻接面，表面被有关节软骨。关节软骨表面光滑，有弹性，可减少运动时的摩擦，并缓冲震荡。

（2）关节囊：为结缔组织膜性囊，分内、外两层。外层为纤维层，由致密结缔组织构成，厚而坚韧；内层为滑膜层，由疏松结缔组织构成，薄而柔软，能分泌滑液。

（3）关节腔：是关节软骨与滑膜围成的密闭腔隙，内含少量滑液，有润滑关节以减小摩

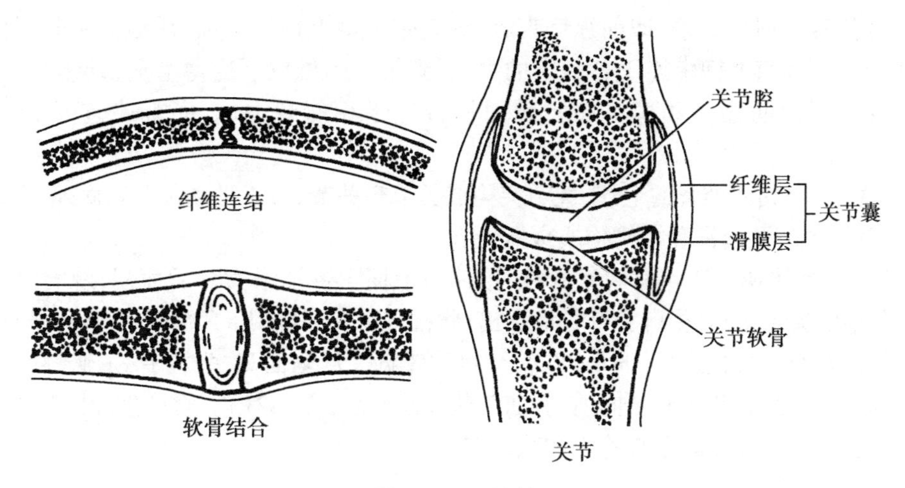

图4-19 骨连结

擦的作用。腔内为负压,增加了关节的稳固性。

2. 关节的辅助结构 某些关节除具备上述基本结构外,还有一些辅助结构,如韧带、关节盘和半月板等,以增加关节的稳固性和灵活性。

3. 关节的运动形式 关节的运动形式与关节面的形态密切相关,其运动形式可分为屈和伸、内收和外展、旋内与旋外和环转。

二、躯干骨的连结

(一)脊柱

1. 脊柱的组成 全部椎骨相互连结构成脊柱。

2. 椎骨间的连结 椎骨间借椎间盘、韧带和关节相连(图4-20)。

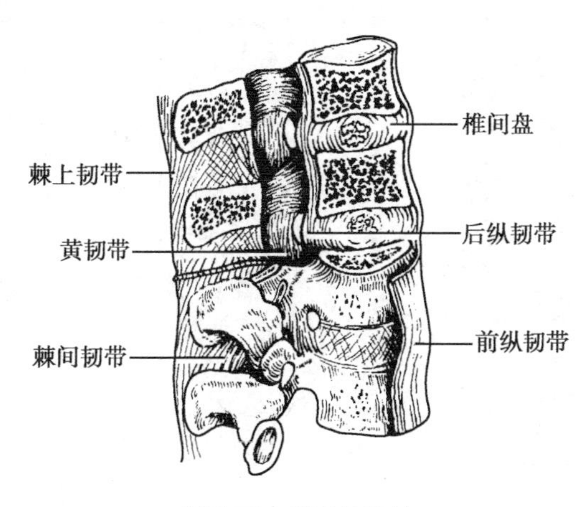

图4-20 椎骨的连结

(1) 椎间盘:是连接相邻两个椎体的纤维软骨盘,由髓核和纤维环两部分组成(图4-20)。髓核位于中央,是富有弹性的胶状物。纤维环由多层同心圆排列的纤维软骨环构成,环绕在髓核周围,质坚韧,牢固连结相邻椎体。如纤维环破裂,髓核脱出,压迫脊髓或脊神经,临床上称椎间盘脱出症。

（2）韧带：长韧带3条，即前纵韧带、后纵韧带和棘上韧带。前、后纵韧带分别位于椎体和椎间盘前后；棘上韧带连于各棘突的尖端，到第7颈椎以上变薄增宽，延续为项韧带。短韧带2条，即棘间韧带和黄韧带。棘间韧带连于相邻棘突间，黄韧带连于相邻椎弓板间。

（3）关节：由相邻椎骨的上、下关节突构成关节突关节，属于微动关节。此外，由寰椎与枕髁构成寰枕关节及寰椎和枢椎构成寰枢关节。

3. 脊柱的整体观 从前面观察脊柱，椎体自上而下逐渐增大。后面观，棘突纵列成一条直线，颈椎棘突短，但隆椎棘突却长而突出；胸椎棘突长，斜向后下方，呈叠瓦状排列，棘突间隙窄；腰椎棘突呈板状，水平向后伸，棘突间隙较宽。从侧面观，脊柱有颈、胸、腰、骶4个生理性弯曲，其中颈曲和腰曲凸向前，胸曲和骶曲凸向后（图4-21）。脊柱生理性弯曲增大了脊柱的弹性，对维持人体的重心稳定和减轻震荡有重要意义。

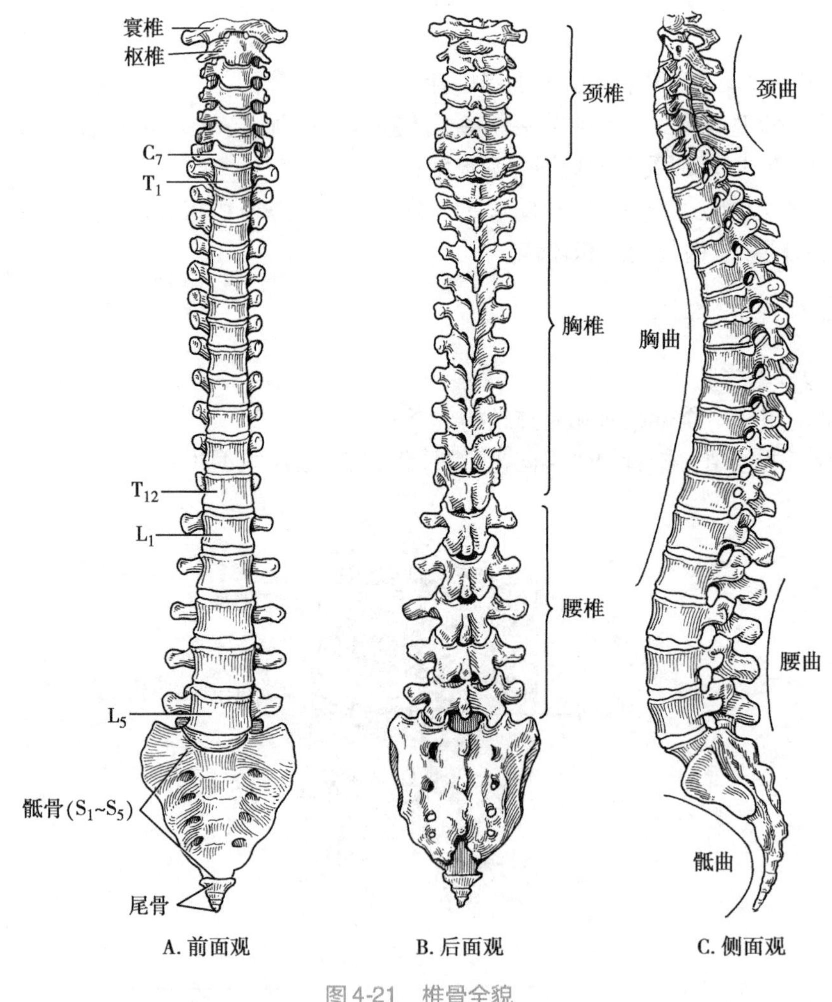

图4-21 椎骨全貌

4. 脊柱的运动 可作前屈、后伸、侧屈、旋转和环转等多种形式的运动。

（二）胸廓

1. 胸廓的组成 胸廓由12块胸椎、12对肋和1块胸骨连结而成（图4-22）。肋后端与胸椎间形成肋椎关节。第1肋前端与胸骨柄间为软骨连结。第2~7肋前端分别与胸骨体各肋切迹构成胸肋关节。第8~10肋前端借肋软骨依次连于上位肋软骨,形成肋弓。第11、12肋前端游离。

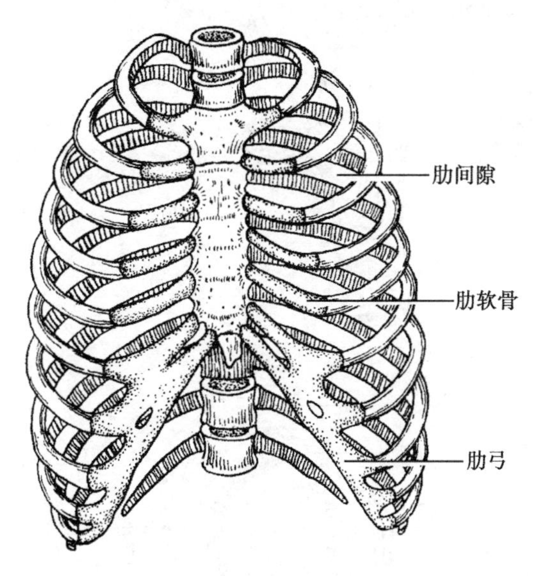

图4-22 胸廓(前面)

2. 胸廓的运动 参与呼吸运动。吸气时肋前端上提,胸腔容积增大,呼气时则相反。

三、颅骨的连结

各颅骨间多为直接连结,大部分形成缝。只有颞下颌关节为间接连结。

颞下颌关节通称下颌关节,由颞骨的下颌窝和下颌骨髁突组成。可作上提、下降和向前、后、侧方运动。

四、四肢骨的连结

(一)上肢骨的连结

1. 肩关节 由肱骨头与肩胛骨的关节盂构成(图4-23)。肩关节是全身最灵活的关节,可作屈、伸、内收、外展、旋内、旋外和环转运动。

2. 肘关节 由肱骨下端与尺、桡骨上端构成(图4-24)。肘关节可做屈、伸运动。伸肘时,肱骨内、外上髁与尺骨鹰嘴三点位于一条直线上。屈肘时,三点呈一等腰三角形。当肘关节脱位时,三者的位置关系发生改变。

3. 桡腕关节 也称腕关节,由桡骨下端的远侧面、尺骨下方的关节盘和手舟骨、月骨、三角骨共同组成(图4-25)。腕关节可做屈、伸、内收、外展和环转运动。

(二)下肢骨的连结

1. 骨盆 由骶、尾骨与左、右髋骨连结而成(图4-26)。骨盆除具有承受、传递重力和保护盆腔内器官的作用外,在女性还是胎儿娩出的通道。

2. 髋关节 由髋臼与股骨头构成(图4-27)。髋关节可作屈、伸、内收、外展、旋内、旋外和环转运动,虽幅度远不及肩关节,但稳定性好,以适应支持人体的功能。

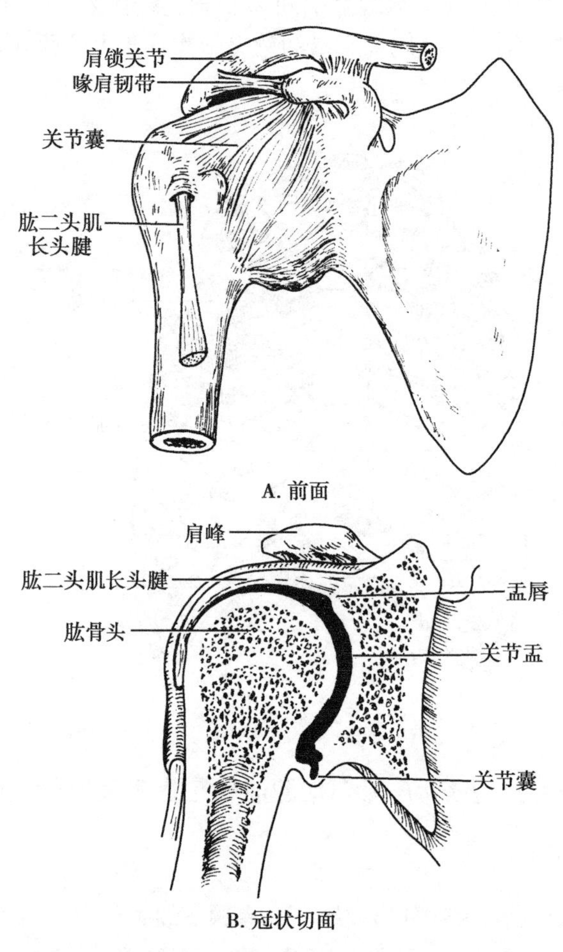

图4-23 肩关节

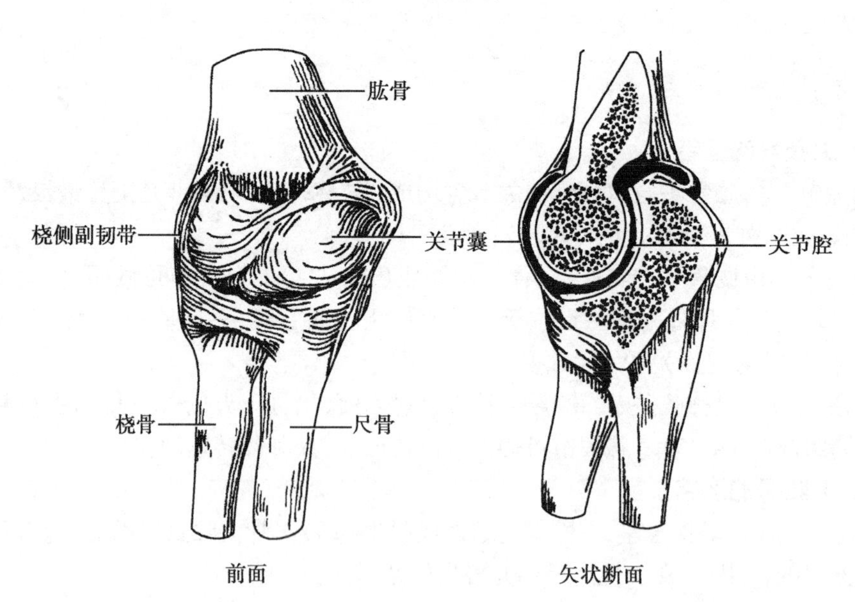

图4-24 肘关节

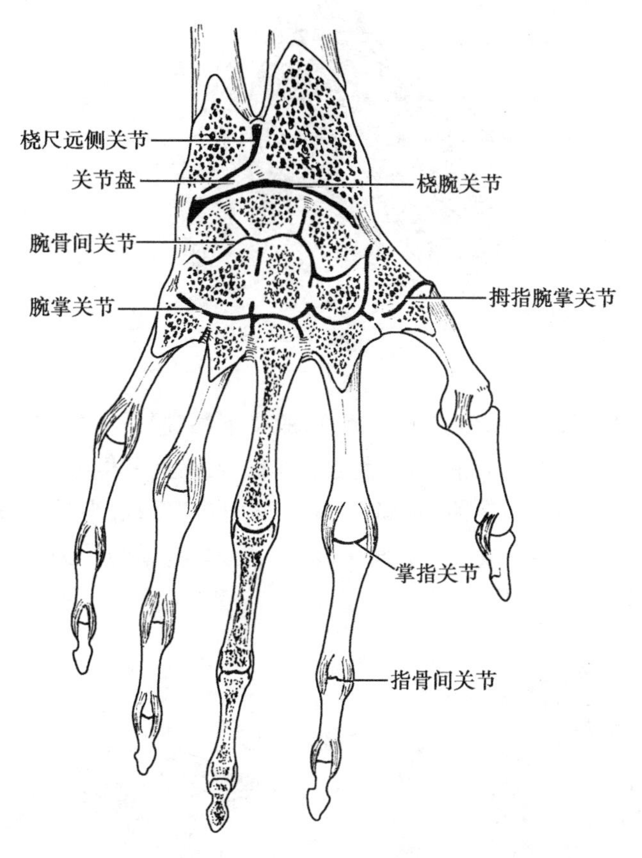

图 4-25 手关节

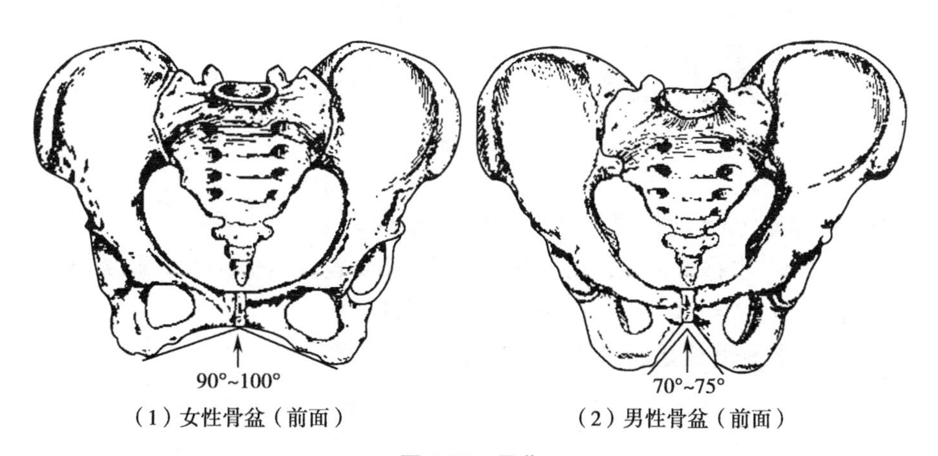

图 4-26 骨盆

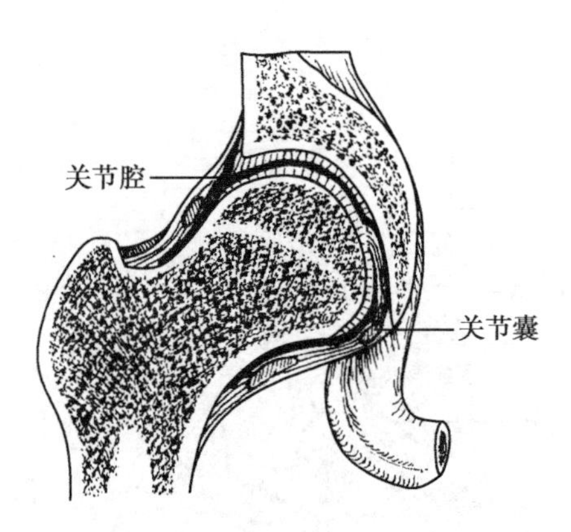

图 4-27 髋关节

3. 膝关节 是人体最大、最复杂的关节,由股骨下端、胫骨上端和髌骨构成(图 4-28)。其特点是:关节囊宽阔而松弛,韧带发达,前方有髌韧带加强,两侧亦有胫、腓侧副韧带加强;囊内有前、后交叉韧带,防止胫骨前、后移位;关节面间垫有两块半月板,内侧半月板呈“C”形,外侧半月板呈“O”形,半月板使关节面在形态上更适应,增强了关节的稳固性和灵活性,在跳跃和剧烈运动时,起缓冲作用。

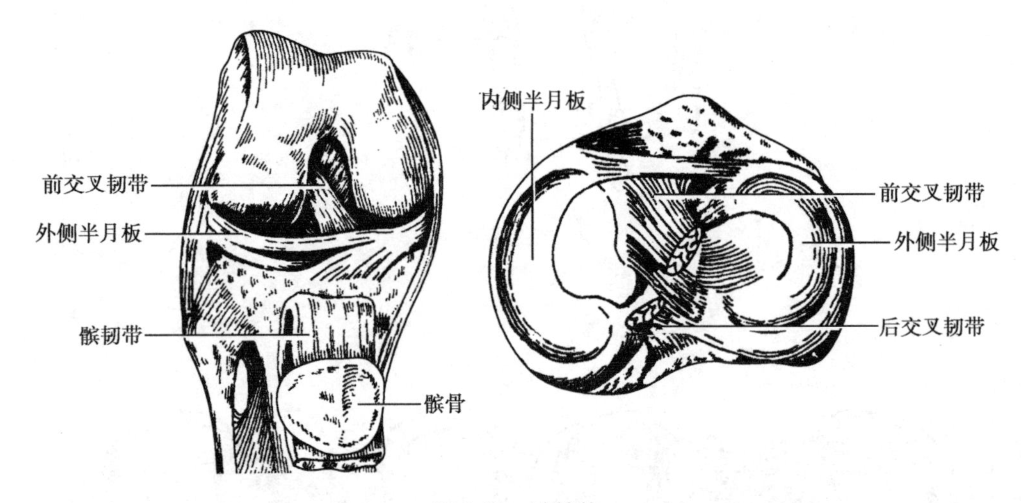

图 4-28 膝关节

膝关节主要作屈、伸运动;半屈位时,可作轻度旋转。

4. 距小腿关节 也称踝关节,由胫、腓骨下端与距骨构成(图 4-29)。踝关节可作屈、伸运动。其中足尖向上称伸(背屈),足尖向下称屈(跖屈)。

附: 足弓:跗骨、跖骨借足底肌及韧带连结成凸向上的弓。

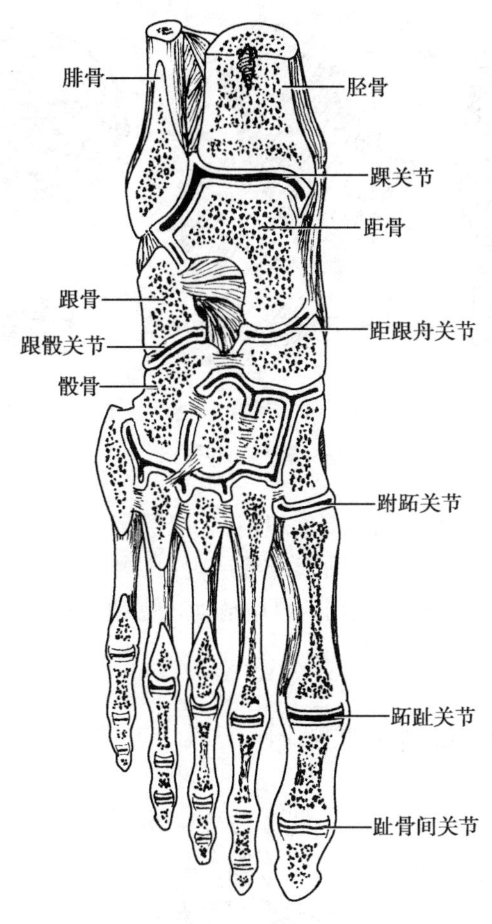

图 4-29 足关节

第三节 肌

一、概述

运动系统的肌都属于骨骼肌。每块肌都有一定的形态结构和功能，有丰富的血管分布和一定的神经支配，若肌的血液供应阻断，或神经受损，可引起肌的坏死或瘫痪。

（一）肌的分类

按形态可分为长肌、短肌、扁肌和轮匝肌4类（图4-30）。

（二）肌的构造

由肌腹和肌腱（腱膜）两部分构成（图4-30）。肌腹是肌收缩的部分，肌腱附于骨上。

（三）肌的辅助结构

包括筋膜、滑膜囊和腱鞘。

1. 筋膜　分浅、深两种。

（1）浅筋膜：位于皮肤深面，也称皮下组织。由疏松结缔组织构成。

（2）深筋膜：又称固有筋膜，位于浅筋膜的深面，由致密结缔组织构成。

2. 滑膜囊　为密闭的结缔组织小囊，多存在于腱与骨面接触处，内含滑液，减少摩擦。

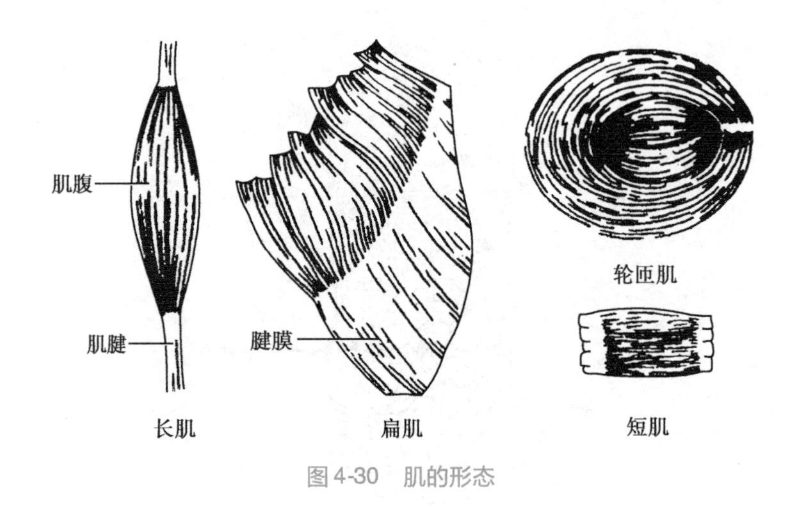

图 4-30 肌的形态

3. 腱鞘　为包在长肌腱表面的结缔组织鞘，呈双层套管状，外层是纤维层，内层为滑膜层。滑膜层又分为内、外两层，外层紧贴于纤维层内面，内层紧包于肌腱的表面。滑膜层的内、外两层之间有少量滑液，能使腱在鞘内自由滑动，减少摩擦。

二、躯干肌

躯干肌主要包括背肌、胸肌、膈、腹肌（图 4-31）。

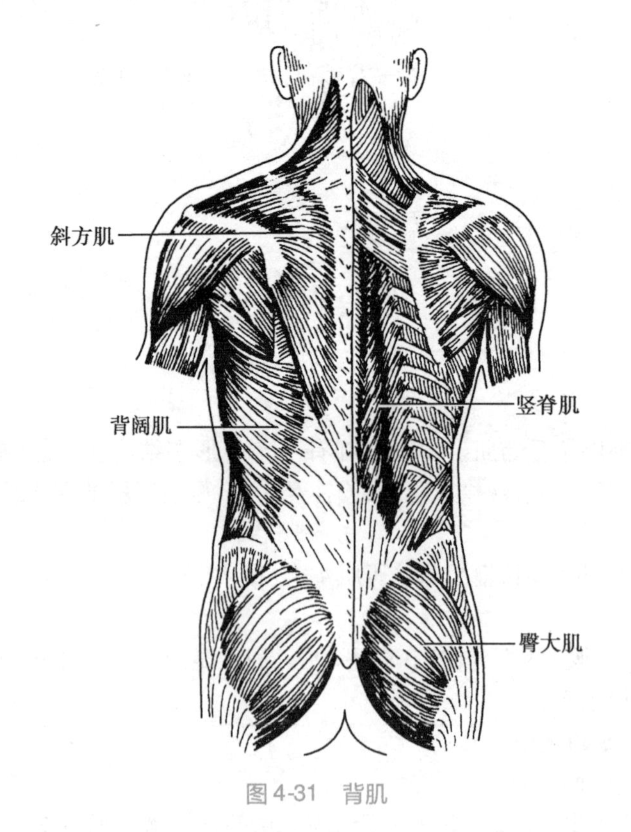

图 4-31 背肌

（一）背肌

1. 斜方肌　位于项、背上部的浅层，一侧呈三角形，两侧合起来为斜方形。整肌收缩时使肩胛骨向脊柱靠拢;肩胛骨固定时,两侧同时收缩,使头后仰。

2. 背阔肌　位于背下部。收缩时使臂内收、内旋和后伸,如背手姿势;上肢固定时,可上提躯干。

3. 竖脊肌　位于背部深层,纵行于棘突两侧的沟内。收缩时使脊柱后伸并仰头;一侧收缩,使脊柱侧屈。

(二)胸肌

1. 胸大肌　位于胸前壁上部的浅层(图 4-32)。收缩时使肩关节内收、旋内和屈;如上肢固定可上提躯干;也可提肋助吸气。

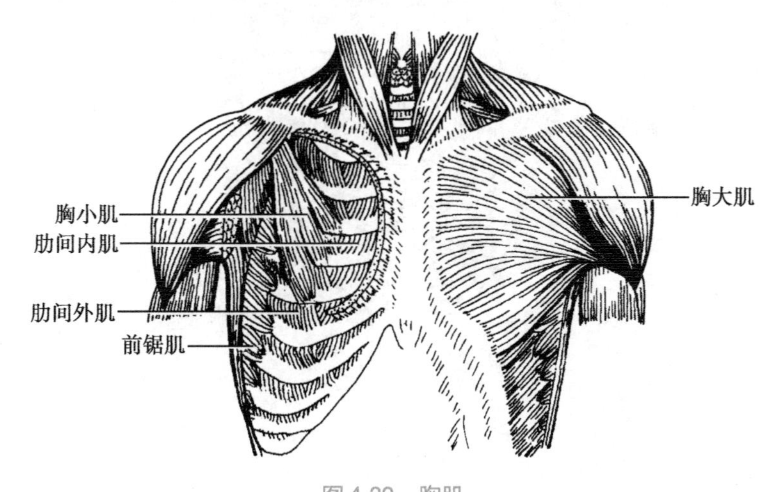

图 4-32　胸肌

2. 前锯肌　附于胸廓外侧壁。收缩时拉肩胛骨向前紧贴胸廓;下部肌束收缩使肩胛骨下角旋外,助臂上举。

3. 肋间肌　主要包括肋间外肌和肋间内肌,为重要的呼吸肌。肋间外肌可提肋助吸气;肋间内肌可降肋助呼气。

(三)膈

位于胸、腹腔之间,为一块向上膨隆的扁肌,呈穹隆状(图 4-33)。周围部为肌性部分,附于胸廓下口;中央部为腱膜,称中心腱。膈上有三个孔:在第 12 胸椎前方有主动脉裂孔;在主动脉裂孔的左前上方有食管裂孔;右前上方有腔静脉孔,分别有同名结构通过。

膈的作用:①是主要的呼吸肌。收缩时,膈穹隆下降,胸腔容积扩大,以助吸气;舒张时,膈穹隆上升,胸腔容积缩小,以助呼气。②分隔胸、腹腔。

(四)腹肌

1. 腹直肌　位于腹前壁正中线两侧的一对长带状肌,表面被腹直肌鞘包裹。该肌前部被 3 ~4 条横行的腱划分隔成多个肌腹(图 4-34)。

2. 腹外斜肌　位于腹前外侧壁的浅层。肌束自外上斜向前内下方,在近腹直肌外侧缘处移行为腱膜。

3. 腹内斜肌　位于腹外斜肌深面,肌束自后向前呈扇形散开,至腹直肌外侧缘移行为腱膜。

4. 腹横肌　位于腹内斜肌深面,肌束横行向前,至腹直肌外侧缘移行为腱膜。

5. 腰方肌　位于腹后壁脊柱两侧,呈长方形。

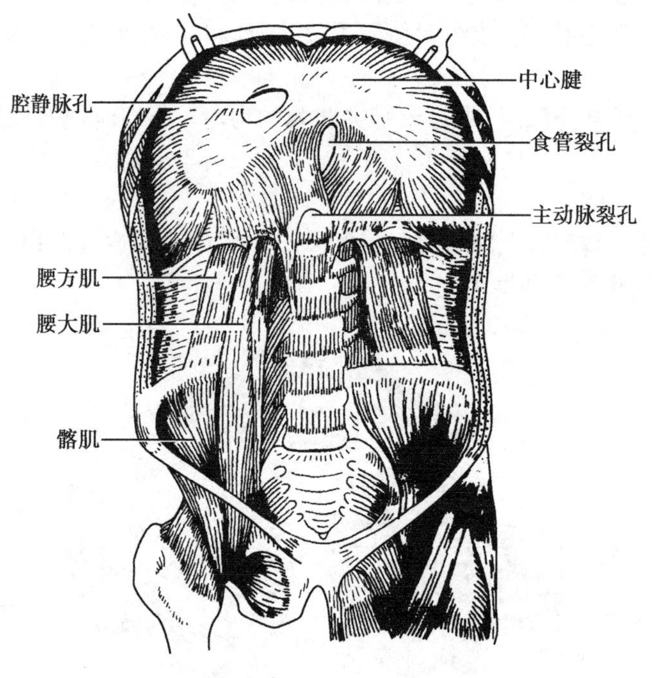

图 4-33 膈肌

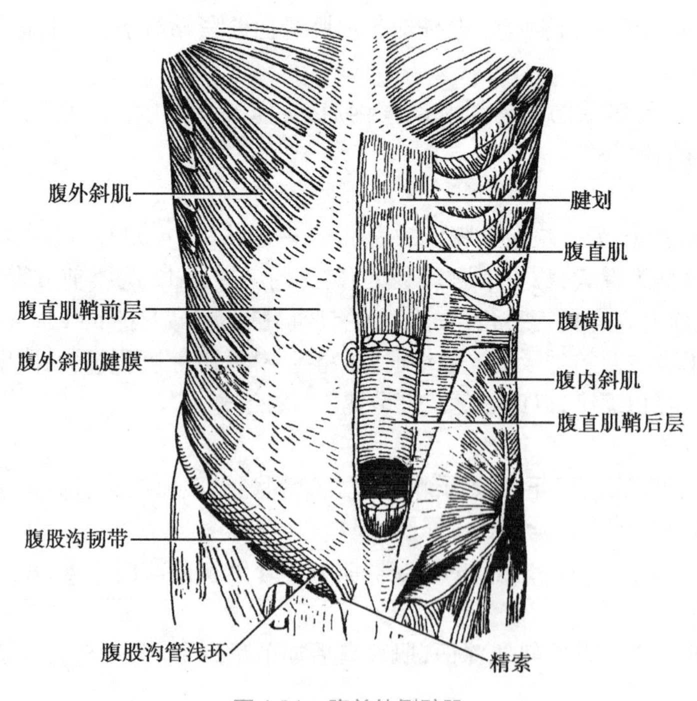

图 4-34 腹前外侧壁肌

腹肌的作用：可保护和支持腹腔器官；收缩时可降肋助呼气，可使脊柱作前屈、侧屈和旋转，可增加腹压，协助排便、呕吐和分娩。

6. 腹肌形成的特殊结构　腹股沟管位于腹股沟韧带内侧半的稍上方，为腹外侧壁三层扁肌之间的斜形间隙，约4～5cm，在男性有精索通过，女性有子宫圆韧带通过，腹壁最薄弱的部位，是腹股沟斜疝的好发部位。

三、头颈肌

（一）头肌

头肌分为面肌和咀嚼肌两部分（图4-35）。

1. 面肌　收缩可牵动面部皮肤，产生各种表情，也称表情肌。

2. 咀嚼肌　主要有颞肌、咬肌、翼内肌和翼外肌。前三种肌都可上提下颌骨，只有翼外肌可下降下颌骨。

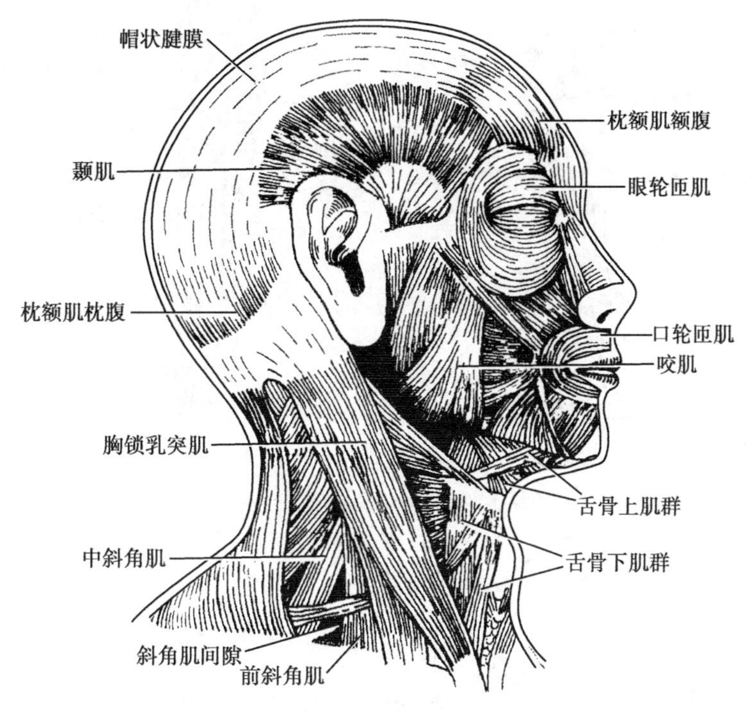

图4-35　头颈肌

（二）颈肌

颈肌分浅、深两群（图4-35）。

1. 颈阔肌　位于浅筋膜内，是一对非常薄的扁肌，有紧张颈部皮肤和下拉口角的作用。

2. 胸锁乳突肌　以两个头分别起自胸骨柄和锁骨内侧端，两头会合后斜向后上，止于乳突。一侧收缩使头偏向同侧，面转向对侧；两侧同时收缩使头后仰。

3. 舌骨上肌群　位于下颌骨和舌骨间，参与构成口腔底。收缩时，可上提舌骨，协助吞咽。

4. 舌骨下肌群　位于舌骨和胸骨柄之间，覆盖在喉、气管、甲状腺的前方。收缩时，使舌骨和喉下降。

四、四肢肌

（一）上肢肌

按部位分为肩肌、臂肌、前臂肌和手肌（图 4-36）。

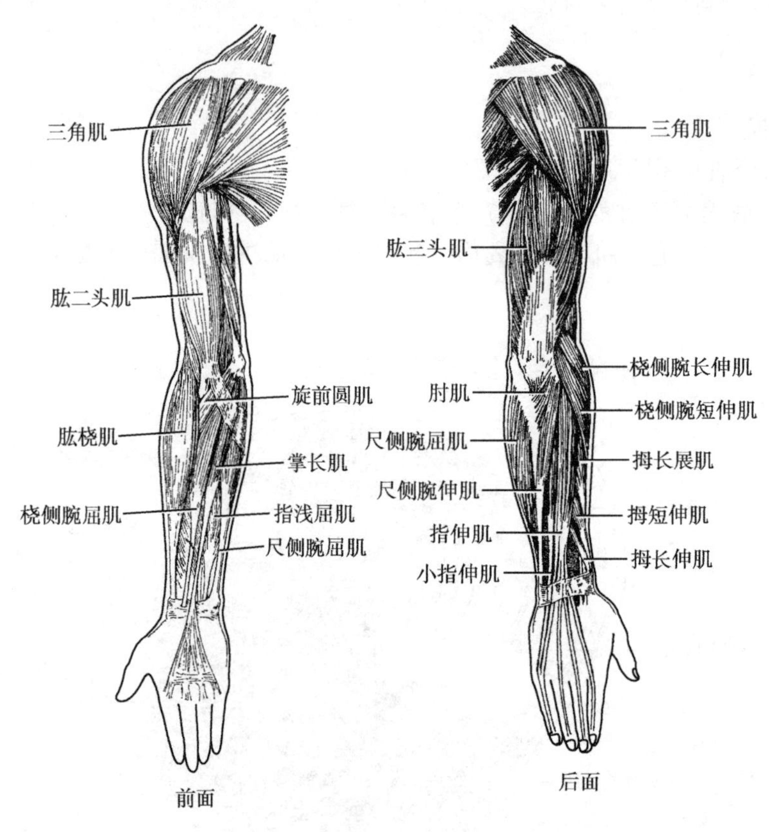

图 4-36　上肢肌

1. 肩肌　位于肩关节周围，主要有三角肌。

三角肌：位于肩部。收缩时，主要使肩关节外展。

2. 臂肌　位于肱骨周围，分前、后两群。

（1）前群：有肱二头肌，呈梭形。主要功能为屈肘关节，并协助屈肩关节。

（2）后群：有肱三头肌。收缩时伸肘关节。

3. 前臂肌　位于尺、桡骨周围，分前、后两群。前群主要是屈肌和旋前肌；后群主要是伸肌和旋后肌。

4. 手肌　主要位于手掌面，分外侧群、中间群和内侧群 3 群，有运动手指作用。

（二）下肢肌

下肢肌按部位分为髋肌、股肌、小腿肌和足肌四部分（图 4-37）。

1. 髋肌　分布于髋关节周围，分前、后两群，主要运动髋关节。

（1）前群：主要有髂腰肌，由腰大肌和髂肌组成。收缩时使髋关节前屈和旋外；若下肢固定，可使躯干前屈。

（2）后群：主要有臀大肌、臀中肌、臀小肌和梨状肌。

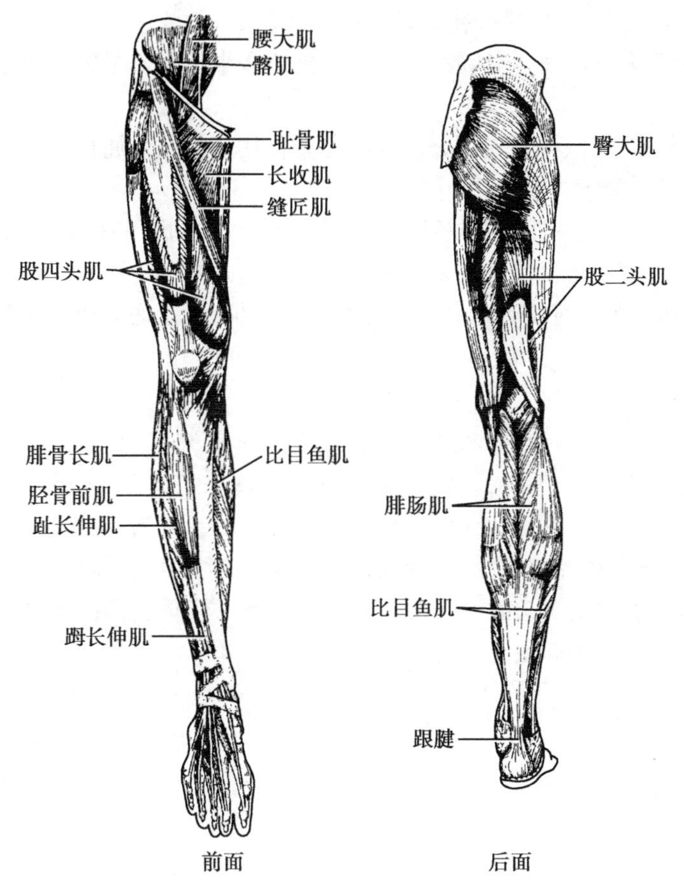

图 4-37 下肢肌

1）臀大肌：位于臀部浅层，略呈四边形。臀大肌收缩时可使髋关节伸和旋外。此肌外上部为肌内注射的常用部位。

2）臀中、小肌：位于臀部外上方，大部被臀大肌覆盖，臀小肌位于臀中肌深面。

3）梨状肌：位于臀大肌深面，臀中肌下方，收缩时使髋关节旋外。

坐骨大孔被梨状肌分隔成梨状肌上孔和梨状肌下孔，孔内有血管、神经通过（图 4-38）。

2. 股肌　分布于股骨周围，分 3 群。

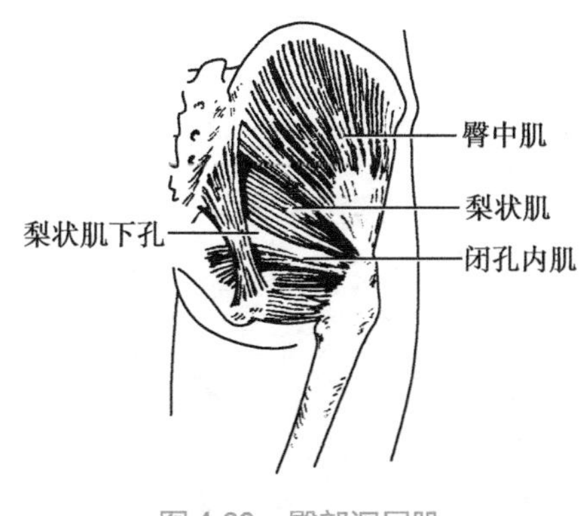

图 4-38 臀部深层肌

（1）前群：位于大腿前面，有缝匠肌和股四头肌。

1）缝匠肌：呈扁带状，是人体内最长的肌，起自髂前上棘，斜向内下方，止于胫骨上端内侧面，具有屈髋和屈膝关节的作用。

2）股四头肌：是人体内体积最大的肌。它有 4 个头，分别称股直肌、股内侧肌、股外侧肌和股中间肌，4 头合并向下移行为股四头肌肌腱，包绕髌骨后延续为髌韧带，止于胫骨粗隆。主要作用为伸膝关节，股直肌还可屈髋关节。

（2）内侧群：位于大腿内侧，主要有长收肌、大收肌和股薄肌等，收缩时使大腿内收和旋内。

（3）后群：位于大腿后面，包括股二头肌、半腱肌和半膜肌。主要作用是屈膝关节、伸髋关节。

3. 小腿肌　分布于胫、腓骨周围，分3群，主要作用是使足做屈伸运动，还可使足内翻和外翻，并参与维持人体的直立姿势和行走。

小腿后群肌有小腿三头肌，由腓肠肌和比目鱼肌合成，向下移行为粗壮的跟腱，止于跟骨。其肌腹膨大，俗称“小腿肚”。主要作用是使踝关节跖屈。

4. 足肌　足肌分为足背肌和足底肌。足背肌协助伸趾，足底肌协助屈趾和维持足弓。

本章小结

运动系统由骨、骨连结和骨骼肌三部分组成。骨的构造、化学成分和物理性质，全身骨206块，包括躯干骨51块、四肢骨（上肢骨64块和下肢骨62块），颅骨23块和6块听小骨，各骨的主要体表标志；关节的基本结构包括关节面、关节囊和关节腔，肩关节、肘关节、髋关节和膝关节的组成、结构特点及运动形式；全身肌的分类、构造及辅助结构；膈肌位于胸腹腔之间的扁肌，有三个裂孔，为重要的呼吸肌；重要的背肌、胸肌、腹肌和四肢肌的名称、位置和主要功能。

（赵国志）

目标测试

思考题

1. 简述运动系统的组成。
2. 简述骨的构造，正常成人骨的化学成分，其中终生具有造血功能的骨有哪些？
3. 列举膈的裂孔及其通过的结构。
4. 简述肩关节的构成、特点及运动形式。

第五章　消化系统

学习目标

1. 掌握：消化系统的组成和功能；胃、小肠的运动形式；胃液、胰液、胆汁的主要成分和作用；营养物质的吸收。
2. 熟悉：消化管壁的结构；咽的分部；食管的狭窄部位；肝外胆道系统的组成；大肠的功能。
3. 了解：胸部的标志线和腹部分区；口腔内消化的特点；腹膜和腹膜腔的概念。

第一节　概　　述

一、消化系统组成和功能

考点提示

上消化道和下消化道

消化系统由消化管和消化腺组成（图5-1）。消化管是指从口腔到肛门的管道，其各部的功能不同，形态各异，包括口腔、咽、食管、胃、小肠（十二指肠、空肠、回肠）、大肠（盲肠、阑尾、结肠、直肠、肛管）。临床上把口腔到十二指肠称上消化道，空肠以下称下消化道。消化腺包括大唾液腺、肝、胰及消化管壁内的小腺体（如胃腺、肠腺）。

消化系统是保证机体新陈代谢正常进行的重要结构，其主要功能是消化食物，吸收营养，排出食物残渣。除了水、无机盐、大多数维生素可以被消化管直接吸收利用外，食物中的营养物质如蛋白质、脂肪和糖类等结构复杂的大分子有机物，必须先在消化管内加工，分解成简单的小分子物质，才能透过消化管黏膜进入血液循环，供组织细胞利用。

食物在消化管内分解成可被吸收的小分子物质的过程称为消化。消化后的食物成分通过消化管黏膜进入血液和淋巴的过程称为吸收。消化是吸收的前提，吸收是消化的目的，两个过程密切联系、相辅相成。

食物在消化管内有两种消化方式：一种是机械性消化，即通过消化管的运动，将食物磨碎、与消化液混合并向下推送的过程；另一种是化学性消化，即通过消化液的化学作用，将食物分解为可被吸收的小分子物质的过程。一般来说机械性消化是初步的，只能使食物发生物理性状的改变，化学性消化则是彻底的。两种消化形式同时进行，密切配合。

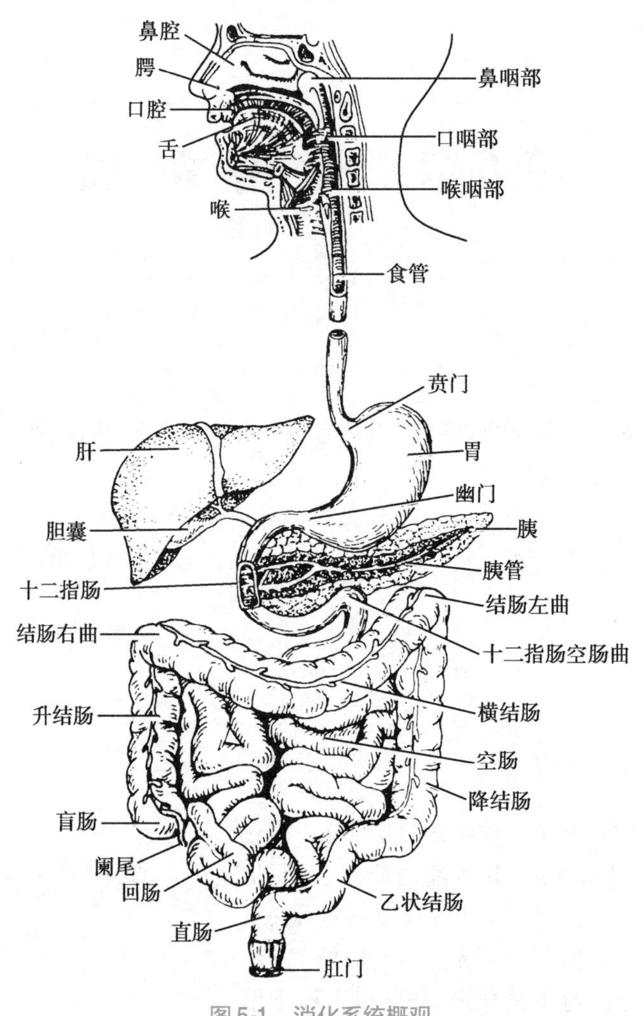

图5-1 消化系统概观

二、消化管管壁的结构

除口腔外，消化管各部的管壁结构基本相同，由内至外依次为黏膜、黏膜下层、肌层、外膜（图5-2）。

1. 黏膜 为消化管壁最内层，由内至外有上皮、固有层、黏膜肌层组成，是消化吸收的重要结构。

2. 黏膜下层 由疏松结缔组织构成，内含较大血管、淋巴管、黏膜下神经丛。食管、胃、小肠等处的黏膜和部分黏膜下层共同突入管腔形成皱襞，扩大了黏膜内表面积，有利于营养的吸收。

3. 肌层 口腔、咽、食管上段、肛门等处为骨骼肌，其余均为平滑肌。肌层可分为内环、外纵两层，在某些部位，环形肌增厚形成括约肌。

4. 外膜 是消化管最外层，咽、食管及直肠下段为纤维膜，其余部分为浆膜。

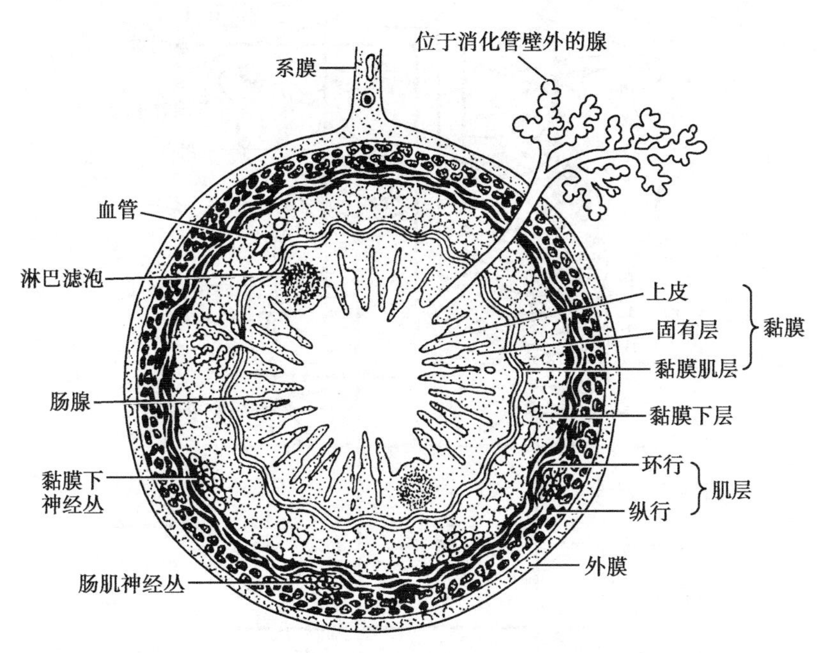

图 5-2 消化管管壁的一般结构模式图

三、胸部标志线和腹部分区

消化系统的大部分器官位于胸、腹腔内，它们的位置较恒定。为了便于描述各器官的正常位置及其体表投影，通常在胸、腹部体表确定若干条线和分区（图 5-3）。

（一）胸部标志线

1. 前正中线 沿胸壁前面正中所作的垂线。
2. 锁骨中线 经锁骨中点所作的垂线。在男性，相当于经乳头所作的垂线。
3. 胸骨线 沿胸骨外侧缘最宽处所作的垂线。
4. 腋前线 沿腋前襞所作的垂线。
5. 腋后线 沿腋后襞所作的垂线。
6. 腋中线 通过腋前、后线之间中点的垂线。
7. 肩胛线 通过肩胛骨下角的垂直线。
8. 后正中线 沿人体后面正中所作的垂线。

（二）腹部分区

为便于描述腹腔脏器所在的位置，临床上常通过脐作横线和垂线，将腹部分为右上腹、左上腹、右下腹、左下腹 4 个区。

还有 9 区分法，即在腹部前面通过两条横线和两条垂线将腹部分成 3 部 9 区。上横线是通过两侧肋弓（第 10 肋）最低点的连线，下横线是通过两侧髂结节的连线。两垂线为两侧腹股沟韧带中点的垂线。两条横线将腹部分为腹上、腹中和腹下 3 部。9 个区为：腹上部分为中间的腹上区和左、右季肋区；腹中部分为中间的脐区和左、右腹外侧区；腹下部分为中间的耻区（腹下区）和左、右腹股沟区（髂区）。

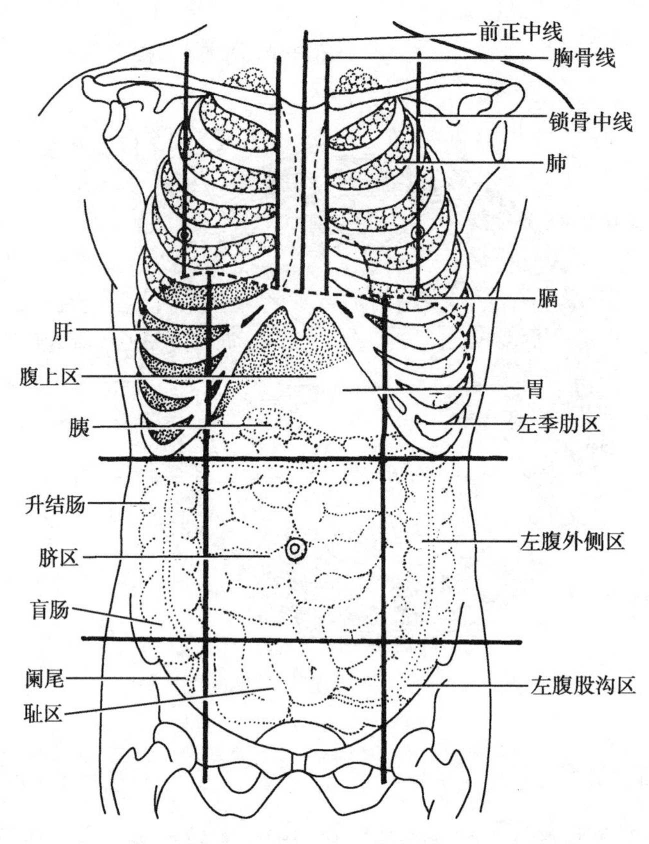

图 5-3 胸部标志线和腹部分区

第二节 消 化 管

一幼儿不慎将玻璃球咽下，两天后，家人在其粪便内发现玻璃球。

请问：1. 玻璃球在体内都经过了哪些器官？

2. 简述这些器官的位置、结构和功能。

一、口腔

（一）口腔的境界和分部

咽峡的概念

口腔是消化管的起始部，前借口裂通外界，后经咽峡通咽腔。前壁为上、下唇，两侧壁为颊，上壁（顶）为腭（前 2/3 硬腭，后 1/3 软腭），下壁（底）为软组织和舌。软腭后缘游离，中央向下有一突起称腭垂，两侧各有前后两条纵行黏膜皱襞，前为腭舌弓，后为腭咽弓，前后两皱襞间的凹陷内有卵圆形的腭扁桃体。软腭后缘、两侧腭舌弓及舌根共同围成咽峡（图 5-4），为口腔和咽分界线。口腔内有上、下颌牙，以此为界将口腔分为前方的口腔前庭和后方的固有口腔两部分。当上下牙列咬合时，两者可通过第三磨牙后方的间隙相通，患者牙关紧闭时，可经此注入营养物质。

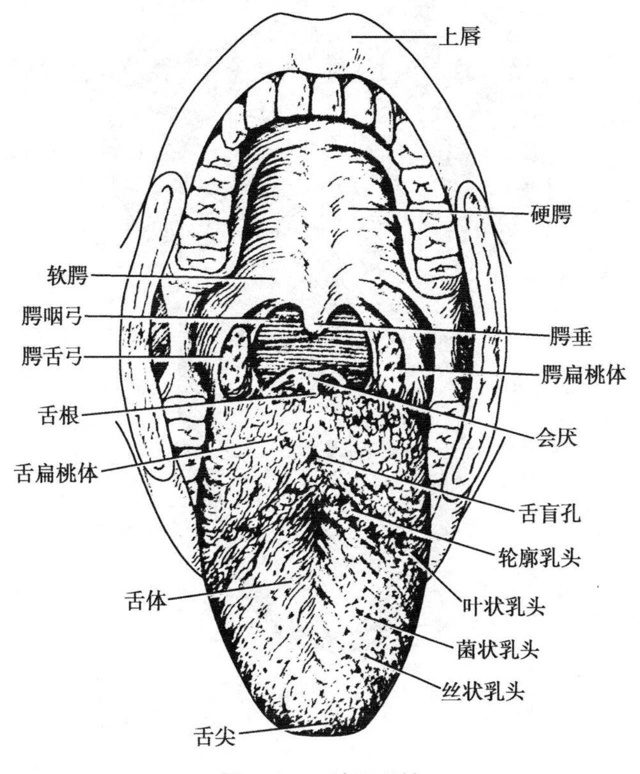

图 5-4 口腔及咽峡

（二）口腔内的结构

1. 舌 舌位于口腔底，具有协助咀嚼、吞咽、感受味觉、辅助发音等功能。前 2/3 称舌体，后 1/3 称舌根，舌体的前端为舌尖。在舌背面及侧缘有不同形状的黏膜突起称舌乳头。有些舌乳头黏膜上皮中含有味蕾是味觉感受器，有感受各种味觉的功能（图 5-5）。

2. 牙 牙是人体最硬的器官，嵌于上、下颌骨的牙槽内，有咬切、磨碎食物、辅助发音等功能。牙分三部分：牙冠，露于口腔内；牙根，嵌于牙槽内；牙颈，介于牙冠和牙根之间。

人的一生先后有两组牙，先萌出的是乳牙，多在出生后 6～7 个月开始萌出，共 20 颗。6～13 周岁，乳牙先后自然脱落，恒牙相继萌出，恒牙共 32 颗（图 5-6）。

3. 口腔腺 又称唾液腺，是指所有开口于口腔内的腺的总称。除位于口腔黏膜内的小腺体外，大唾液腺有三对：腮腺、下颌下腺、舌下腺（图 5-7）。

唾液腺分泌唾液，唾液无色无味近中性（pH 6.0～7.0）。正常成人每日分泌量约 0.8～1.5L，除水（占 99%）和无机盐，还有唾液淀粉酶、黏蛋白、溶菌酶、尿素、氨基酸等。有湿润口腔黏膜、清洁口腔、混合食物形成食团和促进食物消化的功能。

食物在消化管内的消化从口腔开始，是一个连续而复杂的过程。食物在口腔内经过咀嚼被磨碎，在舌的搅拌下与唾液混合形成食团，在口腔内停留的时间很短（15～20 秒），而后被吞咽经食管入胃。口腔中的唾液只能初步消化分解淀粉，具有较弱的化学性消化作用。

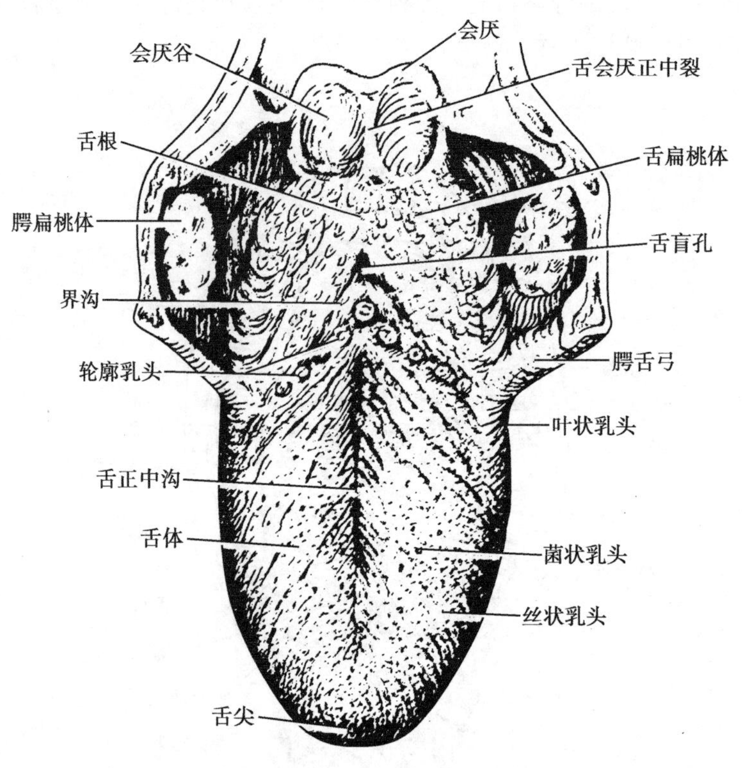

图5-5 舌的背面观

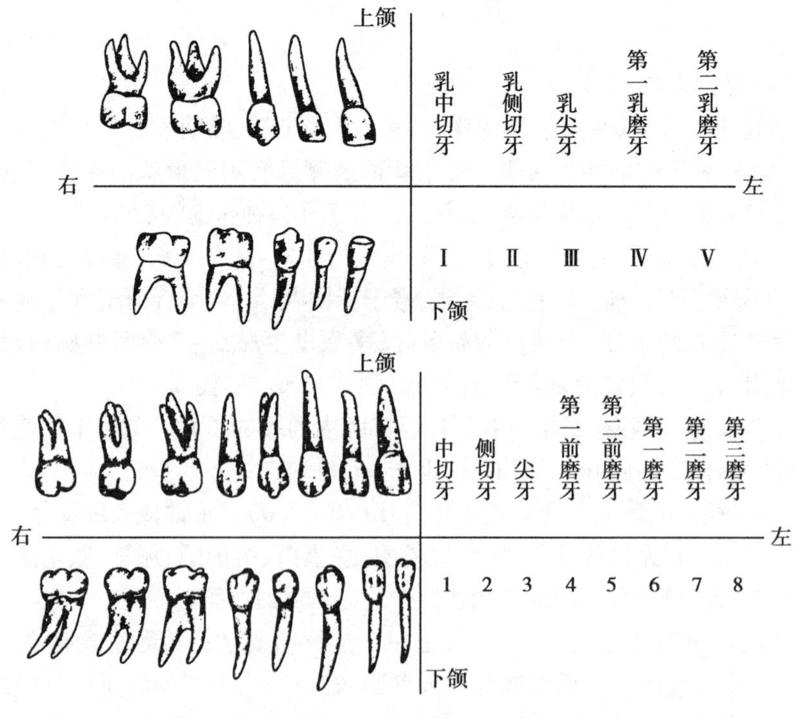

图5-6 恒牙、乳牙的名称和符号

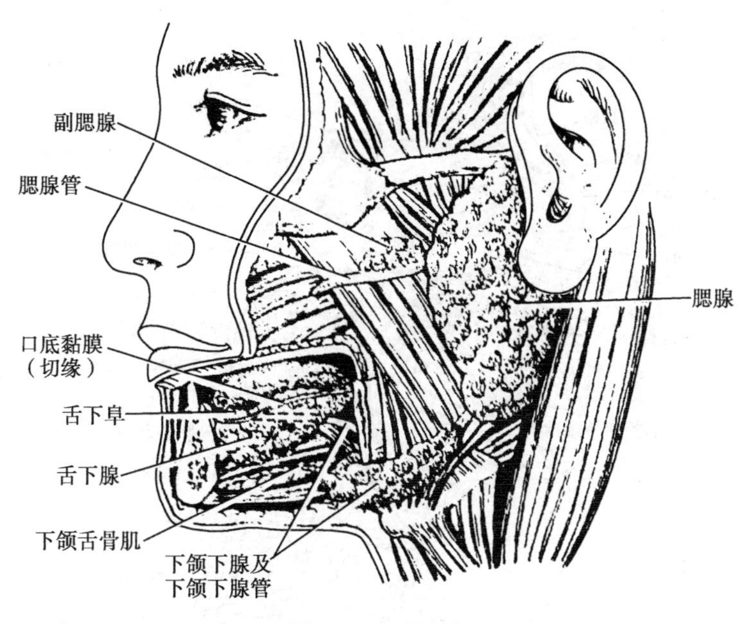

图 5-7 大唾液腺

咀嚼是消化的第一步，可以把食物团块磨碎使之与唾液充分混合便于吞咽；还可反射性引起胃液、胰液、胆汁的分泌，为随后的消化过程做准备。

二、咽

（一）咽的形态和位置

咽是消化管和呼吸道的共同通道，为前后略扁的漏斗状肌性管道，位于颈椎前方，鼻腔、口腔的后方，上接颅底，下方在第 6 颈椎体下缘与食管相连，全长 12cm。

（二）咽的分部和结构

咽自上而下经鼻后孔、咽峡、喉口，分别与鼻腔、口腔、喉腔相通，以此将咽分为鼻咽、口咽、喉咽 3 部分。

咽的分部

1. 鼻咽 软腭平面以上的部分，向前经鼻后孔通鼻腔。

2. 口咽 位于软腭与会厌上缘平面之间，向前经咽峡通口腔。

3. 喉咽 位于会厌上缘平面以下，向前经喉口通喉腔。

咽上部的侧壁上，左右各有一个咽鼓管口，咽通过咽鼓管与中耳鼓室相通（图 5-8）。

三、食管

（一）食管的形态、位置和狭窄

食管是一前后扁窄的肌性长管，是消化管各部中最狭窄的部分，全长约 25cm。上端在第 6 颈椎下缘平面与咽相续，沿脊柱前方向下入胸腔，穿过膈的食管裂孔进入腹腔，在第 11 胸椎体高度与胃相连（图 5-9）。

在形态上食管最重要的特点是有 3 处生理性狭窄：食管起始处，距中切牙约 15cm；食管与左主支气管交叉处，距中切牙约 25cm；食管穿膈的食管裂孔处，距中切牙约 40cm。食管的

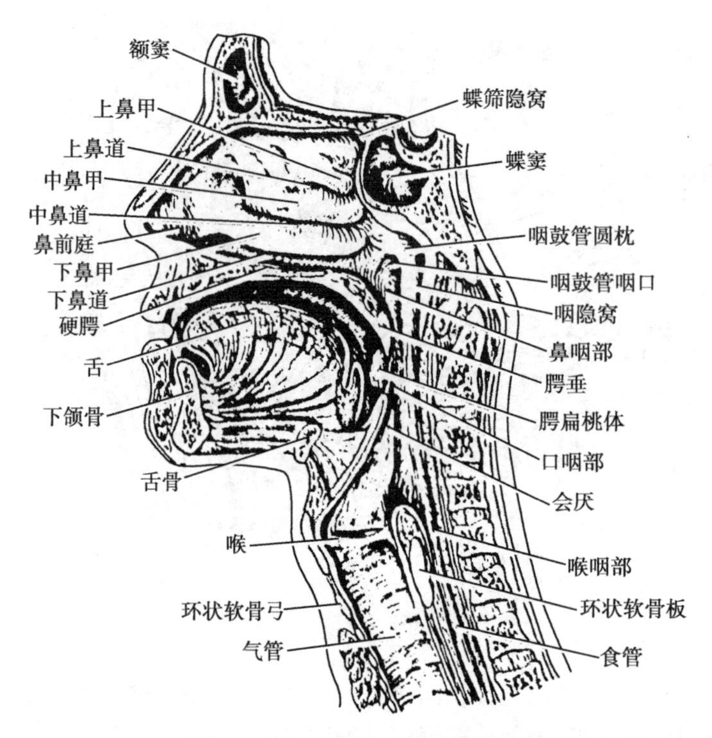

图 5-8 头、颈部正中矢状切面观

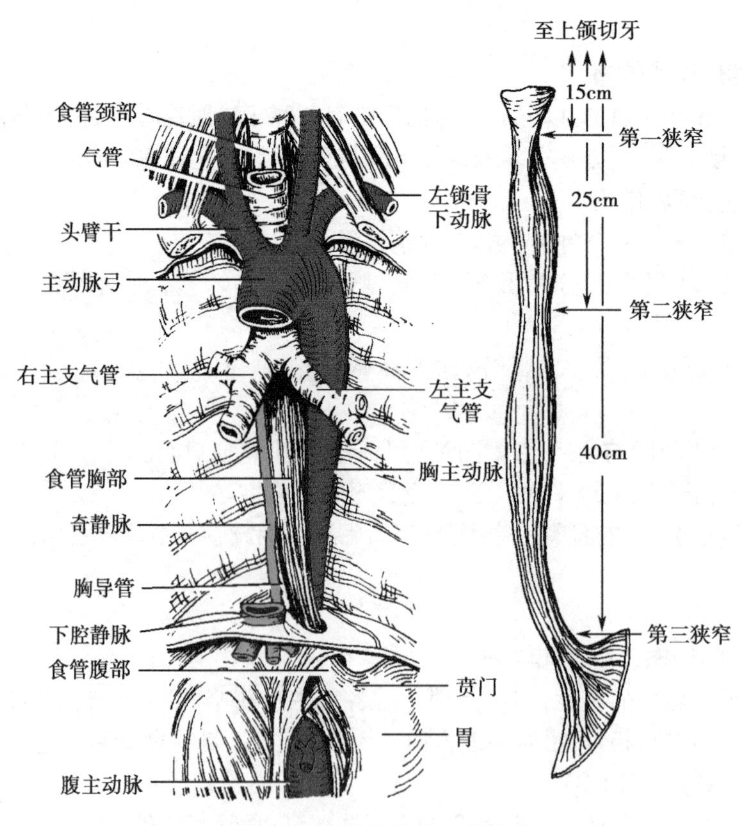

图 5-9 食管的位置和狭窄

狭窄是异物容易滞留和食管癌的好发部位。

（二）食管壁的组织结构特点

食管壁较厚，约4mm，具有消化管典型的4层结构。其中黏膜下层内含食管腺，能分泌黏液，起润滑和保护作用。

（三）吞咽过程

吞咽是将口腔内的食团经咽和食管送入胃的过程，是口腔和咽、喉各部分以及食管密切配合的有顺序的复杂动作。吞咽可随意发动，正常情况下，完成吞咽过程的时间不超过15秒。整个过程是一个复杂的反射活动，根据食团在吞咽时所经过的部位不同，可将吞咽过程分为三个连续的阶段：

第一期（口腔期）：食团由口腔被推送到咽，主要通过舌的运动把食团从舌背推送到咽部。此期的运动受大脑皮质的控制，是随意动作。

第二期（咽期）：食团由咽进入食管上端。是食团对软腭和咽部的感受器刺激后，引起的一系列反射性动作，不受大脑皮质控制。具体表现为：软腭上升，咽后壁前压，封闭鼻咽通路；声带内收，喉头上移紧贴会厌，封闭咽与气管的通路；喉头前移，食管上段括约肌舒张，使咽与食管的通路开放。这样，食团由咽被推入食管。

第三期（食管期）：食管的蠕动将食团推送入胃。当食团刺激软腭、咽和食管等处的感受器时，反射性地引起食管的蠕动，表现为食团上端的食管收缩，下端的肌肉舒张，并且收缩波和舒张波顺序地向前方推进。同时，食团对食管壁的刺激，反射性地引起贲门括约肌舒张，将食团推送入胃。

蠕动是消化道的基本运动形式，是消化道平滑肌顺序收缩引起的一种向前推进的波形运动（图5-10）。

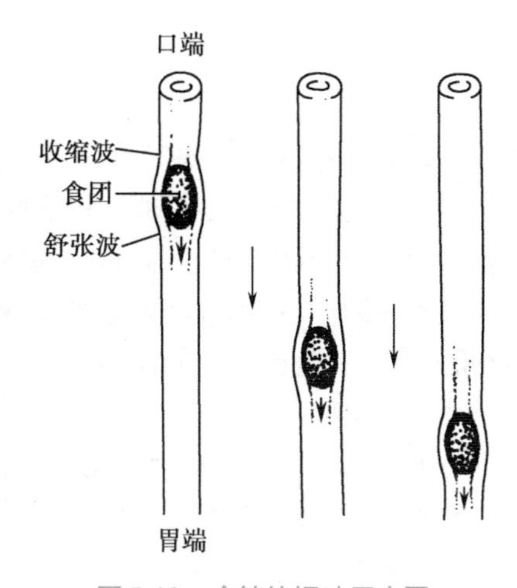

图5-10 食管的蠕动示意图

四、胃

胃是消化管最膨大部分，可以贮存食物，分泌胃液，初步消化食物。成年人胃的容量为1～2L。

（一）胃的形态和分部

胃有两口、两缘和两壁。上口称贲门，接食管；下口称幽门，接十二指肠。上缘较短，凹向右上方，称胃小弯，该弯最低处称角切迹；下缘较长，凸向左下方，称胃大弯。两壁即前壁和后壁。

胃分4部分：贲门附近称贲门部；高出贲门平面突向左上方的部分称胃底；胃底和角切迹之间部分称胃体；角切迹和幽门之间称幽门部（图5-11）。

（二）胃的位置和毗邻

胃位于腹腔内，其位置随体型、体位不同有变异。中度充盈时，胃大部分位于左季肋区，小部分位于腹上区。前壁右邻肝左叶；左侧邻膈；胃后壁与胰、横结肠、左肾和左肾上腺相邻；胃底与膈和脾相邻。

（三）胃壁的组织结构特点

胃壁分4层。胃黏膜表面可见许多针孔状小凹，称胃小凹，是胃腺开口之处。黏膜的上

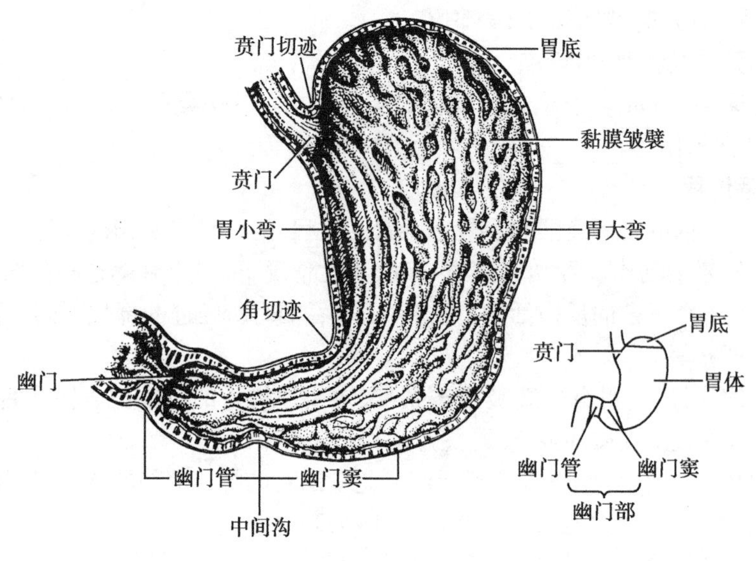

图5-11 胃

皮细胞能分泌黏液。固有层内含有许多腺体,统称胃腺;主要有贲门腺、胃底腺和幽门腺。贲门腺、幽门腺主要分泌黏液。胃底腺(又称泌酸腺)分布于胃底和胃体,主要由主细胞、壁细胞和颈黏液细胞构成。主细胞分泌胃蛋白酶原,婴儿时期主细胞还分泌凝乳酶;壁细胞分泌盐酸和内因子;颈黏液细胞分泌黏液。肌层中环行肌较发达,并在幽门处增厚,形成幽门括约肌,有控制食糜通过的作用。

(四)胃内消化

胃的消化功能包括胃液的化学性消化和胃运动的机械性消化,进入胃内的半固体食团被胃液水解和胃运动研磨,变成糊状,称为食糜,然后逐次少量地通过幽门进入十二指肠。

1. 胃液的成分和作用　胃液是由胃腺分泌的一种无色、酸性液体(pH 0.9~1.5)。正常成人每日分泌量为1.5~2.5L。除水和无机盐外,还有盐酸、胃蛋白酶原、内因子、黏液等。

(1) 盐酸:也称胃酸,胃底腺的壁细胞分泌。其作用是:①激活胃蛋白酶原成为有活性的胃蛋白酶,并为其提供适宜的酸性环境;②使食物中的蛋白质变性,易于水解;③杀菌作用;④胃酸进入小肠内可促使胰液、胆汁和小肠液的分泌;⑤胃酸所造成的酸性环境还有利于铁和钙的吸收。

胃酸分泌减少时,会出现消化不良、细菌的生长繁殖。若分泌过多对胃和十二指肠则有侵蚀作用,是溃疡病发病的重要原因之一。

(2) 胃蛋白酶原:胃底腺的主细胞以酶原的形式分泌的,没有活性。在盐酸作用下激活为有活性的胃蛋白酶。其作用是把蛋白质分解为脲、胨、少量的多肽和氨基酸。胃蛋白酶只在较强的酸性环境中才保持活性,当 pH>5 时,胃蛋白酶即失活。胃蛋白酶对乳汁中的酪蛋白有凝乳作用,这对婴儿较为重要,有利于充分消化。

(3) 黏液:具有较高的黏滞性,可在胃黏膜表面形成一层约0.5mm的凝胶层,内还含有大量由胃黏膜上皮细胞分泌的HCO_3^-。两者联合作用形成"黏液-碳酸氢盐屏障"(图5-12),一方面减少粗糙食物对胃黏膜的机械性损伤;另一方面将胃蛋白酶与胃黏膜相隔离,并中和H^+、减缓H^+向黏膜的弥散,防止胃酸和胃蛋白酶对胃黏膜的侵蚀,起到有效保护胃黏膜的作用。

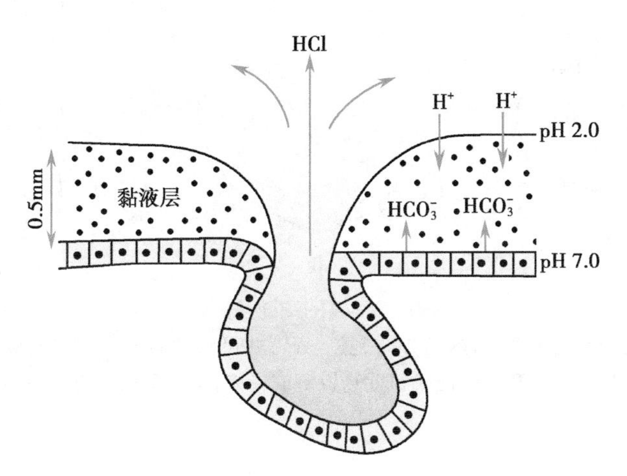

图 5-12 黏液-碳酸氢盐屏障

(4) 内因子:可与维生素 B_{12} 结合,使维生素 B_{12} 免遭小肠中水解酶的破坏,并促进其吸收。当内因子缺乏时(如胃大部切除的患者),维生素 B_{12} 吸收障碍,造成巨幼红细胞性贫血。

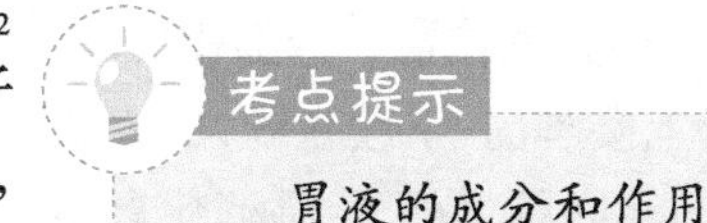

2. 胃的运动和排空 根据胃壁肌层的结构和功能特点,胃底和胃体上 1/3(也称头区)的主要功能是容纳和暂时贮存食物,调节胃内压及促进液体的排空;胃体其余 2/3 和胃窦(也称尾区)的主要功能是混合、磨碎食物形成食糜,并加快固体食物的排空。

(1) 胃的运动:胃的运动形式有三种:紧张性收缩、容受性舒张和蠕动。

1) 紧张性收缩:是指胃壁平滑肌经常处于一定程度的持续收缩状态,使胃保持一定形态和位置。紧张性收缩是消化管平滑肌共有的运动形式,也是胃其他运动形式进行的基础。

2) 容受性舒张:是胃特有的运动形式。当咀嚼和吞咽时,食团对咽、食管等处感受器的刺激可反射性引起胃底和胃体上部平滑肌的舒张,使胃容量由空腹时的 50ml 增加到进食后的 1500ml。胃壁平滑肌的这种活动称为容受性舒张,它适应于大量食物的摄入,而胃内压变化不大,从而更好地实现胃容受和暂时贮存食物的功能。

3) 蠕动:胃的蠕动是一种起始于胃中部向幽门方向推进的收缩环,空腹时基本见不到胃的蠕动。胃的蠕动出现于食物入胃后 5 分钟左右,约每分钟 3 次,每个蠕动波约需 1 分钟到达幽门。其作用是搅拌、研磨食物,促进食物与胃液充分混合,以利于化学性消化,推送食糜不断地通过幽门进入十二指肠(图 5-13)。

(2) 胃排空:胃内容物排入十二指肠的过程,称胃排空。胃排空一般从食物入胃 5 分钟后开始,呈间断进行。胃排空的速度与食糜的理化性状和化学组成有关。一般地说,稀薄的、流体的、颗粒小、等渗的食物比黏稠的、固体的、颗粒大的、非等渗食物排空快。糖类排空最快,蛋白质次之,脂肪最慢。混合食物由胃完全排空需 4 ~6 小时。

3. 呕吐 呕吐是将胃及肠内容物从口腔驱出的反射活动。呕吐时,胃和食管下端舒张,膈肌和腹肌强烈收缩,从而挤压胃内容物通过食管而逆入口腔。同时,十二指肠和空肠上段也有力收缩,使肠内容物流入胃内,故呕吐物中常混有胆汁和小肠液。

呕吐是一种具有保护意义的防御性反射。可把胃内有害的物质排出,但长期剧烈的呕吐会影响进食和正常的消化活动,且大量的消化液丢失,会造成体内水、电解质和酸碱

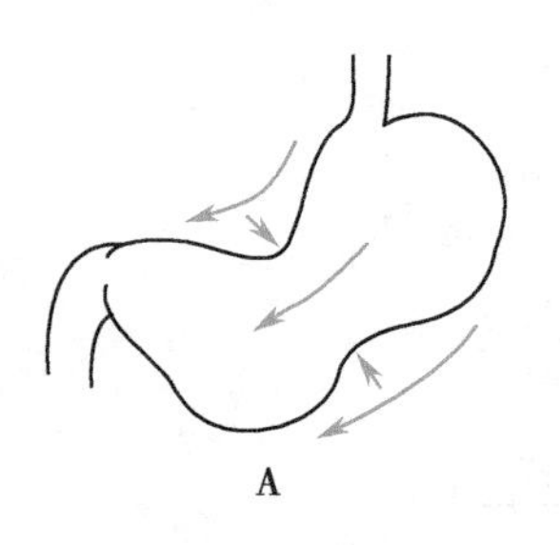

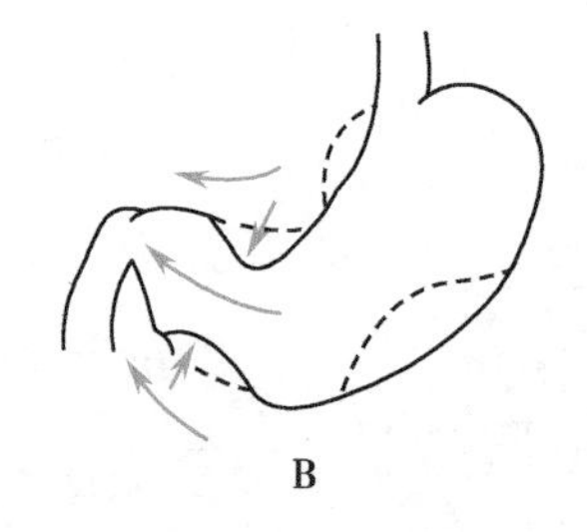

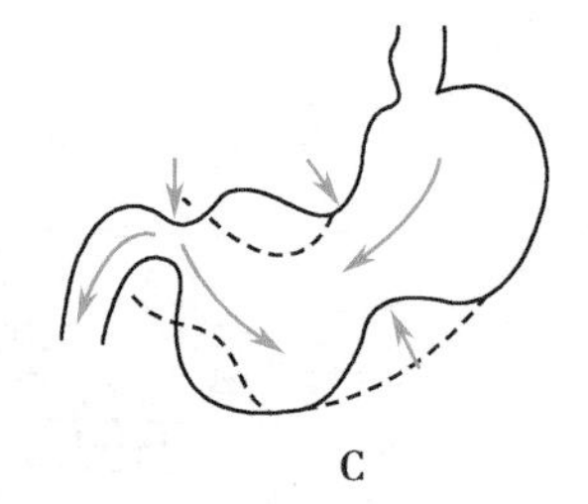

图 5-13 胃的蠕动示意图

胃的蠕动起始于胃的中部,向幽门方向推进(A);并可将食糜推入十二指肠(B);强有力的收缩波还可将部分食糜反向推回到近侧胃窦或胃体,使食糜在胃内进一步被磨碎(C)

平衡的紊乱。

五、小肠

(一)小肠的位置、分部和形态

小肠上接幽门,下续盲肠,成人全长 5 ~ 7m,是消化管中最长的一段。小肠可分为十二指肠、空肠和回肠 3 部分,是消化食物、吸收营养物质的主要部位。

1. 十二指肠　小肠的起始部位,长 25 ~ 30cm。大部分贴于腹后壁,位置较为固定。十二指肠呈"C"形包绕胰头,分为上部、降部、水平部和升部四部分。上部起自胃的幽门,行向右后,向下移行于降部。上部的肠壁薄,黏膜较光滑,此段称十二指肠球,是十二指肠溃疡的好发部位。降部先下行至第 3 腰椎体下缘,而后弯向左侧,接水平部。在降部的后内侧壁有一纵形的黏膜皱襞,称十二指肠纵襞。皱襞的下端为圆形突起称十二指肠大乳头,是胆总管和胰管的共同开口。

2. 空肠和回肠　空肠和回肠占小肠的绝大部分,在腹腔内迂曲盘旋呈袢状排列,借肠系膜连于腹后壁,活动度较大。空肠上连十二指肠,下续回肠,回肠末端连盲肠。空肠和回肠无明显分界。通常将近侧 2/5 称空肠,位于腹腔左上部;远侧 3/5 称回肠,位于腹腔的右下部(图 5-14)。

(二)小肠壁的组织结构特点

小肠黏膜的主要结构有环状皱襞、绒毛和肠腺等。除十二指肠球较光滑外,其余各段小肠腔内有许多由黏膜和黏膜下层形成的环形皱襞,称环状襞。小肠黏膜上皮及固有层向肠腔内突出,形成许多指状突起,称绒毛。单层柱状上皮细胞游离面的细胞膜形成许多指状突起为微绒毛。肠腺绒毛根部的上皮下陷至固有层形成管状的小肠腺,开口于肠腔,可分泌消化酶和黏液。环行皱襞、绒毛和微绒毛大大扩大了小肠黏膜的表面积,有利于营养物质的吸收。

(三)小肠内消化

食糜由胃进入小肠后,一般停留 3 ~8 小时,受到胰液、胆汁和小肠液的化学性消化和小肠运动的机械性消化,因此,小肠是食物消化和吸收的重要部位。

1. 小肠液的作用　小肠液是由十二指肠腺及小肠腺分泌的弱碱性液体,pH 为 7.6,成人每日分泌量约为 1 ~3L。小肠液含有水、无机盐、黏液及肠致活酶等。主要作用是:①稀释小肠内容物,有利于吸收。②保护十二指肠黏膜免受胃酸侵蚀。③肠致活酶可激活胰蛋白酶原,促进蛋白质消化。④为营养物质吸收提供媒介。此外,小肠上皮细胞内还含有肽酶、脂肪酶和双糖酶等,对消化不完全的产物进一步消化。

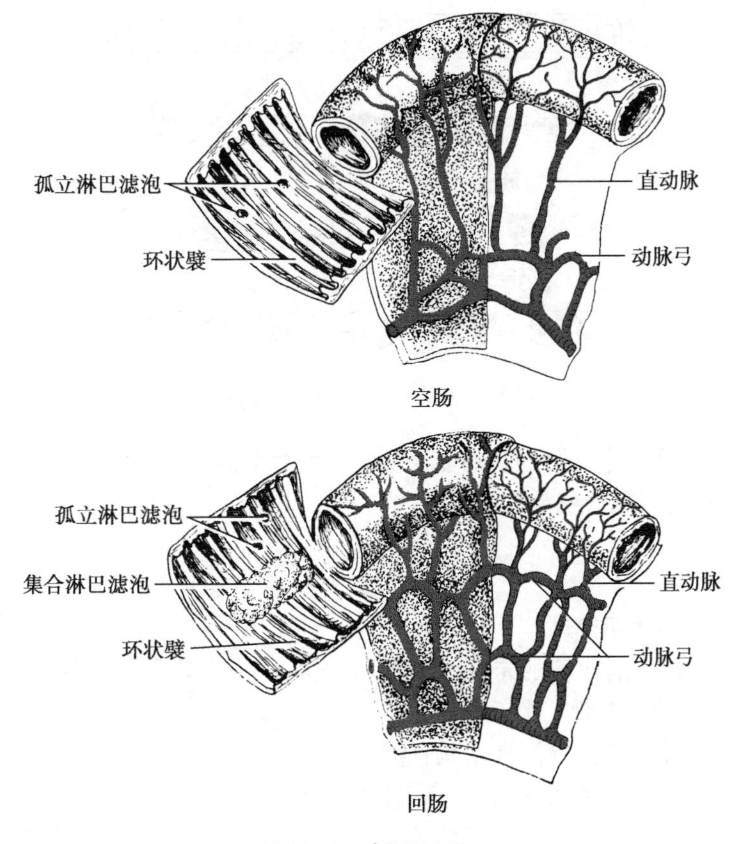

图 5-14 空肠和回肠

2. 小肠的运动 空腹时，小肠运动很弱，进食后逐渐增强，与胰液、胆汁和小肠液的化学性消化协同活动。

（1）紧张性收缩：是小肠其他运动形式有效进行的基础。即使在空腹时也存在，在进食后则显著增强。当小肠紧张性收缩增强时，肠内容物的混合与推进加快。

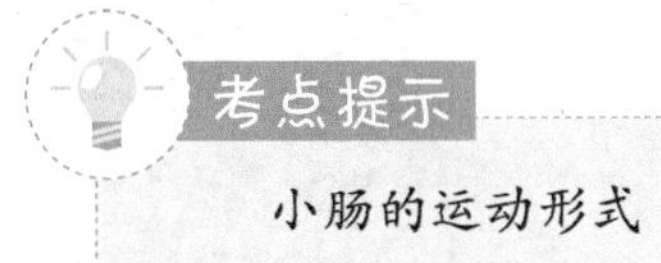

（2）分节运动：是小肠特有的运动形式，是一种以肠壁环形肌舒缩为主的节律性运动。在空腹时几乎不存在，进食后逐渐加强。小肠各段分节运动的频率不同，上部频率较高，下部较低。这有助于食糜由小肠上段向下推进。在食糜所在的肠段，由于分节运动肠壁中环形肌同时收缩，把食糜分割成许多节段，随后，原收缩处舒张，原舒张处收缩，使原来的每个节段分为两半，相邻的两半重新组合成新的节段，如此反复进行。分节运动对食物的推进作用很小，使食糜与消化液充分混合，有利于化学性消化；同时，食糜与肠壁紧密接触，有助于吸收；挤压肠壁有利于血液及淋巴的回流（图 5-15）。

（3）蠕动：小肠蠕动速度慢，每个蠕动波仅把食物推进数厘米即消失，但可反复发生。当吞咽食物或食糜进入十二指肠时，可使小肠产生一种速度快、传播距离远的蠕动，称蠕动冲，它可把食糜从小肠始段一直推送到末段，有时可至大肠。

肠蠕动时，肠内容物（如水和气体）被推动而产生的声音，称肠鸣音。肠鸣音强弱可反映

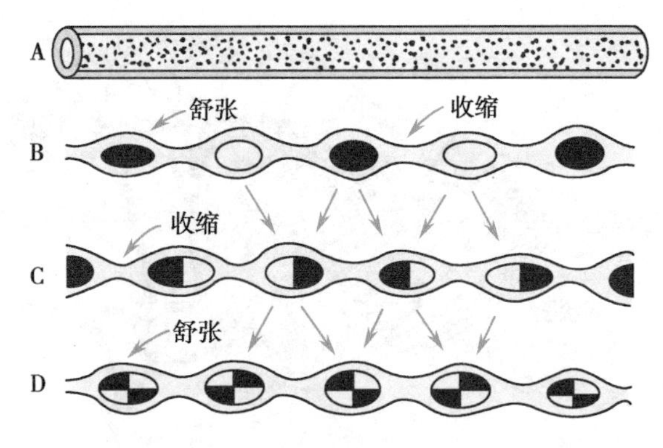

图 5-15 小肠的分节运动示意图

小肠的运动状态，作为手术后肠运动功能恢复的一个参考指标。腹泻时肠蠕动亢进，肠鸣音增强；肠麻痹时，肠鸣音减弱或消失。

六、大肠

（一）大肠的分部和形态

考点提示

大肠和小肠的区别标志

大肠长约 1.5m，是消化管的末段。大肠可分为盲肠、阑尾、结肠、直肠和肛管 5 个部分。

盲肠和结肠表面有三种特征性结构：①结肠带：肠壁纵行肌增厚形成的带状结构，共 3 条，均汇集于阑尾根部。②结肠袋：是肠壁向外形成的节段性囊袋突起。③肠脂垂：沿结肠带两侧分布的脂肪小突起。这些是鉴别小肠和大肠的重要标志（图 5-16）。

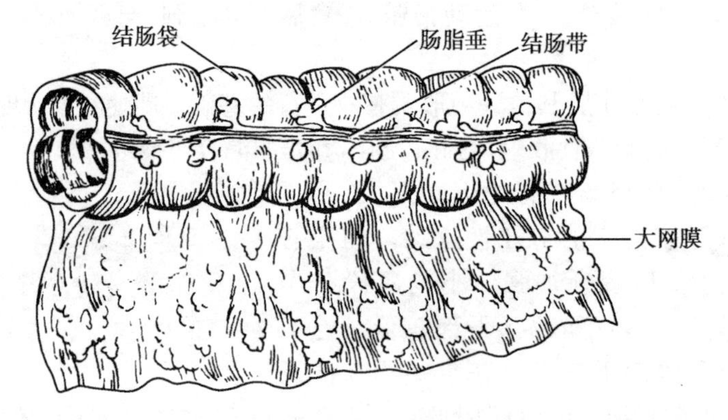

图 5-16 结肠的特征性结构

1. 盲肠　为大肠的始段，位于右髂窝内。下为盲端，上续升结肠，左连回肠。回肠在盲肠开口处的黏膜形成上、下两个皱襞，称回盲瓣（图 5-17）。回盲瓣可防止大肠内容物逆流入回肠，又可控制回肠内容物进入盲肠的速度。

2. 阑尾　为连于盲肠后内侧壁的一蚓状盲管，长 6～8cm，多位于右髂窝内。阑尾末端游离，位置多变，但其根部位置较恒定，位于 3 条结肠带在盲肠的汇合处。阑尾根部的体表投影在脐与右髂前上棘连线的中外 1/3 交界处，称麦氏点。

3. 结肠　围绕在空、回肠周围，可分升结肠、横结肠、降结肠和乙状结肠 4 部分。

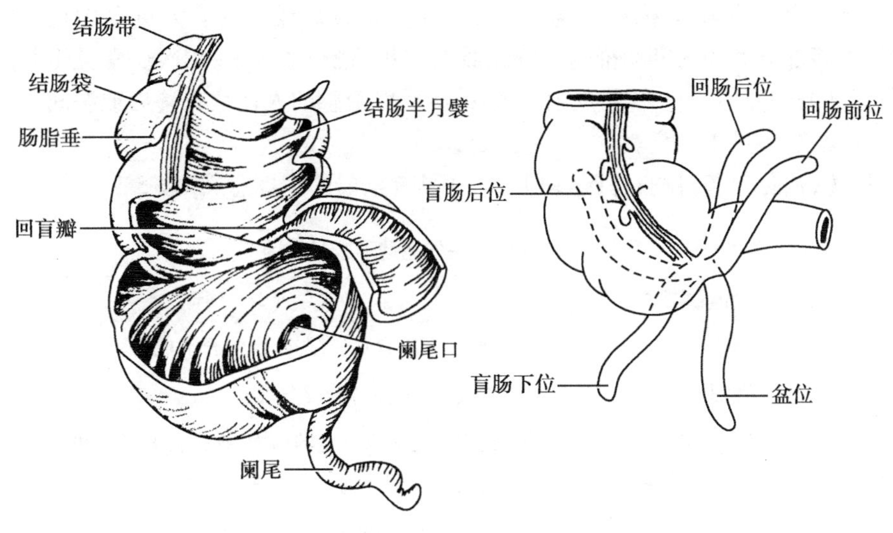

图5-17 盲肠和阑尾

4. 直肠 位于盆腔内。直肠并不直，在矢状面有两个弯曲；上部凸向后，称骶曲；下部凸向前，称会阴曲。

5. 肛管 上续直肠，下止于肛门，长3～4cm，有肛柱、肛瓣等结构，由肛柱下端与肛瓣之间连接成齿状线，齿状线以上的肠管内附黏膜，以下为皮肤；也是常见病内痔和外痔的分界线。肛管的下口为肛门。

肛管壁内的环形平滑肌增厚，形成肛门内括约肌，协助排便，但无明显的括约作用；近肛门处还有骨骼肌形成的肛门外括约肌，可随意括约肛门，控制排便。

（二）大肠的功能

人类大肠无重要的消化功能。食物残渣在大肠内一般停留10小时以上，其中大部分水分、无机盐、维生素被大肠黏膜吸收，其余部分形成粪便。粪便除食物残渣外，还包括脱落的肠上皮、粪胆色素、大量的细菌和一些盐类等。

1. 大肠液的作用 大肠液是由大肠腺和杯状细胞分泌的碱性液体，pH为8.3～8.4，具有保护肠黏膜、润滑粪便的作用。

2. 大肠的运动 大肠的运动形式与小肠相似，但运动少而慢。对刺激的反应较迟缓，这有利于吸收水分和暂时储存粪便。

（1）袋状往返运动：这是大肠在空腹和安静时最多见的一种非推进性运动形式，由环行肌的不规则收缩引起的，结肠内压力升高，结肠袋内容物向前、后两个方向作短距离移动，对内容物起缓慢的搓揉作用，而不向前推进，有助于促进水的吸收。

（2）分节推进和多袋推进运动：这是餐后或副交感神经兴奋时的运动形式。分节推进是指环形肌有规则的收缩，将一个结肠袋的内容物推移到邻近肠段，收缩结束后肠内容物不返回原处。如果在一段较长的结肠壁上同时发生多个结肠袋收缩，并使其内容物向下推移，称为多袋推进运动。

（3）蠕动：与消化管其他部位一样，蠕动波将肠内容物向远端推进。大肠还有一种行进速度快、传播距离远的蠕动,称集团蠕动。常发生在进食后或胃内有大量食物充盈时,多始于横结肠,可将部分大肠内容物推送至降结肠或乙状结肠,每日3~4次。常见于餐后,这种餐后结肠运动的增强称为胃-结肠反射。胃-结肠反射敏感的人往往在餐后或餐间产生便意,此属于生理现象,多见于儿童。

综上所述,消化管各段均有其运动形式,并具有重要的生理意义(表5-1)。

表5-1 消化管的主要运动形式及作用

名称	运动形式	作 用
口腔	咀嚼	切割、磨碎食物,并与唾液混合形成食团
	吞咽	将食团推送入胃
胃	紧张性收缩	使胃腔内具有一定的压力,维持胃的形态和位置
	容受性舒张	容纳和贮存食物
	蠕动	搅拌研磨食物;食物与胃液混合;胃排空
小肠	紧张性收缩	是小肠其他运动形式的基础
	分节运动	食糜与消化液混合,促血液淋巴回流,利于消化吸收
	蠕动	缓慢推进肠内容物
	蠕动冲	快速推进肠内容物
大肠	袋状往返运动	使肠内容物作双向短距离移动
	多袋推进运动	推进肠内容物
	蠕动	推进肠内容物
	集团蠕动	快速推进肠内容物

3. 大肠内细菌的活动 大肠内有适宜细菌繁殖的温度和酸碱度环境,细菌主要来自食物和空气,占粪便固体总量的20%~30%。细菌中含有能分解部分食物残渣的酶;大肠内的细菌还可利用肠道内的简单物质合成机体必需的维生素B族和维生素K。若长期使用肠道抗生素,可破坏肠道内正常菌群,引起上述维生素的缺乏,应注意补充。

第三节 消 化 腺

案例

患者李某,女,20岁,头晕腰酸,乏力、尿黄、眼黄、腹痛,疲劳后上述诸症越发加剧,最后致出现面部、四肢水肿,同时感觉肢体酸沉无力,几乎不能走路。检查:谷丙转氨酶2164.63U/L,谷草转氨酶2345.56U/L,胆红素156.7U/L,HBV-DNA 1.2×10^7。确诊:慢性乙肝。

请问:1. 该病的发生与人体的哪个消化腺的功能有关?

2. 该消化腺主要有哪些功能?

一、肝

（一）肝的位置、形态和分部

肝是人体最大的消化腺，呈红褐色质软而脆，血管丰富，易因暴力而破裂出血。分为前、后两缘和上、下两面。肝前缘锐利，后缘钝圆。肝的上面膨隆与膈相对，称膈面，此面借矢状位的镰状韧带分为小而薄的左叶和大而厚的右叶（图5-18）。肝的下面凹陷，邻接腹腔器官，称脏面（图5-19）。脏面有呈“H”形的沟，其中横沟是肝固有动脉、肝门静脉、肝左、右管及神经、淋巴管等出入肝的部位，称肝门。右纵沟的前部为胆囊窝，容纳胆囊，后部有下腔静脉通过；左纵沟的前部有肝圆韧带，后部有静脉韧带。肝的脏面借“H”形沟将肝分为4叶，即右叶、左叶、方叶和尾状叶。

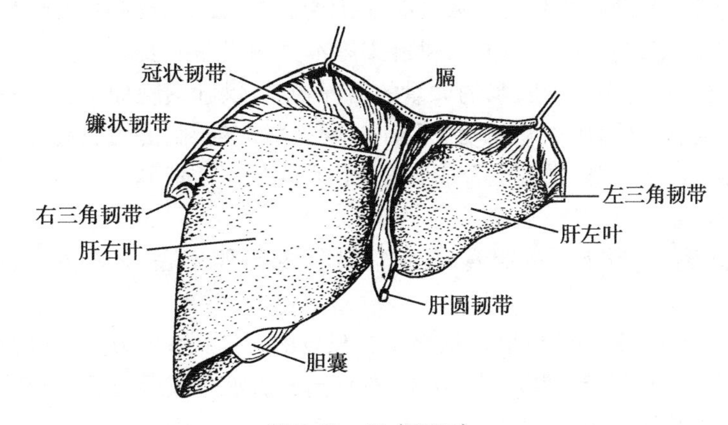

图5-18 肝（膈面）

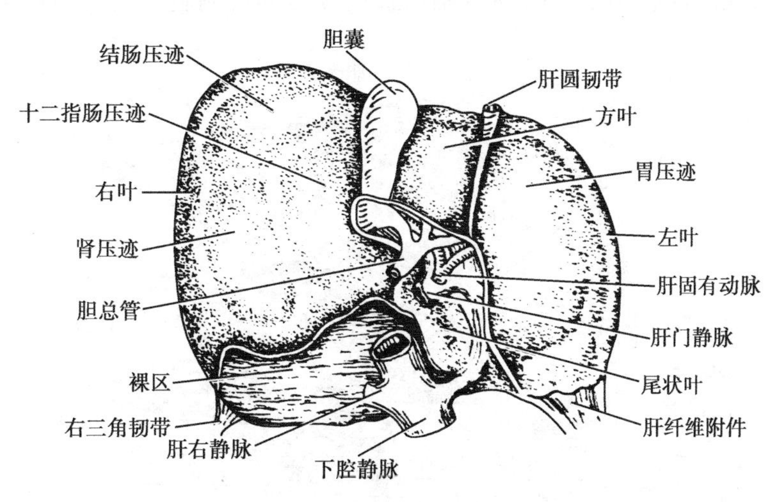

图5-19 肝（脏面）

肝大部分位于右季肋区及腹上区，小部分位于左季肋区，肝大部被胸廓所掩盖，仅在腹上区左、右肋弓间有一小部分露出于剑突之下，直接与腹前壁接触。

肝是人体最大的腺，具有分泌胆汁、参与代谢、储存糖原、解毒和吞噬防御等功能。

（二）肝的微细结构

肝的表面被覆一层结缔组织的被膜，被膜深入肝内，将肝实质分隔成许多肝小叶。肝小叶为肝的结构与功能单位。

1. 肝小叶　为多面的棱柱体,中央有一条纵形的中央静脉,在中央静脉周围,肝细胞排列成放射状的肝板。肝板在横切面上呈索条状,又称肝索。肝细胞体积较大,呈多边形,胞质内各种细胞器发达,其代谢活动活跃。肝板之间的空隙称肝血窦,其内皮细胞与肝细胞之间的狭窄间隙称窦周隙,是肝细胞与血液之间进行物质交换的场所。相邻肝细胞的连接处,肝细胞膜向胞质内凹陷形成胆小管。胆小管在肝小叶内连接成网,肝细胞分泌的胆汁直接进入胆小管。

2. 门管区　每个肝小叶周围,均有结缔组织围绕。在相邻肝小叶之间的结缔组织内含有小叶间胆管、小叶间动脉和小叶间静脉,此区域称门管区。

(三)肝的血液循环

肝具有接受肝固有动脉和肝门静脉双重血液供应的特点。肝固有动脉是肝的营养性血管,其血液中含有丰富的营养物质和氧,供肝细胞本身的代谢需要;肝门静脉是肝的功能性血管,其血液中含有自胃肠道吸收来的大量的营养物质,供肝细胞加工、利用和贮存。两血管在肝内反复分支,分别形成小叶间动脉和小叶间静脉,在肝血窦相混后汇入中央静脉,若干中央静脉汇成小叶下静脉,进而汇合成肝静脉出肝注入下腔静脉。

(四)肝外胆道

1. 胆囊　胆囊位于肝下面的胆囊窝内,呈梨形,可分胆囊底、胆囊体、胆囊颈及胆囊管四部分。

2. 肝外输胆管道　将胆汁自肝输送至十二指肠的管道(图 5-20)。肝内的胆小管和小叶间胆管逐级汇合成肝左管和肝右管,肝左、右管出肝后汇合成肝总管,再与胆囊管汇合成胆总管。胆总管与胰管合并,形成肝胰壶腹,开口于十二指肠大乳头。在肝胰壶腹的周围,环形肌增厚,形成肝胰壶腹括约肌(Oddi 括约肌)。该肌可控制胆汁、胰液的排出。

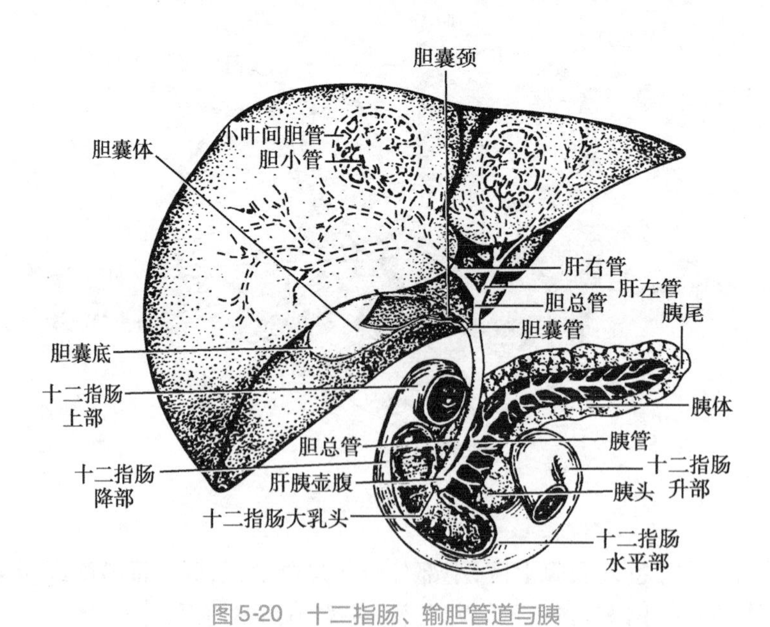

图 5-20　十二指肠、输胆管道与胰

(五)胆汁的作用

肝细胞分泌的肝胆汁,为金黄色的液体,pH 为 7.4,每日分泌量为 0.8～1L。胆囊胆汁因浓缩而颜色较深,因碳酸氢盐被胆囊吸收呈弱酸性,pH 为6.8。消化期,肝胆汁、胆囊胆汁共同排入十二指肠。胆汁中不含消化酶,除水和无机盐外,其主要成分有胆盐、胆色素、胆固醇和磷脂酰胆碱等。

胆汁中胆盐对脂肪的消化和吸收具有重要意义:①胆盐可以乳化脂肪,形成脂肪微滴,增加与脂肪酶的接触面积,加速脂肪分解;②与脂肪分解产物结合成水溶性复合物,促进其吸收;③促进脂溶性维生素 A、D、E、K 的吸收;④可刺激肝细胞分泌胆汁,具有利胆作用。胆固醇是肝脂肪代谢产物,当胆汁中胆固醇增多或胆盐减少时,胆固醇易于沉积形成胆结石。胆色素是血红蛋白的分解产物,为肝的排泄物。

胆汁分泌减少或胆道阻塞时,可引起脂肪消化吸收不良及脂溶性维生素吸收障碍。

二、胰

(一)胰的位置、形态和分部

胰位于腹腔上部,胃的后方,相当于第1、2腰椎水平贴于腹后壁。胰质软,色灰红,分头、体、尾3部分。在胰的实质内,一条自胰尾沿胰长轴右行的输出管,称胰管,向右与胆总管汇合后共同开口于十二指肠大乳头。

(二)胰的微细结构

胰腺表面覆以薄层结缔组织被膜,其实质分为外分泌部和内分泌部。外分泌部占胰的大部分,由腺泡和导管构成,分泌胰液。在外分泌细胞之间有许多内分泌细胞组成的细胞团,称胰岛,其功能详见内分泌章节。

(三)胰液的成分和作用

胰液是消化液中消化能力最强的消化液,无色、无味、透明的等渗液体,成人每日的分泌量为1~2L,pH 为7.8~8.4。除水外,主要有 HCO_3^-、胰淀粉酶、胰脂肪酶,胰蛋白酶原和糜蛋白酶原等(表5-2)。

表5-2 各种消化液的pH、分泌量、所含消化酶比较

消化液	pH	分泌量(L/d)	所含消化酶
唾液	6.0~7.0	0.8~1.5	唾液淀粉酶
胃液	0.9~1.5	1.5~2.5	胃蛋白酶
胰液	7.8~8.4	1~2	胰淀粉酶、胰脂肪酶、胰蛋白酶、糜蛋白酶
胆汁	6.8~7.4	0.8~1	无
小肠液	7.6	1~3	肠致活酶
大肠液	8.3~8.4	0.6~0.8	二肽酶

HCO_3^-是由胰腺的导管上皮细胞分泌的。其主要作用是中和进入小肠的胃酸,保护肠黏膜免受强酸的侵蚀;此外,HCO_3^-造成的弱碱性环境也为小肠内多种消化酶的活动提供了适宜的 pH 环境。

胰液中的消化酶是由胰腺的腺泡细胞分泌的。胰淀粉酶可将淀粉分解为麦芽糖;胰脂肪酶可将脂肪分解为甘油、脂肪酸和甘油一酯;胰蛋白酶原由肠液中的肠致活酶激活成有活性的胰蛋白酶。胰蛋白酶本身也可激活胰蛋白酶原和糜蛋白酶原。胰蛋白酶和糜蛋白酶均

可分解蛋白质为脲、胨，两者共同作用，可把蛋白质分解为小分子的多肽和氨基酸。

如上所述，胰液含有分解三大营养物质的消化酶，因此胰液是消化食物最全面、消化力最强的消化液。当胰液分泌障碍时，食物的消化和吸收会明显受到影响。

第四节 吸 收

食物进入消化管后，大分子物质首先经过各级消化管充分的机械性消化和化学性消化，成为可被吸收的小分子物质，再通过消化道黏膜的上皮细胞进入血液和淋巴液，经血液循环运送至组织细胞，供机体代谢需要。

现将糖、蛋白质、脂肪三种营养物质的消化过程概括如下（表 5-3）。

表 5-3 糖、蛋白质、脂肪消化过程比较

部位	运动形式	消化液	物质的分解
口腔	咀嚼、吞咽	唾液	淀粉→麦芽糖（唾液淀粉酶）
胃	紧张性收缩 容受性舒张 蠕动	胃液	蛋白质→脲、胨（胃蛋白酶）
小肠	紧张性收缩	胰液	淀粉→麦芽糖（胰淀粉酶） 脂肪→甘油、脂肪酸、甘油一酯（胰脂肪酶） 蛋白质→多肽（胰蛋白酶、糜蛋白酶）
	分节运动	胆汁	脂肪→脂肪微粒（胆盐）
	蠕动	小肠液	二糖→单糖（二糖酶） 多肽→氨基酸（肽酶）

一、吸收的部位

消化管不同部位的吸收能力相差很大，这主要取决于消化管各部分的结构特点、食物被消化的程度及停留的时间。口腔和食管几乎没有吸收能力，但口腔舌下黏膜可吸收某些药物，如硝酸甘油等；胃只能吸收酒精、少量水分和某些药物；大肠主要吸收水分和无机盐。因此，小肠是吸收的主要部位（图 5-21），这是由于：①小肠有巨大的吸收面积。小肠全长 5 ~7m，小肠黏膜上有许多环状皱襞、绒毛和微绒毛，使小肠黏膜的吸收面积增加约 600 倍，达 $200m^2$ 左右（图 5-22）。②有良好的吸收途径。绒毛内有中央乳糜管，丰富的毛细血管网和散在的平滑肌，平滑肌的舒缩能促进血液和淋巴液回流，有利于吸收。③有充分的吸收时间。食物在小肠内停留的时间长达 3 ~8 小时。④食物在小肠已被消化成可吸收的小分子物质。

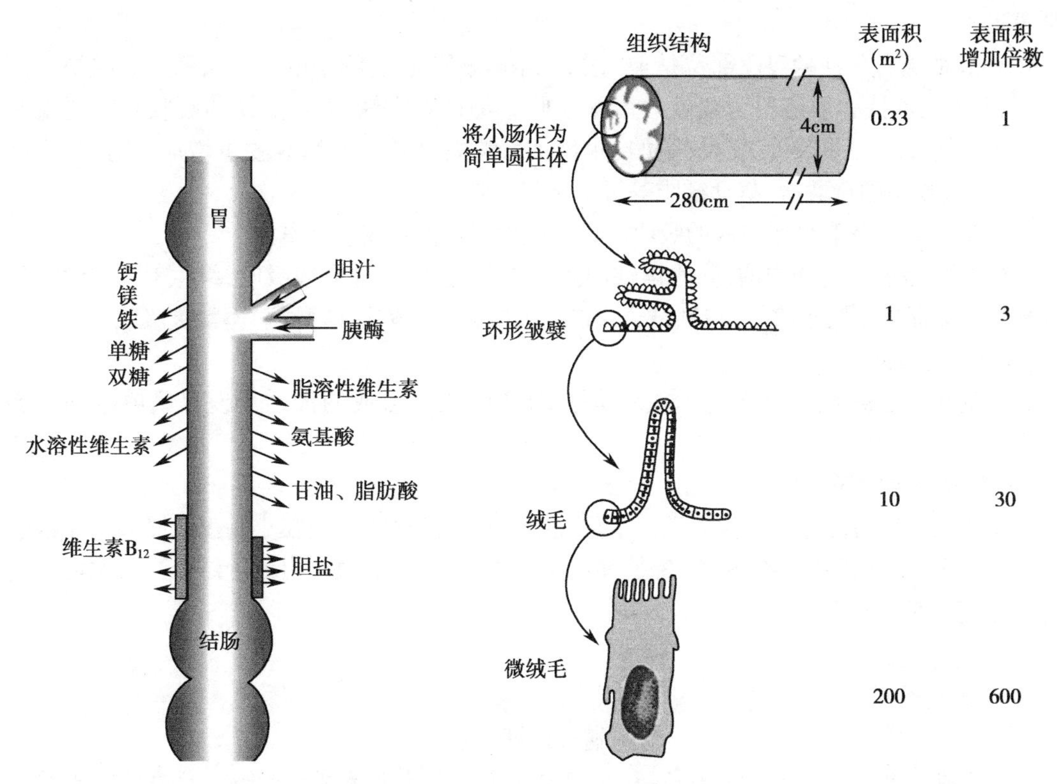

图 5-21 各种营养物质在小肠的吸收

图 5-22 小肠黏膜上的皱褶、绒毛、微绒毛示意图

二、几种主要营养物质的吸收

（一）糖的吸收

食物中的糖类被消化为单糖后，才能被小肠黏膜上皮细胞吸收入血。主要的单糖是葡萄糖（约 80%），其次是少量果糖和半乳糖。单糖是通过继发性主动转运吸收的。

（二）蛋白质的吸收

蛋白质吸收方式与单糖相似，蛋白质被分解成氨基酸或 2～3 个氨基酸的小肽，才能被小肠黏膜细胞以继发性主动转运吸收入血。

（三）脂肪和胆固醇的吸收

在小肠内脂肪（甘油三酯）被分解为甘油、脂肪酸、甘油一酯等。食物中的胆固醇酯在胰胆固醇酯酶的作用下分解成胆固醇、脂肪酸。

脂肪的吸收包括血液和淋巴两种途径。甘油和分子较小的脂肪酸溶于水，可直接吸收入血。而绝大多数的脂肪分解产物（胆固醇、甘油一酯、长链脂肪酸）不溶于水，在胆盐和载脂蛋白的协助下，形成乳糜微粒进入毛细淋巴管，即小肠绒毛中的中央乳糜管。由于人类膳食中长链脂肪酸含量较多，所以脂肪的吸收途径以淋巴为主。经淋巴循环间接吸收入血。

（四）无机盐的吸收

一般来说，无机盐等不需消化可直接被吸收。单价碱性盐（钠、钾等）吸收快，多价碱性盐（钙、镁等）吸收慢。

1. 钠的吸收　钠的吸收是主动吸收，成年人每日摄入钠 5～8g，分泌入消化液中的钠为 20～30g，而每日吸收的钠为 25～35g，表明每日摄入的钠和消化液中的钠 95%～99% 被小肠黏膜吸收。

2. 铁的吸收　铁的吸收部位是十二指肠和空肠上段，食物中的血红素铁可直接被黏膜吸收，非血红素铁必须还原为亚铁才能被吸收。每日吸收铁约1mg，铁的吸收与需要量有关。体内铁过多，可抑制其吸收；孕妇、儿童及急性失血者对铁的吸收量增加，比正常人高2～5倍，食物中的草酸盐、膳食纤维等可干扰其吸收。

维生素C和胃酸可促进铁的吸收。胃酸减少时可发生缺铁性贫血。

3. 钙的吸收　食物中的钙（水溶性的离子状态）只有小部分被吸收，维生素D、脂肪、酸性环境都能促进小肠吸收钙，与钙结合形成沉淀的盐（硫酸盐、磷酸盐）不能被吸收。

（五）水的吸收

水的吸收是被动的，各种溶质，尤其是NaCl吸收后形成的渗透压差是吸收水的主要动力。

（六）维生素的吸收

维生素分水溶性和脂溶性两类。水溶性维生素以扩散的方式在小肠上段吸收。脂溶性维生素的吸收与脂肪的吸收相似，需胆盐帮助。维生素B_{12}必须与内因子结合形成水溶性复合物才能在回肠被吸收。

知识链接

膳食纤维

膳食纤维的定义有两种，一是从生理学角度将其定义为哺乳动物消化系统内未被消化的植物细胞的残存物，包括纤维素、半纤维素、果胶、树胶、抗性淀粉和木质素等；二是从化学角度将其定义为植物的非淀粉多糖和木质素。

膳食纤维有很强的吸水能力或与水结合的能力，能限制水的吸收，使肠内容物体积增大，加快其运转速度，减少有害物质与肠壁接触的时间；膳食纤维能刺激肠的运动，缩短粪便在肠内停留的时间，有利于排便；膳食纤维还能降低食物中热量的比例，减少含能食物的摄取，有助于纠正不正常的肥胖。

适当增加膳食纤维（成人以每日摄入30g左右为宜），有增进健康，防止习惯性便秘，预防食管裂孔疝、痔疮、结肠癌的作用。

第五节　腹　膜

一、腹膜和腹膜腔的概念

考点提示

腹膜与腹膜腔的概念

腹膜是覆盖于腹、盆腔壁内和腹、盆腔器官表面的一层浆膜，薄而光滑。具有分泌、吸收、支持、保护、修复等功能。衬贴在腹、盆腔壁内的称壁腹膜；覆盖在腹、盆腔器官表面的称脏腹膜。壁腹膜与脏腹膜相互移行围成的不规则腔隙称腹膜腔。男性腹膜腔为一密闭的腔隙，女性腹膜腔借输卵管、子宫、阴道与外界相通，因此，女性生殖器感染，可增加腹膜腔感染的机会。正常腹膜腔内有少量浆液，起润滑作用，可减少脏器之间的摩擦（图5-23）。

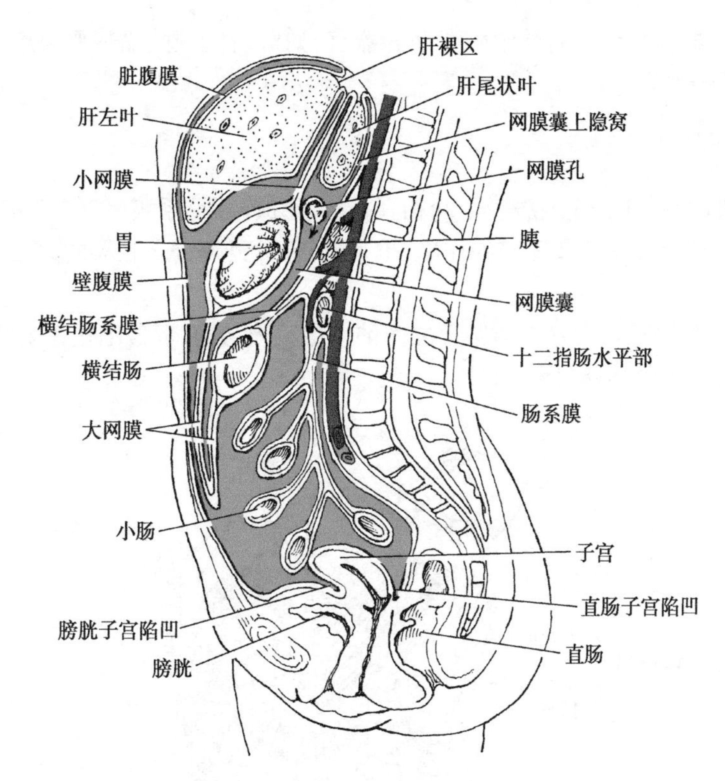

图 5-23 腹膜腔矢状切面模式图（女性）

二、腹膜与脏器的关系

根据脏器被腹膜覆盖范围的大小不同，可将腹、盆腔脏器分为 3 类（图 5-24）。

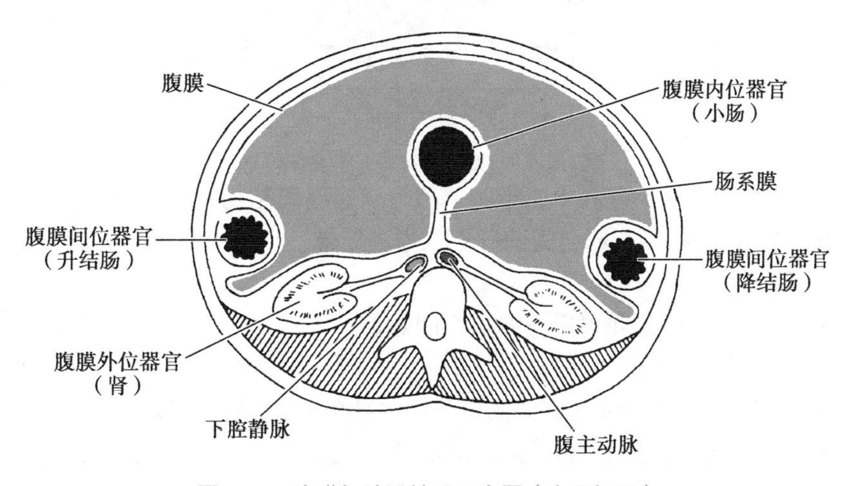

图 5-24 腹膜与脏器关系示意图（水平切面）

1. 腹膜内位器官　各面均被腹膜所覆盖的器官，如胃、十二指肠上部、空肠、回肠、盲肠、阑尾、横结肠、乙状结肠、脾、卵巢、输卵管等。

2. 腹膜间位器官　有三面被腹膜覆盖的器官，如肝、胆囊、升结肠、降结肠、直肠上段、子宫、膀胱等。

3. 腹膜外位器官　仅一面被腹膜覆盖的器官，如肾、肾上腺、输尿管、胰、十二指肠降部和下部、直肠中下部等。

三、腹膜形成的结构

壁腹膜与脏腹膜之间，或脏腹膜之间相互折行，形成网膜、系膜、韧带、陷凹等结构，这些结构不仅对于器官起着连接和固定的作用，也是血管、神经等进入脏器的途径。

（一）网膜

1. 大网膜　悬垂于胃大弯与横结肠之间的4层腹膜结构，形似围裙覆盖于空、回肠和横结肠之前，有防御、吸收功能（图5-25）。

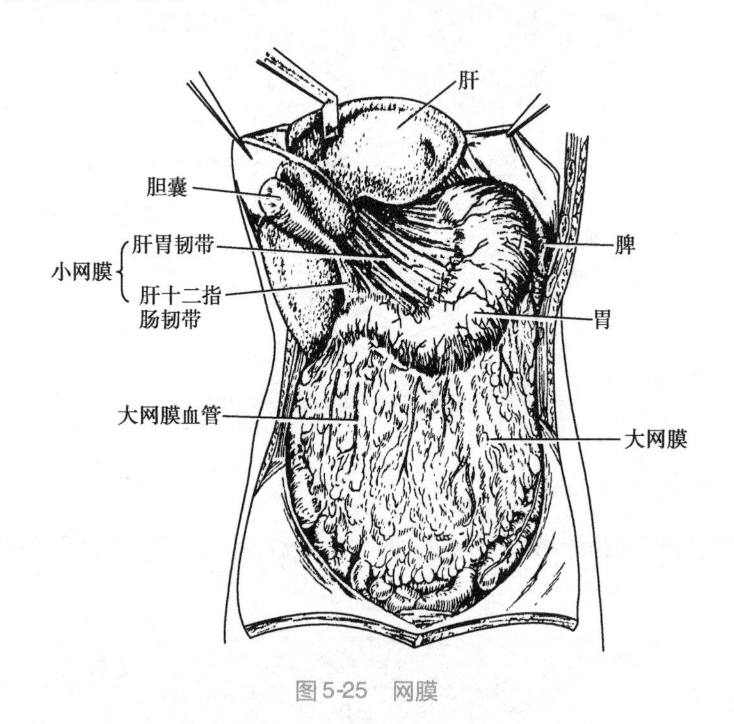

图5-25　网膜

2. 小网膜　肝门至胃小弯和十二指肠上部的双层腹膜结构，包括肝门与胃小弯之间的肝胃韧带和肝门与十二指肠上部之间的肝十二指肠韧带。小网膜右缘游离，后方为网膜孔，是进入网膜囊的通道。

3. 网膜囊　位于小网膜和胃后方的扁窄间隙。

（二）系膜

壁、脏腹膜相互移行，形成将器官并固定于腹、盆壁的双层腹膜结构，称系膜。内有出入器官的血管、神经、淋巴管及淋巴结，如肠系膜、阑尾系膜、横结肠系膜、乙状结肠系膜等（图5-26）。

（三）韧带

连接脏器之间或腹、盆壁与脏器之间的腹膜结构，对脏器起固定作用，如肝镰状带、肝冠状韧带、胃脾韧带、脾肾韧带等。

（四）陷凹

覆盖在盆腔脏器的腹膜，在脏器之间形成的凹陷间隙称陷凹。陷凹主要位于盆腔内。男性在膀胱和直肠之间有直肠膀胱陷凹。女性在膀胱与子宫之间有膀胱子宫陷凹；直肠与

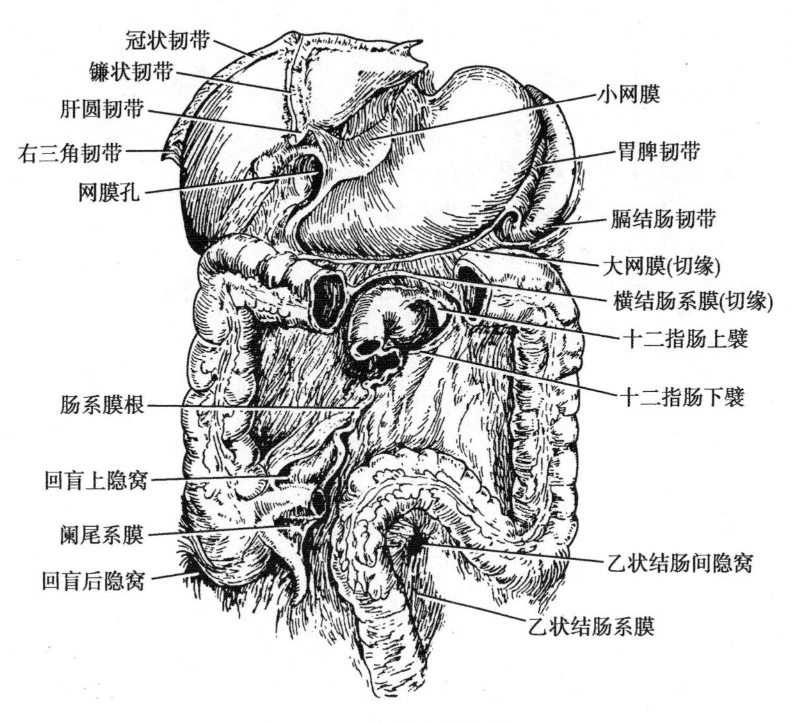

图 5-26 腹膜形成的结构

子宫之间有直肠子宫陷凹。当人立位或坐位时，这些陷凹的位置较低，如腹腔内有积液，常积聚于这些陷凹内。

本章小结

消化系统由消化管和消化腺组成。

消化管包括口腔、咽、食管、胃、小肠（十二指肠、空肠、回肠）、大肠（盲肠、阑尾、结肠、直肠、肛管）。口腔为消化管起始部位，咽是消化管和呼吸道共同通道，分鼻咽、口咽、喉咽三部分。在结肠和盲肠表面有结肠袋、结肠带、肠脂垂三种特征性结构。

消化腺包括大唾液腺、胰、肝和消化管壁内的小腺体。胆囊位于胆囊窝内，有储存和浓缩胆汁的功能。胰的外分泌部分泌胰液，内分泌部分泌多种激素。

消化系统的主要功能是消化食物，吸收营养，排出食物残渣。消化方式分机械性消化和化学性消化。口腔和食管通过咀嚼、吞咽和蠕动完成食物入胃的基本功能，胃是储存食物并逐步排空食物的器官，主要通过容受性舒张、紧张性收缩和蠕动来完成，胃还分泌胃酸、胃蛋白酶原、内因子和黏液发挥消化和保护功能。小肠是消化吸收的主要场所，通过分节运动、紧张性收缩和蠕动，以及小肠内胰液、胆汁和小肠液共同发挥作用。大肠的主要功能是形成、储存和排出粪便。

腹膜为一层薄而光滑的浆膜，分壁腹膜和脏腹膜。脏、壁腹膜共同围成不规则的腹膜腔。壁腹膜与脏腹膜之间，或脏腹膜之间互相返折移行，形成许多结构，这些结构不仅对于器官起着连接和固定的作用，也是血管、神经等进入脏器的途径。

（张 鹤）

目标测试

思考题

1. 为什么说胰液是最重要的消化液?
2. 小肠是消化吸收的主要部位的优势在哪里?
3. 简述输胆管道的组成和胆汁的排放途径。
4. 简述糖类、脂类、蛋白质、水和无机盐的主要吸收部位及其特点。

第六章　新陈代谢

学习目标

1. 掌握:蛋白质组成的基本单位、结构和功能的关系;酶的特性;维生素的分类、来源及其缺乏症;糖代谢、脂类代谢和蛋白质代谢等物质代谢途径;能量代谢的过程、影响因素。
2. 熟悉:核酸的组成和功能;水和无机盐的生理作用;体温。
3. 了解:影响酶活性的主要因素。

新陈代谢是生命的基本特征。新陈代谢包括物质代谢和能量代谢两部分,人类为了维持生存,必须从外界环境摄取营养物质,合成自身结构物质,用以氧化供能;代谢过程中产生的代谢废物又通过机体的排泄器官排到环境中去,此过程称为物质代谢。物质代谢过程中所伴随的能量的释放、储存、转移和利用,称为能量代谢。

第一节　生命基本物质

案例

俗话说:"人是铁,饭是钢,一顿不吃饿得慌",食物进入人体内经过一系列生物化学反应转变成人体自身成分。

请问:1. 构成人体的物质都有哪些呢?

2. 这些物质在体内都发生了哪些代谢过程呢?

3. 为什么吃得太多会发胖呢?

组成人体的基本物质有蛋白质、核酸、糖类、脂类、水与无机盐等。维生素是维持机体生长和健康所必需的一类小分子有机物,虽不是组成人体的物质,也不能氧化供能,但却是生理活动所必需的。这些物质协同完成各种生理活动以维持生命。

一、蛋白质

(一)蛋白质的组成

1. 蛋白质的元素组成　所有蛋白质都含有碳、氢、氧、氮、硫;有些蛋白质含有少量磷、铁、铜、锰、锌、钴和钼等金属元素;个别蛋白质含有碘。蛋白质的含氮量十分接近,为13% ~

19%，平均为16%，即1g氮相当于6.25g蛋白质。动植物组织内含氮物质以蛋白质为主，故测定样品中蛋白质含量时，只要测出样品中的含氮量，就可计算出蛋白质含量。

每克样品中含氮克数×6.25×100% = 100克样品中蛋白质含量（克%）

2. 蛋白质的基本组成单位——氨基酸　组成蛋白质的氨基酸有20种（表6-1），都属于α-氨基酸（除甘氨酸外），其结构通式为：

$$H_2N-\underset{\underset{R}{|}}{\overset{\overset{COOH}{|}}{C}}-H$$

α-氨基酸

根据氨基酸α-碳原子上连接的R侧链的不同，可把氨基酸分为5类：非极性脂肪族氨基酸、极性中性氨基酸、芳香族氨基酸、酸性氨基酸和碱性氨基酸。

表6-1　组成蛋白质的20种氨基酸

氨基酸分类	氨基酸名称					
非极性脂肪族氨基酸	甘氨酸	丙氨酸	缬氨酸	亮氨酸	异亮氨酸	脯氨酸
极性中性氨基酸	丝氨酸	半胱氨酸	蛋氨酸	天冬酰胺	谷氨酰胺	苏氨酸
芳香族氨基酸	苯丙氨酸	酪氨酸	色氨酸			
碱性氨基酸	赖氨酸	精氨酸	组氨酸			
酸性氨基酸	谷氨酸	天冬氨酸				

（二）蛋白质的分子结构

氨基酸之间以肽键相连形成多肽链。多肽链盘曲、折叠形成特定的空间结构，就成为具有一定功能活性的蛋白质。

多肽链有两个游离的末端：一端有自由的氨基，称为氨基末端（N—末端）；另一端有自由的羧基，称为羧基末端（C—末端）。

1. 蛋白质的一级结构　多肽链中的氨基酸排列顺序称为蛋白质的一级结构。稳定因素为肽键。一级结构不同的蛋白质，其结构和功能就不相同。

$$H_2N-\underset{R_1}{CH}-\overset{O}{\overset{\|}{C}}-NH-\underset{R_2}{CH}-\overset{O}{\overset{\|}{C}}-\boxed{NH-\underset{R_3}{CH}}-\overset{O}{\overset{\|}{C}}-NH-\underset{R_4}{CH}-\overset{O}{\overset{\|}{C}}-NH-\underset{R_5}{CH}-COOH$$

侧链　侧链　N末端　肽键　C末端

2. 蛋白质的空间结构　根据多肽链在空间盘曲、折叠的复杂程度不同，将蛋白质的空间结构分为二级、三级和四级结构。二级结构是指多肽链盘曲折叠成α-螺旋和β-片层结构。具有二级结构的多肽链进一步盘曲成近球形结构，为蛋白质的三级结构。两条以上具有三级结构的多肽链通过非共价键结合形成的特定空间结构，称为蛋白质的四级结构。在具有四级结构的蛋白质分子中，每条具有三级结构的多肽链称为一个亚基（图6-1）。

由一条多肽链构成的蛋白质分子，必须具有三级结构才有活性。具有四级结构的蛋白质分子，其亚基可以相同，也可以不同。

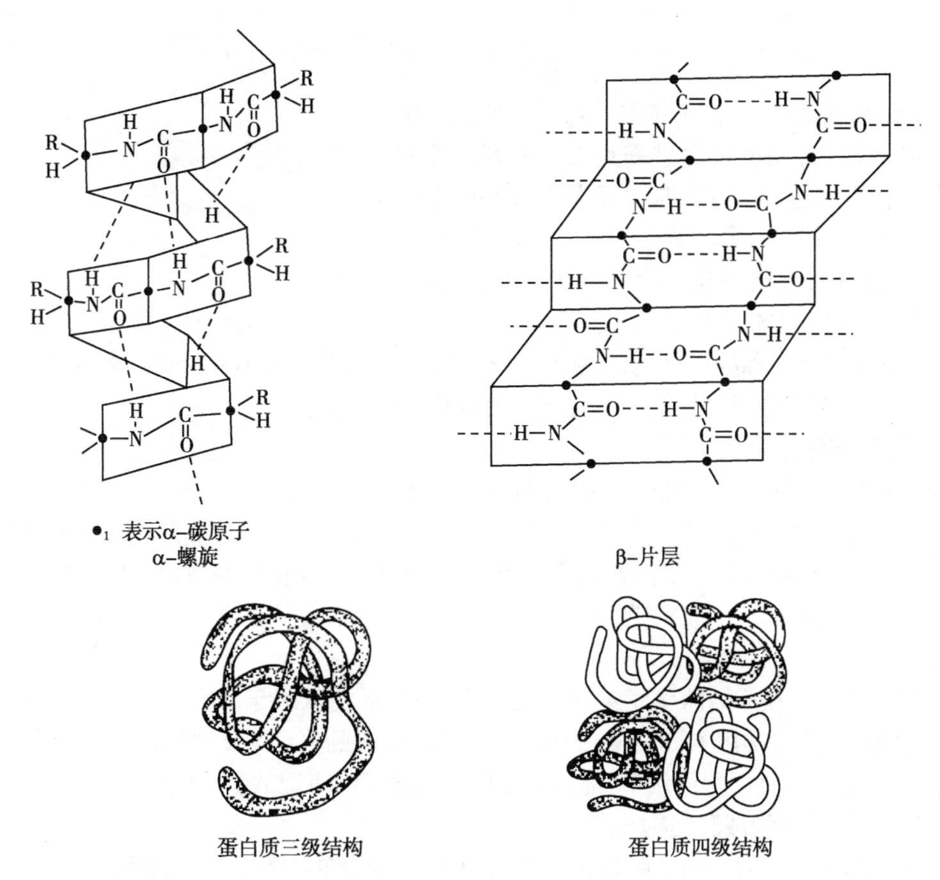

图 6-1 蛋白质空间结构示意图

3. 蛋白质结构与功能的关系　蛋白质的功能与它的空间结构密切相关：一方面，不同的空间结构决定了各种蛋白质的不同功能；另一方面，改变蛋白质的空间结构可以使其活性增强或减弱，甚至使其失活。而蛋白质的空间结构又是由其一级结构所决定的。

4. 蛋白质的分类　按其化学组成，可将蛋白质分为单纯蛋白质和结合蛋白质两大类。①单纯蛋白质：全部由氨基酸组成的蛋白质，如清蛋白、球蛋白等。②结合蛋白质：由单纯蛋白质和非蛋白质（又称辅基）两部分组成，如糖蛋白、脂蛋白、核蛋白等。

考点提示

蛋白质变性

（三）蛋白质变性

蛋白质在某些物理及化学因素的作用下，其空间结构被破坏，从而导致其理化性质改变和生物活性丧失，这种现象称为蛋白质变性。

引起蛋白质变性的物理因素有高温、高压、紫外线照射等；化学因素有强酸、强碱、重金属盐、有机溶剂等，这些理化因素破坏了维持蛋白质空间结构的次级键而导致蛋白质变性，但没有肽键的断裂。

蛋白质变性后表现为溶解度降低、易被蛋白酶水解及生物活性丧失。

二、酶

酶是由活细胞产生的，在体内外均具有催化作用的蛋白质。体内的物质代谢过程是由一系列连续的化学反应组成，而这些化学反应几乎都是在酶的催化下完成的，如果酶的质或量异常，都会导致不同程度的物质代谢障碍，甚至引起疾病。由此可见，酶在生命活动中占有极其重要的地位。

酶所催化的反应称酶促反应；被酶催化的物质称为底物；反应的生成物称为产物；酶所具有的催化能力称为酶活性；酶失去催化能力则称为酶失活。

（一）酶作用的特点

酶是生物催化剂，与一般催化剂相比较有如下特点：

1. 高度专一性　酶对其作用的底物有严格的选择性并产生一定的产物，酶的这种特性称为酶的专一性或特异性。如淀粉酶只能催化淀粉水解，不能使脂肪或蛋白质水解。

2. 高度催化效率　一般来说，酶促反应速度比一般催化剂所催化的反应速度高 10^7 ~ 10^{13}倍。

3. 高度不稳定性　酶的化学本质是蛋白质，酶的活性依赖于酶分子特定的空间结构。凡是能使蛋白质变性的因素如强酸、强碱等，都可导致酶的失活。此外，体内酶的活性还受到代谢物、激素等多种因素的调节，通过调节酶的活性可进而调节物质代谢速度。

（二）酶的分子组成及结构

1. 单纯酶和结合酶　根据酶的化学组成，可将酶分为单纯酶和结合酶两类。

单纯酶类，本质为单纯蛋白质，全部由氨基酸组成。消化道的水解酶如蛋白酶、淀粉酶、脂肪酶等均属于此类酶。

结合酶类，是由蛋白质部分（酶蛋白）和非蛋白部分（辅助因子）组成，其催化活性是由这两部分共同决定的。单独的酶蛋白或单独的辅助因子均无活性，只有当两者结合在一起构成全酶才有催化活性。决定催化特异性的是酶蛋白；而辅助因子决定酶的催化反应类型，起传递氢原子、传递电子、转移某些化学基团等作用。

酶的辅助因子可以是金属离子（如 K^+、Mg^{2+}、Zn^{2+}等），也可以是小分子有机物（如 B 族维生素），根据这些辅助因子与酶蛋白结合的紧密程度不同，可将辅助因子分为辅酶与辅基两类。与酶蛋白结合疏松的称辅酶，如 NAD^+（辅酶Ⅰ）、$NADP^+$（辅酶Ⅱ）；与酶蛋白结合紧密的称辅基，如 FAD（黄素腺嘌呤二核苷酸）。

2. 酶的活性中心　酶分子中与酶活性密切相关的化学基团称为酶的必需基团。这些必需基团集中在一起形成具有一定空间结构的区域，该区域能与专一的底物结合，并将底物转变成产物，这个空间区域就称为酶的活性中心。当酶受到某些理化因素作用，使其空间结构遭到破坏时，酶的活性中心也被破坏，酶活性便丧失。

3. 酶原与酶原激活　有些酶在细胞内合成时或分泌后没有活性，这种无活性的酶的前体称为酶原。酶原在一定条件下可转变为有活性的酶，此过程称为酶原激活。酶原激活的实质就是酶活性中心的形成或暴露的过程。如胰蛋白酶、胃蛋白酶、糜蛋白酶等，在初分泌时也都是以酶原的形式存在，在一定的条件下被激活。

某些酶以酶原形式存在具有重要的生理意义：①避免细胞产生的蛋白酶对细胞本身进

行自身消化。例如急性胰腺炎的发生,就是由于某些原因使胰蛋白酶原等在胰腺组织中被激活,引起胰腺组织自身消化的结果。②保证酶在特定的部位或特定的情况下发挥作用。如血液中的凝血酶原,在组织损伤血管破裂时才被大量激活,从而促进血液凝固,防止大量出血。

4. 同工酶　是指催化相同的化学反应,但酶蛋白的分子结构、理化性质和免疫学特性不同的一组酶。目前研究最多的是乳酸脱氢酶(LDH),常以 LDH_1、LDH_2、LDH_3、LDH_4 和 LDH_5 表示,LDH 的五种同工酶在各器官中的含量和分布不同,如心肌以 LDH_1 活性最高,骨骼肌与肝脏则以 LDH_5 活性最高。

临床上,心肌梗死患者,血清中 LDH_1 明显增高;急性肝炎患者,LDH_5 活性增高。所以测定同工酶的活性变化不但可以鉴别病变器官,而且也能提高诊断的灵敏度。

同工酶的概念

(三)影响酶促反应速度的因素

酶促反应的特点之一就是高度不稳定性。许多因素如温度、pH、激活剂与抑制剂等都可改变酶的活性,进而影响酶促反应速度。

1. 温度对酶促反应速度的影响　在一定范围内温度升高,反应速度加快;酶促反应速度最快时的温度称为酶的最适温度。温度过高或过低均可影响酶的活性。人体内大多数酶的最适温度接近于体温37℃,体外为35~40℃。但当温度超出这些范围时酶蛋白可变性失活,反应速度减慢。低温可使酶活性降低,但并不破坏酶的结构,当温度回升后,酶活性又可以恢复。因此,一些酶须放在低温下保存以保持其活性。

2. pH 对酶促反应速度的影响　当反应介质处于某一 pH 时,使酶促反应速度最快,该 pH 称为酶的最适 pH。体内各种酶的最适 pH 都不同,多数在中性、弱酸或弱碱的范围内,但也有例外,如胃蛋白酶的最适 pH 约为1.8。当介质的 pH 偏离最适 pH 时,酶活性就降低,甚至变性失活。

3. 激活剂对酶促反应速度的影响　凡能增强酶活性的物质都称为酶的激活剂。如盐酸是胃蛋白酶原的激活剂;Cl^- 是唾液淀粉酶的激活剂。

4. 抑制剂对酶促反应速度的影响　凡能降低酶活性而又不引起酶蛋白变性的物质称为酶的抑制剂。根据抑制剂与酶蛋白结合的紧密程度,可分为不可逆性抑制和可逆性抑制。

(1)不可逆性抑制:抑制剂与酶蛋白以共价键紧密结合,这种抑制作用称为不可逆性抑制。如某些重金属离子(Hg^{2+}、Ag^+ 等)及 As^{3+}(如含砷化合物路易斯毒气)能使酶活性受到抑制,导致中毒。

(2)可逆性抑制:抑制剂与酶蛋白以非共价键疏松结合,这种抑制作用称为可逆性抑制,可分为竞争性抑制和非竞争性抑制。竞争性抑制为抑制剂的结构与底物结构相似,因而能与底物竞争同一酶的活性中心,阻碍底物与酶的结合,使反应速度减慢。其特点为抑制程度取决于抑制剂与底物浓度的相对比例;增加底物浓度可减弱抑制剂的抑制作用。许多药物如磺胺药、一些抗肿瘤药等都是作为酶的竞争性抑制剂来发挥其药理作用。

竞争性抑制的特点

非竞争性抑制作用为抑制剂与底物结构不相似,不能与底物竞争酶的活性中心,而是与酶的活性中心外的部位结合。作用特点：抑制剂的抑制程度取决于抑制剂本身的浓度。

三、核酸

（一）核酸的种类及功能

核酸是生物体内重要的大分子化合物，分为脱氧核糖核酸（DNA）和核糖核酸（RNA）两类。DNA 主要存在于细胞核的染色质中，是遗传信息的载体，决定着生物体的遗传特征；RNA 主要存在于细胞质中，参与蛋白质的生物合成，分为三种：信使核糖核酸（mRNA），转运核糖核酸（tRNA）和核蛋白体核糖核酸（rRNA）。

（二）核酸的分子组成

组成核酸的基本单位是核苷酸（或称单核苷酸），核苷酸由磷酸、戊糖和碱基组成。组成核酸的戊糖有两种：核糖和脱氧核糖；核酸中的碱基共有两类：嘌呤和嘧啶，其中嘌呤包括腺嘌呤（A）和鸟嘌呤（G）；嘧啶包括胞嘧啶（C）、胸腺嘧啶（T）和尿嘧啶（U）（表 6-2）。

表 6-2 RNA、DNA 的比较

分类	碱基	戊糖	磷酸	核苷酸
RNA	A、G、C、U	核糖	磷酸	一磷酸腺苷（AMP）、一磷酸鸟苷（GMP） 一磷酸胞苷（CMP）、一磷酸尿苷（UMP）
DNA	A、G、C、T	脱氧核糖	磷酸	脱氧一磷酸腺苷（dAMP）、脱氧一磷酸鸟苷（dGMP） 脱氧一磷酸胞苷（dCMP）、脱氧一磷酸胸苷（dTMP）

（三）核酸的分子结构

1. 核酸的一级结构　核苷酸之间以磷酸二酯键相互连接形成多核苷酸链，多核苷酸链有两个游离的末端，一端为戊糖 C-5′上的磷酸，称为 5′-末端；另一端为戊糖 C-3′上的羟基，称为 3′-末端。核酸具有方向性。通常以 5′→3′方向为正向。

多核苷酸链中核苷酸的排列顺序称为核酸的一级结构，由于各种核苷酸之间的差别只是碱基的不同，因此也可称为碱基的排列顺序，核酸的一级结构可用简式表示：直线代表磷酸戊糖骨架，A、G、C、U、T 表示连接在戊糖上的碱基。

5′ G C A T T C A G A T C C A A C T G C 3′

2. 核酸的空间结构

（1）DNA 的空间结构：DNA 的二级结构是双螺旋结构。即 DNA 分子是由两条反向平行的多核苷酸链围绕同一个的中心轴盘旋而成的双螺旋结构。磷酸戊糖骨架位于螺旋的外侧，碱基位于内侧，碱基对遵循碱基互补规律，即 A 与 T、G 与 C 通过氢键互补配对，碱基对中的两个碱基称为互补碱基，DNA 分子中的两条链称为互补链。由此可见，只要知道一条链的核苷酸排列顺序，另一条链的核苷酸顺序也可确定（图 6-2）。

（2）RNA 的空间结构：RNA 为单链结构，其单链经回折盘绕可形成局部的双链结构。在双链区内也有碱基配对，配对规律为 A-U 配对，G-C 配对。

（四）多磷酸核苷酸

一磷酸核苷酸进一步磷酸化，生成相应的含有高能键的二磷酸核苷酸和三磷酸核苷酸。

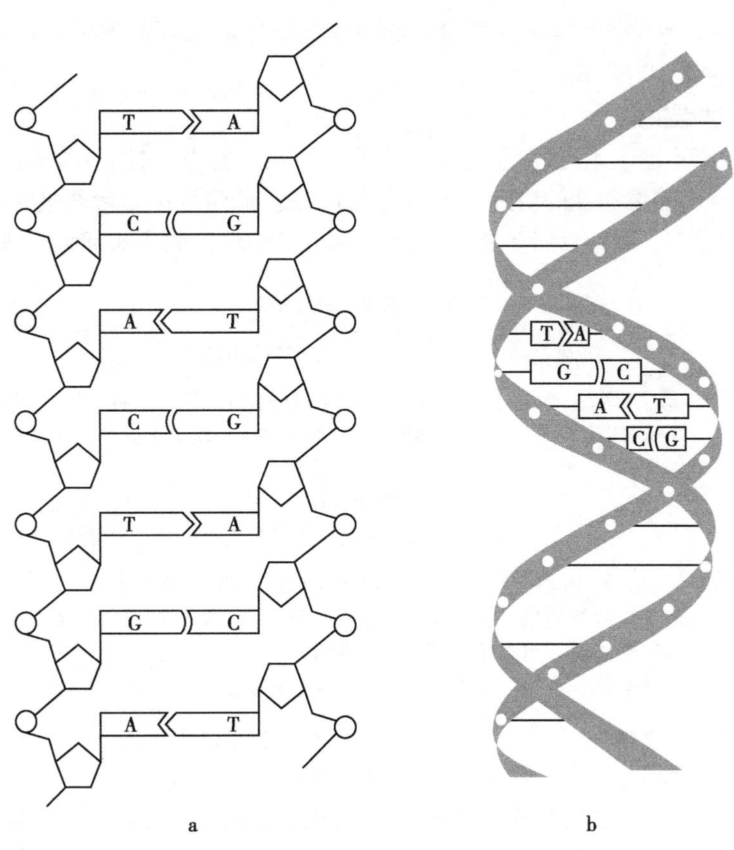

图 6-2 DNA 的双螺旋结构

a. 平面图;b. 立体结构

如 AMP 磷酸化生成 ADP,ADP 再磷酸化生成 ATP:

A—P~P~P
↓
AMP
↓
ADP
↓
ATP

式中"~"代表高能键,"~P"代表高能磷酸键。含有高能键的化合物称为高能化合物。二磷酸核苷含有 1 个高能磷酸键,三磷酸核苷含有 2 个高能磷酸键,它们都是高能化合物。体内的高能化合物以 ATP 最为重要,它是机体各种生理活动的直接供能者。

四、维生素

维生素是一类维持机体的正常生长和健康所必需的小分子有机化合物。多数维生素在体内不能合成,少数可以合成但合成量很少,满足不了机体的需要,因此,机体需要的维生素必须由食物来供给。维生素在体内主要是参与物质代谢与能量代谢过程。维生素缺乏将导致物质代谢障碍,进而引起维生素缺乏症。

> **考点提示**
>
> 各种脂溶性维生素的名称、来源、生理功能及缺乏症

按维生素的溶解性质不同,将它们分为两大类:脂溶性维生素和水溶性维生素。脂溶性维生素包括

维生素 A、D、E、K。水溶性维生素包括 B 族维生素和维生素 C，B 族维生素有维生素 B_1、B_2、PP、B_6、泛酸、生物素、叶酸、B_{12}。

（一）脂溶性维生素

脂溶性维生素不溶于水，易溶于脂类及脂溶剂。在食物中，它们与脂类共存，吸收时也伴随脂类共同吸收，需要胆汁的协助。脂类吸收不良时，脂溶性维生素的吸收也减少。摄入较多时可在肝脏贮存。脂溶性维生素不同，其来源、生理功能、缺乏病症也不同（表 6-3）。

表 6-3 脂溶性维生素

名称	来源	生理功能	缺乏病
维生素 A（抗眼干燥症维生素）	肝、奶制品、鱼肝油、蛋黄、胡萝卜等	①参与视紫红质的合成，维持暗视觉 ②维持上皮组织结构与功能的健全 ③促进生长发育 ④抗氧化作用 （长期过量摄入可导致维生素 A 中毒）	夜盲症 眼干燥症
维生素 D（抗佝偻病维生素）	肝、蛋黄、奶类等，皮下组织的 7-脱氢胆固醇经阳光照射可转变为维生素 D_3	促进小肠对钙、磷的吸收，促进肾小管对钙、磷的重吸收，升高血钙、血磷，促进骨组织钙化 （长期过量摄入可导致维生素 D 中毒）	儿童:佝偻病 成人:骨软化症
维生素 E（生育酚）	植物油	①抗氧化作用，保护生物膜 ②与生殖功能有关	尚未发现缺乏病
维生素 K（凝血维生素）	菠菜、菜花、肝等，肠道细菌可以合成	参与肝脏合成凝血因子Ⅱ、Ⅶ、Ⅸ、Ⅹ	凝血时间延长，皮下、肌肉、胃肠道出血

（二）水溶性维生素

水溶性维生素均易溶于水。它们在体内不能大量贮存，摄入过多时则随尿排出，所以要经常从食物中摄取补充。B 族维生素在体内主要以酶的辅助因子形式参与物质代谢。各种水溶性维生素的来源、生理功能、与辅酶（辅基）的关系及缺乏症均有所不同（表 6-4）。

各种水溶性维生素的名称、来源、生理功能及缺乏症

表 6-4 水溶性维生素

名称	来源	生理功能	缺乏症
维生素 B_1（硫胺素、抗脚气病维生素）	瘦肉、豆类、谷物外皮，酵母等	①参与糖代谢 ②抑制胆碱酯酶的活性，助消化	脚气病
维生素 B_2（核黄素）	肝、酵母、蛋黄、豆类等	参与生物氧化中的递氢过程	口角炎、舌炎、睑缘炎、阴囊炎等
维生素 PP（尼克酸、尼克酰胺）	酵母、花生、瘦肉等	作为多种脱氢酶的辅酶成分，参与生物氧化中的递氢过程	癞皮病

续表

名称	来源	生理功能	缺乏症
维生素 B_6(吡哆醇、吡哆醛、吡哆胺)	蛋黄、酵母、肉、鱼、乳汁、种子外皮等	参与氨基酸的分解代谢	尚未发现典型的缺乏症
泛酸(遍多酸)	在动植物性食物中广泛存在,肠道细菌也能合成	辅酶A的组成成分,参与物质代谢中的转酰基作用	尚未发现缺乏症
生物素	肝、蛋黄、奶类、酵母等,肠道细菌可合成	羧化酶的辅酶,转移 CO_2,参与物质代谢中的羧化过程	尚未发现缺乏症
叶酸	绿叶蔬菜、肝、酵母等,肠道细菌可合成	促进血细胞的成熟	巨幼红细胞性贫血
维生素 B_{12}(钴胺素)	肝、肾、酵母等,肠道细菌可合成	间接参与一碳单位代谢及促进血细胞的成熟	巨幼红细胞性贫血
维生素C(抗坏血酸)	鲜枣、西红柿、柑橘、青椒等	①参与体内羟化反应:促进胶原蛋白的合成,维持结缔组织及毛细血管壁的正常结构和功能; ②参与体内氧化还原反应:维持谷胱甘肽的还原状态,保持其抗氧化性,促进肠道对铁的吸收	维生素C缺乏病(坏血病)

五、水与无机盐

水和溶解于水中的无机盐、小分子有机物、蛋白质等共同构成体液。体液是机体物质代谢过程所必需的环境,水和无机盐在体内的正常分布及含量是保证细胞正常代谢和维持各组织器官正常功能所不可缺少的,很多情况下,如胃肠道疾病、严重创伤、环境变化等都可引起水和无机盐分布及含量的异常,甚至会危及生命。

(一)水的生理功能

1. 促进和参与物质代谢　水流动性好,又是良好的溶剂,许多营养物质及代谢产物都能溶解于水中,有利于物质代谢和物质运输。水还能直接参加代谢反应,如加水反应、加水脱氢反应及水解反应等。

2. 调节体温　水的比热大。与等量的其他固体或液体物质相比,1g水的温度升高1℃所需要的热量较多,因此,水能吸收较多的热量而本身温度升高不多。水的蒸发热大,1g水完全蒸发时能吸收较多的热量,因而蒸发少量的汗就能散发大量的热。由于水的比热大,所以当环境温度过高时,对机体体温影响不大;当体温升高时,可通过发汗来降低体温,从而维持体温的正常。

3. 润滑作用　关节腔的滑液能减少关节活动时的摩擦;唾液有利于食物的吞咽;泪液

可防止眼球的干燥。

（二）无机盐的生理功能

1. 维持体液的酸碱平衡和渗透压　K^+、Na^+、HCO_3^-、HPO_4^{2-}等构成体液中缓冲体系，参与酸碱平衡的调节。K^+、HPO_4^{2-}、Na^+、Cl^-还是维持细胞内外渗透压和水容量的主要离子，当这些离子浓度改变时会引起细胞内外渗透压及水容量变化。

2. 维持神经、肌肉的兴奋性　神经、肌肉的兴奋性与下列离子的浓度及比例有关，可表示为：

$$\text{神经、肌肉细胞的兴奋性} \propto \frac{[Na^+]+[K^+]}{[Ca^{2+}]+[Mg^{2+}]+[H^+]}$$

可见，Na^+、K^+浓度升高时，神经、肌肉的兴奋性增高；Ca^{2+}、Mg^{2+}、H^+浓度升高时则神经肌肉的兴奋性降低。临床上常见的低钾血症时，神经肌肉的兴奋性降低，出现四肢无力、肠麻痹、甚至呼吸肌麻痹；低钙血症时，神经肌肉的兴奋性升高，出现手足抽搐。

心肌细胞的兴奋性也与这些离子有关；

$$\text{心肌细胞的兴奋性} \propto \frac{[Na^+]+[Ca^{2+}]}{[K^+]+[Mg^{2+}]}$$

值得注意的是K^+和Ca^{2+}对心肌的作用不同于对神经、肌肉：K^+对心肌有抑制作用，高钾血症可使心肌兴奋性降低，出现传导阻滞，甚至心脏骤停于舒张期。低钾血症时心肌兴奋性增强，可出现室性期前收缩，甚至心脏骤停于收缩期。Ca^{2+}和Na^+对心肌的作用与K^+的作用是相拮抗的，临床上可用含钙和含钠的制剂来缓解K^+对心肌的抑制作用。

3. 参与骨和牙的构成　钙和磷在体内主要构成骨和牙的组成成分，当维生素D缺乏时，肠道钙和磷吸收减少，导致佝偻病或骨软化症。

第二节　物质代谢

一、糖代谢

糖类，旧称碳水化合物，是食物中的一大类重要的有机物。人类从食物中摄取的糖类主要是淀粉，因此，糖代谢是指葡萄糖在体内代谢的情况。糖的生理功能主要是氧化供能；糖还是构成组织、细胞的组成成分；此外，糖在体内还可以转变成脂肪、氨基酸等非糖物质。

（一）糖代谢的基本情况

从食物中摄取的淀粉，在肠道中受到淀粉酶、麦芽糖酶的作用水解成单糖葡萄糖被吸收入体内，然后进入各组织代谢（图6-3）。

糖代谢途径主要有糖的分解代谢、糖原的合成、糖原的分解以及糖异生。糖的分解代谢包括糖酵解、糖的有氧氧化和磷酸戊糖途径。

1. 糖酵解　在缺氧（或无氧）的情况下，体内葡萄糖或糖原分解成乳酸的过程称为糖酵解。葡萄糖首先分解成丙酮酸，生成的丙酮酸可在无氧条件下转变为乳酸，又可在有氧条件下进入线粒体彻底氧化分解成CO_2和H_2O。因此，糖酵解途径是糖的有氧氧化、无氧氧化共有的过程。

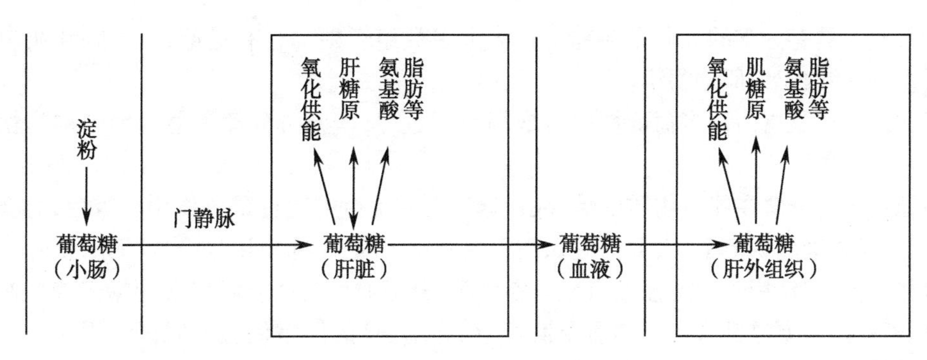

图6-3　糖在体内代谢概况

糖酵解反应过程可分为4个阶段：①由葡萄糖或糖原转变为二磷酸果糖；②1分子二磷酸果糖裂解为2分子磷酸丙糖；③磷酸丙糖氧化为丙酮酸；④丙酮酸还原为乳酸。

从葡萄糖开始，经历了12步连续的酶促反应，所有反应都在细胞液中进行。己糖激酶、磷酸果糖激酶、丙酮酸激酶是催化糖酵解过程中三个不可逆反应的关键酶。

$$葡萄糖(或糖原)\xrightarrow{缺\ O_2}乳酸+少量\ ATP$$

糖酵解的生理意义是：①在缺氧情况下为机体供能。虽然产能并不多，1分子葡萄糖经糖酵解净生成2分子ATP，但却是缺氧时机体获能的有效方式。如剧烈运动时，骨骼肌对ATP需求量增加，由于相对缺氧，使有氧氧化产生的ATP供不应求，此时糖酵解成为产能的重要方式。②糖酵解是成熟红细胞的唯一获能途径。

2. 糖的有氧氧化　葡萄糖或糖原在有氧的情况下，彻底氧化生成 CO_2 和 H_2O 的过程，称为糖的有氧氧化。此过程伴有大量能量的产生，是体内糖氧化供能的主要途径。糖的有氧氧化分3个阶段进行：①葡萄糖或糖原转变为丙酮酸，在细胞液中进行；②丙酮酸进入线粒体氧化脱羧生成乙酰CoA；③乙酰CoA进入三羧酸循环，彻底氧化分解成 CO_2+H_2O，并释放能量，此阶段是产能最多。

$$葡萄糖(或糖原)\xrightarrow{O_2}CO_2+H_2O+大量\ ATP$$

糖有氧氧化的生理意义：①主要是为机体各种生理活动提供能量。1分子葡萄糖通过有氧氧化净生成38分子ATP，为糖酵解的19倍。②三羧酸循环是糖、脂肪、蛋白质彻底氧化分解的共同途径，③三羧酸循环是体内三大物质相互联系的枢纽。

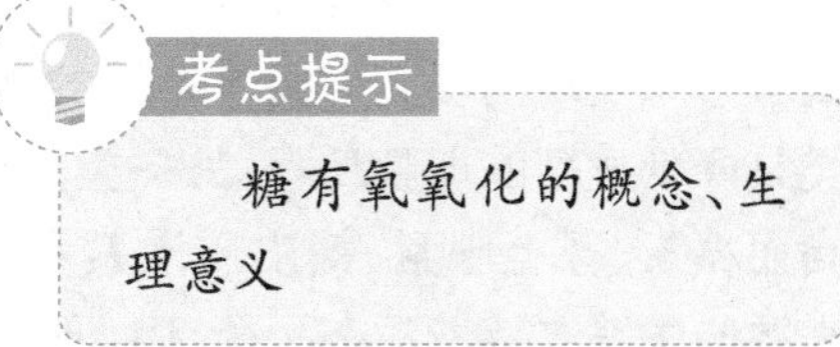

3. 磷酸戊糖途径　磷酸戊糖途径是指葡萄糖转变成5-磷酸核糖的途径。

该途径的主要生理意义是为机体提供5-磷酸核糖和NADPH（还原性辅酶Ⅱ）。5-磷酸核糖是合成核酸的原料。NADPH的作用是：①参与脂肪酸、胆固醇等物质的合成；②参与肝内的生物转化作用；③NADPH为谷胱甘肽还原酶的辅酶，可维持细胞中还原型谷胱甘肽（G-SH）的正常含量。G-SH是一种抗氧化剂，可以与体内的氧化剂作用，本身被氧化为氧化型谷胱甘肽（GS-SG），从而保护巯基酶和膜蛋白不被氧化。

4. 糖原的合成与分解　糖原是葡萄糖在体内的储存形式，是由很多个葡萄糖以糖苷键相连接形成的具有分支的大分子多糖。体内大多数组织中都含有糖原,以肝脏和肌肉组织含量最多,而脑组织糖原却很少。

糖原的合成是指由许多葡萄糖缩合成糖原的过程;糖原再分解为葡萄糖则称为糖原的分解。

糖原合成与分解在能源物质的储存、血糖浓度的维持中起着重要作用。饭后,血糖浓度升高,在神经体液的调节下,大部分进入细胞内氧化供能,小部分用来合成糖原,虽然合成的糖原量并不多,但动用时却迅速而有效。空腹时,肝糖原可迅速分解成葡萄糖来维持血糖浓度,以保障一些主要靠糖来供能的重要器官(如脑组织)的能量供应。肌肉组织由于缺乏有关酶,故肌糖原不能直接分解成葡萄糖。

5. 糖异生　由非糖物质转变为葡萄糖或糖原的过程称为糖异生。能转变成糖的非糖物质有:甘油、生糖氨基酸及一些有机酸。20 种氨基酸中除赖氨酸、亮氨酸外,其余氨基酸均可转变为糖;这些有机酸包括乳酸、丙酮酸和三羧酸循环中的酸。糖异生的主要脏器是肝脏,其次是肾脏。饥饿时,肾脏的糖异生能力会明显增强。

糖异生的生理意义是:①维持空腹或饥饿时血糖浓度的相对恒定。肝糖原的储存量有限,约 12 个小时就可耗尽,因此在饥饿的后期主要靠糖异生来维持血糖浓度。②有效利用乳酸,防止乳酸酸中毒。

案例

某男 28 岁,身高 170cm,体重 110kg,空腹血糖 12mmol/L,尿糖阳性。诊断结果:糖尿病 2 型。

请问:1. 血糖有哪些来源和去路?

2. 哪些激素能够调节血糖的浓度,如何调节?

3. 糖代谢异常对血糖浓度有什么影响?

(二)血糖的概念

血液中的葡萄糖称为血糖。正常人清晨空腹血糖浓度为 3.9 ~ 6.1mmol/L。饭后血糖会有所升高,但 2 小时内可恢复正常;空腹或短期饥饿时,由于肝糖原的分解及糖异生作用,也能使血糖维持在正常水平。这是在神经内分泌的调节下来实现的。其中调节血糖的激素最为重要,一类是降低血糖的即胰岛素;另一类是升高血糖的有胰高血糖素、肾上腺素、糖皮质激素和生长素等。血糖来源与去路维持着动态平衡,因而血糖浓度能保持相对恒定。

考点提示

调节血糖的激素

血糖的来源与去路见图 6-4。

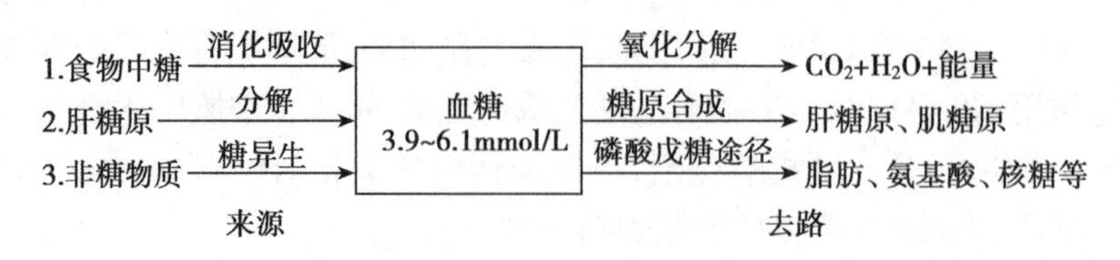

图 6-4　血糖的来源与去路

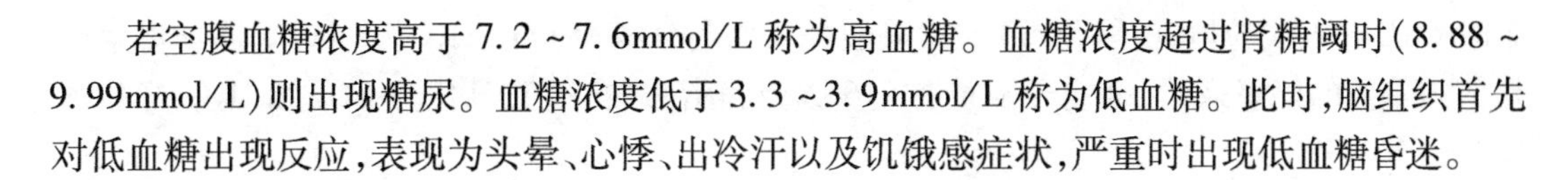

若空腹血糖浓度高于7.2~7.6mmol/L称为高血糖。血糖浓度超过肾糖阈时(8.88~9.99mmol/L)则出现糖尿。血糖浓度低于3.3~3.9mmol/L称为低血糖。此时,脑组织首先对低血糖出现反应,表现为头晕、心悸、出冷汗以及饥饿感症状,严重时出现低血糖昏迷。

二、脂类代谢

脂类是脂肪及类脂的总称。脂类均不溶于水而溶于有机溶剂。

脂肪由一分子甘油和三分子脂肪酸组成,故又称为甘油三酯。脂肪主要贮存在皮下、肾周围、大网膜和肠系膜等处,这些组织统称为脂库。成年男性脂肪含量占体重的10%~20%,女性则稍高。

脂肪的主要生理功能是:①供能与贮能。脂肪在体内彻底氧化产生的能量比等量的糖或蛋白质高一倍多。脂肪还是有效的贮能物质。空腹时,体内所需能量的50%以上来自脂肪的氧化;禁食1~3天,约85%的能量来自脂肪的氧化。②保持体温和保护内脏。脂肪不易导热,皮下脂肪可防止体温的散失;分布在脏器周围的脂肪犹如软垫可缓冲机械撞击而保护内脏。③供给必需脂肪酸。必需脂肪酸是指人体需要而又不能合成,必须由食物提供的多不饱和脂肪酸,如亚油酸、亚麻酸、花生四烯酸。

类脂包括磷脂、糖脂、胆固醇和胆固醇酯。类脂约占体重的5%,分布于各种组织中,以神经组织含量较多。

类脂的主要生理功能是:①参与生物膜的构成,类脂约占膜重量的一半;②参与神经髓鞘的构成,以维持神经冲动的正常传导;③胆固醇在体内可转变成胆汁酸盐、维生素D_3及类固醇激素等多种重要物质。

案例

患者,男性,52岁,因突然出现精神烦躁、神志恍惚,嗜睡、昏迷等症状入院诊治,发现患者呼吸加深,频率不快,呼气中有烂苹果味,有既往糖尿病史,入院急查尿常规:尿酮体阳性、尿糖+++;急诊生化:血糖26.50mmol/L,血酮体阳性。诊断:糖尿病酮症酸中毒(DKA)。

请问:1. 何谓酮体?引起患者酮体阳性的可能因素有哪些?

2. 酮症酸中毒时患者的主要症状有哪些?

3. 简述酮症酸中毒与糖尿病的关系,说明糖尿病患者该如何预防酮症酸中毒?

(一)脂肪代谢的基本情况

1. 脂肪的分解代谢

(1)脂肪的水解:贮存在脂肪细胞中的脂肪,在脂肪酶的催化下逐步水解为脂肪酸及甘油并释放入血供其他组织氧化利用,该过程称为脂肪动员。

$$\text{甘油三酯}\xrightarrow[H_2O\ \rightarrow\ \text{脂肪酸}]{\text{甘油三酯脂肪酶}}\text{甘油二酯}\xrightarrow[H_2O\ \rightarrow\ \text{脂肪酸}]{\text{甘油二酯脂肪酶}}\text{甘油一酯}\xrightarrow[H_2O\ \rightarrow\ \text{脂肪酸}]{\text{甘油一酯脂肪酶}}\text{甘油}$$

(2)甘油的代谢:甘油主要运到肝、肾、小肠黏膜等组织中代谢,可氧化供能,也可异生为糖。

(3)脂肪酸的氧化:脂肪酸的氧化在胞液和线粒体中完成。其过程为:脂肪酸的活化;

脂酰 CoA 进入线粒体;β-氧化;进入三羧酸循环彻底分解为 CO_2、H_2O 和 ATP。脂肪酸氧化是体内重要的能量来源。1 分子软脂酸(16 碳饱和脂肪酸)彻底氧化为 CO_2 和 H_2O,净生成 129 分子 ATP。

(4)酮体的生成和利用

1)酮体的生成:脂肪酸在肝脏内氧化的中间产物,包括乙酰乙酸、β-羟丁酸和丙酮统称为酮体。

考点提示

酮体的概念及生理意义

2)酮体的利用:肝脏内合成酮体酶系活性较强,但是缺乏利用酮体的酶,因此,肝内生成的酮体需运到肝外组织被利用。在心、肾、脑、骨骼肌等组织中含有利用酮体的酶,可将乙酰乙酸和 β-羟丁酸氧化产能,丙酮可随尿或通过呼吸道排出体外。

3)酮体代谢的生理意义:酮体的生成对机体有利也有弊。

①酮体是肝脏输出的一种特殊形式的能源物质,它可以作为大脑及肌肉组织的重要能源。酮体分子小,溶于水,易运输,能透过血脑屏障及肌肉组织中毛细血管壁为这些组织提供能量。如长期饥饿或糖供给不足时,脂肪动员增强,体内大多数组织主要依靠脂肪酸供能,脑组织不能氧化脂肪酸,却能利用由脂肪酸转变成的酮体,获得其所需要的能量。由此可见,酮体可代替葡萄糖成为大脑和肌肉的主要能源。②酮体过多时可导致酮症酸中毒。正常情况下,血中仅含有少量酮体(0.03~0.5mmol/L),而在饥饿及糖尿病时,脂肪动员及脂肪酸分解氧化增强,肝内酮体增多,超过肝外的利用能力,将引起血中酮体升高,称为酮血症。此时,一部分酮体可随尿排出,称为酮尿。丙酮可以从呼吸道挥发排出,使呼出的气体具有烂苹果味。由于酮体中的乙酰乙酸和 β-羟丁酸都是酸性物质,酮血症时可引起代谢性酸中毒,又称酮症酸中毒。

2. 脂肪的合成代谢　肝、脂肪组织及小肠是体内合成脂肪的主要部位。肝脏不贮存脂肪,它所合成的脂肪以极低密度脂蛋白的形式运到肝外;脂肪组织合成的脂肪就贮存在脂肪组织中;小肠利用食物提供的原料合成脂肪,然后以乳糜微粒的形式运往全身。体内合成脂肪的原料是甘油及脂肪酸的活化形式:α-磷酸甘油和脂肪酰 CoA。

(1)α-磷酸甘油的来源:α-磷酸甘油可来自甘油的磷酸化,也可来自于糖。

(2)脂酰 CoA 的来源:脂肪酸活化生成脂酰 CoA。脂肪酸可来自食物,也可在体内合成。体内合成脂肪酸的主要原料是乙酰 CoA,并主要来自于糖的氧化分解。由此可见,糖在体内很容易转变成脂肪。

(3)脂肪的合成:以 α-磷酸甘油及脂酰 CoA 为原料,在脂肪酰基转移酶及磷酸酶的催化下合成脂肪。

(二)血脂

1. 血脂的概念及高脂血症

(1)血脂的概念:血浆中所含的脂类统称为血脂。包括甘油三酯、磷脂、胆固醇、胆固醇酯和游离脂肪酸。血脂有两个来源:①从食物中摄取的脂类经消化吸收进入血液;②体内肝、脂肪细胞以及其他组织中的脂类释放入血。

正常成人空腹血脂含量波动范围较大,这主要是因为血脂含量易受膳食、年龄、性别及不同生理状况的影响。临床上测定血脂时,常在饭后 12~14 小时采血,以避开饭后引起的血脂波动(表 6-5)。

(2)高脂血症:血脂浓度高于正常称为高脂血症。有的是以甘油三酯升高为主,有的是以胆固醇升高为主,还有的两者皆升高,因此高脂血症分为多种类型。

表6-5 正常成人空腹血脂含量

脂类	血浆含量	
	(mg/dl)	(mmol/L)
总脂	400~700	4.0~7.0
甘油三酯	20~110	0.22~1.21
磷脂	110~210	1.4~2.7
总胆固醇	110~230	2.86~5.98
游离脂肪酸	5~20	0.2~0.6

2. 血浆脂蛋白

(1) 血浆脂蛋白的组成:脂类不溶于水,它在血浆中与蛋白质结合形成溶于水的脂蛋白,以便于运输。因此,脂蛋白是脂类在血浆中的存在和运输形式。脂蛋白由脂类和蛋白质两部分组成,脂类包括甘油三酯、磷脂、胆固醇及胆固醇酯,蛋白质部分称为载脂蛋白。游离脂肪酸不参与血浆脂蛋白的构成,在血浆中是与清蛋白结合而运输的。

(2) 血浆脂蛋白的分类:用电泳法或密度分类法都可将血浆脂蛋白分成4类。按电泳速度的快慢将血浆脂蛋白分为:α-脂蛋白、前β-脂蛋白、β-脂蛋白及乳糜微粒。按密度的高低将血浆脂蛋白分为:高密度脂蛋白(HDL)、低密度脂蛋白(LDL)、极低密度脂蛋白(VLDL)和乳糜微粒(CM)。两种分类法命名的各类脂蛋白之间的对应关系及各类脂蛋白的化学组成、生理功能见表6-6。

血浆脂蛋白的分类及其主要功能

表6-6 血浆脂蛋白分类、化学组成和主要功能

分类		化学组成				主要功能
电泳法	密度法	蛋白质	甘油三酯	胆固醇	磷脂	
乳糜微粒	CM	1~2	80~95	2~7	6~9	转运外源性脂肪(将食物中脂肪运到体内)
前β-脂蛋白	VLDL	5~8	50~70	10~15	10~15	转运内源性脂肪(将肝中脂肪运到肝外)
β-脂蛋白	LDL	20~25	10	45	20	转运胆固醇(将肝中胆固醇运到肝外)
α-脂蛋白	HDL	5~10	5	20	30	逆向转运胆固醇(将肝外胆固醇运到肝内代谢)

三、氨基酸代谢

蛋白质分解代谢时首先水解成它的基本组成单位氨基酸,然后氨基酸再进一步代谢。

案例

三聚氰胺奶粉事件

2008 年 9 月医院暴发幼儿肾结石，开始并未引起有关部门和民众的注意。截至 2008 年 9 月 21 日，全国因饮用三鹿婴幼儿奶粉而患肾结石的幼儿累计达 54 440 人，其中 4 人死亡。经调查证实，三鹿奶粉中含有大量三聚氰胺，以提高奶粉的含氮量从而提高其“蛋白质”的含量。

请问：为什么要在奶粉中添加三聚氰胺？

（一）食物蛋白质的营养作用

考点提示

蛋白质的营养作用

1. 蛋白质的生理功能　蛋白质是生命的物质基础，一切生命现象都离不开蛋白质。蛋白质在体内有诸多的功能：

（1）维持组织和细胞的生长、更新与修复：蛋白质是组织、细胞的重要组成成分。儿童的生长发育、组织蛋白的不断更新、受损组织的修复，都需要足够的蛋白质，而且必须要从食物中摄取。蛋白质的这项功能是不能由糖或脂肪所代替的。

（2）参与多种重要的生理活动：物质代谢中的酶、代谢调节中的激素、免疫反应中的抗体、物质运输中的载体、凝血过程中的凝血因子等都是蛋白质，以及与肌肉收缩有关的躯体运动、消化吸收、血液循环等，也都离不开蛋白质。同样，这项功能也只能由蛋白质完成。

（3）氧化供能：蛋白质在体内可氧化分解产能，但这不是蛋白质的主要功能，一般情况下，体内的供能物质主要是糖和脂肪。

考点提示

氮平衡的含义

2. 氮平衡　食物中的含氮物质主要是蛋白质。且蛋白质的含氮量约为 16%。研究人体每日摄入氮量和排出氮量之间的关系，称为氮平衡。

（1）总氮平衡：摄入氮 = 排出氮，反映正常成人的蛋白质代谢情况，即氮的“收支”平衡。见于正常的成年人。

（2）正氮平衡：摄入氮>排出氮，它表示体内蛋白质合成量大于分解量，部分摄入的氮用于合成体内蛋白质。儿童、孕妇及恢复期患者属于此种情况。

（3）负氮平衡：摄入氮<排出氮，见于蛋白质供应量不足，如饥饿或消耗性疾病患者。

考点提示

必需氨基酸

3. 生理需要量　成人每日对蛋白质的最低需要量为 30 ~ 50g。为了能长期保持总氮平衡，我国营养学会推荐成人每日蛋白质需要量为 80g，蛋白质代谢为正氮平衡的人群，对蛋白质的需要量还要大些。

4. 蛋白质的营养价值

（1）必需氨基酸：构成蛋白质的 20 种氨基酸，有 8 种不能在体内合成，必须从食物中摄取。这些机体需要但又不能自身合成，必须由食物来供给的氨基酸，称为必需氨基酸。包括赖氨酸、色氨酸、苯丙氨酸、蛋氨酸、苏氨酸、缬氨酸、异亮氨酸、亮氨酸。其余的氨基酸在体内可以合成,称为非必需氨基酸。

(2) 决定蛋白质营养价值的因素:蛋白质营养价值的高低取决于所含必需氨基酸的种类、数量和比例是否与人体蛋白质接近,越接近,其营养价值就越高。动、植物蛋白质相比较,动物蛋白质中必需氨基酸的种类、比例更接近于人体,故营养价值比植物蛋白质高。

(3) 食物蛋白质的互补作用:不同的食物蛋白质所含必需氨基酸的种类、数量都不相同,若把几种营养价值较低的蛋白质混合食用,它们所含的必需氨基酸互相补充,从而提高蛋白质的营养价值,称为蛋白质的互补作用。

(二)氨基酸代谢概况与氨的代谢

1. 氨基酸代谢概况　体内许多游离氨基酸分布在血液和组织中,构成氨基酸代谢库。氨基酸的来源与代谢去路见图 6-5。

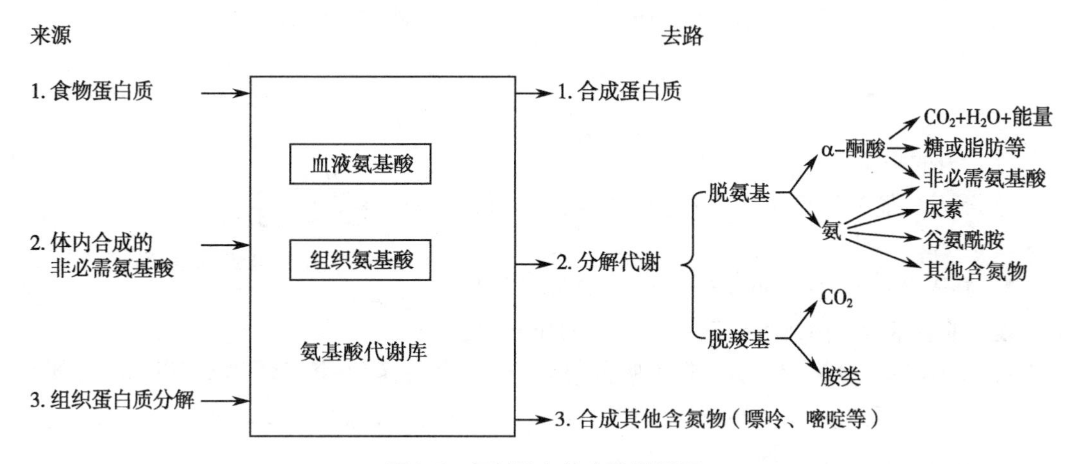

图 6-5　氨基酸在体内代谢概况

(1) 氨基酸的脱氨基作用:氨基酸分解代谢的最主要反应是脱氨基作用,其方式有氧化脱氨基、转氨基、联合脱氨基、嘌呤核苷酸循环等,其中以联合脱氨基最为重要。另外,转氨基作用中的转氨酶在临床上可作为诊断疾病的指标。

氨基酸脱氨基生成 α-酮酸和氨,然后再分别代谢。

$$\underset{\alpha\text{-氨基酸}}{H_2N-\overset{\overset{\large COOH}{|}}{\underset{\underset{\large R}{|}}{C}}-H} \xrightarrow{\text{脱氨基}} \underset{\alpha\text{-酮酸}}{\overset{\overset{\large COOH}{|}}{\underset{\underset{\large R}{|}}{C}}=O} + \underset{\text{氨}}{NH_3}$$

(2) 氨基酸的脱羧基作用:氨基酸脱羧后生成的胺具有一定的生理活性,但在体内不能蓄积过多,否则会引起心血管系统和神经系统的功能紊乱。反应由氨基酸脱羧酶催化,辅酶是磷酸吡哆醛。

$$\underset{\alpha\text{-氨基酸}}{H_2N-\overset{\overset{\large COOH}{|}}{\underset{\underset{\large R}{|}}{C}}-H} \xrightarrow{\text{脱羧基}} \underset{\text{胺}}{\underset{\underset{\large R}{|}}{CH_2}-NH_2} + CO_2$$

如谷氨酸脱羧生成 γ-氨基丁酸,γ-氨基丁酸是一种神经递质,对中枢神经系统有抑制作用;组氨酸脱羧生成组胺,组胺是一种强烈的血管扩张剂,可引起血管扩张、血压下降,与休克过程有关;色氨酸羟化、脱羧生成5-羟色胺,5-羟色胺在脑组织是一种抑制性神经递质,在外周组织有收缩血管的作用。

2. 氨的代谢　氨是有毒的,尤其是对中枢神经系统。虽然有各种来源的氨进入体内,但机体又有多种渠道将它们消除掉,即氨的来源和去路保持着动态平衡。因此,正常人血氨浓度很低,不超过0.06mmol/L(0.1mg/dl)(图6-6)。

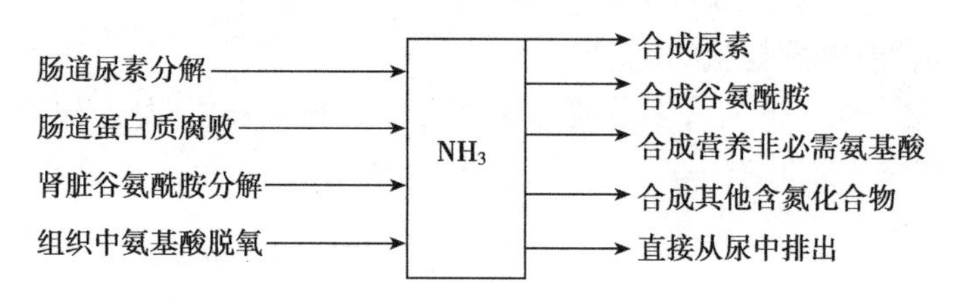

图6-6　氨的来源与去路

(1) 氨的来源

考点提示

氨的来源与去路

1) 氨基酸脱氨基产生的氨:这是体内氨的主要来源。

2) 肠道吸收的氨:肠道中未被消化的蛋白质和未被吸收的氨基酸及由血液扩散到肠道中的尿素,在肠道细菌的作用下分解产生氨。氨的吸收与肠道pH有关,碱性条件下,氨多以NH_3分子形式存在,有利于氨的吸收;酸性条件下多以NH_4^+的形式存在,氨的吸收减少。故临床上对高血氨患者不宜用肥皂水灌肠。

3) 肾脏产生的氨:肾小管上皮细胞中的谷氨酰胺,在谷氨酰胺酶的催化下水解释放出氨。这些氨可分泌到管腔液中与H^+结合为NH_4^+,再以铵盐的形式随尿排出。如果是碱性尿则不利于NH_4^+的形成和排出,因此,高血氨患者慎用碱性利尿剂。

(2) 氨的去路

1) 合成尿素:这是体内氨的主要去路,合成尿素的主要器官是肝脏。合成尿素的原料是NH_3和CO_2。合成尿素的途径为鸟氨酸循环,2分子NH_3和1分子CO_2经过1次循环可生成1分子尿素。鸟氨酸循环的意义是将有毒的氨转变为无毒的尿素而解除氨毒。生成的尿素进入血液循环再随尿排出(图6-7)。

2) 合成谷氨酰胺:在脑、肌肉等组织中,氨与谷氨酸在谷氨酸合成酶的催化下结合成谷氨酰胺,这是体内又一种解除氨毒的方式。此外,谷氨酰胺还是氨的运输形式和贮存形式。谷氨酰胺主要被运到肝脏和肾脏,在肝脏合成尿素,在肾脏被水解释出氨并随尿排出。

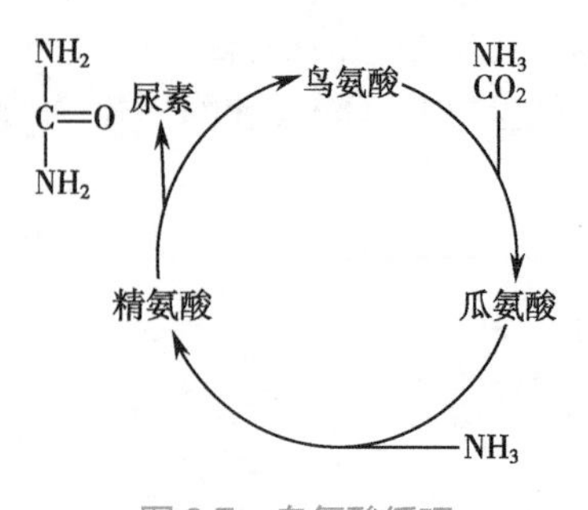

图6-7　鸟氨酸循环

3) 合成非必需氨基酸:氨与某种α-酮酸相结合,生成相应的α-氨基酸。

当肝功能严重受损时,尿素合成发生障碍,因而血氨浓度升高,称为高血氨症。大量氨进入脑组织后,可与脑中的α-酮戊二酸结合生成谷氨酸,氨也可与脑中的

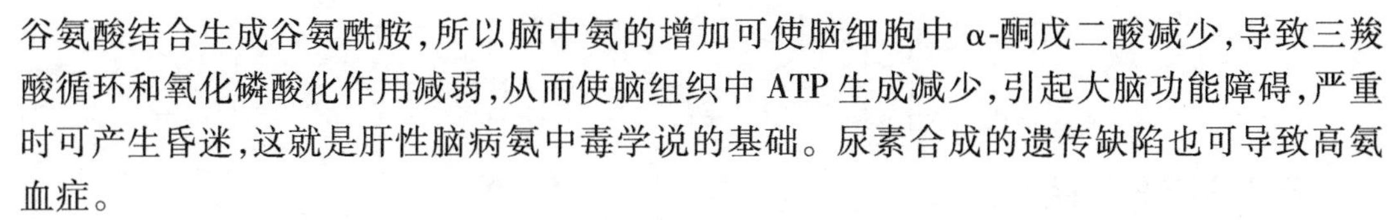

谷氨酸结合生成谷氨酰胺，所以脑中氨的增加可使脑细胞中 α-酮戊二酸减少，导致三羧酸循环和氧化磷酸化作用减弱，从而使脑组织中 ATP 生成减少，引起大脑功能障碍，严重时可产生昏迷，这就是肝性脑病氨中毒学说的基础。尿素合成的遗传缺陷也可导致高氨血症。

3. 一碳单位的代谢

(1) 一碳单位的概念：氨基酸在体内分解代谢过程中产生的含有一个碳原子的基团，称为一碳单位或一碳基团。如：甲基（$—CH_3$）、亚甲基（$—CH_2—$）、次甲基（—CH ═）、甲酰基（—CHO）、亚氨甲基（—CH ═NH）等。

(2) 一碳单位的载体：四氢叶酸是一碳单位的载体，也是一碳单位转移酶的辅酶，由叶酸经二氢叶酸还原生成。

(3) 生理意义

1) 参与嘌呤、嘧啶的合成。

2) 将氨基酸代谢与核酸代谢联系起来。

3) 参与体内的甲基化反应。如缺乏，可引起巨幼红细胞性贫血。

第三节　能量代谢与体温

一、能量代谢

物质代谢过程中所伴随的能量的释放、储存、转移和利用，称为能量代谢，体内各种生理活动所需能量来自于糖、脂肪、蛋白质等营养物质的氧化，此过程称为生物氧化。但这些营养物质氧化时所释放的能量并不能被机体直接利用，其中约 60% 以热能的形式散发，用于维持体温；约 40% 以化学能的形式储存在高能化合物（主要是 ATP）的高能键中，当高能键水解断裂时再将这些能量释放出来供机体利用，ATP 是体内各种生理活动的直接供能者。

（一）ATP 的生成

生成 ATP 的方式有底物水平磷酸化和氧化磷酸化两种，其中以氧化磷酸化为主。

考点提示

ATP 的作用

其主要意义是将营养物质氧化时释放的能量以化学能的形式储存起来，成为机体可利用的能量形式。当机体需要时，ATP 水解成 ADP，再将这些能量释放出来以满足各种需能活动。ADP 又可从营养物质氧化中获能再生成 ATP。

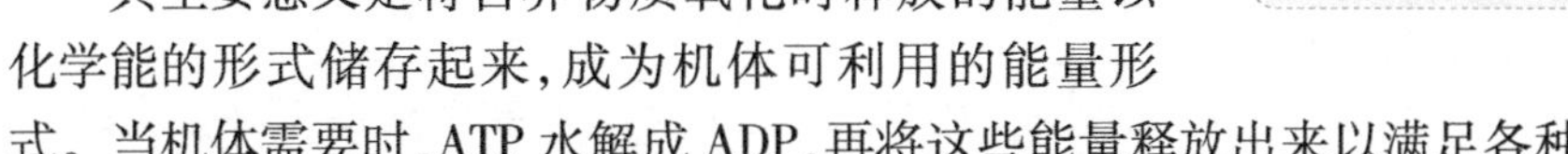

$$ADP+pi \underset{利用能量}{\overset{储存能量}{\rightleftharpoons}} ATP$$

（二）ATP 的转化

虽然 ATP 是体内多种生理活动的直接供能物质，但有些代谢过程却需要其他的三磷酸核苷供能。如糖原合成需要 UTP 供能；磷脂合成需要 CTP 供能；蛋白质合成需要 GTP 供能。这些高能化合物中的高能磷酸键都是由 ATP 提供的。

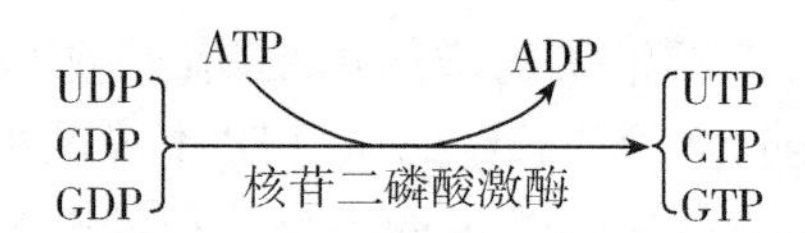

（三）ATP的储存

当机体处于安静状态下，ATP供过于求时，其分子中的高能磷酸键可在肌酸磷酸激酶（CPK）的催化下转移给肌酸（C）生成磷酸肌酸（C～P）而储存。

$$ATP+C \xrightarrow{CPK} C\sim P+ADP$$

磷酸肌酸在肌肉和脑组织中含量较多，是这些组织储能的一种形式。磷酸肌酸所含的高能键不能直接被机体所利用。当肌肉或脑组织耗能增加时，ATP减少，ADP增多，磷酸肌酸又在肌酸磷酸激酶的催化下将高能磷酸键转移给ADP生成ATP再被利用。

由此可见，体内能量的释放、储存、转移和利用都是以ATP为中心，通过ATP与ADP的相互转变来完成的（图6-8）。

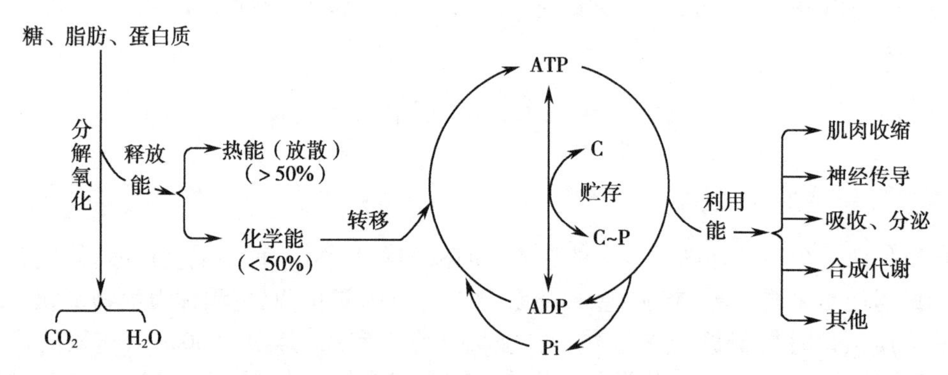

图6-8 体内能量的释放、储存、转移和利用
C：肌酸；Pi：无机磷酸；C～P：磷酸肌酸

（四）影响能量代谢的因素

1. 肌肉活动 肌肉活动对能量代谢的影响最为显著，任何轻微的活动都会使能量代谢率提高。

2. 精神活动 在精神紧张或情绪激动时，能量代谢率增强。这是因为肌紧张增强以及促进物质代谢的激素分泌增加所致。

3. 环境温度 当环境温度为20～30℃时，机体（安静状态）能量代谢最为稳定。低于20℃或高于30℃，能量代谢率都会增加。

4. 食物的特殊动力效应 人体在进食之后的一段时间内，即使仍处于安静状态，但机体的产热量也比进食前安静状态下要多，这种进食后使机体产生额外热量的现象称为食物的特殊动力效应。进食蛋白质食物可增加30%的额外热量；糖或脂肪可增加4%～6%，混合食物约为10%。

（五）基础代谢

机体在基础状态下的能量代谢称为基础代谢，基础状态是指机体处于以下环境和状态：清晨，清醒，空腹，静卧，精神安定，周围环境温度为20～25℃。

考点提示

食物的特殊动力效应

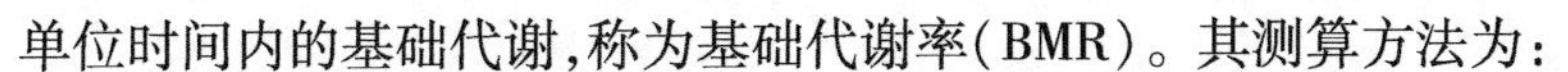

单位时间内的基础代谢，称为基础代谢率（BMR）。其测算方法为：

在上述基础状态下，测定受检者1小时的耗O_2量（6分钟耗O_2量×10），计算出每平方米体表面积1小时的产热量。单位体表面积的产热量就为基础代谢率。

$$产热量(kJ/h)=耗氧量(L/h)\times 氧热价(20.19kJ/L)$$

氧热价是指营养物质在体内氧化时，消耗1L氧所产生的热量，一般混合膳食的氧热价为20.19kJ。

$$BMR(kJ/m^2 \cdot h)=\frac{产热量(kJ/h)}{体表面积(m^2)}$$

体表面积可按以下公式计算：

$$体表面积(m^2)=0.0061\times 身高(cm)+0.0128\times 体重(kg)-0.1529$$

BMR测得值与正常值比较，计算出相对值，相对值在±10%～±15%以内，均属正常（表6-7）。

$$BMR相对值=\frac{(测得值-正常值)}{正常值}\times 100\%$$

测定BMR可反映甲状腺的功能，甲状腺功能亢进时，BMR升高；甲状腺功能低下时，BMR降低。

表6-7 BMR正常值（各年龄组平均值）[kJ/（$m^2 \cdot h$）]

年龄（岁）	11～15	16～17	18～19	20～30	31～40	41～50	>51
男性	195.5	193.4	166.2	157.8	158.6	154.0	149.0
女性	172.5	181.7	154.0	146.5	146.9	142.4	138.6

二、体温

体温是指人体深部的平均温度。人和高等动物的体温是相对恒定的，这是保证机体新陈代谢和生命活动的必要条件。

体温的概念

（一）正常体温及生理变化

人体深部的温度不易测定，实际工作中通常测定直肠、口腔或腋窝的温度来代表体温。这三个部位以直肠温度（通常称肛温）最高，正常值为36.9～37.9℃；口腔温度（口温）为36.7～37.7℃；腋下温度（腋温）为36.0～37.4℃。

生理情况下，人的体温可随昼夜、性别、年龄、肌肉活动和精神因素等而有所变化。

1. 昼夜周期性变化　清晨2～6时体温最低，下午1～6时体温最高，波动幅度一般不超过1℃。

2. 性别的影响　女性体温比男性体温平均约高0.3℃。女性体温还随月经周期呈现周期性变化：在月经期及排卵前期基础体温较低，排卵日最低，排卵后体温升高且高于排卵前，直至本次月经周期结束。连续测定女性的基础体温可了解有无排卵及确定排卵日期（图6-9）。

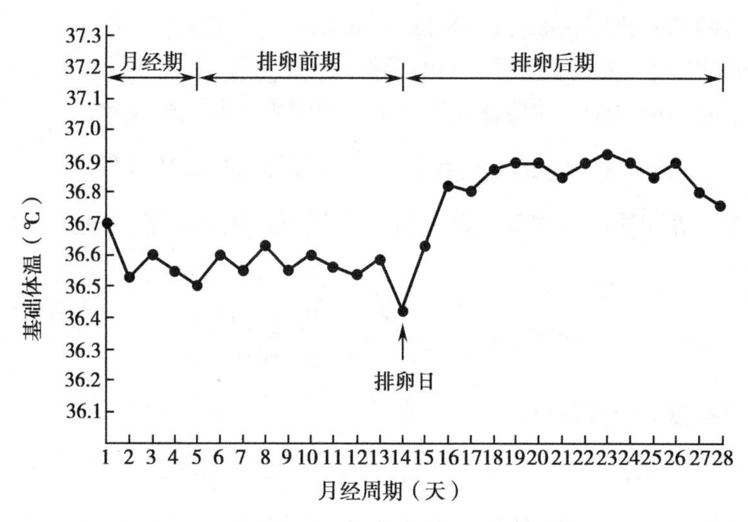

图6-9 女性月经周期中基础体温变化曲线

3. 年龄的影响 新生儿体温略高于成年人，并且新生儿尤其是早产儿、体温调节机构发育不完善，温度调节能力差，其体温易受环境温度的影响而产生较大的波动。因此，新生儿应注意保温护理。老年人基础代谢率低，因而体温也偏低。

4. 其他因素的影响 肌肉活动、情绪激动都可使体温略有升高，因而，应在安静状态下测定体温，测定小儿体温时应避免哭闹。此外，精神紧张、环境温度、进食等对体温也有一定影响。

（二）机体的产热与散热

在体温调节机构的控制下，机体产热与散热过程保持动态平衡，从而使人体体温能维持相对恒定。

1. 产热 体内热量主要来自生物氧化过程。安静状态下，内脏是主要产热器官，尤以肝脏产热最多。运动或劳动时，骨骼肌是主要产热器官，此外，一些激素的分泌水平也影响产热量，甲状腺激素、肾上腺素分泌增多时，可促进物质的分解代谢使产热量增加。

2. 散热 皮肤是机体散热的主要部位，大部分体热可通过皮肤的辐射、传导、对流和蒸发等方式向外界散发。

（1）辐射散热：是指机体以热射线的形式将体热传给外界的一种散热方式。安静状态下，辐射散热量约占机体总散热量的60%。辐射散热量的多少取决于皮肤与周围环境的温度差以及机体的有效辐射面积：皮肤与环境的温度差越大，或机体的有效辐射面积越大，散热量就越多。

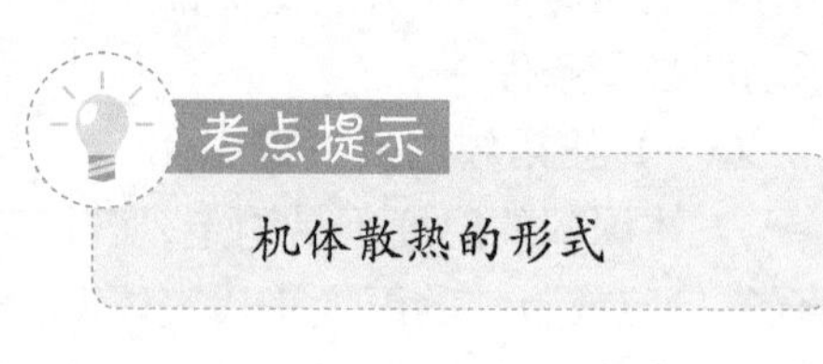

机体散热的形式

（2）传导散热：是指机体的热量直接传给与其接触的较冷物体的一种散热方式。传导散热速度决定于皮肤与接触物的温度差、接触面积以及所接触物的导热性。所以，临床上常用冰袋、冰帽为高热患者降温。

（3）对流散热：是指机体的热量直接传给与皮肤接触的流动空气的一种散热方式。因而，是传导散热的一种特殊形式。通过对流散热，使与皮肤接触的冷空气升温，由于空气的不断流动，使皮肤总是接触温度较低的空气而散热速度加快。对流散热速度取决于环境温度及风速。

(4) 蒸发散热:以上几种散热方式只有在环境温度低于皮肤温度时才能进行,当环境温度高于或接近皮肤温度时,蒸发散热成为唯一有效的散热方式。

蒸发散热是指通过水分从体表蒸发而带走体热的一种散热方式。蒸发分为不感蒸发和可感蒸发两种形式。不感蒸发是指皮肤及呼吸道黏膜表面水分的蒸发,皮肤表面无汗液形成,故又称不显汗;可感蒸发是指汗腺分泌的汗液在皮肤表面被蒸发,又称显汗。在环境温度升高或剧烈运动、劳动时,汗液分泌增多,可感蒸发加快,临床上对发热患者所采用的物理降温方法,即用稀释酒精或温水擦浴,就是运用了蒸发散热的原理。

如上所述,辐射、传导、对流等直接散热方式的散热量,取决于皮肤与环境的温度差,而皮肤的温度与皮肤的血流量有关。在炎热的环境中,皮肤血管扩张,血流量增加:一方面可将机体深部的热量带到体表,使皮肤表面温度升高;另一方面有助于汗液分泌,均有利于机体散热。

(三)体温的调节

人体体温能在不同的环境温度下维持相对恒定,是由于机体具有自主性体温调节和行为性体温调节功能。

1. 自主性体温调节　当体内外温度发生变化时,由温度感受器将这种信息传递给体温调节中枢,体温调节中枢再发出指令,或减少皮肤血流量、寒战,或增加皮肤血流量、出汗等生理活动来调节机体产热和散热过程,这种调节称为自主性体温调节。

(1) 温度感受器:分为外周温度感受器和中枢温度感受器。①外周温度感受器主要分布于皮肤、黏膜和内脏器官,这些感受器是一些对温度变化敏感的神经末梢。②中枢温度感受器分布于骨髓、延髓、脑干网状结构和下丘脑。这些感受器是对温度敏感的神经元,分为热敏神经元和冷敏神经元,前者当温度升高时冲动发放频率增加,后者在温度降低时,冲动发放频率增加。

(2) 体温调节中枢:具有调节体温的中枢结构称为体温调节中枢,其中,基本中枢在下丘脑。视前区-下丘脑前部(PO/AH)的温度敏感神经元,既能感受所在局部的组织温度变化,又能对来自皮肤、内脏以及中枢(脑干网状结构、延髓、脊髓)等部位温度感受器传入的温度信息进行整合处理。再根据整合结果,调节机体产热、散热过程,维持体温的相对恒定。那么,正常人的体温为什么能维持在37℃左右呢?目前用调定点学说来解释。该学说认为视前区-下丘脑前部(PO/AH)的温度敏感神经元,在体温调节中起类似于恒温调节器的调定点作用。正常时调定点为37℃。当体温超过37℃时,热敏神经元兴奋,冲动发放频率增加,通过增强出汗等散热过程,减弱产热过程,将升高的体温降至正常。当温度低于37℃时,冷敏神经元兴奋,引起产热增加,散热减弱,使体温升至正常,一些细菌、病毒(致热原)的感染,可引起发热,就是由于这些致热原使调定点上移的结果。假设调定点上移到39℃,而正常体温37℃则低于该调定点,这时冷敏神经元兴奋,出现寒战等产热反应,直至达到调定点39℃,当致热原被清除后,调定点恢复正常37℃,这时39℃的体温使热敏神经元兴奋,出现皮肤血管扩张、出汗等散热反应,温度降至正常。

2. 行为性体温调节　自主性体温调节是在体温调节中枢控制下的体温自动调节过程,是非意识的。人类还可有意识的通过各种行为来适应环境温度的变化,如随着季节的变化来增减衣着、使用空调等,这种调节称为行为性体温调节。

本章小结

组成人体的基本物质有蛋白质、核酸、糖类、脂类、水与无机盐等。酶是具有催化活性的蛋白质，具有专一性、高效性和不稳定性。维生素是维持机体生长和健康所必需的一类小分子有机物。这些物质协同完成各种生命活动以维持生命。

糖的主要生理功能是氧化供能。糖代谢有糖酵解、有氧氧化和磷酸戊糖途径。葡萄糖在体内的储存形式是糖原，血糖浓度维持相对稳定。脂肪是贮存能量和供应能量的物质，类脂是生物膜的主要组成成分。脂肪水解为脂肪酸及甘油。酮体代谢特点为肝内生成肝外用。氨基酸是蛋白质的基本组成单位，有20种，其中8种为必需氨基酸，必须由食物供给。代谢产物是氨，大部分形成尿素排出体外。

体内能量的释放、储存、转移和利用都是以ATP为中心。肌肉活动、精神活动、环境温度、食物的特殊动力效应可影响能量代谢。大部分体热通过皮肤辐射、传导、对流和蒸发等方式向外界散发，通过自主性和行为性调节体温。

（赵文忠）

目标测试

思考题

1. 组成人体的基本物质有哪些？
2. 简述糖酵解、有氧氧化及糖异生的生理意义。
3. 说明血糖的来源与去路。
4. 简述血浆脂蛋白的分类及功能。
5. 蛋白质在体内有什么作用？
6. 简述体内能量的释放、储存、转移和利用。

第七章 呼 吸 系 统

学习目标

1. 掌握:呼吸系统的组成;上、下呼吸道的概念;左、右主支气管的区别;肺的形态和位置;肺通气。
2. 熟悉:喉的组成;肺的微细结构;呼吸过程。
3. 了解:鼻腔的分部和结构;肺的血管;胸膜和纵隔;气体的交换及其在血液中的运输。

案例

徐某,男,5 岁,3 天前吃花生米时发生呛咳,气急、呼吸困难,急诊入院。胸部 X 线提示:右主支气管内异物。医生用支气管镜插入气管,先入右主支气管见到异物,取出 1 粒花生米。

请问:1. 花生米为什么落入右主支气管?

2. 左、右主支气管有何差异?

呼吸系统由呼吸道和肺组成,呼吸道是输送气体的通道,肺是与外界进行气体交换的器官(图 7-1)。

考点提示

呼吸过程

呼吸系统的主要功能是从外界摄取 O_2,并呼出代谢产生的 CO_2,除此之外,还有发音、嗅觉等功能。机体与外界环境之间进行的气体交换过程,称为呼吸。呼吸由三个连续并同时进行的环节组成:①外呼吸,包括肺通气和肺换气。②气体在血液中的运输。③内呼吸或组织换气(图 7-2)。

呼吸任一环节功能障碍,都会引起组织缺氧或二氧化碳聚积,引起内环境紊乱,甚至可危及生命。因此,呼吸的生理意义在于维持体内 CO_2 和 O_2 含量的相对稳定,保证生命活动的正常进行,一旦呼吸停止,生命也将终止。

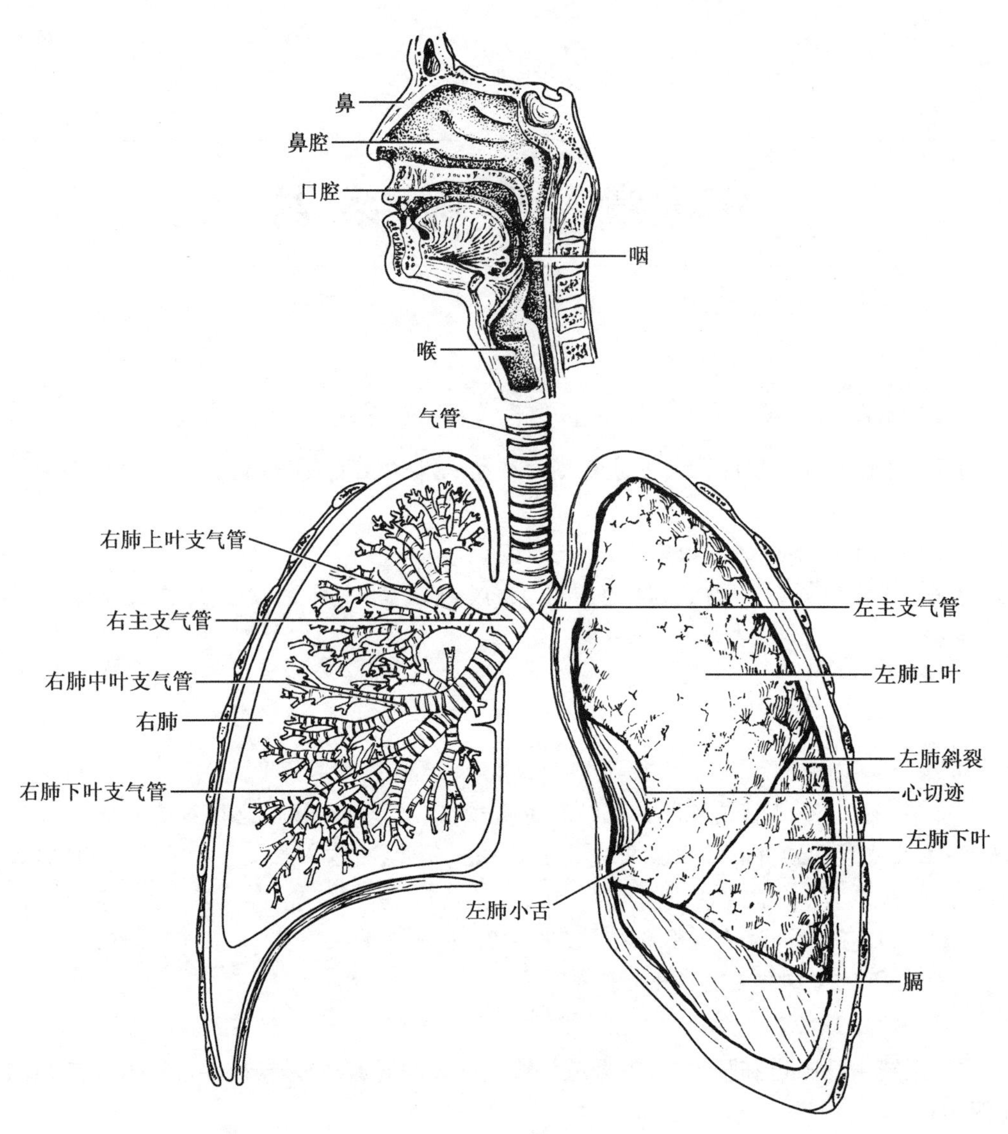

图 7-1 呼吸系统概观

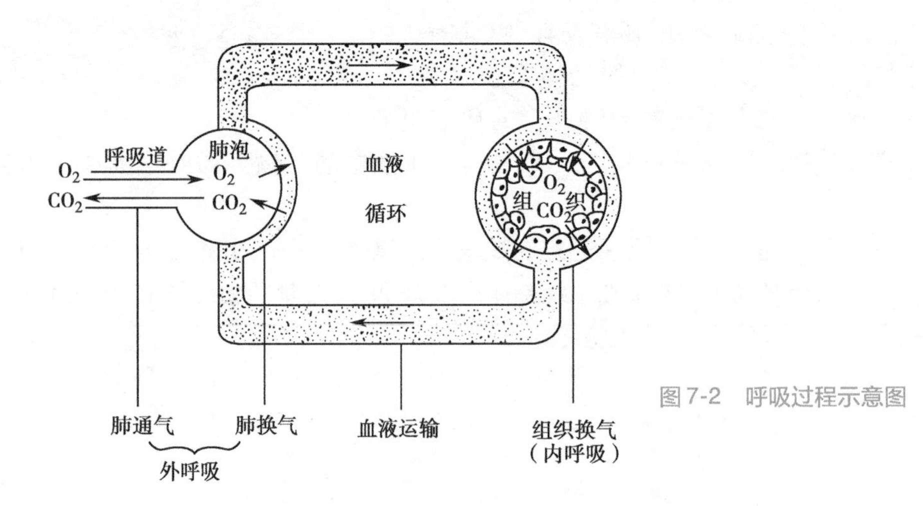

图 7-2 呼吸过程示意图

第一节 呼吸系统的组成及结构

一、呼吸道

呼吸道包括鼻、咽、喉、气管和主支气管。临床上常以喉为界，把鼻、咽、喉合称为上呼吸道，把气管、主支气管及其分支称为下呼吸道。

（一）鼻

考点提示

上呼吸道和下呼吸道

鼻是呼吸道的起始部，也是嗅觉器官，可协助发音。鼻可分为外鼻、鼻腔和鼻旁窦三部分。

1. 外鼻 外鼻以骨和软骨作为支架，外被覆皮肤和皮下组织而成。由上而下分为鼻根、鼻背和鼻尖，鼻尖两侧弧形膨大的部分称鼻翼（图7-3）。

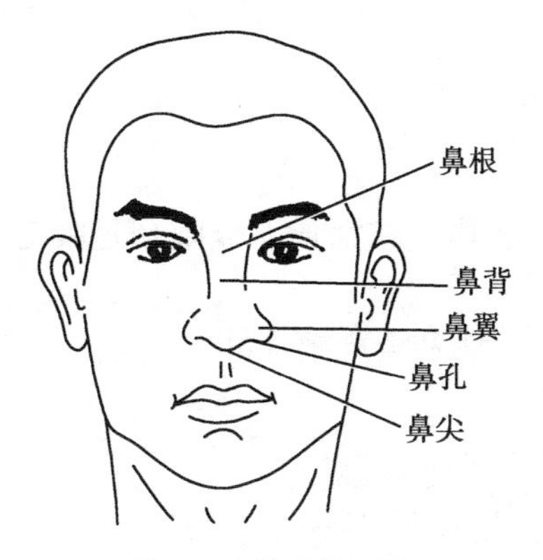

图7-3 外鼻的形态

2. 鼻腔 鼻腔以骨和软骨为基础，内衬黏膜和皮肤，鼻中隔将其分为左、右鼻腔。每侧鼻腔又可分为鼻前庭和固有鼻腔（图7-4A）。

（1）鼻前庭：由鼻翼围成，内覆皮肤，生有鼻毛，具有过滤、净化空气的功能。

（2）固有鼻腔：位于鼻腔后上部，由骨性鼻腔衬黏膜而成。其外侧壁有上、中、下三个鼻甲，各鼻甲的下方分别为上、中、下鼻道。在上鼻甲的后上方有一凹陷为蝶筛隐窝。

黏膜分为嗅区和呼吸区。上鼻甲的上方和鼻中隔的上部，黏膜呈淡黄色，内含嗅细胞，称为嗅区。其余部分的黏膜称呼吸区，呈粉红色，含有丰富的血管和腺体，具有温暖和湿润空气的功能。

（3）鼻旁窦：包括额窦、筛窦、蝶窦和上颌窦4对，由骨性鼻旁窦内衬黏膜形成（图7-4B），其中额窦、上颌窦和筛窦前群、中群开口于中鼻道；筛窦后群开口于上鼻道；蝶窦开口于蝶筛隐窝。

（二）咽

见消化系统。

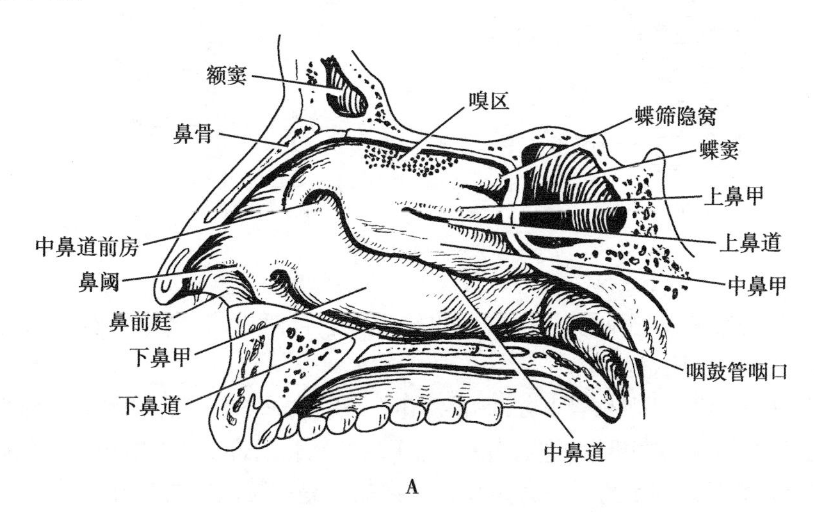

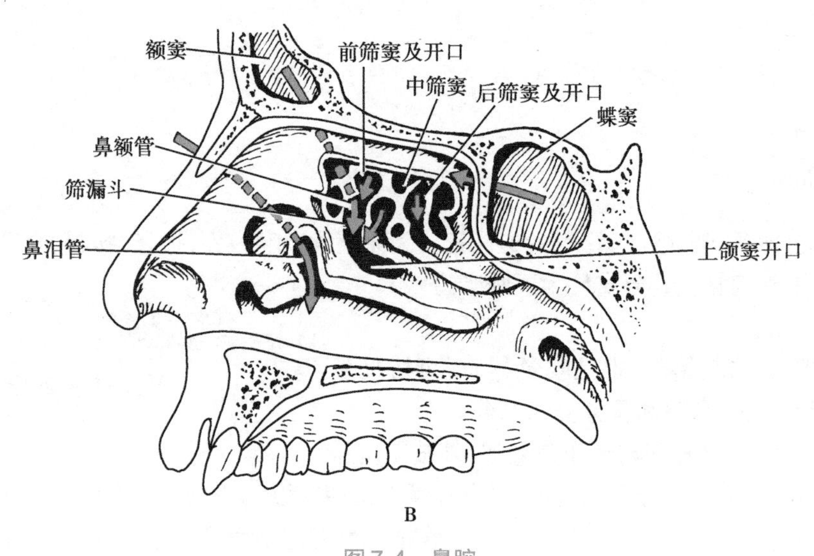

图 7-4 鼻腔

A. 鼻腔外侧壁(右侧);B. 鼻旁窦及鼻泪管的开口

(三)喉

喉位于颈前部正中,以喉软骨为基础,通过关节、韧带、肌肉连结而成。喉既是呼吸道,又是发音器官。

1. 喉软骨及其连结　主要有甲状软骨、环状软骨、杓状软骨和会厌软骨(图 7-5)。

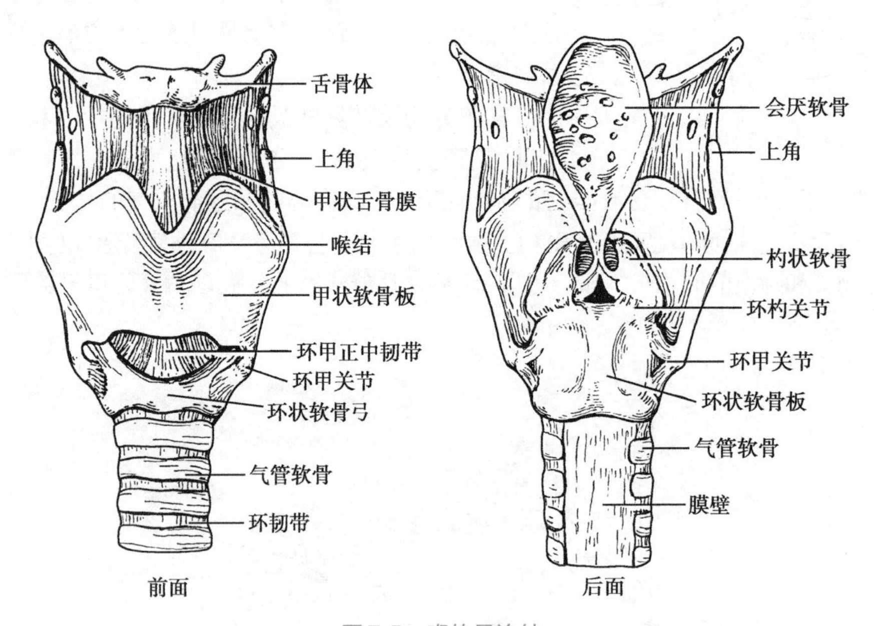

图 7-5 喉软骨连结

(1) 甲状软骨:最大,由两块近似方形的软骨板愈合而成,愈合缘的前上部向前突出称为喉结,成年男性特别明显。

(2) 环状软骨:位于甲状软骨下方,是呼吸道唯一完整的软骨环,前窄后宽,平对第 6 颈椎。

(3) 杓状软骨:呈三棱锥形,左右各一,位于环状软骨后部的上方,构成环杓关节。每侧杓状软骨与甲状软骨之间都附有一条声韧带。声韧带是声襞的结构基础。

（4）会厌软骨：似树叶，上宽下窄，表面覆有黏膜形成会厌。

2. 喉腔　喉腔入口称喉口，上通咽，下续气管，前壁为会厌。吞咽食物时，会厌封闭喉口，防止食物误入喉腔（图7-6）。

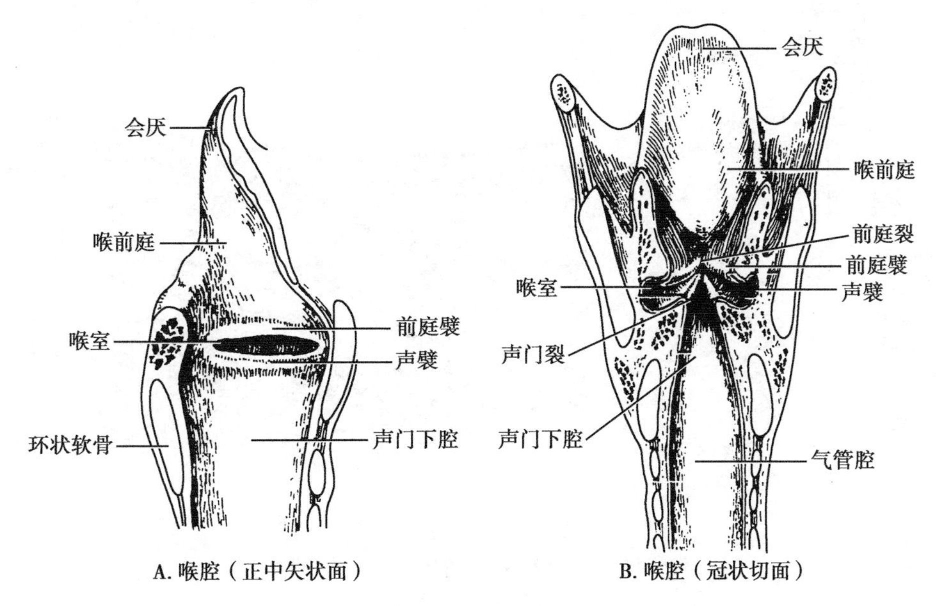

图7-6　喉腔

喉腔中部的侧壁有上、下两对呈矢状位的黏膜皱襞分别为前庭襞和声襞。两侧前庭襞之间的裂隙称前庭裂；两侧声襞之间的裂隙称为声门裂。声门裂是喉腔最狭窄的部位。

喉腔分为喉前庭、喉中间腔和声门下腔。声门下腔的黏膜下组织比较疏松，炎症时易发生水肿而阻塞喉腔，导致呼吸困难，幼儿多见。

（四）气管与主支气管

气管与主支气管是连于喉与肺之间的通气管道（图7-7A）。

1. 气管与左、右主支气管　气管是由14～17个呈"C"形的气管软骨连接而成，后方缺口由平滑肌和结缔组织封闭。分颈部和胸部两部分，上端连于环状软骨，向下入胸腔，至胸骨角水平分为左、右主支气管，经肺门进入肺。左、右主支气管在形态上有差异，左主支气管细而长，走行方向比较水平；右主支气管短而粗，走行方向近乎垂直。因此，误入气管的异物多坠入右主支气管。

2. 气管与主支气管的微细结构　气管与主支气管的管壁从内向外依次为黏膜层、黏膜下层和外膜（图7-7B）。

（1）黏膜层：由假复层纤毛柱状上皮和固有层构成，上皮内含有大量杯状细胞，其分泌物可黏附吸入空气中的灰尘颗粒，经上皮纤毛有节律的向咽部摆动，将黏附物排出。

（2）黏膜下层：由疏松结缔组织组成，富含血管、神经、淋巴管和混合腺。

（3）外膜：由"C"形的透明软骨和结缔组织构成，维持气道通畅。

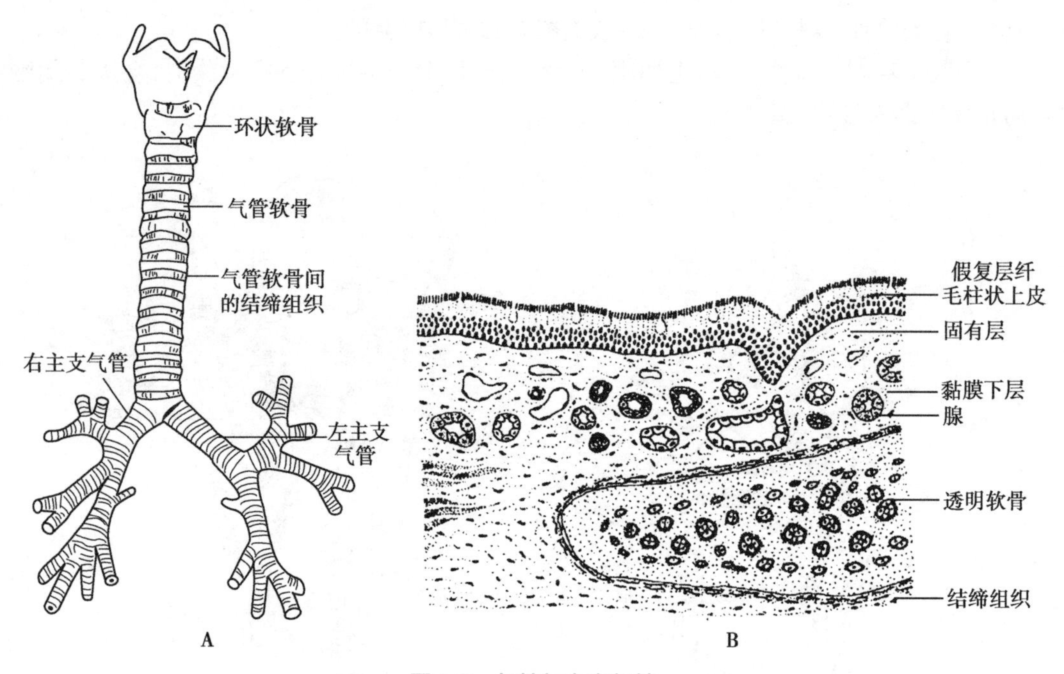

图7-7 气管与主支气管

A. 气管与主支气管;B. 气管的微细结构(横切面)

二、肺

(一)肺的位置和形态

考点提示

肺门的概念

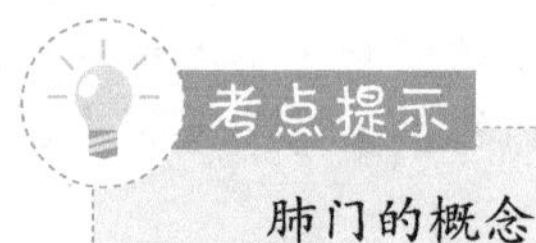

肺位于胸腔内,膈的上方,纵隔的两侧,左、右各一。肺质地柔软而富有弹性,新生儿的肺呈淡红色,成人由于吸入空气中的尘埃逐渐沉积在肺内,呈深灰色。

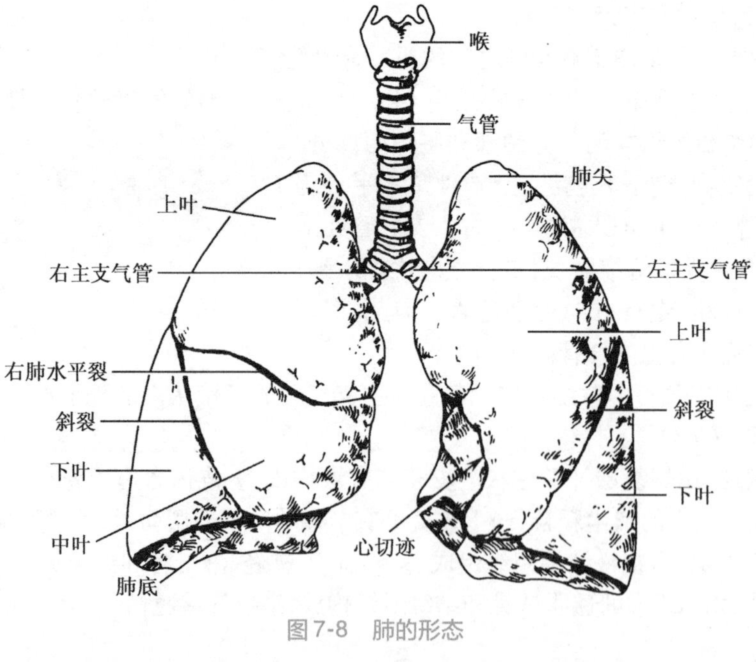

图7-8 肺的形态

肺呈半圆锥形,有一尖一底两面三缘。肺的上端突入锁骨内侧1/3部的上方2~3cm称肺尖;肺的下面与膈相对,称膈面;肺的外侧面称肋面;内侧面朝向纵隔称纵隔面,其中央处有一凹陷称肺门(图7-8),是主支气管、血管、淋巴管和神经出入的部位。肺的前缘和下缘薄锐,左肺前缘下部有一凹陷为心切迹。

左肺狭长,被斜裂分为上、下两叶;右肺宽短,被斜裂和水平裂分为上、中、下三叶。

(二)肺的微细结构

肺的表面被覆有一层浆膜。肺分间质和实质两部分。肺间质由肺内的结缔组织、血管、淋巴管和神经等构成;肺实质由肺内各级支气管和肺泡构成,根据其功能不同,分为导气部和呼吸部。

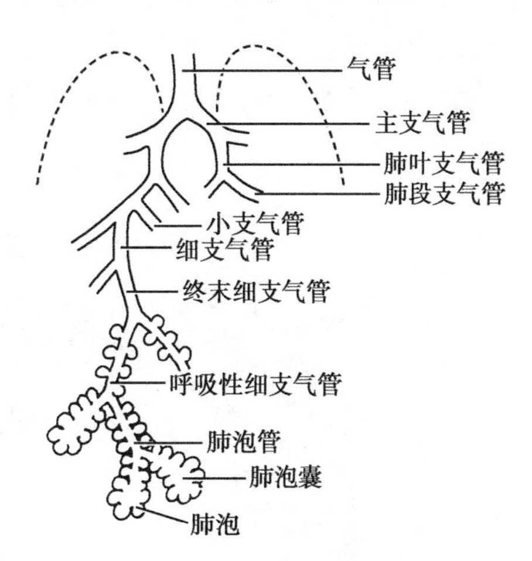

图7-9 肺内结构模式图

1. 导气部 主支气管进入肺门后分出各级支气管(图7-9),包括肺叶支气管、肺段支气管、小支气管、细支气管以及终末细支气管等,是肺内输送气体的通道,不能进行气体交换,称为导气部。细支气管有完整的平滑肌层,平滑肌的收缩和舒张可以改变管径的大小,调节进入肺泡内的气体流量。因此,当细支气管平滑肌痉挛时,可导致呼吸困难,引起哮喘。

2. 呼吸部 呼吸部是进行气体交换的部分,包括呼吸性细支气管、肺泡管、肺泡囊和肺泡等结构(图7-10)。

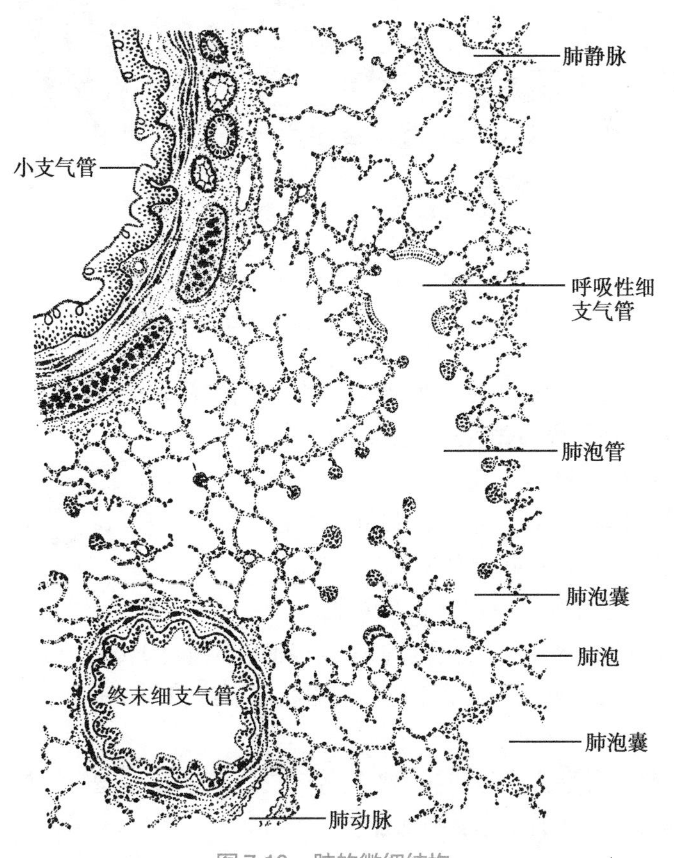

图7-10 肺的微细结构

呼吸性细支气管是终末细支气管的分支，管壁上有少量肺泡的开口；肺泡管管壁上有较多肺泡的开口；肺泡囊连于肺泡管末端，是多个肺泡共同开口部位；肺泡呈多面形囊泡形，是气体交换的部位。肺泡壁极薄，由肺泡上皮细胞和基膜构成。肺泡上皮细胞有两种类型（图 7-11A），一种是Ⅰ型肺泡细胞，呈扁平形覆盖在肺泡表面，构成气体交换的广大面积；另一种是Ⅱ型肺泡细胞，体积较大，呈立方形或圆形，嵌在Ⅰ形肺泡细胞之间，能分泌肺泡表面活性物质，具有降低肺泡的表面张力的作用，可减小肺的弹性阻力、使肺容易扩张，并避免肺毛细血管内液体渗入肺间质和肺泡腔内，防止肺水肿的发生。

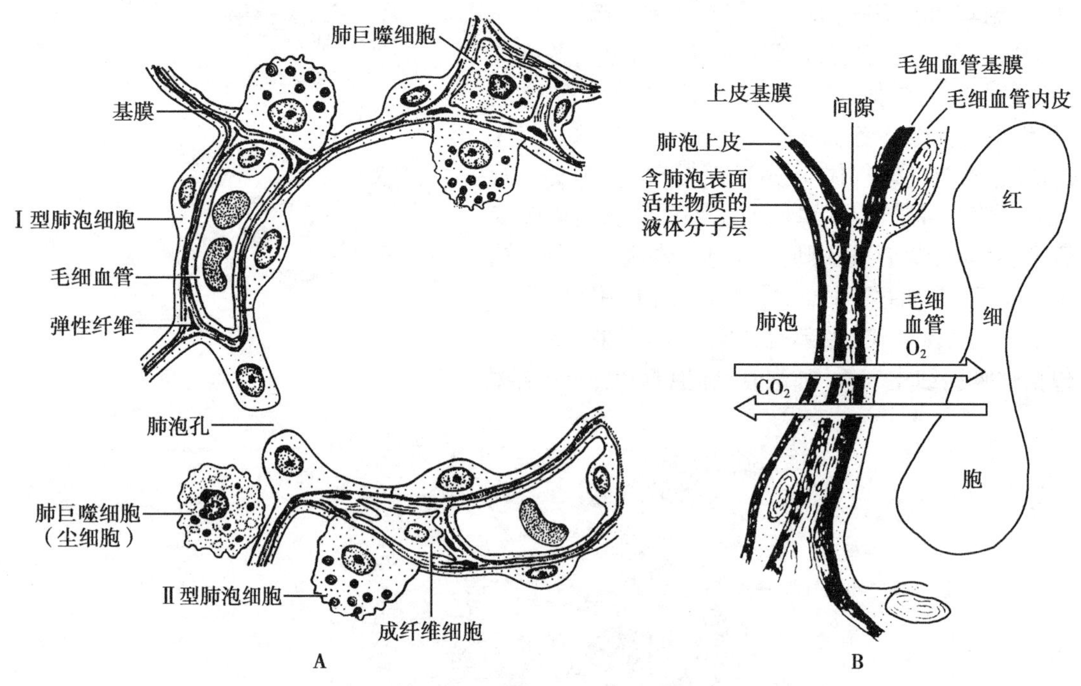

图 7-11 肺泡上皮细胞与呼吸膜

A. 肺泡上皮细胞；B. 呼吸膜的结构示意图

相邻的肺泡之间的结缔组织称为肺泡隔，富含毛细血管、弹性纤维和肺泡巨噬细胞。弹性纤维使肺泡具有弹性回缩力；肺泡巨噬细胞能吞噬细菌和异物；毛细血管与肺泡上皮紧密相贴，当肺泡气与血液之间进行气体交换时，气体经过的肺泡表面液体层、肺泡上皮、上皮基膜、间质（薄层结缔组织）、毛细血管内皮基膜、毛细血管内皮这六层结构称气-血屏障，又称呼吸膜（图 7-11B）。呼吸膜总厚度很薄（不超过 1μm），通透性很大，利于气体的扩散。正常成人呼吸膜总面积约为 $70m^2$，安静状态下约使用 $40m^2$。

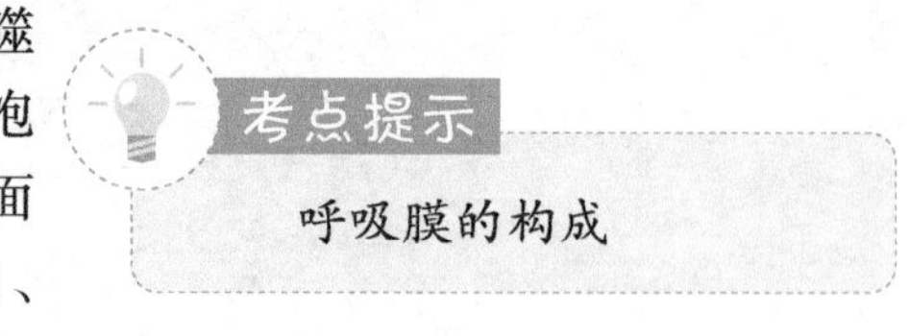

（三）肺的血管

肺有两套血管，一套是营养肺和各级支气管的支气管动脉和支气管静脉；另一套是由肺动脉和肺静脉组成，完成肺的气体交换功能。

三、胸膜与胸膜腔

（一）胸膜

胸膜是一层薄而光滑的浆膜，分为脏胸膜和壁胸膜。紧贴肺脏表面并伸入肺裂的为脏胸膜；衬覆在胸壁内面、膈的上面和纵隔两侧的为壁胸膜。根据壁胸膜衬覆的部位分为肋胸膜、膈胸膜、纵隔胸膜和胸膜顶。

（二）胸膜腔

脏胸膜和壁胸膜在肺根处相互移行，围成一个潜在的密闭腔隙，称胸膜腔。胸膜腔左、右各一，互不相通，内含少量浆液，具有润滑作用。

在肋胸膜与膈胸膜的转折处，形成一个半环形的间隙，称肋膈隐窝，是胸膜腔的最低部位。胸膜腔积液多积聚于此（图 7-12）。

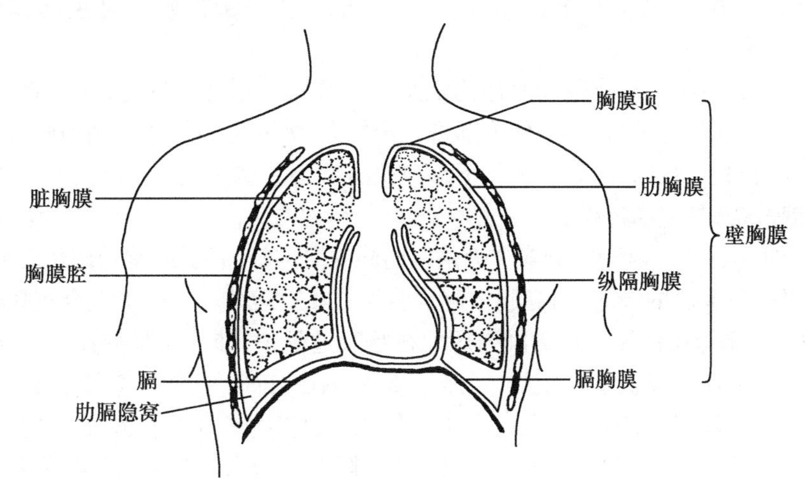

图 7-12 胸膜和胸膜腔示意图

四、纵隔

纵隔是两侧纵隔胸膜之间所有器官和组织的总称。其两侧界为纵隔胸膜，上界为胸廓上口，下界为膈，前界是胸骨，后界为脊柱。

纵隔通常以胸骨角平面为界分为上纵隔和下纵隔。上纵隔的结构有胸腺、气管、食管等。下纵隔以心包为界，分为前、中、后纵隔，中纵隔内有心、心包及出入心的大血管；后纵隔内有食管、胸主动脉、胸导管和迷走神经等。

第二节 呼吸过程

一、肺通气

气体经呼吸道进出肺的过程，称为肺通气。气体进出肺取决于推动气体流动的动力和阻止气体流动的阻力的相互作用。动力必须克服阻力，才能实现肺通气。

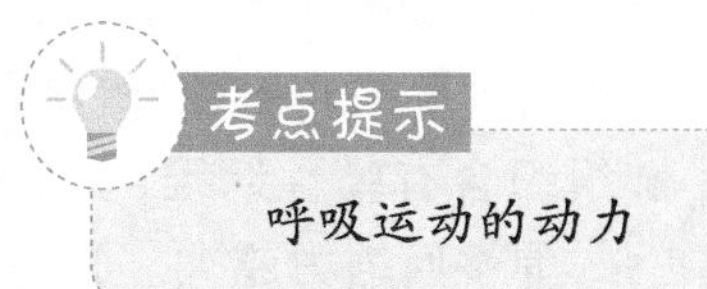

（一）肺通气的动力

气体经呼吸道进出肺，是由肺内压与外界大气压之间的压力差而引起的。而压力差又由呼吸运动产生。因此，肺通气的直接动力是肺内压与大气压之差，原动力是呼吸运动。

1. 呼吸运动　呼吸肌的收缩和舒张引起胸廓节律性的扩大和缩小的活动称为呼吸运动，包括吸气运动和呼气运动。吸气肌有膈肌和肋间外肌，辅助吸气肌有胸锁乳突肌等；呼气肌主要有肋间内肌和腹肌。

（1）平静呼吸和用力呼吸：平静呼吸指人体在安静状态下的呼吸运动，正常成人为12～18次/分。吸气时，膈肌收缩，膈顶下降，胸廓上下径增大。同时肋间外肌收缩，肋骨和胸骨上抬，胸廓前后径和左右径也增大，胸廓和肺的容积增大，肺内压低于大气压，气体入肺，完成吸气。呼气时，膈肌和肋间外肌舒张，肋骨和膈顶弹性回位，胸腔容积缩小，肺弹性回缩，肺内压升高，气体呼出，完成呼气。因此，平静呼吸的吸气是主动过程，呼气是被动过程。

用力呼吸指人体在运动或劳动时用力而加深的呼吸。用力吸气时，除了膈肌和肋间外肌收缩外，辅助吸气肌也参与收缩，使胸廓进一步扩大，吸入更多气体。用力呼气时，呼吸肌舒张，肋间内肌和腹肌收缩，肋骨和胸骨下移，胸腔容积进一步缩小，呼出更多气体。用力呼吸时，吸气和呼气都是主动过程。

（2）胸式呼吸和腹式呼吸：胸式呼吸是以肋间外肌的舒缩，引起胸壁起伏明显的呼吸运动。腹式呼吸是以膈肌的舒缩，引起腹壁起伏明显的呼吸运动。一般呈混合式呼吸。

2. 肺内压　肺泡内的压力称为肺内压。在呼吸过程中，肺内压呈周期性变化。平静吸气初，肺扩张，肺内压下降低于大气压，气体入肺，肺内压升高，平静吸气末，肺内压与大气压相等；平静呼气初，肺回缩，肺内压升高大于大气压，气体出肺，肺内压降低，平静呼气末，肺内压与大气压相等。由此可见，肺内压的周期性升降造成肺内压与大气压之间的压力差，成为推动气体进出肺的直接动力。

3. 胸膜腔及胸膜腔内压　在呼吸过程中，借助胸膜腔和胸膜腔负压的作用使肺与胸廓的运动紧密相连。

胸膜腔内的压力称为胸膜腔内压。平静呼吸过程中，胸膜腔内压始终低于大气压，规定大气压为零，则胸膜腔内压为负值。平静呼气末为-5～-3mmHg，平静吸气末为-10～-5mmHg。

胸膜腔负压的形成与作用于胸膜腔的肺内压和肺的回缩力有关，胸膜腔内压＝肺内压-肺回缩力，而吸气末或呼气末，肺内压＝大气压，规定大气压为0，则胸膜腔内压＝-肺回缩力。因此，胸膜腔负压是由肺回缩力形成的。吸气时，肺扩张，肺回缩力增大，胸膜腔负压增大；呼气时，胸膜腔负压减小。

胸膜腔负压使肺保持扩张状态，利于肺通气；还能降低心房、腔静脉和胸导管的压力，利于血液和淋巴液的回流。

（二）肺通气的阻力

肺通气的阻力包括弹性阻力和非弹性阻力，前者约占70%，后者约占30%。

1. 弹性阻力　弹性阻力主要来自肺。肺的弹性阻力即肺回缩力主要来自肺的弹性回缩力和肺泡表面张力。肺组织含有弹性纤维，受牵拉而倾向于回缩，肺越扩张，弹性回缩力越大。肺泡腔内表面有一

肺通气的阻力

薄层液体,在液-气界面,液体能产生使液体表面积最小的表面张力。表面张力指向肺泡腔的中心,使肺泡缩小,构成肺回缩力的一部分。

2. 非弹性阻力　非弹性阻力主要来自气道阻力。气道阻力是气体流经呼吸道时产生的摩擦力。受气流形式、速度和气道管径的影响。其中气道管径是重要的影响因素,气道阻力与呼吸道半径的 4 次方成反比。

(三)衡量肺通气功能的指标

肺容量和肺通气量是衡量肺通气功能的常用指标。

1. 肺容量　指肺容纳的气体量。可随气体的吸入或呼出而发生改变(图 7-13)。

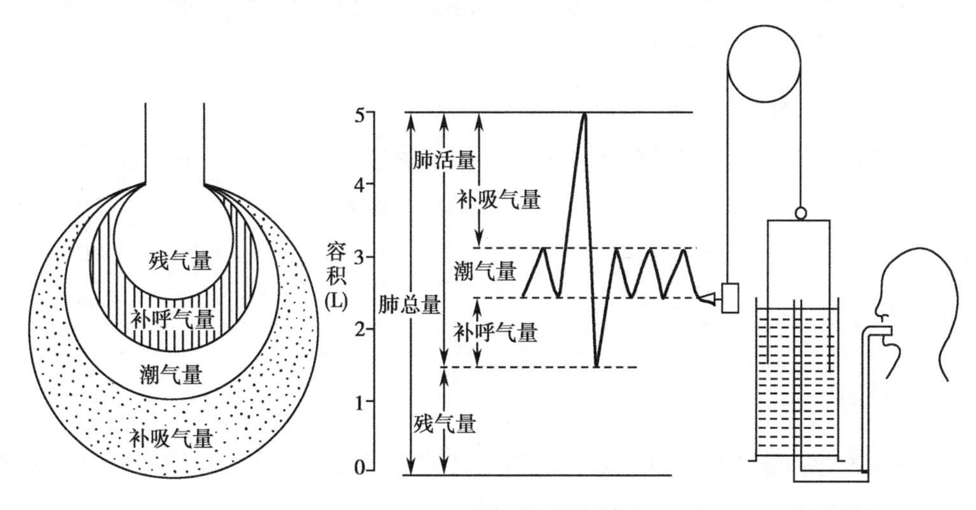

图 7-13　肺容量及其组成

(1) 潮气量:每次吸入或呼出的气体量。正常成人平静呼吸时约 500ml。

(2) 补吸气量:平静吸气末,再尽力吸气,所能吸入的气体量。正常成人1500 ~ 2000ml。

(3) 补呼气量:平静呼气末,再尽力呼气,所能呼出的气体量。正常成人 900 ~ 1200ml。

(4) 残气量和功能残气量:最大呼气末肺内仍残余的气体量称残气量。正常成人 1000 ~ 1500ml。平静呼气末存留在肺内的气体量称功能残气量,是残气量与补呼气量之和,正常成人约 2500ml。

(5) 肺活量和用力呼气量:尽力吸气后再尽力呼气,所呼出的最大气体量称为肺活量,是潮气量、补吸气量和补呼气量之和。肺活量有较大个体差异,与性别、年龄、身材大小、体位、呼吸肌强弱等因素有关,正常成年男性约 3500ml,女性约 2500ml。肺活量可反映肺一次通气的最大能力,是衡量肺通气功能的常用指标。由于不限制时间,所以不能充分反映通气功能的状况。用力呼气量(时间肺活量)是指最大深吸气后再尽力尽快呼气,在一定时间内所能呼出的气体量,正常成人第 1、2、3 秒末呼出的气体量分别占肺活量的 83%、96%、99%。其中第 1 秒钟内的用力呼气量意义最大。当肺弹性下降或阻塞性肺疾病时,肺活量可能正常,但用力呼气量可显著下降,是评价肺通气功能的较好指标。

> **考点提示**
>
> 用力呼气量的概念

(6) 肺总量:肺所能容纳的最大气体量。是肺活量和残气量之和。

2. 肺通气量和肺泡通气量

（1）每分通气量：每分钟吸入或呼出的气体总量，等于潮气量乘以呼吸频率。平静呼吸时，为6.0～9.0L；当尽力做深、快呼吸时的每分钟通气量称为最大通气量，正常可达70～120L/min，能反映通气功能的贮备能力。

（2）肺泡通气量：每分钟吸入肺泡的新鲜空气量。每次吸入的气体，一部分空气暂留在呼吸道内，不参与气体交换，这部分呼吸道称无效腔，正常成人约为150ml，因此，肺泡通气量＝(潮气量－无效腔气量)×呼吸频率。

呼吸的频率和潮气量变化对肺通气量和肺泡通气量的影响不同。肺通气量保持不变，但肺泡通气量却有明显变化。因此，对肺换气而言，深慢呼吸可以增加肺泡通气量，比浅快呼吸的气体交换效率要高(表7-1)。

表7-1 不同呼吸频率和潮气量时的肺通气量和肺泡通气量

呼吸频率（次/分）	潮气量（ml）	肺通气量（ml）	肺泡通气量（ml）
16	500	8000	5600
8	1000	8000	6800
32	250	8000	3200

二、气体的交换

气体的交换包括肺换气和组织换气。肺泡与肺毛细血管血液之间的气体交换称肺换气，血液与组织细胞之间的气体交换称组织换气。

（一）气体交换的动力

气体的分压差是气体交换的动力，气体总是由分压高的一侧向分压低的一侧扩散。部位不同，气体分压差不同(表7-2)。

表7-2 肺泡、血液和组织内气体的分压（mmHg）

	肺泡气	静脉血	动脉血	组织
PO_2	104	40	100	30
PCO_2	40	46	40	50

（二）气体交换的过程

1. 肺换气　当静脉血流经肺毛细血管时，静脉血 PO_2 低于肺泡气 PO_2，而静脉血 PCO_2 高于肺泡气 PCO_2，在分压差作用下，O_2 迅速通过呼吸膜从肺泡扩散至血液，CO_2 则从血液扩散至肺泡，使血中 PO_2 升高、PCO_2 降低，静脉血变成了动脉血(图7-14)。

2. 组织换气　当动脉血流经组织时，由于细胞不断消耗 O_2，产生 CO_2，使组织 PO_2 低于动脉血 PO_2，组织 PCO_2 高于动脉血 PCO_2，在分压差作用下，CO_2 从组织扩散至动脉血中，O_2 从血液扩散至组织，使血中 PCO_2 升高、PO_2 降低，动脉血变成了静脉血(图7-14)。

（三）影响肺换气的因素

1. 呼吸膜的厚度与面积　气体扩散速率与呼吸膜的厚度呈反比，与面积呈正比。因

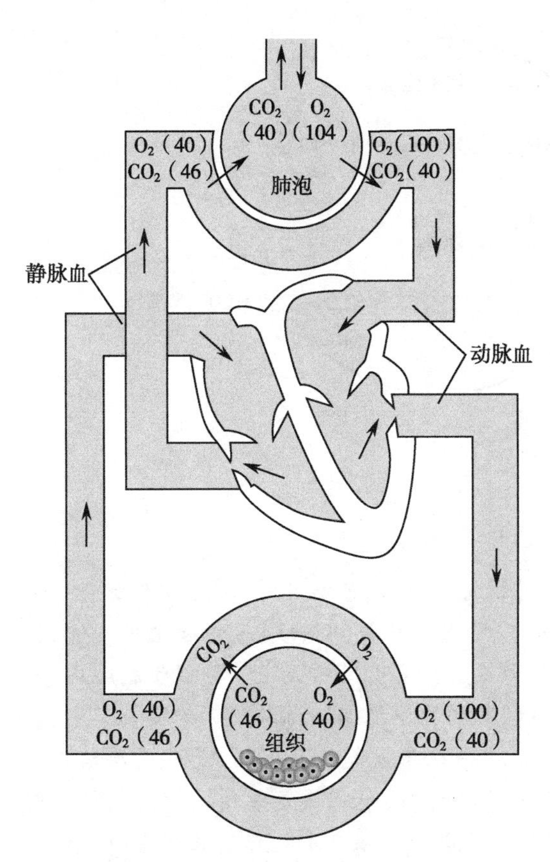

图 7-14 肺换气与组织换气示意图

图中数字为气体分压,单位为 mmHg

此,任何因素导致呼吸膜的厚度增加或者扩散面积减小,均可导致交换的气体量减少。

2. 通气/血流比值 通气/血流比值指肺泡通气量与每分钟肺血流量的比值。正常成人安静时肺泡通气量为 4.2L/min,肺血流量约为 5L/min,通气/血流比值为 0.84。此时通气量与血流量配比适当,肺换气效率最高。比值无论是增大或缩小,均可导致肺换气效率降低。

三、气体在血液中的运输

O_2 和 CO_2 在血液中运输的形式有物理溶解和化学结合两种方式,主要以化学结合的形式运输,物理溶解的量很少但很重要,因为 O_2 和 CO_2 必须先溶解在血浆中才能发生化学结合。

(一)氧的运输

1. 物理溶解 溶解在血液中的 O_2 量很少,约占血液总 O_2 含量的 1.5%。

2. 化学结合 O_2 与血红蛋白(Hb)结合,形成氧合血红蛋白(HbO_2),是 O_2 在血液中运输的主要形式,占血液运输总 O_2 量的 98.5%。Hb 与 O_2 的结合是可逆的,主要取决于 PO_2。当血液流经 PO_2 高的肺部时,Hb 与 O_2 迅速结合形成 HbO_2;当血液流经 PO_2 低的组织时,HbO_2 迅速解离释放出 O_2,成为去氧 Hb。

HbO_2 呈鲜红色,去氧 Hb 呈紫蓝色。血液中去氧 Hb 含量大于 50g/L 时,皮肤、黏膜呈现青紫色,称为发绀。一般认为,发绀是缺氧的标志,但不完全如此。一氧化碳与血红蛋白的结合能力是氧的 210 倍,一氧化碳中毒时,血红蛋白与一氧化碳结合生成一氧化碳血红蛋白,呈樱桃红色,机体严重缺氧却不出现发绀。

(二)二氧化碳的运输

1. 物理溶解 CO_2 在血液中的溶解度约占血液运输 CO_2 总量的 5%。

2. 化学结合 CO_2 化学结合形式有两种(图 7-15)。

(1)碳酸氢盐:约占 CO_2 运输总量的 88%。当血液流经组织时,CO_2 从组织扩散进入血浆红细胞内,在碳酸酐酶的催化下,CO_2 与 H_2O 结合生成 H_2CO_3,并解离成 H^+ 和 HCO_3^-。HCO_3^- 大部分顺浓度差扩散进入血浆并与血浆中 Na^+ 生成 $NaHCO_3$,少部分在红细胞内与 K^+ 生成 $KHCO_3$。当血液流经肺部时,以上反应向相反的方向进行,以 HCO_3^- 形式运输的 CO_2 在肺部释放并排出体外。

(2)氨基甲酸血红蛋白:约占 CO_2 运输总量的 7%。进入红细胞内的 CO_2,小部分直接与 Hb 的氨基结合,形成氨基甲酸血红蛋白。

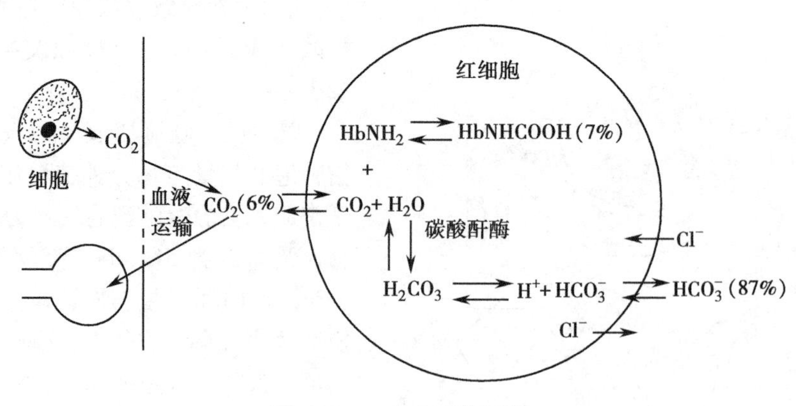

图7-15 二氧化碳的运输

本章小结

机体与外界环境之间进行气体交换的过程称为呼吸，包括外呼吸、气体在血液中运输和内呼吸。呼吸系统由呼吸道和肺组成，呼吸道包括鼻、咽、喉、气管和主支气管，临床上将鼻、咽、喉称上呼吸道，气管和主支气管及其分支称下呼吸道。肺位于胸腔内，是进行气体交换的场所，左肺有两叶，右肺三叶，肺的内侧缘凹陷称肺门。胸膜属于浆膜，分为脏胸膜和壁胸膜。肺通气的直接动力是肺内压与大气压之间的压力差，原动力是呼吸运动。肺通气的阻力有弹性阻力和非弹性阻力，反映肺通气效率的较好指标是肺泡通气量。气体交换包括肺换气和组织换气。气体在血液中的运输有物理溶解和化学结合两种方式。

（张冬华）

目标测试

思考题

1. 试分析气管异物易坠入哪侧主支气管，为什么？
2. 呼吸膜由哪些结构组成？
3. 为什么深慢呼吸比浅快呼吸的气体交换效率高？

第八章 泌尿系统

学习目标

1. 掌握：泌尿系统的组成；肾的形态和位置；肾的剖面结构和微细结构；尿生成的过程及其影响因素；输尿管的三个狭窄；膀胱三角。
2. 熟悉：肾的被膜；尿量与尿的理化性质；膀胱的形态、位置和膀胱壁构造。
3. 了解：输尿管的行程；尿道；尿液的排放。

案例

患者王某，女，35岁。因近两周无诱因出现眼睑和双下肢水肿，尿量减少，每日600ml左右，全身乏力，食欲下降就诊。测量体温36.5℃，脉搏78次/分，呼吸16次/分，血压150/100mmHg，颜面水肿，心肺无异常，肾区无叩击痛，下肢轻度水肿。尿常规检查显示尿蛋白(+++)，RBC 5～8个/HP，尿蛋白定量2.3g/24h。血常规显示红细胞3.6×10^{12}/L，Hb 120g/L，血IgA 1.06g/L，IgM 0.96g/L，补体C 30.45g/L。B超显示两肾弥漫性损害。

请问：1. 泌尿系统由哪些器官组成，各有什么生理功能？

2. 患者尿液中出现蛋白质和红细胞考虑肾脏哪个部位病变？

3. 患者尿量为什么减少？

泌尿系统由肾、输尿管、膀胱和尿道组成（图8-1）。机体将代谢终产物、多余及有害的物质，经血液循环，通过排泄器官（肾、肺、皮肤和消化道）排出体外的过程称为排泄。肾是主要的排泄器官，通过产生尿液，可排出体内的代谢产物，调节体内的水、电解质和酸碱平衡，维持机体内环境的稳态。当肾功能发生障碍时，代谢产物蓄积，影响新陈代谢的正常进行，严重时可出现尿毒症而危及生命。此外，肾还具有内分泌功能，分泌促红细胞生成素和肾素。

考点提示

泌尿系统的组成

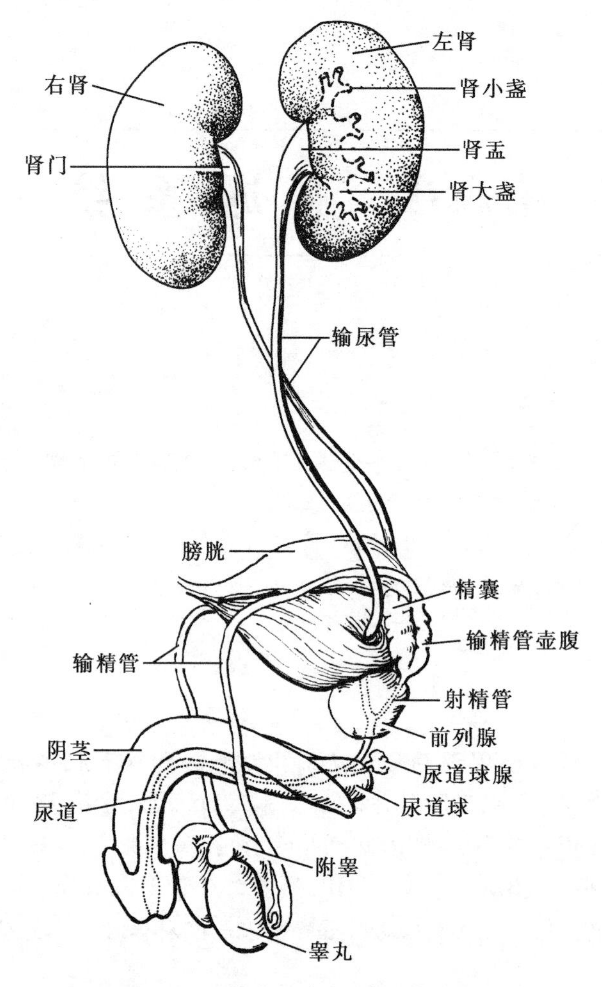

图8-1 男性泌尿（生殖）系统全貌

第一节 肾

一、肾的形态、位置和被膜

（一）肾的形态

肾是实质性器官，形似蚕豆，左右各一（图8-2）。新鲜时质地柔软，表面光滑，呈红褐色。肾分上、下两端，内、外侧缘和前、后两面。肾上端宽薄、下端窄厚；前面较凸，后面扁平；肾的内侧缘中部凹陷，称肾门，是血管、神经、肾盂和淋巴管等出入肾的部位。出入肾门的各结构被结缔组织包裹形成肾蒂，右侧肾蒂较左侧短。肾门向肾实质内凹陷形成的腔隙称肾窦，容纳肾血管、肾小盏、肾大盏、肾盂及脂肪组织等结构。

肾门、肾窦内的结构

（二）肾的位置

肾位于腹后壁脊柱两侧。左肾上端约平第11胸椎体下缘，下端约平第2腰椎下缘，右肾受肝脏的影响，位置比左肾低约半个椎体，肾门约平第1腰椎体。在腰背部，竖脊肌外侧

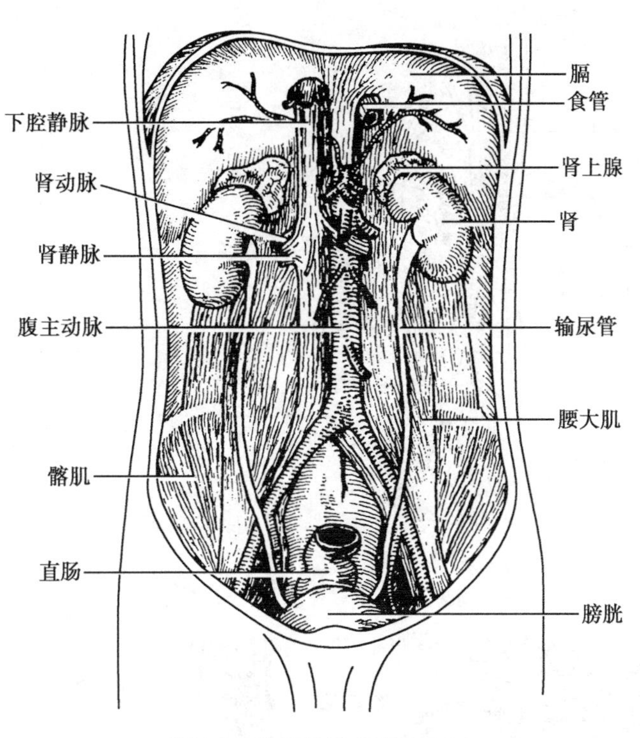

图8-2 肾的位置（前面观）

缘与第12肋的夹角处，是肾门的体表投影，称为肾区（脊肋角）。当肾脏病变时，叩击此区可引起疼痛（见图8-2）。

（三）肾的被膜

肾的表面有三层被膜，由内向外依次为纤维囊、脂肪囊和肾筋膜。肾的被膜为肾提供保护和固定的作用（图8-3）。

二、肾的结构

（一）肾的剖面结构

肾实质分为肾皮质和肾髓质（图8-4）。皮质位于肾实质的浅部，富含血管，新鲜时呈红褐色。肾皮质伸入肾髓质的部分称肾柱。肾髓质位于皮质的深部，由15～20个肾锥体组成，肾锥体底朝向皮质，尖端圆钝，朝向肾窦称肾乳头，尖端有小孔称乳头孔。肾小盏呈漏斗形膜状结构，包绕在肾乳头周围，尿液经乳头孔流入肾小盏。2～3个肾小盏汇合成一个肾大盏，2～3个肾大盏汇合成肾盂。肾盂出肾门后逐渐变细，在肾的下端移行为输尿管。

（二）肾的微细结构

肾实质由大量泌尿小管组成，泌尿小管包括肾单位和集合管两部分（图8-5）。

1. 肾单位　肾单位是肾结构和功能的基本单位。由肾小体和肾小管组成，每侧肾约有100万～150万个肾单位。

（1）肾小体：位于肾皮质内，呈球形。由肾小球和肾小囊组成（图8-6A）。

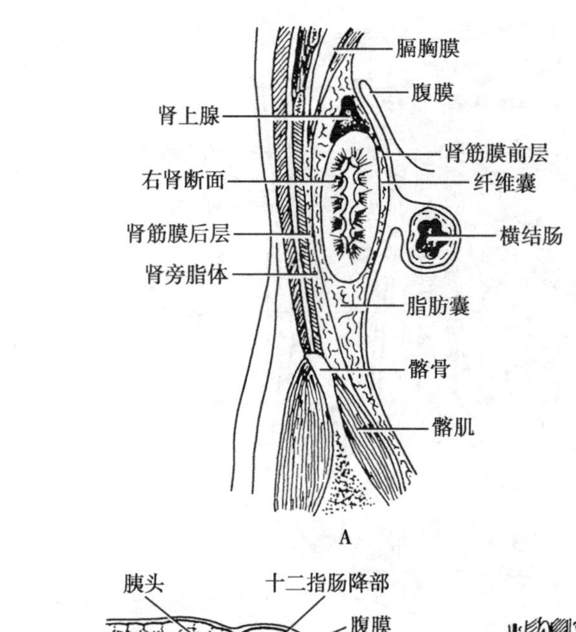

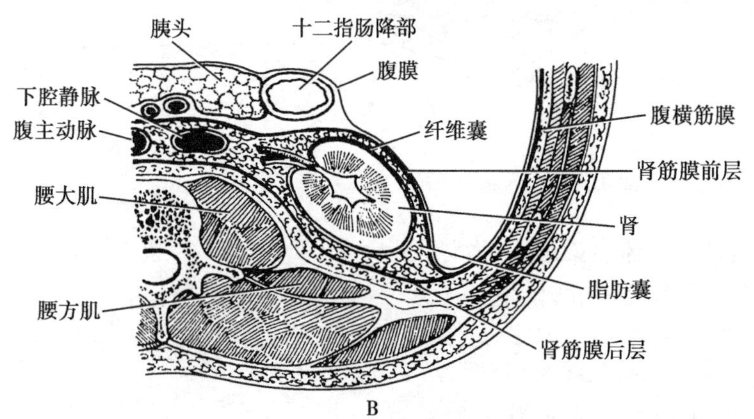

图 8-3 肾的被膜
A. 矢状面;B. 水平面

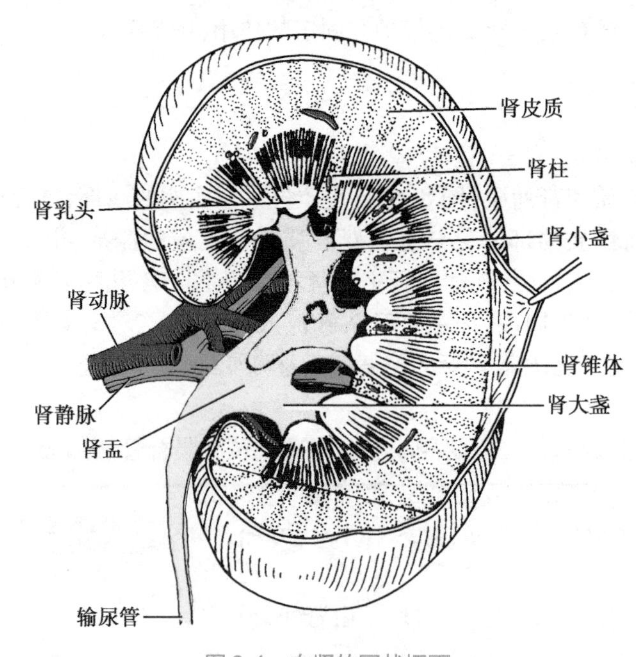

图 8-4 右肾的冠状切面

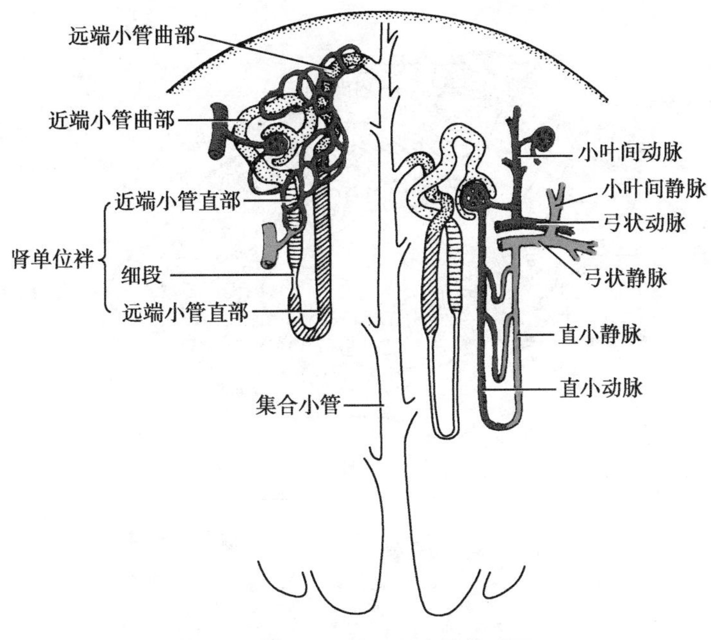

图 8-5 泌尿小管和肾血管模式图

1）肾小球：肾小球是位于入球小动脉与出球微小动脉之间的彼此分支又再吻合盘曲形成球状的毛细血管网。肾小球的毛细血管壁极薄，仅由一层有孔内皮细胞和基膜构成。入球小动脉粗短，出球小动脉细长，因此，肾小球的毛细血管血压较高，有利于尿液的生成。

2）肾小囊：肾小囊是肾小管起始部膨大并凹陷形成的双层囊，分壁层和脏层，两层之间的腔隙称肾小囊腔。壁层由单层扁平上皮构成；脏层由包绕在毛细血管外的足细胞构成（图 8-6B）。足细胞从胞体上伸出几个较大的初级突起，初级突起又分出许多指状的次级突起。相邻次级突起之间的间隙称裂孔，上覆有一层薄膜称裂孔膜。毛细血管有孔内皮细胞、基膜

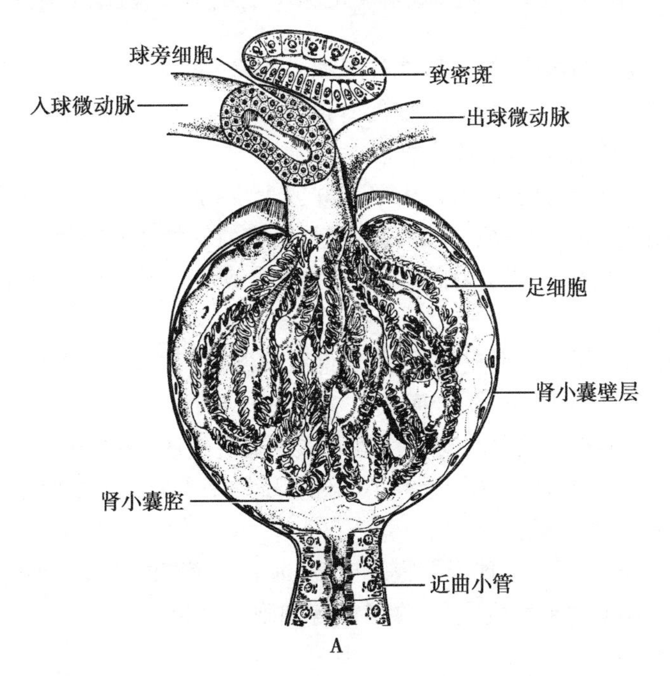

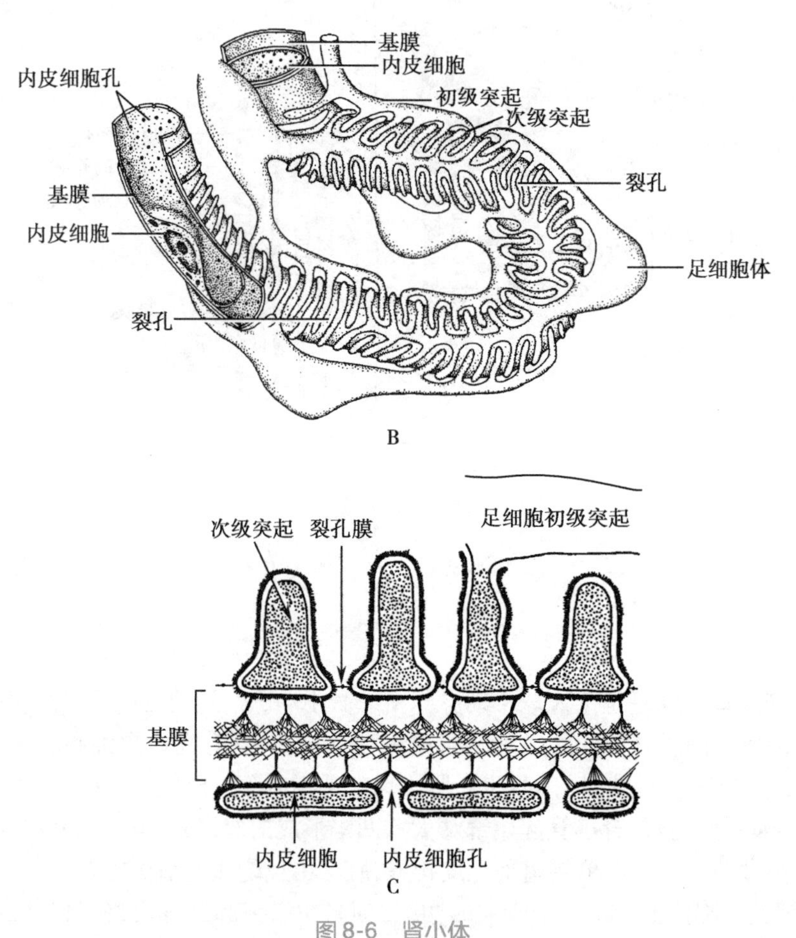

图 8-6 肾小体

A. 肾小体与球旁复合体立体模式图;B. 足细胞;C. 滤过膜示意图

和足细胞裂孔膜构成的结构称滤过膜(滤过屏障)(图 8-6C)。

(2) 肾小管:肾小管是一条细长弯曲的管道,根据其形态、结构和功能的不同,由近端至远端依次分为近端小管、细段和远端小管。

1) 近端小管:是肾小管的起始部,由单层立方上皮构成,分曲部和直部。曲部(也称近曲小管)是肾小管最粗最长的一段,管腔内面有整齐排列的微绒毛刷状缘。

2) 细段:是管径最窄的部分,由单层扁平上皮构成。与近端小管直部和远端小管直部共同构成“U”形髓袢。

3) 远端小管:由单层立方上皮构成,分直部和曲部(也称远曲小管)。

2. 集合管 由数条远曲小管汇合而成。

3. 球旁复合体 球旁复合体由球旁细胞和致密斑等组成(图 8-6A)。

(1) 球旁细胞:是入球小动脉接近肾小球处管壁的平滑肌细胞发生上皮样变的细胞,呈立方形或多边形,能分泌肾素。

(2) 致密斑:是远曲小管与球旁细胞邻接处,远曲小管壁的高柱状细胞排列而成的椭圆形结构,能感受肾小管内 Na^+浓度变化,调节球旁细胞分泌肾素。

三、尿的生成过程

尿的生成过程包括三个环节：①肾小球的滤过。②肾小管和集合管的重吸收。③肾小管和集合管的分泌（图8-7）。

考点提示

尿的生成过程

（一）肾小球的滤过

肾小球的滤过是指血液流经肾小球毛细血管时，血浆中除血浆蛋白外的水、无机盐等小分子物质，透过滤过膜进入肾小囊腔形成原尿的过程。原尿中除血浆蛋白以外，其余成分及浓度与血浆基本相似（表8-1）。

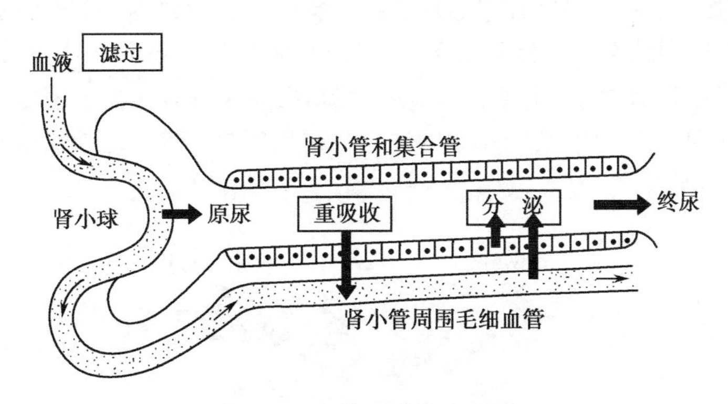

图8-7 尿生成过程示意图

表8-1 血浆、原尿和终尿成分比较（g/L）

成分	血浆	原尿	终尿
蛋白质	60～80	0.30	微量
葡萄糖	1.0	1.0	极微量
水	900	980	960
Na^+	3.3	3.3	3.5
K^+	0.2	0.2	1.5
Cl^-	3.7	3.7	6.0
磷酸根	0.04	0.04	1.5
尿素	0.3	0.3	20.0
尿酸	0.02	0.02	0.5
肌酐	0.01	0.01	1.5
氨	0.001	0.001	0.4

1. 滤过的结构基础——滤过膜　正常人两肾总滤过面积约1.5m^2。滤过膜三层结构上有大小不等的孔道，共同形成滤过膜的机械屏障，允许分子量小于70 000的物质可以透过。在滤过膜各层结构上，都覆盖有一层带负电荷的蛋白质，起电学屏障的作用，

带负电的物质不易透过。因此,水、无机盐、葡萄糖、氨基酸、尿素、维生素等小分子物质可以滤过;分子量大的球蛋白、纤维蛋白原不能滤过。分子量为69 000的白蛋白因携带负电荷,不能被滤过,所以原尿中没有血浆蛋白。

2. 滤过的动力——有效滤过压　有效滤过压是指滤过膜两侧的压力差(图8-8),为促进滤过的力量与阻止滤过的力量之差。促进滤过的力量包括肾小球毛细血管压(约45mmHg),由于原尿中几乎没有蛋白质,肾小囊内胶体渗透压可忽略不计。阻止滤过的力量包括血浆渗透压(入球小动脉端为25mmHg)和肾小囊内压(10mmHg)。因此,有效滤过压=肾小球毛细血管压-(血浆胶体渗透压+肾小囊内压)。血液由入球小动脉端流向出球小动脉端过程中,血浆中的水和小分子物质不断滤出,血浆蛋白浓度上升,血浆胶体渗透压逐渐升高,有效滤过压下降,因此,越靠近入球小动脉端,肾小球有效滤过压越大。当有效滤过压为零时,滤过作用停止。因此,肾小球的滤过作用发生在入球小动脉端至有效滤过压大于零之前的那段毛细血管。

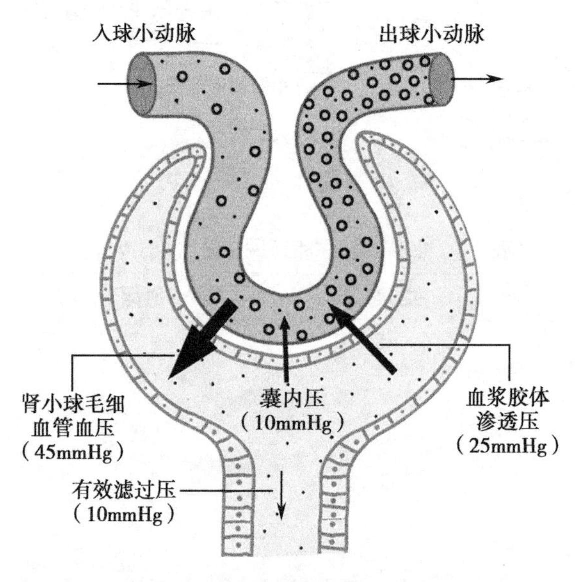

图8-8　肾小球有效滤过压示意图

○代表不可滤过的大分子物质;●代表可滤过的小分子物质

3. 肾小球滤过率　每分钟两肾生成的原尿量称为肾小球滤过率,正常成人约为125ml/min。

(二)肾小管和集合管重吸收

原尿进入肾小管后称小管液。肾小管上皮细胞将小管液中的物质转运至血液的过程称重吸收。正常人每天生成的原尿量达180L,而终尿量仅1.5L左右。这表明原尿中约有99%的水被重吸收。此外,其他物质也被重吸收。

1. 重吸收的部位　肾小管各段和集合管都具有重吸收功能,近端小管重吸收能力最

强。全部的营养物质(葡萄糖、氨基酸、维生素等)、大部分水和无机盐在近端小管被重吸收。其余的水和无机盐,在髓袢、远端小管和集合管重吸收(图 8-9)。

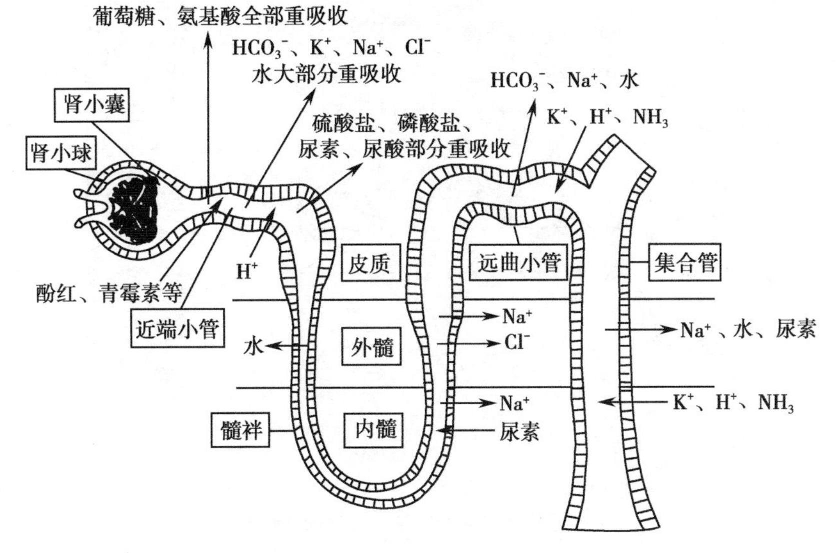

图 8-9 肾小管和集合管的重吸收和分泌示意图

2. 重吸收的特点 ①选择性:一般来说,对机体有用的物质,如葡萄糖、氨基酸、维生素、Na^+、Cl^-和水等可全部或大部分被重吸收;对机体无用的代谢产物,如尿酸、尿素、氨等则很少或不被重吸收。②有限性:小管液中某种物质的浓度超过肾小管重吸收的极限时,终尿中将出现这种物质。尿中刚开始出现葡萄糖时的最低血糖浓度称肾糖阈,正常值为 8.88~9.99mmol/L。若血糖浓度超过肾糖阈,肾小管不能全部重吸收葡萄糖,将出现糖尿。

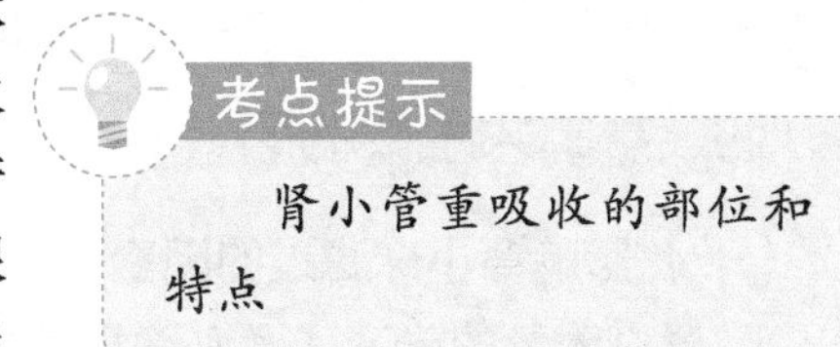

(三)肾小管和集合管的分泌

肾小管和集合管上皮细胞,将细胞内或血液中某种物质转运至小管液的过程称为肾小管和集合管的分泌。

1. H^+的分泌 肾小管和集合管均能分泌 H^+,以近端小管为主,分泌的方式是 H^+-Na^+交换。细胞代谢产生的 CO_2 和水在碳酸酐酶的催化作用下形成 H_2CO_3,H_2CO_3 再解离成 H^+和 HCO_3^-,H^+分泌至肾小管液内,Na^+和 HCO_3^-转运至血液形成 $NaHCO_3$。$NaHCO_3$ 是体内重要的"碱储备",因此,H^+的分泌具有排酸保碱,维持体内酸碱平衡的重要功能(图 8-10)。

2. NH_3 的分泌 NH_3 主要由远曲小管和集合管分泌,分泌的方式是单纯扩散。远端小管和集合管上皮细胞在代谢过程中不断生成 NH_3。NH_3 易扩散入 pH 低(H^+分泌)的小管液中,与 H^+结合形成 NH_4^+,NH_4^+再与小管液的 Cl^-形成 NH_4Cl 随尿液排出。因此,NH_3^+的分泌可促进 H^+的分泌,间接维持机体的酸碱平衡。

3. K^+的分泌 主要由远曲小管和集合管分泌,分泌的方式是 K^+-Na^+交换,与 Na^+重吸收相关(图 8-10)。在近端小管,K^+-Na^+交换和 H^+-Na^+交换存在竞争,H^+-Na^+交换增多时,K^+-Na^+交换减少,反之亦然。因此,酸中毒时 H^+-Na^+交换增多,K^+排出减少,出现高钾血症;

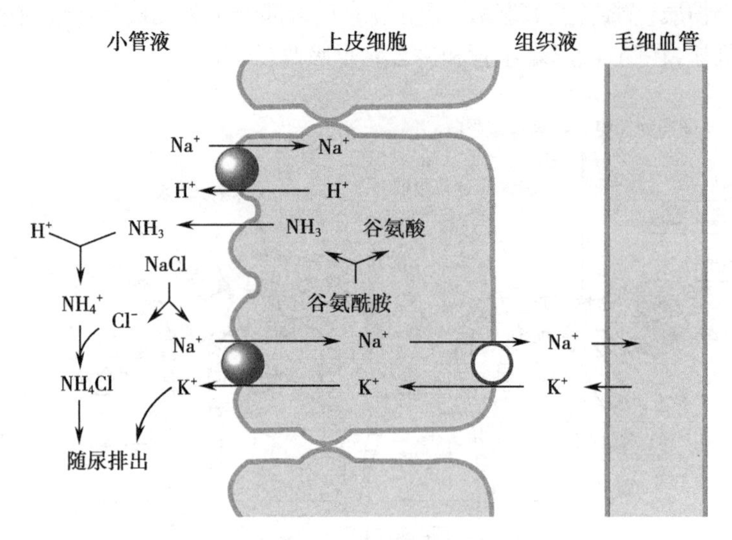

图8-10 K^+ H^+和 NH_3 分泌与 H^+-Na^+交换、K^+-Na^+交换示意图

实心圆表示转运体，空心圆表示 Na^+泵

相反，碱中毒时，K^+-Na^+交换增多，出现低钾血症。因此，K^+的分泌对维持机体电解质平衡具有重要意义。

四、影响尿生成的因素

（一）影响肾小球滤过的因素

1. 肾血流量的改变　肾血流量是肾小球滤过的前提条件。正常情况下，依赖肾的自身调节，肾血流量保持相对稳定。当剧烈运动、严重缺氧、大失血、休克、剧痛时，交感神经兴奋，肾血管收缩，肾血流量减少；肾上腺素、去甲肾上腺素、血管紧张素等可使肾血管收缩，肾血流量减少，影响肾小球的滤过，尿量减少。

2. 有效滤过压的改变　有效滤过压是肾小球滤过的动力，构成有效滤过压的任何一个因素发生改变，均会影响肾小球的滤过。

（1）肾小球毛细血管压：由于肾的自身调节，当血压在80～180mmHg范围波动时，肾血流量和肾小球毛细血管血压保持稳定，肾小球有效滤过压基本不变，肾小球滤过率保持恒定。当动脉血压低于80mmHg（如大出血等）时，肾小球毛细血管血压降低，有效滤过压降低，肾小球滤过率减少；若动脉血压低于40mmHg，肾血流量急剧减少，肾小球有效滤过压降低几乎为0，导致无尿。

（2）血浆胶体渗透压：正常情况下较稳定。当静脉输入大量生理盐水，或肝、肾疾病导致血浆蛋白浓度降低，均使血浆胶体渗透压下降，有效滤过压升高，肾小球滤过率增加，尿量增加。

（3）肾小囊内压：正常情况下较稳定。当肾盂、输尿管结石，肿瘤压迫，肾小管或输尿管阻塞时，肾小囊内压增高，有效滤过压降低，肾小球滤过率减少，尿量减少。

3. 滤过膜的改变　正常成人滤过总面积约1.5m^2，允许小分子物质滤过。如急性肾小球肾炎时，因炎症反应使部分毛细血管腔狭窄或闭塞，滤过面积减少，肾小球滤过率下降，导

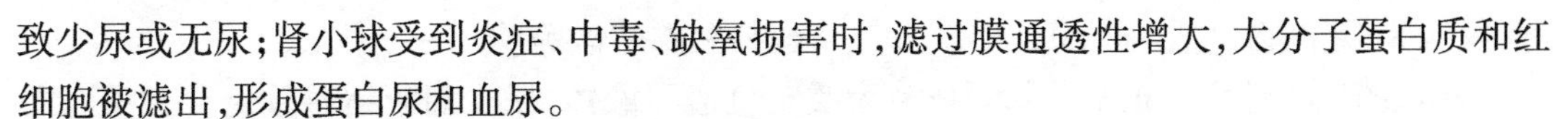

致少尿或无尿；肾小球受到炎症、中毒、缺氧损害时，滤过膜通透性增大，大分子蛋白质和红细胞被滤出，形成蛋白尿和血尿。

（二）影响肾小管和集合管重吸收和分泌的因素

1. 小管液溶质浓度　小管液中的溶质产生的渗透压是肾小管重吸收水的阻力。若小管内溶质浓度升高，渗透压升高，肾小管和集合管对水的重吸收减少，尿量增加，称为渗透性利尿。如糖尿病患者，小管液中的葡萄糖过多，不能被肾小管全部重吸收，小管液溶质浓度升高，渗透压增高，水的重吸收减少，尿量增加。

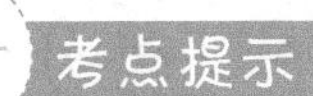
考点提示

影响肾小管和集合管重吸收和分泌的因素

2. 抗利尿激素　抗利尿激素是由下丘脑视上核和室旁核神经元合成，储存在神经垂体，需要时释放入血。其主要作用是增加远曲小管和集合管对水的通透性，促进对水的重吸收，尿量减少。抗利尿激素主要受血浆晶体渗透压和循环血量的调节。

（1）血浆晶体渗透压：是调节抗利尿激素分泌的最重要因素。当大量出汗、严重呕吐或腹泻时，人体水分丢失过多，血浆晶体渗透压增高，下丘脑渗透压感受器兴奋，抗利尿激素合成释放增多，增加对水的重吸收，尿量减少，血浆晶体渗透压降低。反之，当短时间大量饮清水后，血浆晶体渗透压降低，抗利尿激素合成释放减少，肾小管对水的重吸收减少，尿量增多，称水利尿。

（2）循环血量：急性大失血、严重呕吐和腹泻时，血容量减少，对左心房、胸腔大静脉内容量感受器的刺激减弱，抗利尿激素合成释放增多，增加对水的重吸收，尿量减少；相反，在大量饮水、补液时，血容量增加，引起抗利尿激素合成和释放减少，尿量增加。

3. 醛固酮　由肾上腺皮质球状带分泌。其主要功能是促进远曲小管和集合管对 Na^+、Cl^- 及水的重吸收，同时促进 K^+ 的分泌，即“保钠排钾，间接保水”。醛固酮的分泌受肾素-血管紧张素-醛固酮系统和血 Na^+ 和血 K^+ 浓度的调节。

（1）肾素-血管紧张素-醛固酮系统：当缺氧、动脉血压下降或循环血量减少时，球旁细胞分泌肾素增多，使血浆中的血管紧张素原转变为血管紧张素Ⅰ，在转换酶的作用下，血管紧张素Ⅰ转变为血管紧张素Ⅱ，在酶的作用下继续转变为血管紧张素Ⅲ。血管紧张素Ⅱ、Ⅲ都可刺激肾上腺皮质分泌醛固酮，增加对水、钠的重吸收，循环血量增加。

（2）血 Na^+ 和血 K^+ 浓度：当血 Na^+ 浓度降低或血 K^+ 浓度升高时，可直接刺激肾上腺皮质分泌醛固酮，导致 Na^+ 重吸收增多，K^+ 排出增多。

五、尿量与尿的理化性质

（一）尿量

原尿经肾小管和集合管重吸收和分泌后形成终尿。正常成年人 24 小时尿量为 1～2L，平均为 1.5L。若 24 小时尿量持续超过 2.5L，称为多尿；24 小时尿量为 0.1～0.5L 时称少尿；24 小时尿量少于 0.1L 时称无尿。多尿可引起机体脱水，少尿和无尿可致代谢产物堆积在体内，严重时导致尿毒症。

考点提示

尿量的正常值

（二）尿的化学成分和理化性质

1. 尿的化学成分　尿中 95%～97% 是水，固体物占 3%～5%，其中有机物有尿素、肌酐、尿酸等；无机物包括 Na^+、Mg^{2+}、K^+、Cl^-、草酸盐和磷酸盐等。

2. 尿的理化性质　正常的新鲜尿液为淡黄色透明液体，尿少而浓缩时颜色会变深。尿的颜色可受饮食和药物的影响。食入大量胡萝卜素或维生素 B_2 时，尿液呈亮黄色。

尿比重在1.015～1.025之间，渗透压高于血浆。大量饮水时，尿的比重和渗透压可暂时低于血浆。

尿液一般呈弱酸性，其pH在5.0～7.0之间，可受食物的影响。如素食者尿液多呈中性或碱性；摄入丰富的动物性蛋白质食物后，尿液呈酸性。

第二节　尿的输送、贮存及排放

终尿不断地产生，由集合管汇入乳头管，再经肾小盏、肾大盏、肾盂、输尿管输送至膀胱暂时储存，最后通过排尿反射将尿液排出体外。

一、输尿管

输尿管是一对细长的肌性管道，长25～30cm，起自肾盂，沿腰大肌的前面下行，跨越髂血管的前面进入盆腔继续下降，从膀胱底的外上角斜穿膀胱壁，开口于膀胱内面的输尿管口（图8-2）。

输尿管全程粗细不均，有三处明显的狭窄，分别为：输尿管起始部、与髂血管交叉处和穿膀胱壁处。尿路结石易嵌顿在狭窄处引起疼痛。

> **考点提示**
>
> 输尿管的三处狭窄

二、膀胱

膀胱是储存尿液的肌性囊状器官，其大小、形状、位置随尿液的充盈程度、性别和年龄不同而异。新生儿约为50ml。

（一）膀胱的形态、位置和毗邻

1. 形态　空虚的膀胱呈三棱锥体形，分为尖、体、颈和底四部。朝向前上方为膀胱尖；底呈三角形朝向后下方；膀胱尖和膀胱底之间的为膀胱体；膀胱的最下部称膀胱颈（图8-11）。

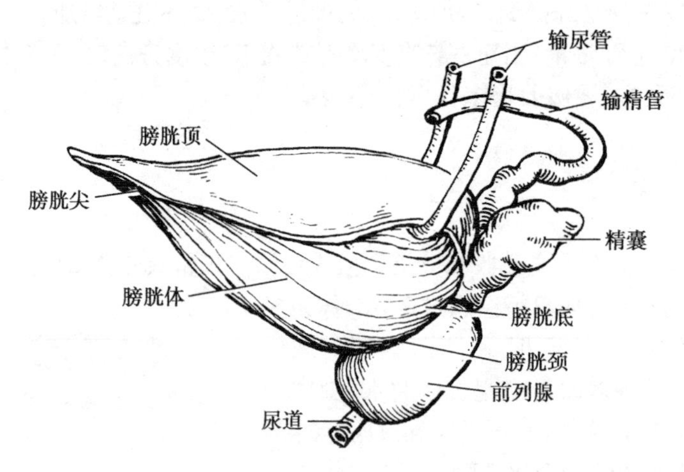

图8-11　男性膀胱（侧面观）

2. 位置和毗邻　膀胱位于骨盆腔前部、耻骨联合的后方，空虚时，膀胱尖一般不超过耻骨联合上缘。膀胱底后面，男性与精囊腺、输精管壶腹部和直肠相邻，女性与子宫颈和阴道相邻（图 8-12）。

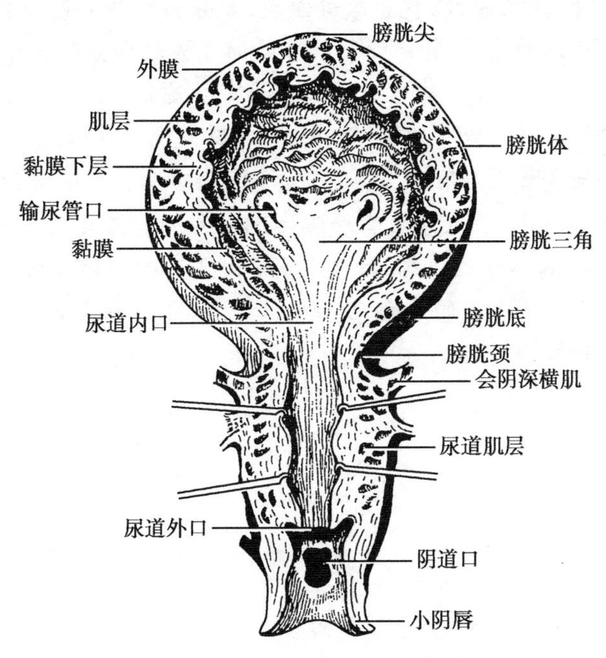

图 8-12　女性膀胱与尿道冠状切面（前面观）

（二）膀胱壁的构造

膀胱壁由内向外由黏膜、肌层和外膜构成。

1. 黏膜　黏膜表面为变移上皮。收缩时黏膜形成皱襞，充盈时消失。在膀胱底的内面，两侧输尿管口与尿道内口之间的三角形区域，称膀胱三角，无论膀胱收缩还是充盈时，此区黏膜始终保持光滑，是炎症和肿瘤的好发部位。

> 考点提示
> 膀胱三角的概念及意义

2. 肌层　由平滑肌组成，又称膀胱逼尿肌。

3. 外膜　膀胱最外层（图 8-12）。

三、尿道

尿道是膀胱通向体外的管道（图 8-12），始于尿道内口，穿尿生殖膈止于尿道外口。女性尿道外口开口于阴道前庭。男性尿道兼有排尿和排精功能（见男性生殖系统）。女性尿道比男性尿道短、宽、直，容易扩张，且距阴道口和肛门较近，易引起逆行性感染。

四、尿液的排放

当膀胱内尿量达到 200ml 时会产生尿意。当达到 400 ~ 500ml 时，膀胱内压力明显增高，刺激膀胱壁上的牵张感受器，冲动经盆神经传至脊髓腰骶段的初级排尿中枢，并上行传导至大脑皮质高级排尿中枢，产生尿意。如果环境允许，大脑皮质发出冲动至初级中枢，盆神经兴奋，膀胱逼尿肌收缩、尿道内括约肌舒张，阴部神经抑制，尿道外括约肌舒张，尿液排出体外;如果环境不允许,大脑皮质则发出抑制性冲动到初级中枢,抑制排尿。

本章小结

泌尿系统是由肾、输尿管、膀胱和尿道组成;肾分为皮质和髓质,基本单位是肾单位。尿生成包括肾小球的滤过、肾小管和集合管的重吸收和分泌三个过程。肾小球滤过动力为有效滤过压,影响肾小球滤过的因素为有效滤过压、肾血流量和滤过膜的改变。肾小管和集合管具有重吸收功能,近端小管重吸收能力最强,重吸收具有选择性和有限性。肾小管和集合管还具有分泌 K^+、H^+、NH_3 的功能。肾小管和集合管的重吸收和分泌受小管液溶质浓度、抗利尿激素和醛固酮的影响。正常成年人 24 小时的尿量 1 ~2L,24 小时的尿量持续超过 2.5L 时称为多尿;0.1 ~0.5L 时称为少尿;少于 0.1L 时称为无尿。输尿管是输送尿液的管道,全程有三处狭窄;膀胱是储存尿液的器官,膀胱三角是炎症、肿瘤的好发部位。

(张冬华)

目标测试

思考题

1. 简述肾的微细结构,分析尿液生成的过程。
2. 简述输尿管的行程,以及其生理性狭窄。
3. 分析大量出汗、呕吐患者尿量为何会减少?
4. 简述滤过膜的构成,并分析为何血浆蛋白不能被肾小球滤过?
5. 糖尿病患者为什么有“三多一少”的症状?

第九章 脉管系统

学习目标

1. 掌握：心的形态结构及心的泵血功能；体循环的动脉和动脉血压；体循环的静脉和中心静脉压；淋巴系统的构成。
2. 熟悉：心肌的生理特性；微循环；组织液的生成与回流；淋巴回流及其生理意义。
3. 了解：血管的分类及组织学结构；肺循环的血管。

考点提示

脉管系统的组成

脉管系统由心血管系统和淋巴系统两部分构成。心血管系统由心和血管构成，血液在密闭的心血管系统内周而复始的定向流动称为血液循环。心在血液循环中是动力器官，推动血液的流动，瓣膜保证了血液的定向流动。血液循环的路径是血管，由动脉、毛细血管和静脉构成，分为相互连续的体循环和肺循环（图 9-1）。体循环起自左心室，富含 O_2 的动脉血经主动脉及其各级分支分布到全身各处毛细血管，通过毛细血管进行物质交换后变为 O_2 含量较低、CO_2 含量较高的静脉血，由各级静脉及其属支收集，最终汇入腔静脉注入右心房。肺循环起自右心室，静脉血经肺动脉干及其各级分支到达肺泡壁毛细血管网，进行气体交换后，静脉血变为动脉血，由肺循环内各级静脉收集，汇入肺静脉注入左心房。体、肺循环在心内借房室口相互连续。淋巴液沿淋巴管道向心流动，最后注入静脉，故淋巴系统是心血管系统重要的辅助系统（图 9-2）。

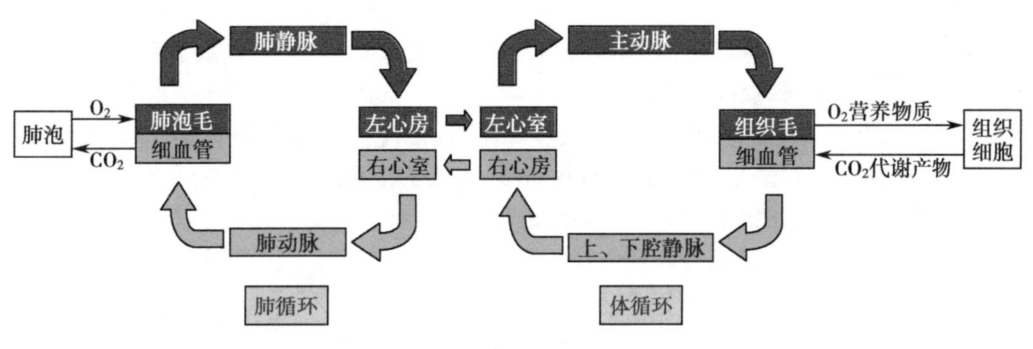

图 9-1 血液循环示意图

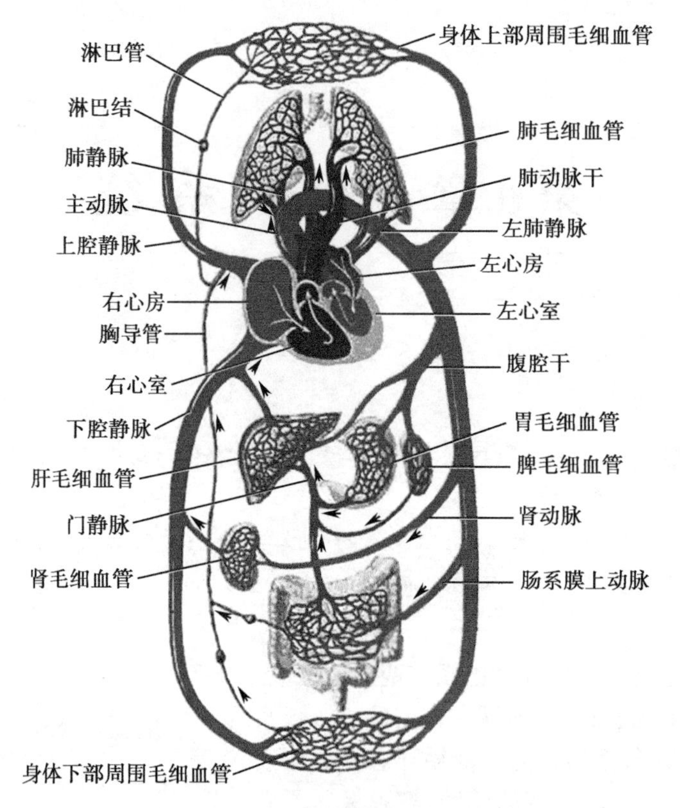

图 9-2 全身脉管系统模式图

人体所需的各种营养物质、氧气、激素、代谢产物等主要经血液循环运送至相应器官，实现供给营养、机体防御的功能，参与机体内环境稳态的调节，此外，还具有内分泌功能。一旦血液循环停止，标志着生命即将结束。

第一节 心

案例

1. 10 岁男童在河边玩耍，不慎掉入河中溺水，被人救上岸后，心跳呼吸均无，迅速给予心肺复苏抢救，但最终死亡。

2. 一快递员送快递到某医院一层大厅时突然倒地，心脏骤停，呼吸停止，经该院多名医护人员采取心肺复苏、电除颤等措施，猝死快递员转危为安。

请问：1. 心肺复苏在人体的哪个部位进行，为什么？

2. 心具有什么结构和功能？

一、心的形态结构

（一）心的位置和外形

1. 心的位置　心位于胸腔的中纵隔，约 2/3 位于正中线的左侧，1/3 位于正中线的右侧,外裹心包。心上方连有出入心的大血管,下方为膈肌,左右借纵隔胸膜与肺相邻,前方大部分被肺和胸膜覆盖,后方与迷走神经、食管、胸主动脉相邻(图9-3)。

2. 心的外形　心似倒置的圆锥体,稍大于本人拳头。可分为一尖、一底、两面、三缘和表面的三沟(图9-4,图9-5)。

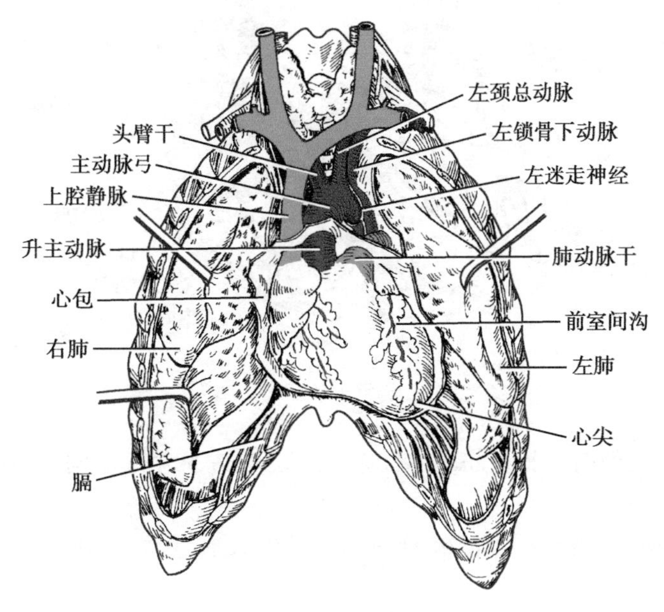

图9-3　心的位置

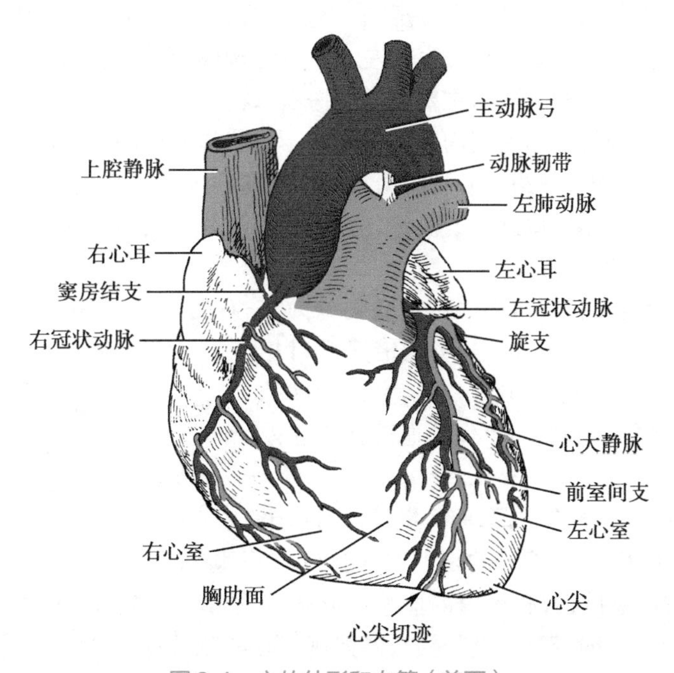

图9-4　心的外形和血管(前面)

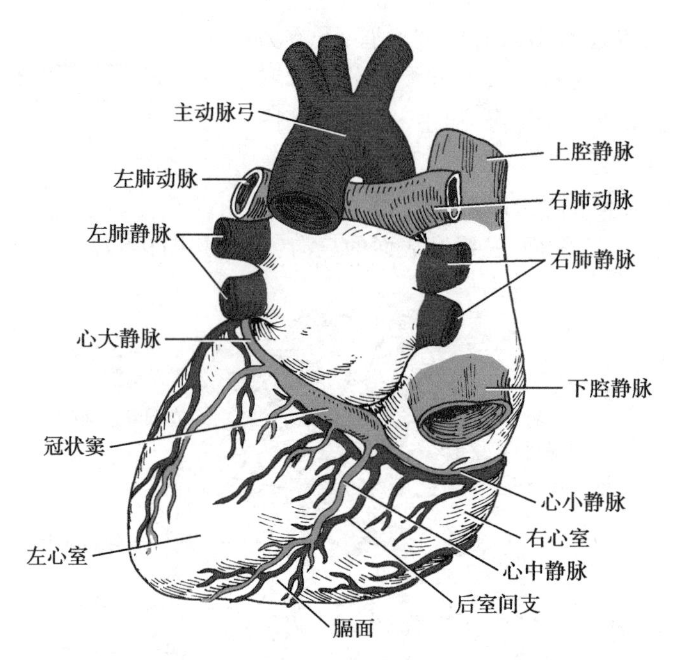

图9-5 心的外形和血管（后面）

心尖：外形圆钝，朝向左前下方，由左心室构成。在左侧第5肋间隙、锁骨中线内侧1～2cm处可触及其搏动。

心底：与心尖相对，朝向右后上方，连有出入心的大血管，大部分由左心房构成，小部分由右心房构成。

两面：心的下面与膈相对，也称膈面，由左、右心室构成；心的前面与胸骨、肋软骨邻近，也称胸肋面，朝向前上方，大部分由右心房、右心室构成，小部分由左心室构成。

三缘：心下缘较锐利，主要由右心室和左心室下缘构成；左缘较圆钝，主要由左心耳和左心室左缘构成；右缘几乎垂直向下，主要由右心房右缘构成。

三沟：心表面有冠状沟、前室间沟和后室间沟。冠状沟靠近心底，近似环形，是心房与心室在表面的分界标志；前室间沟是心胸肋面自冠状沟向心尖稍右侧延伸的浅沟；后室间沟是心膈面自冠状沟向心尖稍右侧延伸的浅沟，前、后室间沟是左、右心室在心表面的分界标志。

（二）心腔的结构

心是中空的肌性器官，被房间隔和室间隔分为左、右两半，互不相通。左侧分为左心房和左心室，右侧分为右心房和右心室，均借房室口相通。心房连接静脉，心室发出动脉。在房室口和动脉口处均有瓣膜，瓣膜开放和关闭可保证血液在心腔内定向流动。

> **考点提示**
> 心腔的结构

1. 右心房　位于心的右上部，腔大壁薄。有3个入口：上方的是上腔静脉口，下方的是下腔静脉口，在下腔静脉口和右房室口之间是冠状窦口。1个出口是右房室口，右心房内的血液由此流入右心室。在房间隔的下部有一卵圆形浅窝，称卵圆窝，是胚胎时期卵圆孔闭锁后的遗迹，是房间隔缺损的好发部位（图9-6）。

2. 右心室　位于右心房的左前下方，构成心胸肋面的大部分。有1个入口为右房室口，其口周附有3片倒三角形的瓣膜，称为三尖瓣（也称右房室瓣），其游离缘借腱索连于室壁上的乳头肌。心室肌收缩，室内压大于房内压时，三尖瓣相互对合，封闭右房室口，并防止血液逆流回右心房。1个出口为肺动脉口，通肺动脉干，其周缘附有3片半月形的袋状瓣膜，称为肺动脉瓣，瓣膜袋口朝向肺动脉干。心室肌收缩，室内压大于动脉压时，血液冲开肺动脉瓣射入肺动脉干内；心室肌舒张，室内压小于动脉压时，肺动脉干压力使瓣膜相互对合，封闭肺动脉口，防止肺动脉干内血液逆流回心室（图9-7）。

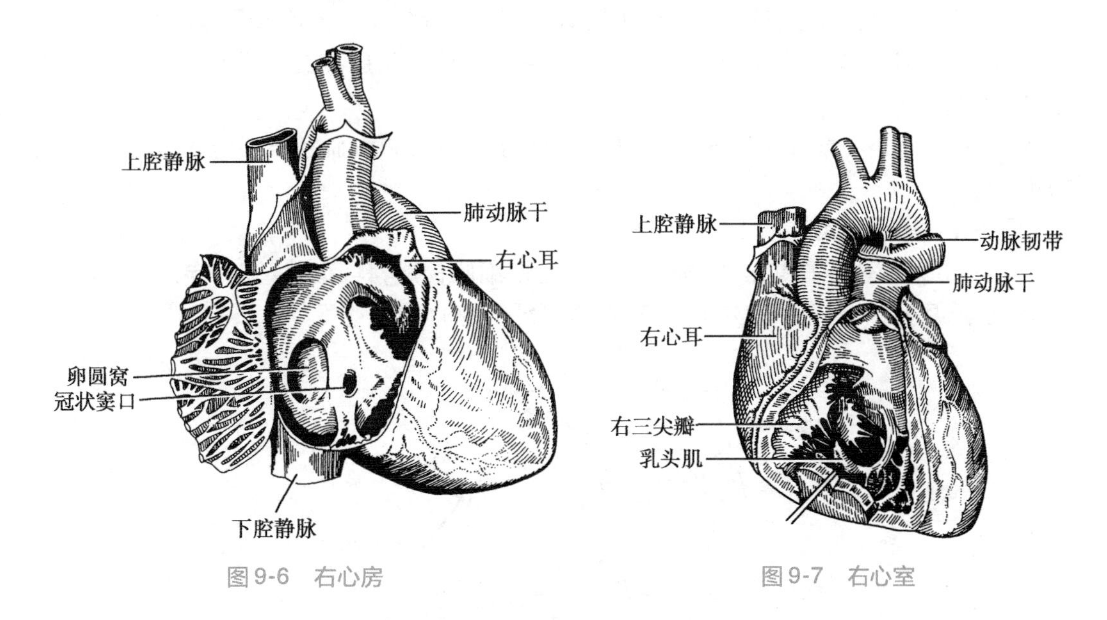

图9-6 右心房　　　　图9-7 右心室

3. 左心房 位于右心房的左后方，构成心底的大部分有4个入口和1个出口。入口为左肺上、下静脉口和右肺上、下静脉口；出口为左房室口，左心房内血液经左房室口流入左心室（图9-8）。

4. 左心室 位于右心室的左后方，构成心的左缘和心尖，有1个入口和1个出口。入口为左房室口，其口周附有2片倒三角形瓣膜，称为二尖瓣（也称左房室瓣），其游离缘借腱索连于室壁上的乳头肌。心室肌收缩时，二尖瓣可防止血液逆流回左心房。出口为主动脉口，

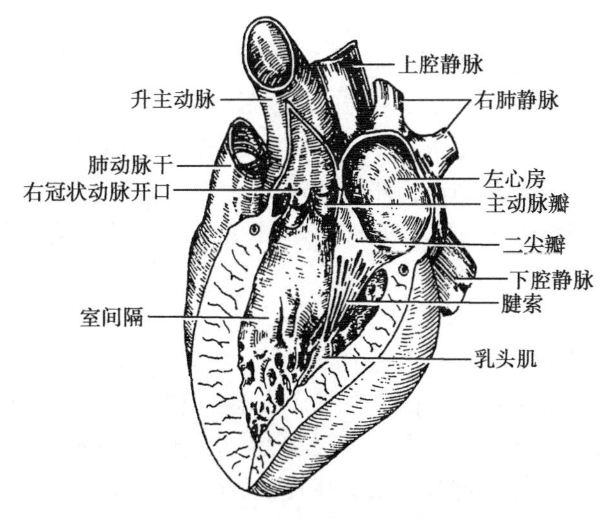

图9-8 左心房和左心室内部结构

通主动脉。主动脉口周围有3个半月形的袋状瓣膜,称主动脉瓣。其形态和功能与肺动脉瓣相似(图9-8)。

(三)心壁的结构

心壁自内向外依次由心内膜、心肌层和心外膜3层构成。

1. 心内膜　是心腔内面的光滑薄膜,与血管内膜相延续。心的瓣膜由心内膜折叠而成。

2. 心肌层　主要由心肌构成,心房肌较薄,心室肌较厚,左心室肌层最厚。心房肌和心室肌分别附着于房室口周围的纤维环上,互不连续,因此,心房肌和心室肌的活动不一致,不会同时收缩。

3. 心外膜　是心壁外层透明光滑的浆膜,贴于心肌层和大血管根部的表面,即浆膜心包的脏层。

(四)心的传导系统

心的传导系统位于心壁内,由特殊分化的心肌细胞构成,具有产生和传导兴奋的功能。包括窦房结、房室结、房室束及左右束支、浦肯野纤维(图9-9)。

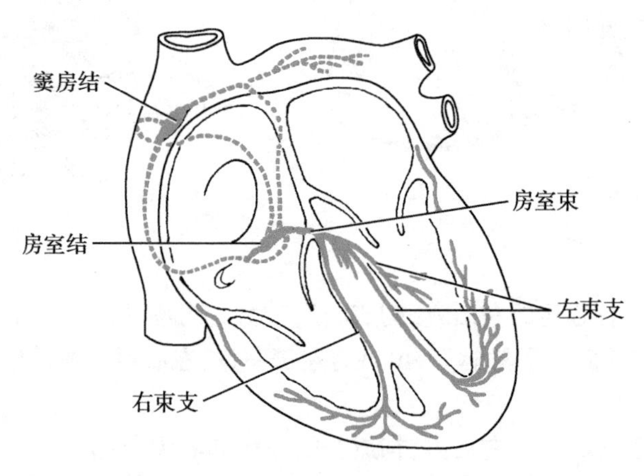

图9-9　心传导系统模式图

1. 窦房结　是心的正常起搏点,位于上腔静脉与右心房交界处的心外膜深面,呈扁椭圆形。

2. 房室结　位于冠状窦口与右房室口之间的心内膜深面,呈扁椭圆形。它将窦房结传来的冲动缓慢地传向心室,从而保证了心房收缩之后心室再收缩。

3. 房室束及左右束支　房室束起于房室结的前端,沿室间隔下降,至肌部上缘分为左右束支,分别沿左右侧心内膜深面下行并继续分支。

4. 浦肯野纤维　左右束支的分支在心内膜深面继续分支为浦肯野纤维,分布于两侧心室肌内。

(五)心的血管

1. 心的动脉　营养心的动脉为左、右冠状动脉,均起自于升主动脉的根部(图9-3)。经冠状沟和前、后室间沟分布到心的各部。左冠状动脉粗而短,主要分布于左心房、左心室、室间隔前上部;右冠状动脉主要分布于右心房、右心室、室间隔后下部、窦房结和房室结。

2. 心的静脉　心的静脉大部分与动脉伴行,最终在冠状沟内汇合成冠状窦,经冠状窦口汇入右心房(图9-4,图9-5,图9-6)。

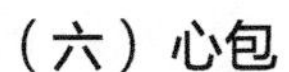

（六）心包

心包是包裹心和大血管根部的圆锥形纤维浆膜囊，可分为外层的纤维心包和内层的浆膜心包。

1. 纤维心包　是坚韧的结缔组织囊，向上包裹出入心的大血管根部，并与血管外膜延续，在下附着于膈的中心腱。

2. 浆膜心包　分为壁层和脏层，壁层衬于纤维心包内面，脏层包于心肌层和大血管根部的表面，即心外膜。脏、壁两层心包膜在大血管根部相互移行，形成的潜在腔隙称心包腔，内含少量浆液，起润滑作用（图 9-3）。

二、心的泵血功能

（一）心动周期与心率

1. 心动周期　心房或心室每收缩和舒张一次称为心动周期，包括收缩期和舒张期。心脏的搏动就是心动周期连续地重复进行，从而实现泵血功能，推动血液流动。

2. 心率　每分钟心脏搏动的次数称为心率。正常成人安静状态下，心率为 60～100 次/分，平均 75 次/分。心率可因年龄、性别和生理状况的不同而存在差异。一般说来，新生儿心率可高于 140 次/分，随年龄增长而减慢，至 15～16 岁接近成人水平；成年女性较男性稍快；睡眠时心率减慢、运动或情绪激动时心率加快。

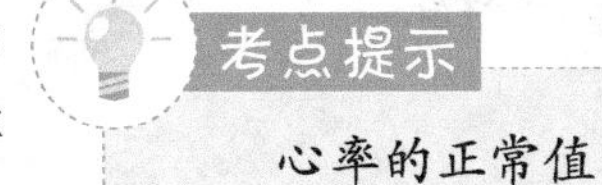

心率的正常值

3. 心动周期与心率的关系　心动周期与心率成反比，即心动周期 = 60s/心率。按心率 75 次/分计算，心动周期为 0. 8 秒。在一个心动周期内，心房和心室按照各自的顺序和时程进行搏动。两侧心房先收缩 0. 1 秒，继而舒张 0. 7 秒；两侧心室在心房舒张开始时收缩，收缩 0. 3 秒后，继而舒张 0. 5 秒。在心室舒张的前 0. 4 秒中，心房也处于舒张状态，称为全心舒张期。心室舒张的最后 0. 1 秒开始时，心房又进入下一个心动周期（图 9-10）。

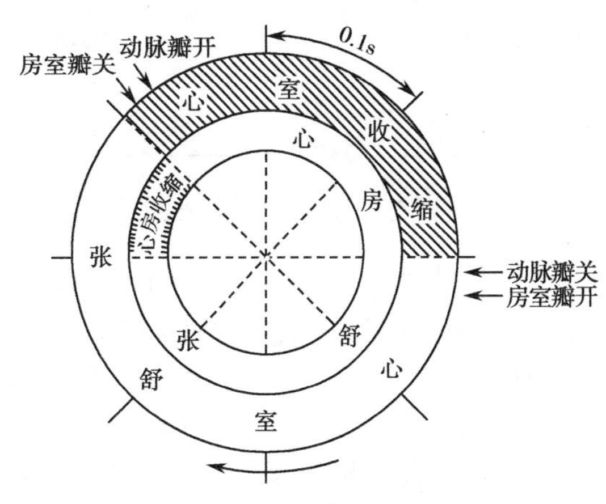

图 9-10　心动周期示意图

在心动周期中，心房和心室的舒张期都长于收缩期，这有利于血液回流，保证心室的充盈和有效射血。若心率加快，心动周期缩短，收缩期和舒张期都缩短，舒张期缩短更为明显，因此，收缩期相对延长，易造成心肌疲劳，不利于持久活动。

（二）心的泵血过程

心在每个心动周期内都要实现泵血功能，左心和右心的活动基本一致，且心室在泵血过程中发挥着重要作用。现以左心室为例说明心动周期（0. 8 秒）内心的泵血过程（图 9-11）。

1. 心室收缩期与射血过程

（1）等容收缩期：心室开始收缩，室内压升高大于房内压时，房室瓣关闭防止血液逆流入心房，此时室内压仍低于动脉压，动脉瓣关闭，容积不变，称等容收缩期，历时约0.05秒。该期室内压急剧升高。

心泵血过程中瓣膜、压力、血流情况

（2）射血期：室内压迅速升高，当高于动脉压时，动脉瓣开放，心室内血液射入主动脉，称射血期，历时约0.25秒。随着射血期心肌收缩和血液持续射入动脉，心室内血液减少，容积缩小。

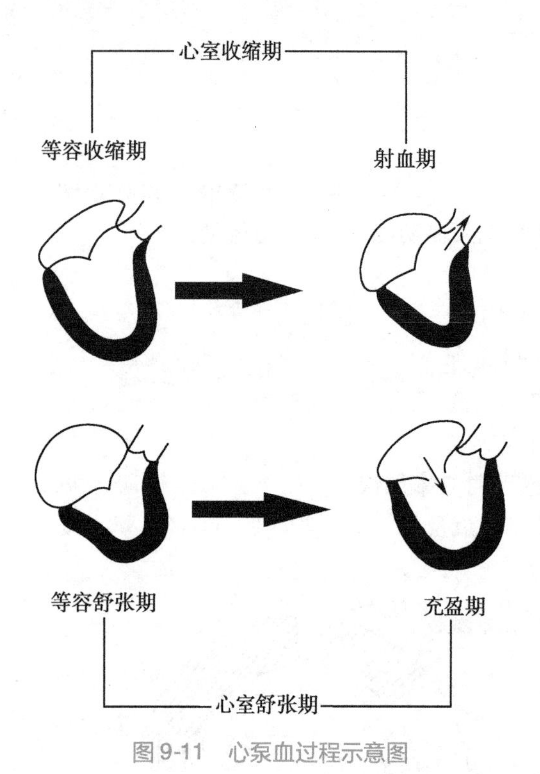

图9-11 心泵血过程示意图

2. 心室舒张期与充盈过程

（1）等容舒张期：心室开始舒张，室内压下降，当室内压低于动脉压时动脉瓣关闭，室内压仍高于房内压，房室瓣仍处于关闭状态，容积不变，称等容舒张期，历时约0.08秒。该期室内压急剧降低。

（2）充盈期：室内压迅速降低，低于房内压时，房室瓣开放，血液快速流入心室，心室内血液增多，容积增大，称为充盈期，历时约0.42秒。在心室舒张的最后0.1秒内，心房进入下一心动周期的收缩期。

由此，心室与心房、心室与动脉之间的压力差是瓣膜开闭及心室充盈和射血的主要动力，而压力差产生的根本原因在于心室肌的收缩与舒张。瓣膜是保证心内血液单向流动的结构。

（三）衡量心泵血功能的指标

1. 每搏输出量　一侧心室每收缩一次射出的血量，称为每搏输出量，简称搏出量。正常成人安静状态下的搏出量为60～80ml，平均70ml。

2. 每分输出量　一侧心室每分钟射出的血量，称为每分输出量，简称心输出量，心输出量=搏出量×心率。正常成人安静状态下的心输出量为4.5～6L/min，平均5L/min。心输出量可因性别、年龄和机体的状态不同而有差异。如剧烈运动时心输出量可达30L/min。

3. 影响心输出量的因素　凡影响搏出量的因素和心率都可影响心输出量。影响搏出量的因素有心室肌的前、后负荷和心肌收缩力。

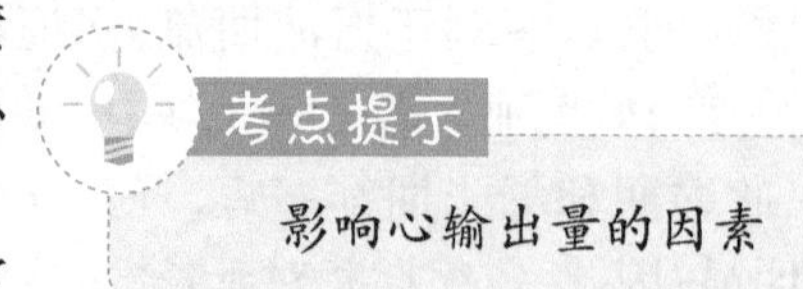

（1）心室肌前负荷（心室舒张末期容积）：心室肌收缩前所承受的负荷为前负荷，主要是舒张末期心室的血液总充盈量，相当于心室舒张末期容积。在一定范围内，心室舒张末期容积与心室肌收缩力成正变关系，即心室舒张末期容积越大，心室肌收缩力量越大，搏出量越多。若心室舒张末期充盈量超出一定范围，心肌收缩力反而减弱，搏出量减少，会导致血液存于心室不被射出，出现心力衰竭。因此，临床静脉输液、输血时应严格控制量和滴速。

（2）心室肌后负荷（动脉血压）：心室肌收缩射血时遇到的阻力主要是动脉血压。心室肌收缩使室内压升高大于动脉压时才能将血液射入动脉，当动脉血压升高，动脉瓣延迟开放，射血期缩短，搏出量减少，相反，动脉血压降低利于心脏射血。

（3）心肌收缩力：指心肌细胞本身的功能状态，心肌收缩力增强，搏出量增多，相反，心肌收缩力减弱，搏出量减少。心肌收缩力可受神经和体液因素的调节。交感神经兴奋，血中肾上腺素增多时，心肌收缩力可增强；迷走神经兴奋时心肌收缩力减弱。

（4）心率：心率在 40～180 次/分范围内，心率与心输出量成正变关系，心率越快，心输出量越多。心率超过 180 次/分可致舒张期缩短而使心室充盈不足，或低于 40 次/分致舒张期延长，但心室充盈量有限，均使心输出量减少。

（四）心音

在心动周期中，心肌收缩、瓣膜开闭、血液流动撞击心壁或大动脉壁等引起的振动所产生的声音称为心音。经周围组织传导到胸壁，借助于听诊器可被听到。正常人一般能听到两个心音，即第一心音和第二心音（表 9-1）。

表 9-1 第一心音和第二心音的比较

	标志	主要产生原因	特点	听诊部位
第一心音	心室收缩的开始	房室瓣关闭、心室肌收缩、血液撞击动脉壁	音调低，持续时间长	心尖搏动处
第二心音	心室舒张的开始	动脉瓣关闭、血流撞击大动脉根部	音调高，持续时间短	心底部主、肺动脉瓣听诊区

知识链接

心肌细胞的生物电现象

心的规律性活动是以心肌细胞的生物电为基础的。心肌细胞可分为工作细胞和自律细胞，两者的生物电现象不同。工作细胞有心房肌和心室肌。以心室肌为例，心室肌细胞的静息电位约-90mV，产生机制与神经细胞基本一致，由 K^+ 外流形成。心室肌细胞接受窦房结传来的兴奋后会产生动作电位，可分为 0～4 期，其中 2 期平台期是心肌细胞动作电位的主要特征，由 K^+ 外流和 Ca^{2+} 内流共同形成，其余各期与神经细胞相似。自律细胞包括窦房结、房室结和蒲肯野纤维等特殊分化的心肌细胞，它们的膜电位具有 4 期自动去极化的特点，能不断地产生节律性兴奋。

在心动周期内，整个心脏的生物电变化可表现为心电图。

三、心肌的生理特性

心脏不停地跳动以实现泵血功能，与心肌的生理特性有密切关系。心肌的电生理特性包括自律性、兴奋性和传导性，机械特性为收缩性。

（一）自律性

考点提示

心的正常起搏点

心肌在没有外来刺激的条件下，能自动产生节律性兴奋的特性，称为自动节律性，简称自律性，是自律细胞特有的电生理特性。窦房结、房室结、浦肯野纤维处的心肌细胞都具有自律性，但自律性的高低不同。窦房结处自律性最高，每分钟能产生100次节律兴奋，房室结和浦肯野纤维分别为每分钟50次和25次，因此，心的正常起搏点为窦房结。房室结和浦肯野纤维也能使心起搏，但正常时不体现两者的自律性，称为潜在起搏点。由窦房结控制的心跳节律，称为窦性心律。若窦房结的自律性降低或兴奋传导受阻或潜在起搏点的自律性异常升高时，潜在起搏点的自律性就会表现出来，称为异位起搏点，异位起搏点控制下的心跳节律称为异位心律。

（二）兴奋性

心肌细胞对刺激发生反应的能力或特性称为兴奋性。

1. 心肌兴奋性的周期性变化　心肌细胞每次接受刺激兴奋后，其兴奋性会呈现周期性变化，可依次经历有效不应期、相对不应期和超常期（图9-12）。现以心室肌为例说明兴奋性的周期性变化。

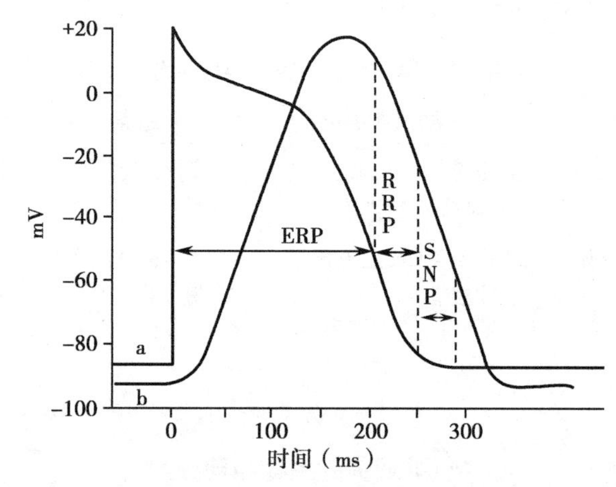

图9-12　心室肌动作电位、兴奋性及其与机械收缩的关系

a：动作电位；b：机械收缩；ERP：有效不应期；RRP：相对不应期；SNP：超常期

（1）有效不应期：心肌细胞的兴奋性为零，任何强大的刺激都不能使此时的心肌细胞产生兴奋，故也不会出现心肌收缩。此期内，心肌处于收缩期或舒张早期状态。

（2）相对不应期：心肌细胞的兴奋性有所恢复，但仍低于正常，给予阈上刺激才能使心肌细胞产生兴奋。

（3）超常期：心肌细胞的兴奋性高于正常，给予阈下刺激就能使心肌细胞产生兴奋。之后心肌细胞的兴奋性就恢复正常。

2. 兴奋性周期性变化的特点及意义　心肌细胞兴奋性周期性变化的特点是有效不应期特别长，相当于整个收缩期和舒张早期，在此期内，任何刺激都不能使心肌细胞产生兴奋，因此，心肌不会产生强直收缩，必须是收缩和舒张活动交替进行，有利于心室的充盈和射血，实现泵血功能。

3. 期前收缩和代偿间歇　正常情况下，心肌的收缩活动是由窦房结传来的节律性兴奋引起的。若在有效不应期之后，下一次窦房结兴奋传来之前，心肌细胞受到人工或病理性的刺激，就会对刺激产生兴奋并出现收缩，称为期前兴奋和期前收缩（临床上称之为期前收缩）。期前收缩也有有效不应期，当下一次窦房结兴奋传来时，正好落在了期前收缩的有效不应期内，心肌不再收缩，故期前收缩后往往有较长的舒张期，称为代偿间歇（图9-13）。

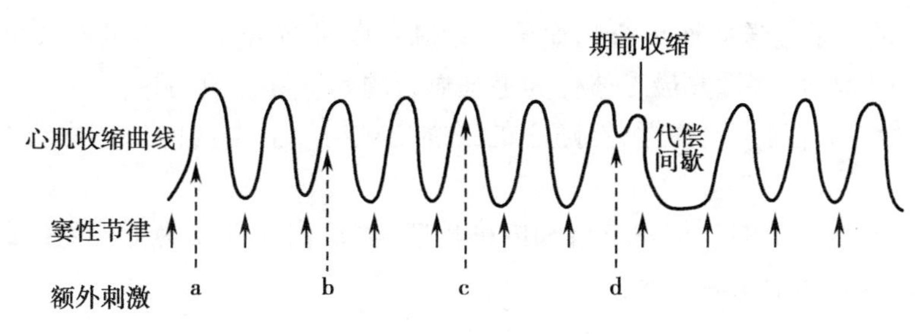

图 9-13 期前收缩和代偿间歇

额外刺激 a、b、c 落在有效不应期内，不引起反应；额外刺激 d 落在相对不应期内，引起期前收缩和代偿间歇

（三）传导性

心肌细胞具有传导兴奋的能力或特性称为传导性。不同心肌细胞的传导速度不同。

1. 兴奋在心内传导的顺序　心脏正常的兴奋由窦房结产生，迅速传到两侧心房，同时经房内的优势传导通路传递至房室结（房室交界区），再经房室束及左右束支，由浦肯野纤维迅速传至两侧心室，完成兴奋在心内的传导。

2. 心内兴奋传导的特点　心内兴奋传导具有两快一慢的特点。两快是指兴奋在两侧心房和心室内的传导速度快，几乎使两侧心房肌或心室肌同时收缩，利于泵血。一慢是指兴奋在房室结处的传导速度慢（约需 0.1 秒），称为房室延搁。房室延搁使心房、心室不能同时收缩，必须是心房收缩完毕之后心室再收缩，这利于心室的充盈和射血。

（四）收缩性

心肌细胞具有收缩能力的特性称为收缩性，其收缩原理与骨骼肌收缩相似，但具有以下特点：①对细胞外液 Ca^{2+} 依赖性强。心肌细胞的肌质网 Ca^{2+} 的储存量少，故对细胞外液 Ca^{2+} 有较强的依赖性。②不发生强直收缩。③同步收缩。心肌细胞之间借闰盘结构连接，使兴奋在细胞之间迅速传播，使两心房或两心室成为功能上的合胞体，一旦兴奋，所有的心房肌或心室肌细胞几乎同步收缩，增强心肌收缩的力量。

第二节　血　　管

患者，男，50 岁，头晕，急诊测血压 160/90mmHg，心脏彩超示左心室肥大。平日嗜咸油腻，每日摄盐约 12g。入院后给予低盐低脂饮食护理，降血压药物治疗。

请问：1. 该患者的动脉血压是否正常？

2. 血压是如何形成的？

3. 哪些因素可以影响动脉血压？

一、血管的分类、组织学结构和血压

（一）血管的分类及组织学结构

血管分布于人体各部分，可分为动脉、静脉和毛细血管 3 类。

1. 动脉　动脉是输送血液离心的血管。动脉不断进行分支，管径逐渐变细，可分为大动脉、中动脉和小动脉，接近并最终移行为毛细血管的动脉称为微动脉。

动脉管壁较厚，且有一定弹性，能随心的舒缩出现搏动。由内向外依次分为内膜、中膜和外膜。

（1）内膜：最薄，由内皮、内皮下层和内弹性膜构成，内弹性膜为弹性纤维组成的膜，中动脉最明显，是内膜和中膜的分界。

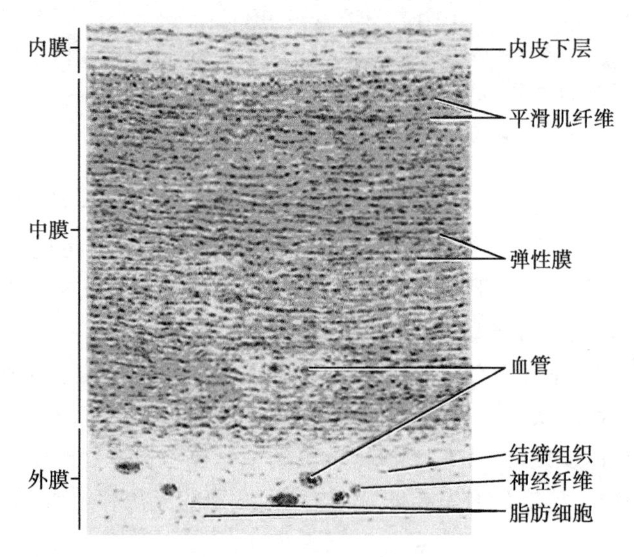

图 9-14　大动脉壁微细结构

（2）中膜：较厚，由平滑肌、弹性膜和弹性纤维构成。大动脉的中膜主要由弹性膜和弹性纤维构成，弹性大而被称为弹性动脉；中、小动脉的中膜主要由平滑肌构成。小动脉的平滑肌层较厚，平滑肌收缩时，小动脉管径缩小，产生较大阻力，称阻力血管。

（3）外膜：较薄，由疏松结缔组织构成，内有神经、血管和淋巴管走行（图 9-14）。

2. 静脉　静脉是运送血液回心的血管，起于毛细血管，终于心房。连于毛细血管的静脉称为微静脉，静脉在向心回流过程中逐渐汇合形成小静脉、中静脉、大静脉，最后注入心房。

静脉血管壁薄，弹性小，管腔断面大且不规则，腔内常有内膜形成的向心开放的半月形静脉瓣。管壁由内向外依次分为内膜、中膜和外膜。内膜最薄，由内皮和少量结缔组织构成；中膜较薄，由数层稀疏的平滑肌构成；外膜最厚，由疏松结缔组织构成，内有神经、血管和淋巴管走行，大静脉的外膜有较多的纵行平滑肌（图 9-15）。

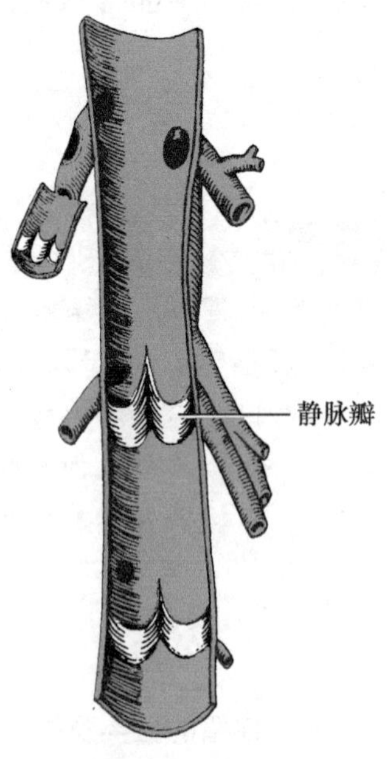

图 9-15　静脉瓣

3. 毛细血管　毛细血管是连接动、静脉之间的微细血管，彼此交织吻合成网状，其管径细、管壁薄，仅由一层内皮及其基膜构成，因此，通透性强且血流缓慢，是血液与组织液

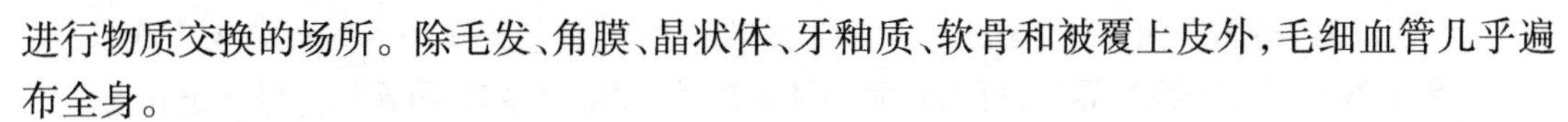

进行物质交换的场所。除毛发、角膜、晶状体、牙釉质、软骨和被覆上皮外,毛细血管几乎遍布全身。

(二)血压

血压(BP)是指血管内流动的血液对单位面积血管壁的侧压力,单位为毫米汞柱(mmHg)或千帕(kPa)(1kPa=7.5mmHg,或1mmHg=0.133kPa)。血液循环过程中,心射出的血液流经各级血管,血压逐渐降低,即动脉血压>毛细血管血压>静脉血压。各段血管间的压力差是血液流动的直接动力,来源于心的舒缩活动。血液流经小动脉和微动脉时,血压降低幅度最大。

二、肺循环的血管

1. 肺动脉干　肺循环的动脉血管主要是肺动脉干。肺动脉干粗而短,起自右心室,在升主动脉前方斜行至主动脉弓下分为左、右肺动脉,分别经左、右肺门进入肺(图9-4,图9-5,图9-6)。在肺动脉干分叉处稍左侧与主动脉弓下缘间有一纤维结缔组织索,称动脉韧带,是胚胎时期动脉导管的遗迹。

2. 肺静脉　包括左上肺静脉、左下肺静脉、右上肺静脉、右下肺静脉,经肺门穿纤维心包注入左心房(图9-5,图9-8)。

三、体循环的动脉和动脉血压

体循环的动脉将血液输送至全身各器官的血管,由主动脉及其各级分支构成。动脉内流动的血液可产生动脉血压。

(一)主动脉及其主要分支

1. 主动脉　体循环的动脉主干是主动脉。主动脉由左心室发出,先向右上斜行,继而呈弓形向左后下行,沿脊柱左前方下行,穿膈的主动脉裂孔进入腹腔,至第4腰椎体下缘分为左、右髂总动脉。以胸骨角平面为界,主动脉分为升主动脉、主动脉弓和降主动脉。

(1) 升主动脉:其根部发出左、右冠状动脉。

(2) 主动脉弓:凸侧自右向左依次向上发出头臂干、左颈总动脉和左锁骨下动脉。头臂干是一短干,在右侧胸锁关节后分为右颈总动脉和右锁骨下动脉(图9-2)。主动脉弓的壁内有压力感受器,称主动脉弓压力感受器,可感受血压的变化,参与血压的调节;主动脉弓稍下方有2~3个粟粒状小体,称主动脉体化学感受器,可以感受血液中CO_2、O_2和H^+浓度的变化,主要参与呼吸的调节。

(3) 降主动脉:以膈的主动脉裂孔为界分为胸主动脉和腹主动脉。

2. 颈总动脉　颈总动脉是头颈部动脉的主干。左颈总动脉起自主动脉弓,右颈总动脉起自头臂干,两者沿食管、气管和喉的外侧上行,至甲状软骨上缘分为颈内动脉和颈外动脉。在颈总动脉末端和颈内动脉起始处管腔稍大,称颈动脉窦压力感受器(图9-16),可感受血压的变化;在颈总动脉分叉处的后方有一扁椭圆形的小体,称颈动脉体化学感受器,可以感受血液中CO_2、O_2和H^+浓度的变化。

(1) 颈内动脉:颈内动脉在咽的外侧垂直上升至颅底,分支分布于脑和视器。

(2) 颈外动脉:颈外动脉主要分支有:

1) 甲状腺上动脉:分布于甲状腺上部和喉。

2) 舌动脉:分布于舌、舌下腺和腭扁桃体。

3）面动脉：分布于面部软组织、下颌下腺和腭扁桃体，其上行至眼内眦后称为内眦动脉，在下颌骨下缘和咬肌前缘交界处，可摸到面动脉的搏动，面部出血时，可按压此处压迫止血。

4）颞浅动脉：分布于腮腺和颞、顶额部软组织，在外耳门前上方、颧弓根部可摸到其搏动。

5）上颌动脉：分支分布于外耳道、中耳、牙及牙龈、咀嚼肌、腭、鼻腔和硬脑膜等处，分布于硬脑膜的动脉称脑膜中动脉，其向上进入颅腔，贴颅骨内面走行，分布于颅骨和硬脑膜（图 9-16）。

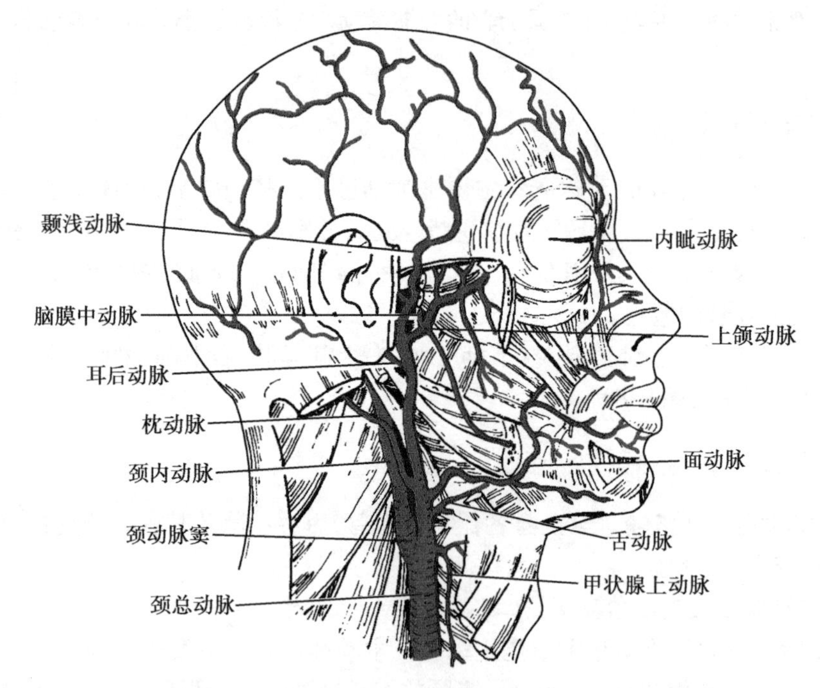

图 9-16 颈外动脉及其分支

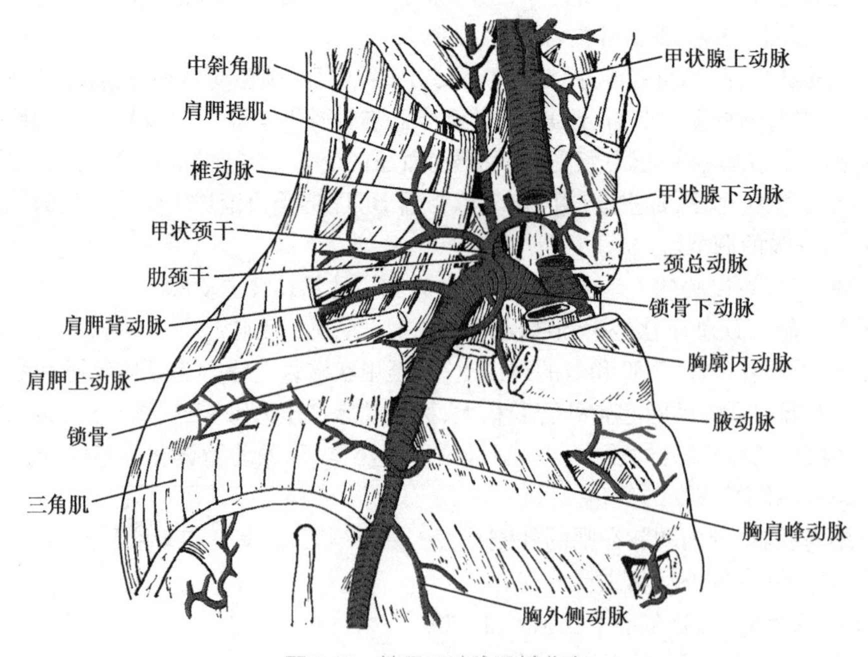

图 9-17 锁骨下动脉及其分支

3. 锁骨下动脉　锁骨下动脉是上肢动脉的主干。左锁骨下动脉起自主动脉弓,右锁骨下动脉起自于头臂干,两者均经胸廓上口行至颈根部,至第1肋外缘移行为腋动脉(图9-17)。锁骨下动脉主要的分支:

(1) 椎动脉:向上穿第6~1颈椎的横突孔后入颅,分布于脑和脊髓。

(2) 胸廓内动脉:下行入腹直肌鞘移行为腹壁上动脉,与腹壁下动脉吻合。

(3) 甲状颈干:为一短干,主要分支为甲状腺下动脉,分布于甲状腺。

腋动脉行至背阔肌下缘后移行为肱动脉,肱动脉沿肱二头肌内侧行至肘窝,在桡骨颈水平分为桡动脉和尺动脉(图9-18),分支分布于胸前外侧壁、背部、肩及上肢。肱动脉位置表浅,可在肘窝内上方、肱二头肌肌腱内侧触及其搏动,此处也是测量动脉血压的听诊部位。桡动脉在桡骨茎突内上方可触及搏动,是临床触摸脉搏的常用部位。桡动脉和尺动脉的末端及分支在手掌部吻合成掌深弓和掌浅弓,分支分布于手掌和手指。

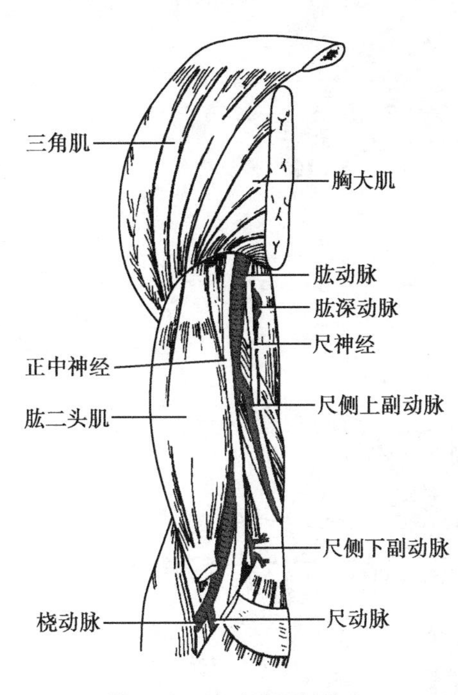

图9-18　肱动脉及其分支

4. 胸主动脉　胸主动脉是胸部的动脉主干(图9-19)。壁支分布于脊髓、背部和胸壁、腹壁的上部等处;脏支细小,主要有支气管动脉、食管动脉和心包支,分布于同名器官。

5. 腹主动脉　腹主动脉是腹部的动脉主干(图9-20)。壁支分支主要有4对腰动脉,分布于腰部、腹壁肌和脊髓等处。脏支有成对的肾上腺中动脉、肾动脉、睾丸动脉(男性)或卵巢动脉(女性),分布于肾上腺、肾、睾丸或卵巢、输卵管。不成对的有腹腔干、肠系膜上动脉和肠系膜下动脉。

(1) 腹腔干:分为胃左动脉、脾动脉和肝总动脉。胃左动脉分支分布于食管腹段、贲门和胃小弯附近的胃壁;脾动脉及其分支分布于胃底、胰体、胰尾和脾;肝总动脉的主要分支肝固有动脉分布于肝,胃十二指肠动脉分布于胃大弯右侧胃壁、胰头和十二指肠(图9-21)。

(2) 肠系膜上动脉:主要分支分布于胰及结肠左曲以上的肠管,包括十二指肠、空肠、回肠、盲肠、阑尾、升结肠和横结肠。

(3) 肠系膜下动脉:主要分支分布于结肠左曲以下的肠管,包括降结肠、乙状结肠和直肠上部。

6. 髂总动脉　髂总动脉由腹主动脉分出,分别沿腰大肌内侧下行,至骶髂关节处分为髂内动脉和髂外动脉(图9-20)。

(1) 髂内动脉:髂内动脉是盆部动脉的主干,分支发出壁支和脏支。壁支分支分布于大腿内侧肌群、臀肌和髋关节及盆壁肌肉。脏支分支分布于膀胱,直肠下部,精囊腺和前列腺(男性),阴道、卵巢、输卵管、子宫等(女性),肛门、会阴部和外生殖器。

(2) 髂外动脉:髂外动脉是下肢动脉的主干,其在腹股沟韧带中点下方移行为股动脉。髂外动脉的主要分支为腹壁下动脉,分布于腹直肌。

1) 股动脉:在股三角内下行,至腘窝移行为腘动脉。股动脉在腹股沟韧带中点稍下方

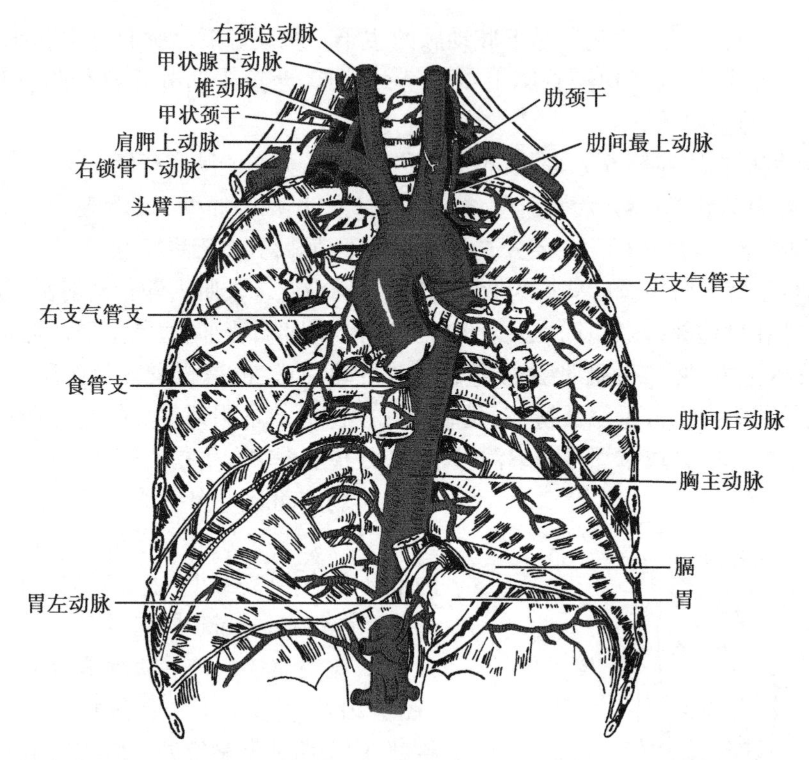

图 9-19 胸主动脉及其分支

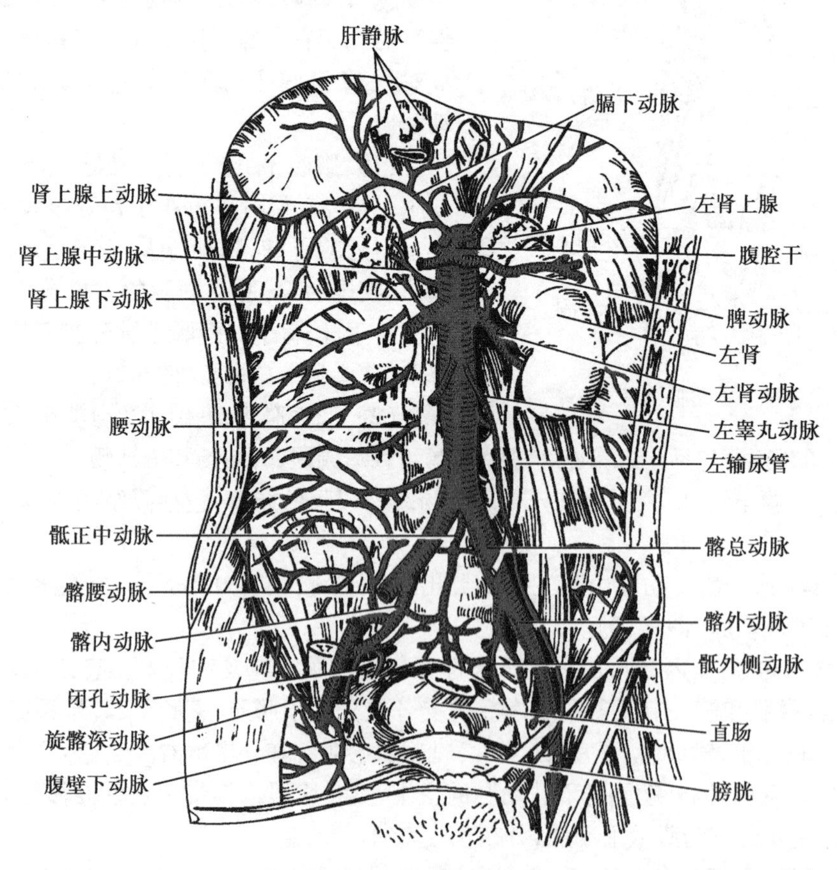

图 9-20 腹主动脉及其分支

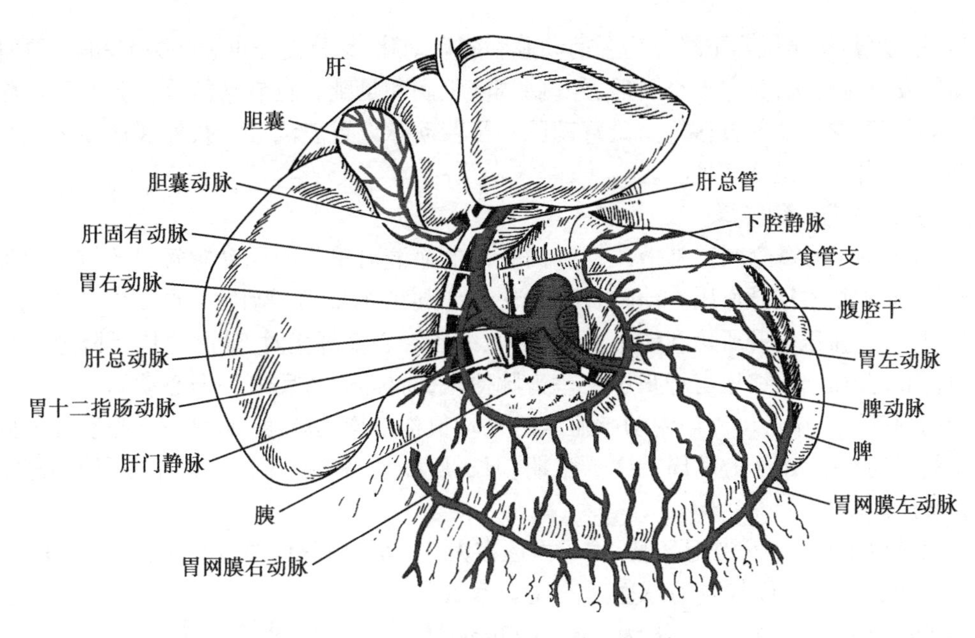

图 9-21 腹腔干及其分支（胃前面）

的位置表浅，可触及搏动，是临床上动脉穿刺、插管、介入手术等常选动脉。股动脉主要分支分布于大腿肌、腹前壁下部及外阴部等(图 9-22)。

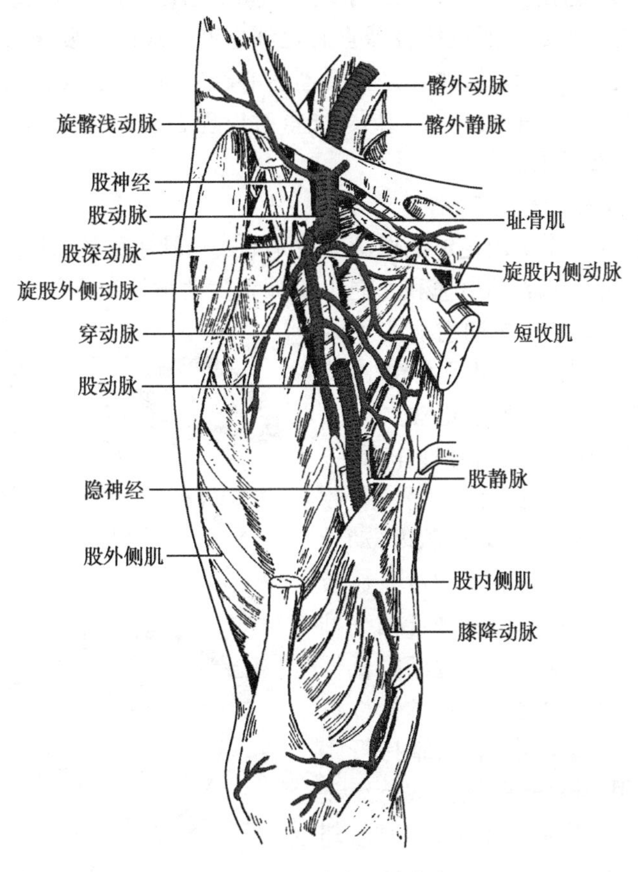

图 9-22 股动脉及其分支

2）腘动脉：行至腘窝下缘分为胫前动脉和胫后动脉，其分支分布于膝关节和邻近肌肉。胫后动脉发出腓动脉，分布于小腿后、外侧肌群、足底和足趾。胫前动脉分支分布于小腿前肌群，其下行至踝关节前方移行为足背动脉。足背动脉位置表浅，在内、外踝连线中点可触及搏动，分支分布于足背和足底。

（二）动脉血压和脉搏

1. 动脉血压的概念和正常值　动脉内流动的血液对单位面积动脉管壁的侧压力称为动脉血压，通常指主动脉血压。动脉血压是波动的，随心的舒缩活动发生周期性的变化。心室收缩时，动脉血压上升所达到的最高值，称收缩压。心室舒张时，动脉血压下降所达到的最低值，称舒张压。收缩压与舒张压之差为脉搏压，简称脉压，反映一个心动周期内动脉血压波动的幅度。一个心动周期内动脉血压的平均值称平均动脉压，反映一个心动周期内动脉血压的平均水平，由于心动周期中舒张期较长，所以平均动脉压接近舒张压，约为舒张压加1/3脉压。

主动脉血压测量有创伤且不便，由于血压在大、中动脉内降低幅度较小，为了测量方便，通常以肱动脉血压来代替主动脉血压。在安静状态下，我国健康青年人的收缩压为100～120mmHg（13.3～16.0kPa），舒张压为60～80mmHg（8.0～10.6kPa），脉压为30～40mmHg（4.30～5.3kPa），平均动脉压约为100mmHg。动脉血压存在差异，如男性血压高于女性，成人血压高于儿童，情绪激动、运动时血压高于安静状态。

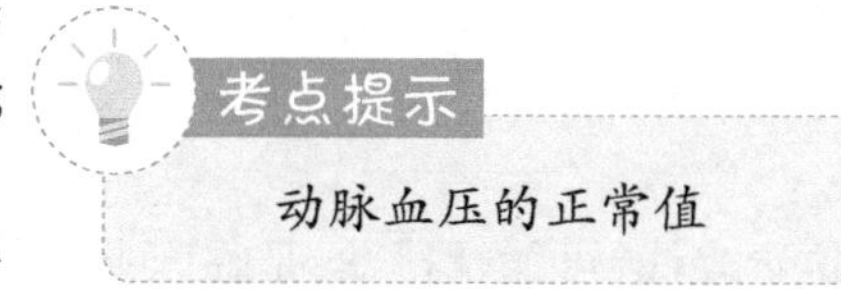

动脉血压的相对稳定是保证机体各器官有足够血液供应的必要条件。动脉血压过低，将导致各器官组织血液供应不足，尤其是重要器官心、脑、肾等缺血缺氧，造成严重后果；动脉血压过高，将导致心室收缩射血阻力增大，严重时出现心衰，或某些脑血管无法承受过高压力而破裂出血等严重后果。

2. 动脉血压的形成

（1）前提条件：循环系统内足够的血液充盈是形成动脉血压的前提条件。

（2）根本因素：心室肌收缩射血和外周小动脉和微动脉处产生的外周阻力是形成动脉血压的根本因素。心室在收缩期射血入大动脉，推动血液流向外周，若无外周阻力，血液将迅速流向外周，不能维持血压处于正常水平。

（3）大动脉管壁的弹性具有缓冲作用：正是由于外周阻力和大动脉的弹性扩张作用，收缩期约2/3的血液暂时储存于大动脉内，动脉血压逐渐升高但不至于过高；舒张期没有血液射入大动脉，但扩张的大动脉由于弹性回缩推动血液继续向外周流动，动脉血压逐渐降低但维持在较高水平。因此，大动脉管壁的弹性缓冲作用必不可少，能起缓冲收缩压、维持舒张压和减小脉压的作用，推动舒张期血液持续流动，所以，心动周期内心室间断射血，但血液却能持续流动（图9-23）。

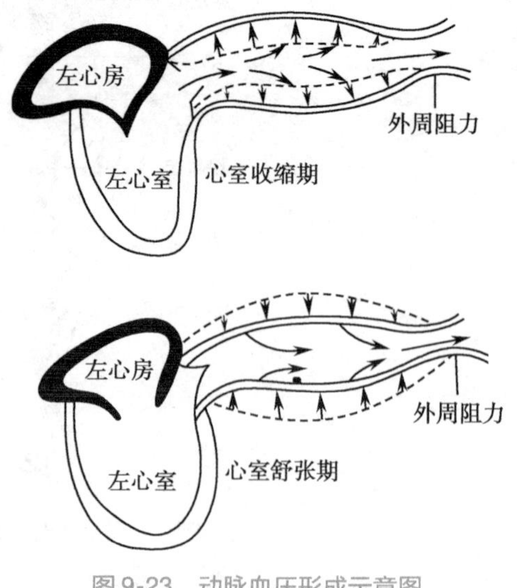

图9-23　动脉血压形成示意图

3. 影响动脉血压的因素

（1）搏出量：其他因素不变，搏出量增多，心缩期射入主动脉的血量增多，收缩压明显升高。动脉血压升高，心舒期流向外周的血量增多，存留在大动脉的血量增加不多，舒张压升高不明显，脉压增大；反之，收缩压明显降低，脉压减少。因此，收缩压的高低主要反映搏出量的多少。

（2）心率：其他因素不变，心率在一定范围内加快时，舒张压明显升高，脉压减小。心率加快，心动周期缩短，舒张期缩短更明显，舒张期末存留于大动脉的血量增加，舒张压明显升高，血压升高使心缩期有更多的血液流向外周，收缩压升高不明显，脉压减小；反之，舒张压明显降低，脉压增大。因此，心率主要通过舒张期的改变影响舒张压。

（3）外周阻力：其他因素不变，外周阻力增大，舒张期存留在大动脉的血量增加，舒张压明显升高，血压升高使心缩期有更多的血液流向外周，故收缩压升高不明显，脉压减小；反之，舒张压明显降低，脉压增大。因此，舒张压的高低主要反映外周阻力的大小。

（4）大动脉管壁弹性：其他因素不变，大动脉管壁具有缓冲收缩压，维持舒张压，脉压减小的作用。老年人由于动脉硬化使大动脉管壁弹性下降，收缩压升高、舒张压降低，脉压加大，若老年人伴有小动脉、微动脉硬化，外周阻力相应增大，舒张压会随之升高。

（5）循环血量与血管容积：正常情况下，循环血量与血管容积相适应才能维持正常的血压。若血管容积不变，循环血量减少，动脉血压降低。如大量失血，循环血量减少，动脉血压降低甚可导致失血性休克。若循环血量不变，血管容积增大，动脉血压降低。过敏或中毒性休克时微小血管扩张，动脉血压下降。

4. 动脉脉搏　心动周期中，心脏搏动使动脉管壁发生周期性的搏动，称为动脉脉搏，简称脉搏，可反映心血管的功能状态。在体表能触及搏动的动脉，有面动脉、桡动脉、股动脉、足背动脉等，一般选桡动脉。

四、体循环的静脉和中心静脉压

体循环的静脉包括上腔静脉系、下腔静脉系和心静脉系（见心的血管）。静脉分为浅静脉和深静脉。浅静脉位于皮下，又称皮下静脉。深静脉位于深筋膜深面，多与同名动脉相伴行，也称伴行静脉。静脉内流动的血液对单位面积静脉管壁的侧压力，称静脉血压，分为周围静脉压和中心静脉压。

（一）体循环静脉的主要属支

1. 上腔静脉系　上腔静脉系由上腔静脉及其属支组成，主干是上腔静脉，主要收集头颈部、上肢、和胸部（心和肺除外）等上半身的静脉血，上腔静脉由左、右头臂静脉在右侧第一胸肋关节后方汇合而成，垂直下行至升主动脉右侧注入右心房。

（1）头臂静脉：左、右各一，由同侧的颈内静脉和锁骨下静脉在胸锁关节后方汇合而成，汇合处的夹角称静脉角，是淋巴导管注入的部位（图 9-24）。

（2）颈内静脉：有颅内属支和颅外属支。颅内属支收集颅骨、脑膜、脑、泪器和前庭蜗器等处的静脉血；颅外属支主要收集舌、咽、甲状腺等处的静脉血。

（3）颈外静脉：主要收集头皮和面部的静脉血，在锁骨上方注入锁骨下静脉或静脉角。正常人站位或坐位时，颈外静脉常不显露，平卧时，在下颌角至锁骨上缘的下 2/3 段内可稍见充盈。若血液淤积于上腔静脉，半卧位时可见显著充盈，称颈静脉怒张（图 9-24）。

（4）腋静脉：在第一肋外缘续于锁骨下静脉，收集上肢浅、深静脉的全部血液。上肢浅

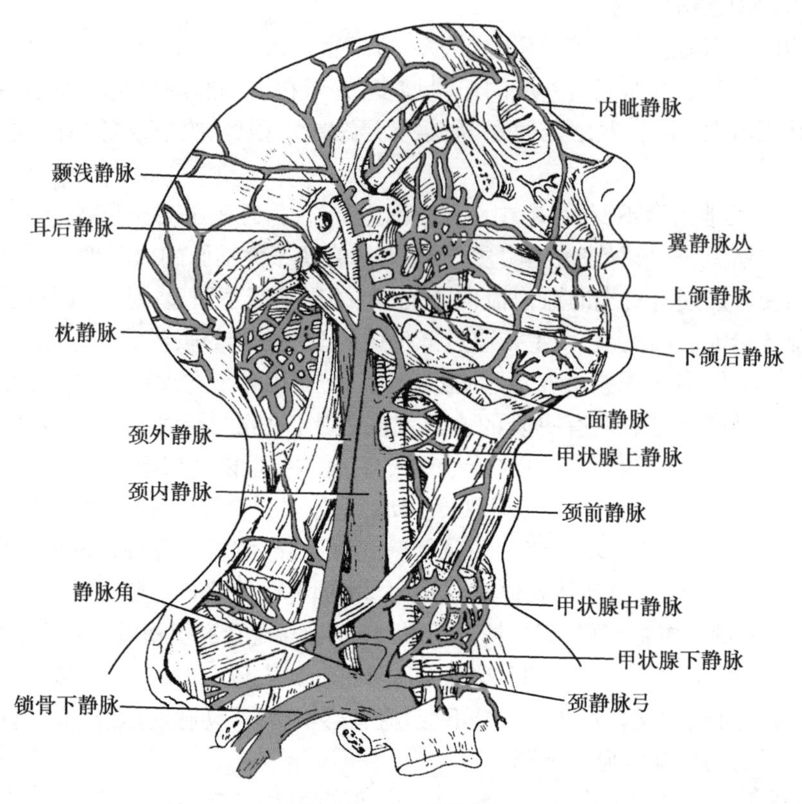

图 9-24 头颈部静脉

静脉包括头静脉、贵要静脉、肘正中静脉及其属支。临床上常用手背静脉网、前臂和肘部前面的浅静脉取血、输液和注射，也是给予肠外营养的主要途径（图 9-25）。

（5）胸部的奇静脉：起自右腰升静脉，沿途收集半奇静脉内血液，绕右肺根上方注入上腔静脉。

2. 下腔静脉系　下腔静脉系由下腔静脉及其属支组成，主干是下腔静脉，主要收集下肢、盆部、腹部的静脉血。

下腔静脉在第 5 腰椎右前方由左、右髂总静脉汇合而成，沿腹主动脉右侧上行，穿膈的腔静脉裂孔入胸腔注入右心房。

髂总静脉：由同侧的髂内静脉和髂外静脉汇合而成。

1）髂内静脉：主要收集盆腔内脏器和盆壁内静脉血。

2）髂外静脉：由股静脉延续而成，收集腹前壁下部和股静脉的静脉血。

3）股静脉：收集下肢浅静脉主要是大隐静脉和小隐静脉的静脉血。小隐静脉起自足背静脉网的外侧汇入腘静脉，再向上移行为股静脉。大隐静脉起自足背静脉网的内侧，在内踝前方位置表浅，沿途收集足、小腿内侧、大腿前内侧的静脉血，汇入股静脉。

4）腹部的静脉：多与同名动脉伴行，收集腹部壁支和脏支静脉的血液后，直接或间接汇入下腔静脉。

5）肝门静脉系：位于腹部，是下腔静脉系中比较重要的属支。肝门静脉的主要属支有脾静脉，肠系膜上、下静脉，胃左静脉，胃右静脉，附脐静脉和胆囊静脉，收集腹腔内除肝外不成对器官如脾、食管腹段、小肠、大肠（直肠下端、肛管除外）、胃、胰、胆囊的静脉血。肝门静

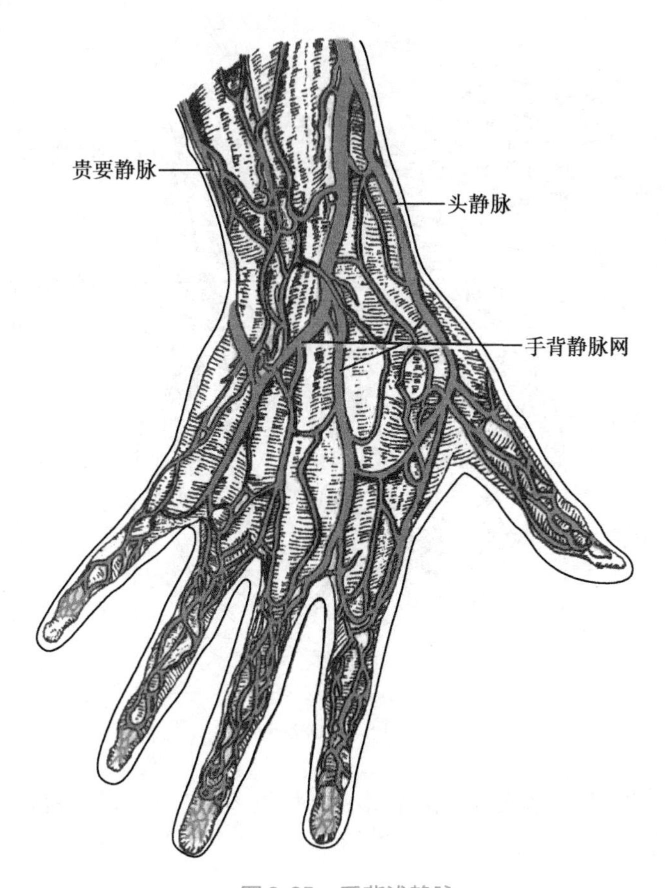

图 9-25 手背浅静脉

脉最终由脾静脉和肠系膜上静脉汇合而成，向右上行至肝门处分为左、右两支入肝，在肝内反复分支后续于肝血窦，随肝血窦内来自肝固有动脉的血液逐级汇入肝静脉，最后注入下腔静脉（图 9-26）。

肝门静脉系通过食管静脉丛、直肠静脉丛和脐周静脉网与上、下腔静脉系有丰富的吻合，正常情况下血流量较少。肝门静脉一般无静脉瓣，当肝门静脉回流受阻（如肝硬化）时，血液逆流入上述静脉网，静脉因血流量增多变得粗大和弯曲，出现静脉曲张。一旦食管静脉丛曲张破裂，则引起呕血、黑便；直肠静脉丛曲张破裂，则引起便血。

（二）中心静脉及中心静脉压

各器官的静脉血由相应器官的静脉收集不断向心流动，最终通过腔静脉入心实现静脉血的回流。各器官静脉的血压称为周围静脉压。

1. 中心静脉　中心静脉是指右心房和胸腔内大静脉。

2. 中心静脉压　右心房和胸腔内大静脉的血压称为中心静脉压，正常值为 4 ~ 12cmH_2O。中心静脉压的高低取决于心室的射血能力和静脉回心血量。

（1）心室射血能力：心室射血能力强，收缩期留在心室内的血量少，心舒期心室充盈的血量增多，中心静脉压低，相反，心室射血能力弱（心衰），中心静脉压升高。若左心衰时出现肺淤血、肺水肿的表现，右心衰时出现颈静脉怒张、肝脾肿大、下肢水肿的表现。

（2）静脉回心血量：单位时间内回心的血量称为静脉回心血量，取决于外周静脉压和周

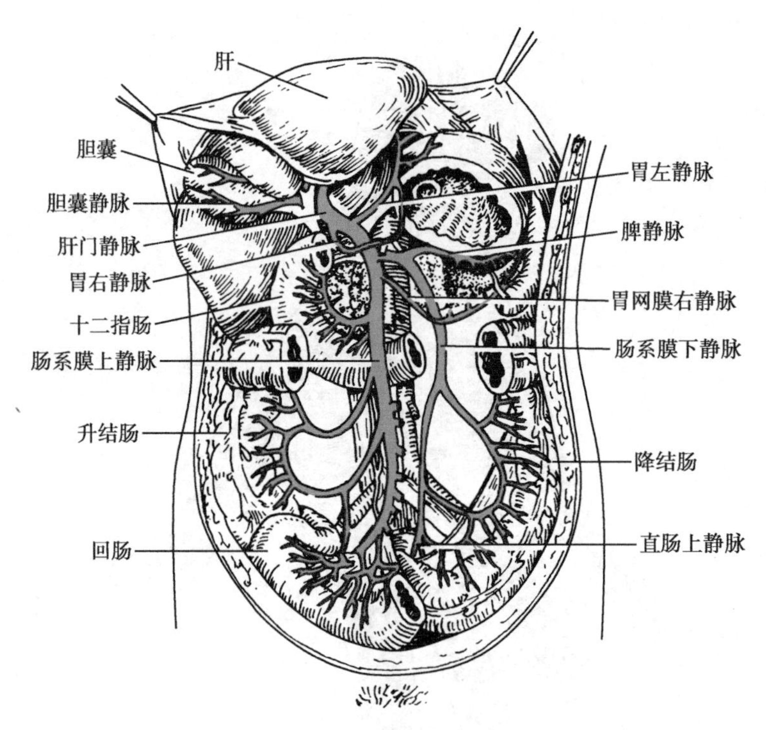

图 9-26 肝门静脉及其属支

围静脉压之间的压力差，压力差越大，静脉回心血量越多，中心静脉压越高。临床监测中心静脉压可判断心功能，是输血、输液的参考指标。

知识链接

体位性低血压

人处于平卧位时，心血管各处在同一水平，重力对静脉血液的回流几无影响。当人由平卧位或长时间蹲位突然变为站立位时，在重力的作用下，心脏水平以下的静脉内大量血液不能及时回心，回心血量减少，搏出量减少，动脉血压降低，导致脑和视网膜缺血，出现头晕和眼黑，称体位性低血压。

五、微循环和组织液的生成与回流

（一）微循环

1. 微循环的概念和组成　微循环是指微动脉和微静脉之间的血液循环，主要由毛细血管构成，其基本功能是实现血液与组织细胞之间的物质交换。典型的微循环可由微动脉、后微动脉、毛细血管前括约肌、真毛细血管、通血毛细血管、动-静脉吻合支和微静脉组成（图 9-27）。

2. 微循环的血流通路

（1）迂回通路：血液经微动脉、后微动脉、毛细血管前括约肌、真毛细血管网汇入微静脉的通路称为迂回通路。此通路中真毛细血管数量多且迂回曲折，加之管壁薄、通透性大，血液在此处流动缓慢，是血液和组织液之间进行物质交换的主要场所，又称营养通路。安静状

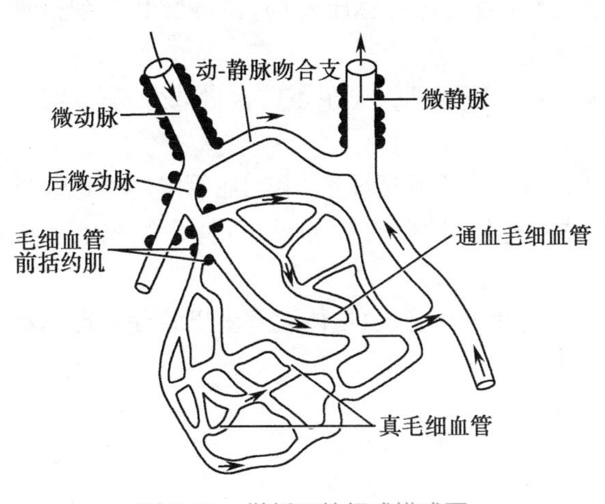

图 9-27 微循环的组成模式图

态下，同一器官、组织在同一时间内约有20%的毛细血管开放，与器官、组织的代谢水平适应。

（2）直捷通路：血液经微动脉、后微动脉、通血毛细血管流入微静脉的通路称为直捷通路。该通路多见于骨骼肌中，特点为相对短而直，血液流速较快，经常处于开放状态，很少进行物质交换，此通路的主要功能是使部分血液快速回心，保证静脉回心血量。

（3）动-静脉短路：血液经微动脉、动-静脉吻合支流入微静脉的通路称为动-静脉短路。此通路多分布指、趾、鼻等处的皮肤，特点是血管壁较厚，路径最短，血流流速最快，经常处于关闭状态，利于保存体内的热量，无物质交换功能，主要参与机体的体温调节。

（二）组织液

组织液是血浆经毛细血管壁滤过，进入组织间隙形成的。组织液绝大部分呈胶冻状，不能自由流动。组织液的成分除蛋白质浓度明显低于血浆外，其他均与血浆相同。

1. 组织液的生成与回流　组织液是不断生成和回流的，两者处于平衡状态，组织液总量维持恒定。促进组织液生成或回流的动力是有效滤过压。毛细血管血压和组织液胶体渗透压是促进液体从毛细血管滤出的力量，血浆胶体渗透压和组织液静水压是促进液体进入毛细血管的力量。

有效滤过压=（毛细血管血压+组织液胶体渗透压）-（血浆胶体渗透压+组织液静水压）

若有效滤过压>0，液体从毛细血管滤出，组织液生成；若有效滤过压<0，液体进入毛细血管，组织液回流。组织液在毛细血管动脉端不断产生，同时在毛细血管静脉端不断回流入血，约10%的组织液进入毛细淋巴管形成淋巴液最终入血（图9-28）。

2. 影响组织液生成与回流的因素　若组织液的生成与回流的平衡状态被打破，出现组织液生成过多或回流过少，组织间隙中有过多的液体潴留，形成水肿。

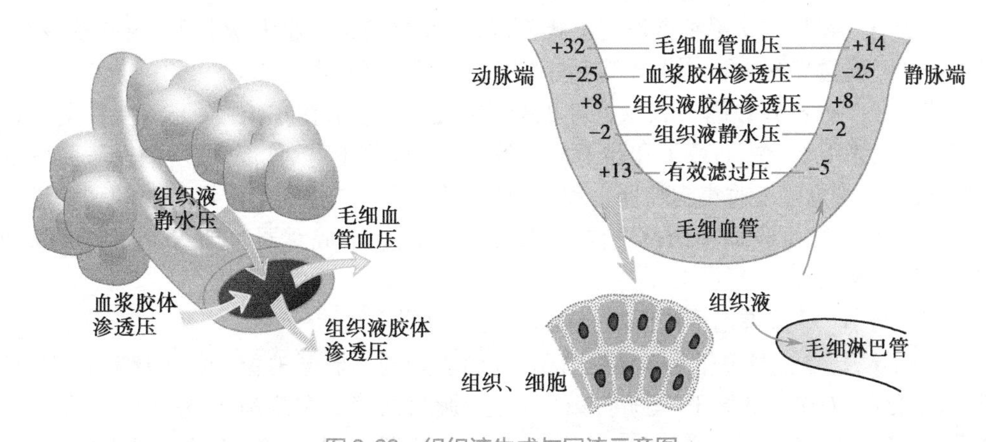

图 9-28 组织液生成与回流示意图

（1）毛细血管血压升高：如心力衰竭时，全身或局部静脉压升高，微静脉和毛细血管血压升高，组织液回流受阻，出现全身或局部水肿。

（2）血浆胶体渗透压降低：如营养不良或肝、肾疾病时，血浆蛋白含量减少，有效滤过压增大，形成水肿。

（3）毛细血管壁的通透性增大：如过敏、烧伤、感染等情况下，毛细血管壁的通透性异常增高，血浆蛋白可渗出毛细血管，组织液胶体渗透压升高，有效滤过压增大，组织液生成增多，形成水肿。

（4）淋巴回流受阻：淋巴管或淋巴结的急慢性炎症、丝虫虫体阻塞淋巴管使淋巴回流受阻，含蛋白的淋巴液在组织间隙中积聚形成淋巴水肿。

第三节 淋巴系统

张某，女，53岁，右乳房局部有包块，且有刺痛感，经穿刺活组织病理诊断结果为乳腺癌，体检发现右腋窝淋巴结肿大，行右乳行右乳切除术，术中清扫右腋窝部淋巴结。术后给予化疗。出院后发现长时间站立后会出现右上肢水肿的表现。

请问：1. 患者术后出现上肢水肿的原因是什么？

2. 淋巴系统由哪些器官构成，有何功能？

一、淋巴系统的构成

淋巴系统由淋巴管道、淋巴组织、淋巴器官组成，是心血管系统的重要辅助系统，此外，淋巴器官和淋巴组织具有产生淋巴细胞、过滤淋巴液和进行免疫应答的功能（图9-29）。

（一）淋巴管道

淋巴管道包括毛细淋巴管、淋巴管、淋巴干和淋巴导管。

1. 毛细淋巴管　毛细淋巴管以膨大的盲端起于组织间隙，彼此吻合成网状。毛细淋巴管管壁极薄，内皮细胞之间呈叠瓦状，基膜不连续，通透性较毛细血管大，蛋白质、癌细胞、细菌、异物、细胞碎片等大分子物质易进入毛细淋巴管。

2. 淋巴管　淋巴管由毛细淋巴管汇集而成，其管壁结构与小静脉相似，内有较多瓣膜，具有防止淋巴液逆流的功能。淋巴管在向心走行过程中经过淋巴结。

3. 淋巴干　淋巴管在膈下和颈根部汇合成淋巴干，包括在左、右腰干，左、右支气管纵隔干，左、右锁骨下干，左、右颈干和肠干共9条。腰干收集下肢、盆部、腹后壁及腹腔成对脏器的淋巴，支气管纵隔干收集胸腔器官和胸壁深层的淋巴，锁骨下干收集上肢和胸壁浅层和乳房大部的淋巴，颈干收集头颈部的淋巴，肠干收集腹腔不成对器官如胃、小肠、大肠、肝、胆、脾、胰等的淋巴。

4. 淋巴导管　9条淋巴干最后汇合成胸导管和右淋巴导管。

（1）胸导管：是全身最粗大的淋巴管道，起自乳糜池。乳糜池位于第1腰椎前方，呈囊状膨大，接受左、右腰干和肠干。胸导管注入左静脉角处接受左侧颈干、锁骨下干和支气管纵隔干，引流下肢、腹部、左头颈部、左上肢和左半胸部，即全身约3/4部位的淋巴（图9-29）。

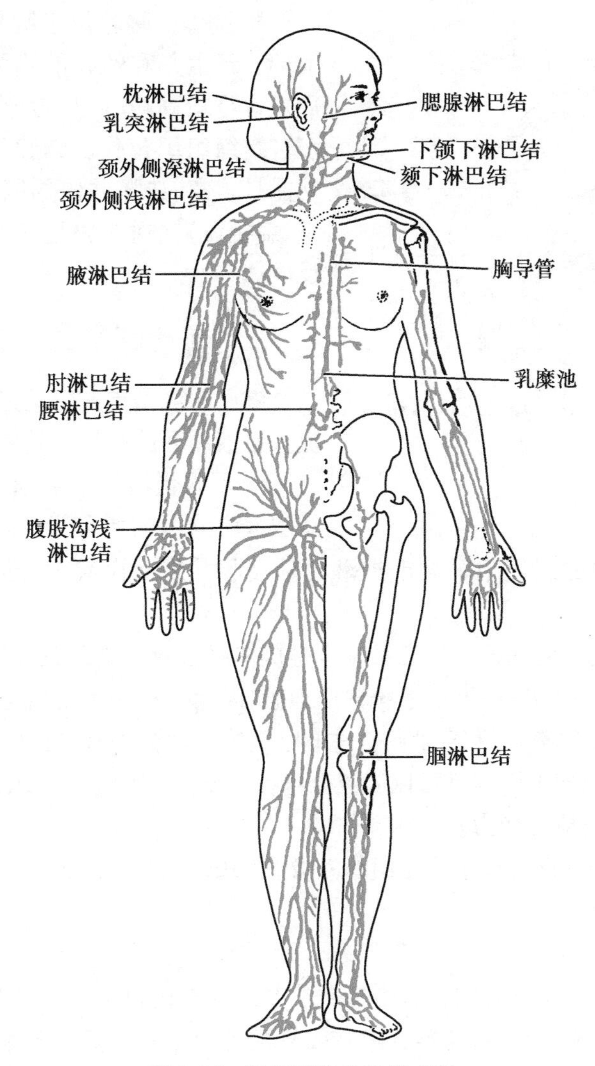

图 9-29　淋巴系统分布模式图

（2）右淋巴导管：由右侧颈干、锁骨下干和支气管纵隔干汇合而成，引流右头颈部、右上肢和右半胸部，约全身 1/4 部位的淋巴，注入右静脉角。

（二）淋巴器官

淋巴器官中骨髓和胸腺属中枢免疫器官，是免疫细胞产生、分化和成熟的场所；脾、淋巴结、扁桃体、淋巴组织属外周免疫器官，是免疫细胞定居、增殖和发生免疫应答的部位。

> **考点提示**
>
> 中枢免疫器官的组成

1. 淋巴结　淋巴结为大小不一的圆形或椭圆形灰红色小体，常成群分布，数目不定，多沿血管排列。淋巴结的主要功能是滤过淋巴液，产生淋巴细胞和进行免疫应答。

2. 脾　脾是人体最大的淋巴器官，位于左季肋部，第 9 ~ 11 肋的深面，长轴与第 10 肋一致（图 9-30），正常时左肋弓下不能触及。脾呈扁椭圆形，暗红色，质软而脆，受暴力击打时易破裂。脾的主要功能是储存血液、造血、清除衰老红细胞和进行免疫应答等。

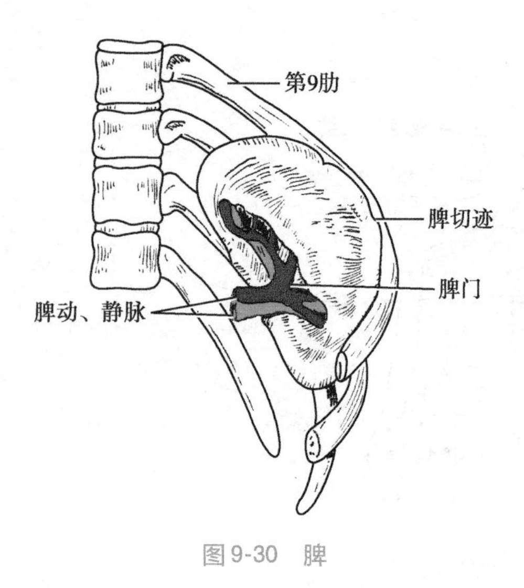

图9-30 脾

3. 胸腺 胸腺位于胸骨柄后方，上纵隔的前部。新生儿和幼儿的胸腺相对较大，性成熟后发育至最高峰，随后逐渐萎缩。成年人胸腺多被结缔组织替代。胸腺是中枢淋巴器官，其功能是培育、选择并向周围淋巴器官（脾、淋巴结、扁桃体）输送T淋巴细胞，参与机体的免疫反应。

二、淋巴回流及其生理意义

淋巴回流是指淋巴液经淋巴管道及淋巴结流入血液循环的过程。其主要的生理意义：

1. 回收蛋白质 毛细淋巴管通透性极高，组织液中的蛋白质分子、不能被血管吸收的大分子物质以及组织中的红细胞等被毛细淋巴管吸收并带回血液中，维持血浆蛋白的正常浓度。

2. 运输和吸收脂肪的途径 淋巴系统也是机体吸收营养物质的主要途径之一，小肠黏膜吸收的脂肪有80%～90%由淋巴系统输送入血，因此，来自小肠的淋巴液呈乳糜状。

3. 参与机体免疫防御 淋巴细胞通过淋巴系统和血液循环，在免疫器官、淋巴组织与血液间不断反复循环，使淋巴细胞可以周流全身各免疫器官或淋巴组织，有利于识别和发现抗原，扩大和提高免疫应答能力。

4. 调节体液平衡 淋巴液来源于组织液，约有10%的组织液经淋巴回流。

本章小结

脉管系统包括心血管系统和淋巴系统。心血管系统由心和血管构成，实现血液循环的功能。心的位置、形态结构和生理特性决定了心是动力器官起泵血的作用。心收缩时，心室射出的血液可在动脉内形成动脉血压，推动血液由体（肺）循环的各级动脉向其静脉流动；心舒张时，各级静脉属支收集的血液经心房被抽吸回流到心室。心输出量可衡量心室射血的能力，中心静脉压在心室射血功能良好时可衡量静脉回心血量的多少。微循环的基本功能是与组织液进行物质交换，故通过体循环的微循环，动脉血变成静脉血，通过肺循环的微循环，静脉血变成了动脉血。淋巴系统在静脉角处汇入心血管系统，是血液循环有益的补充，还具有免疫功能。

（杨黎辉）

目标测试

思考题

1. 简述体循环的途径。
2. 简述心脏各腔的入口和出口。
3. 简述心的泵血过程。

4. 简述影响心输出量的因素。
5. 请写出体循环动脉的主要分支名称。
6. 请写出体循环静脉的主要属支的名称。
7. 简述动脉血压的形成。
8. 简述动脉血压的影响因素。
9. 简述中心静脉压的影响因素和意义。
10. 简述淋巴系统的组成和功能。

第十章　感　觉　器

学习目标

1. 掌握：视器的组成；前庭蜗器的组成。
2. 熟悉：眼球壁结构特点和眼球内容物的组成；房水的产生、排出途径；外耳组成、外耳道形态特点、鼓膜的位置和形态；中耳的组成、咽鼓管形态和功能。
3. 了解：眼副器的组成，眼球外肌名称和作用，眼的血管分布，内耳的位置和组成，听觉和位置感受器的位置，声波传导途径。

第一节　视　　器

案例

小张自从购买了智能手机，平时除了上课时间，他几乎时刻不离手机。然而近一段时间，她突然感觉视物不清，到医院检查后发现，视力下降了200多度。

请问：1. 眼的调节包括哪些方面？

2. 眼的折光异常及矫正方法有哪些？

视器即眼，由眼球和眼副器两部分组成。能感受可见光波刺激，并将其转化为神经冲动，通过视神经传至大脑皮质视觉中枢而产生视觉。

一、眼球

眼球位于眶内，近似球体，包括眼球壁及眼球内容物两部分（图10-1）。

（一）眼球壁

眼球壁由外向内由眼球纤维膜、眼球血管膜和视网膜三层构成。

1. 眼球纤维膜　为眼球壁的最外层，主要由致密结缔组织构成，具有保护眼球内容物的作用，由前向后可分为角膜和巩膜两部分。

（1）角膜：占眼球纤维膜的前1/6，无色透明，有屈光作用。角膜无血管，但有丰富的神经末梢，故感觉非常敏锐。

（2）巩膜：占眼球纤维膜的后5/6，由致密结缔组织构成，厚而坚韧，呈乳白色，不透明，有维持眼球形状和保护眼球内容物的作用。巩膜与角膜交界处深面有一环行间隙，称为巩

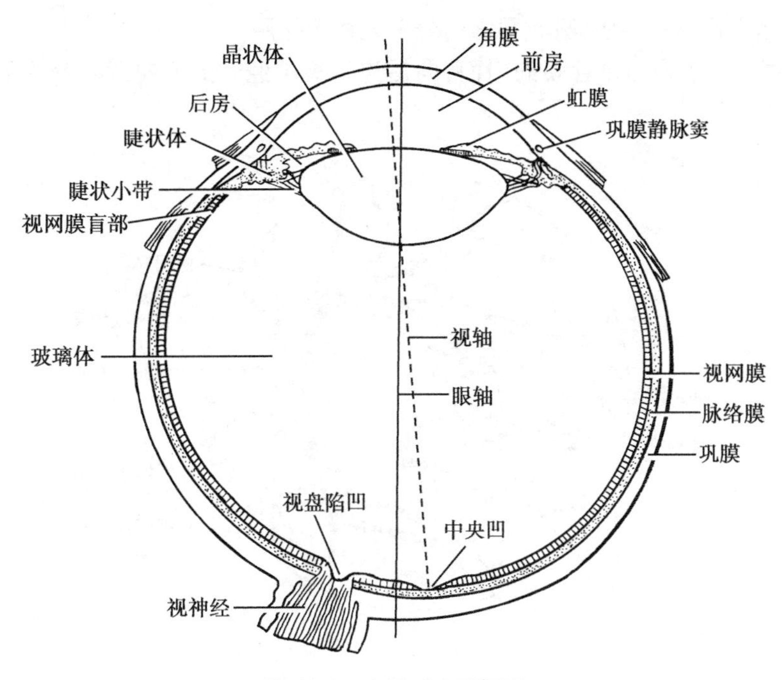

图 10-1 右眼球水平切面

膜静脉窦,是房水循环的通道。

2. 眼球血管膜 含有丰富的血管和色素。此膜由前向后可分为虹膜、睫状体和脉络膜(见图 10-1)。

(1) 虹膜:位于角膜的后方,呈圆盘状,中央有一圆孔,称为瞳孔,是光线进入眼的通路。虹膜内有呈环状围绕于瞳孔周缘的瞳孔括约肌,收缩时使瞳孔缩小;呈放射状排列于瞳孔周围的称瞳孔开大肌,收缩时使瞳孔开大。

(2) 睫状体:位于虹膜的后外方,由环形增厚的睫状肌构成,发出睫状小带与晶状体相连(图 10-2)。此肌舒缩可调节晶状体的曲度。睫状体上皮细胞还可产生房水。

(3) 脉络膜:位于巩膜和视网膜之间,占眼球血管膜的后 2/3,脉络膜含有丰富的血管

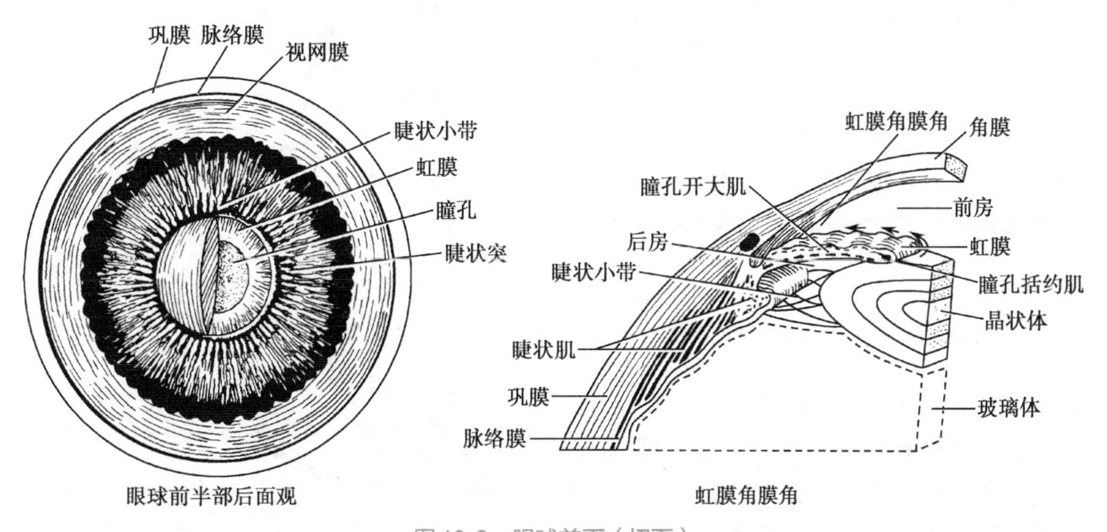

图 10-2 眼球前面(切面)

和色素,具有营养眼球内组织、吸收眼内的分散光线等作用。

3. 视网膜 位于眼球血管膜的内面,向后连于视神经。由前向后可分为虹膜部、睫状体部和视部。

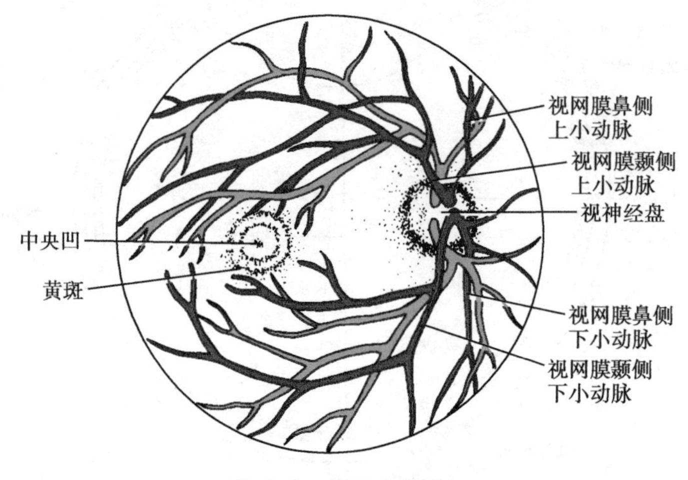

图 10-3 眼底(右侧)

视网膜后部中央偏鼻侧处,有一白色圆形隆起,称为视神经盘(视神经乳头),该处无感光作用,故称生理盲点。视网膜中央动、静脉由此出入。视神经盘颞侧约 3.5mm 处,有一黄色小区,称为黄斑,其中央有一凹陷,称为中央凹,是感光和辨色最敏锐的地方(图 10-3)。

视网膜视部的组织结构分内、外两层。外层为色素上皮层,为单层色素上皮,紧贴脉络膜,对感光细胞起保护作用。内层为神经细胞层,由外向内依次为感光细胞层(视锥细胞和视杆细胞)、双极细胞层和节细胞,节细胞的轴突穿过视神经盘、脉络膜和巩膜后构成视神经(图 10-4)。

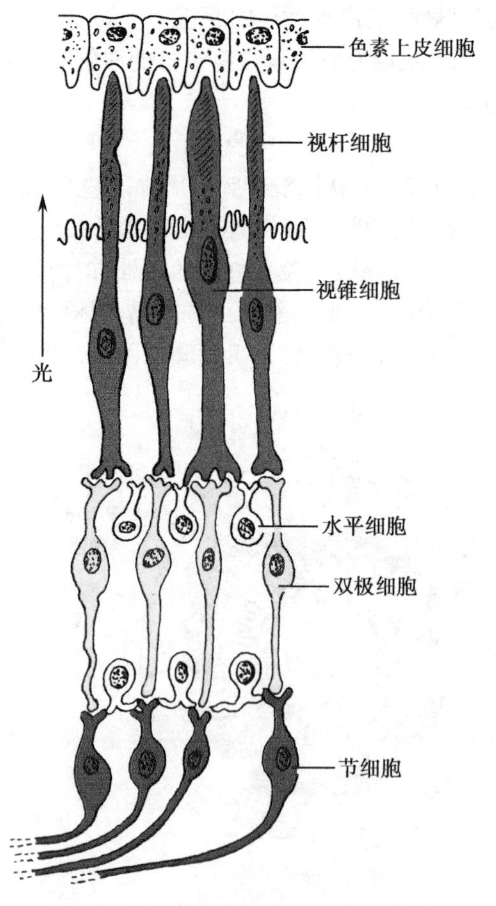

图 10-4 视网膜神经细胞示意图

4. 视杆细胞的光化学反应与换能 视杆细胞的感光色素是视紫红质,在光照下被分解为视黄醛和视蛋白,在暗处又可重新合成为视紫红质。

$$\text{视紫红质} \underset{\text{暗光}}{\overset{\text{光}}{\rightleftharpoons}} \text{视黄醛+视蛋白}$$

$$\uparrow$$

$$\text{维生素 A}$$

在暗处视紫红质的合成大于分解,视杆细胞中的视紫红质含量较高,以增强视网膜对弱光的敏感度;相反的,在亮处视紫红质分解大于合成。视紫红质在分解和合成过程中,一部分视黄醛被消耗,需要由血液中的维生素A来补充。若体内缺乏维生素A,视紫红质合成减少,会引起暗视觉障碍,称为夜盲。

5. 暗适应与明适应　人从光亮处进入暗处时,最初看不清任何物体,经过一定时间后,逐渐恢复暗视觉的现象,称为暗适应,其实质是视紫红质恢复的过程。相反从暗处突然进入到强光时,最初只感到强光耀眼,看不清物体,稍待片刻又恢复了明视觉的现象,称为明适应,是由于大量视紫红质分解的结果。

(二)眼球内容物

包括房水、晶状体和玻璃体。这些结构均无血管分布,无色透明,具有屈光作用,与角膜共同构成眼的屈光系统。

1. 房水　由睫状体产生的无色透明的液体,充满于眼房内。眼房为眼球内角膜和晶状体之间的空隙,被虹膜分为前房和后房,前、后房之间借瞳孔相通。

房水由睫状体产生,其循环途径如下:房水→后房→瞳孔→前房→虹膜角膜角→巩膜静脉窦→眼静脉。

房水不断循环更新,除屈光作用外,还可提供角膜和晶状体营养,并具有维持眼内压作用。如房水产生过多或回流障碍,导致眼内压增高,会影响视力,临床称为青光眼。

2. 晶状体　位于虹膜和玻璃体之间,呈双凸透镜状,无色透明,富有弹性,无血管和神经,晶状体周缘借睫状小带连于睫状体(见图10-2),睫状肌舒缩可调节晶状体的曲度。晶状体因发育异常、病变、创伤、老化或代谢障碍等原因而混浊,称为白内障。

3. 玻璃体　为无色透明的胶状体,充填于晶状体与视网膜之间,具有屈光、维持眼球形状、支撑视网膜的作用。

(三)眼折光系统的功能

1. 眼的折光系统与成像　眼的折光系统包括角膜、房水、晶状体和玻璃体。光线通过不同折光体发生多次折射,其中晶状体的折光力最大,又能改变凸度的大小,在眼成像中起着最重要的作用。眼折光成像的原理与凸透镜的成像原理基本相似,为便于理解,通常用简化眼来说明折光系统的成像功能(图10-5)。

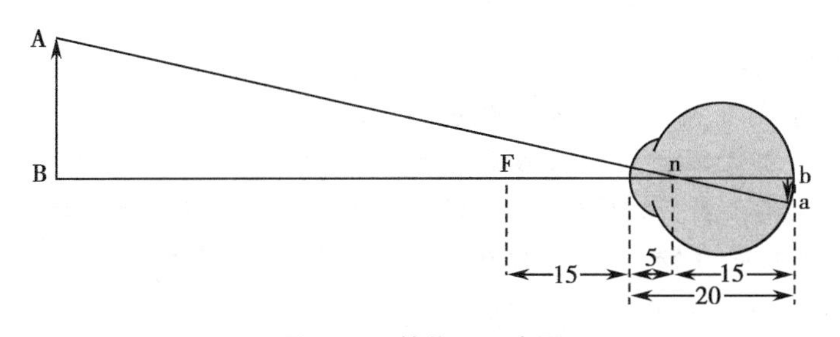

图10-5　简化眼示意图

单位为mm,n为节点,AnB和anb是相似三角形,如果物距已知,就可以由物体的大小(AB)计算出物像的大小(ab),也可算出两三角形对顶角(即视角)的大小

简化眼是一个人工设定的单球面折光体,眼内容物均匀,折光率为1.33,角膜的曲率半径为5mm,即节点n到前表面的距离,后主焦点在节点后15mm处,相当于视网膜的位置。这个模型与生理安静状态下的人眼一样,正好能使远处物体发出的平行光线聚焦在视网膜上,形成一个清晰的物像。

2. 眼的调节　眼在安静状态下看6m以外的远物时,物体发出的光线近似平行光线,经折射后正好成像在视网膜上,不需要调节即可看清物体。通常把眼在静息状态下所能看清物体的最远距离称为远点。看6m以内的近物时,由于距离移近,入眼光由平行变为辐散,经折射后聚焦在视网膜的后方,故不能在视网膜上清晰成像。为使6m以内的物体清晰成像,眼会发生相应的调节反应,使物像能够清晰地落在视网膜上。眼视近物时的调节反应包括晶状体变凸、瞳孔缩小和双眼球会聚三个方面。

(1) 晶状体的调节:视远物时,睫状肌松弛,睫状体拉紧睫状小带,晶状体呈扁平状,折光力减弱,远处物体成像在视网膜上。视近物时,物像后移,视网膜感光细胞感受到模糊的物像,反射性地引起副交感神经兴奋,睫状肌收缩,睫状小带松弛,晶状体由于自身的弹性回位而变凸,折光力增大,物像前移成像在视网膜上(图10-6)。

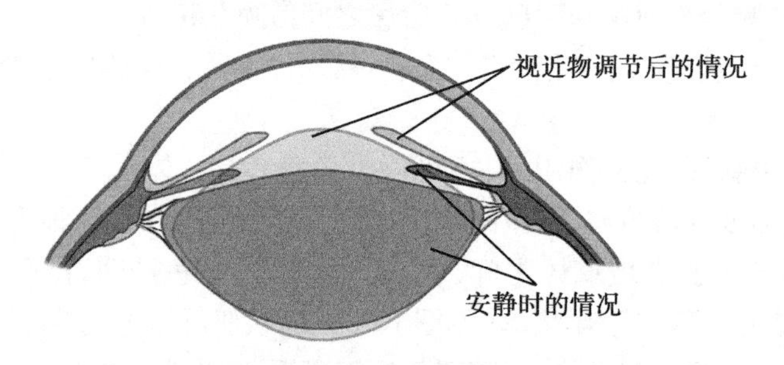

图10-6　晶状体和瞳孔的调节示意图

眼看近物时的调节能力是有限的,主要决定于晶状体的调节。通常把眼作最大调节所能看清物体的最近距离称为近点。近点越近,表示晶状体的弹性越好,调节能力越强。晶状体的弹性与年龄有关,年龄越大,晶状体弹性越差,眼的调节能力越弱。人一般在40岁以后调节能力显著减退,表现为近点远移,这种因年龄的增长原因引起晶状体弹性下降引起的看远物正常、看近物不清楚的情况,称为老视,即老花眼,可配戴凸透镜矫正。

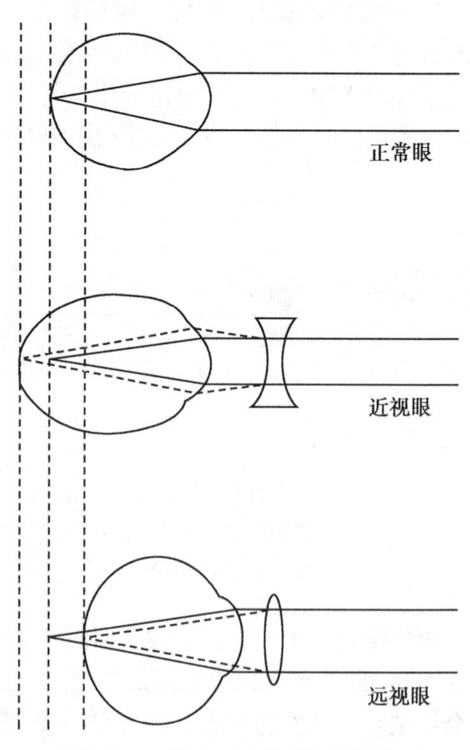

图10-7　眼的折光异常及其矫正

(2) 瞳孔的调节:正常人瞳孔的直径可变动于1.5~8.0mm。在生理状态下,有两种情况可改变瞳孔大小:一种是看近物体时,在晶状体凸度增大的同时,出现瞳孔缩小,称为瞳孔近反射或瞳孔调节反射。另一种情况是强光照射眼时,瞳孔缩小,在强光离开眼后则散大,瞳孔这种随光线强弱而改变大小的反应称为瞳孔对光反射。瞳孔对光反射的效应是双侧性的,即一侧眼被光照射,被照射眼瞳孔缩小的同时,另一侧眼的瞳孔也缩小。瞳孔对光反射的中枢在中脑,临床上常把它作为判断中枢神经系统病变部位、麻醉的深度和病情危重程度的重要指标。

(3) 双眼球会聚:当双眼看近物时,会出现两眼视轴同时向鼻侧会聚的现象，称为双眼球会聚。可使物体成像于双侧视网膜的对称点上，避免复视而产生清晰的视觉。

3. 眼的折光异常(屈光不正) 因折光能力异常或眼球的形态异常，在安静状态下平行光线不能在视网膜上聚焦成像，这种现象称为屈光不正(或称折光异常)，包括近视、远视和散光(图 10-7)。其主要原因和矫正方法(表 10-1)。

表 10-1 三种折光异常的比较

折光异常	产 生 原 因	矫正方法
近视	眼球前后径过长，折光力过强，成像于视网膜之前	配戴凹透镜
远视	眼球前后径过短，折光力过弱，成像于视网膜之后	配戴凸透镜
散光	角膜经纬线曲率半径不一致，不能在视网膜上清晰成像	配戴圆柱形透镜

二、眼副器

包括眼睑、结膜、泪器和眼球外肌等，对眼球具有保护、运动和支持作用。

(一) 眼睑

眼睑俗称眼皮，可分为上睑和下睑，上、下睑之间的裂隙称为睑裂，睑裂内、外侧端分别称为内眦和外眦。上、下睑的前缘生有睫毛，睫毛根部有睫毛腺，该腺的急性炎症称为睑腺炎。

眼睑具有保护眼球使其免受外伤或强光刺激的作用，并协助瞳孔调节进入眼内的光线。

(二) 结膜

结膜为衬于眼睑的内表面及覆盖于巩膜表面的一层薄而透明富有血管的黏膜，分为睑结膜、球结膜和结膜穹三部分(图 10-8)。

(三) 泪器

泪器包括泪腺和泪道(图 10-9)。

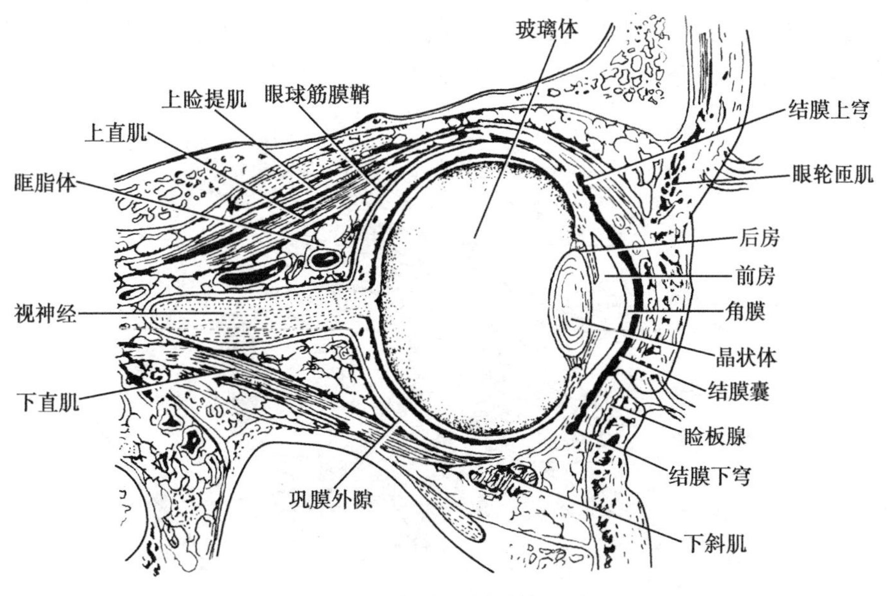

图 10-8 右眼眶(矢状切面)

1. 泪腺 位于眶的前上外侧的泪腺窝内，其分泌的泪液有冲洗进入结膜囊内的异物，润滑角膜和杀菌作用。

2. 泪道 由泪点、泪小管、泪囊和鼻泪管组成。由泪点开口于上、下睑缘内侧端，经泪小管、泪囊，于鼻泪管的末端开口于下鼻道的外侧壁。

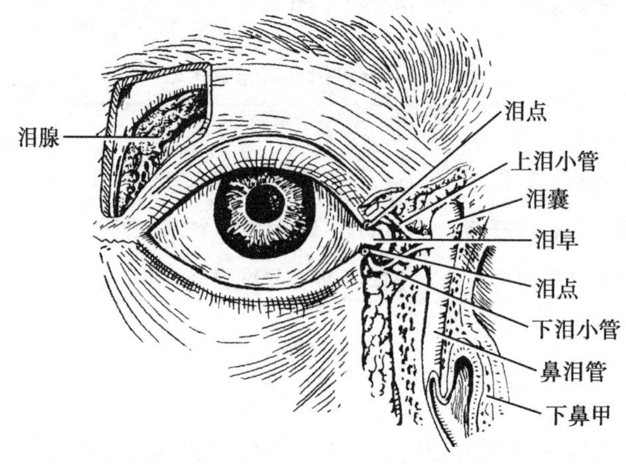

图 10-9 泪器

（四）眼球外肌

配布在眼球周围，共 7 块，均为骨骼肌（图 10-10）。提上睑肌收缩时提起上睑。上、下、内、外直肌收缩时分别使瞳孔转向上内、下内、内侧、外侧。上斜肌收缩时使瞳孔转向下外方；下斜肌收缩时使瞳孔转向上外方。眼球的正常运动，是以上各肌在神经系统的支配下，协同作用的结果。

三、眼的血管

眼的动脉主要是发自颈内动脉的眼动脉，伴视神经的外下方一起入眶。其重要分支为视网膜中央动脉。经视神经盘入视网膜，分为视网膜颞侧上、下动脉和视网膜鼻侧上、下动脉，分布于视网膜。眼的静脉主要有眼上、下静脉两支，收集整个眶内的静脉血，向后经眶上裂注入海绵窦，向前与面静脉吻合，形成颅内、外交通（见图 10-3）。

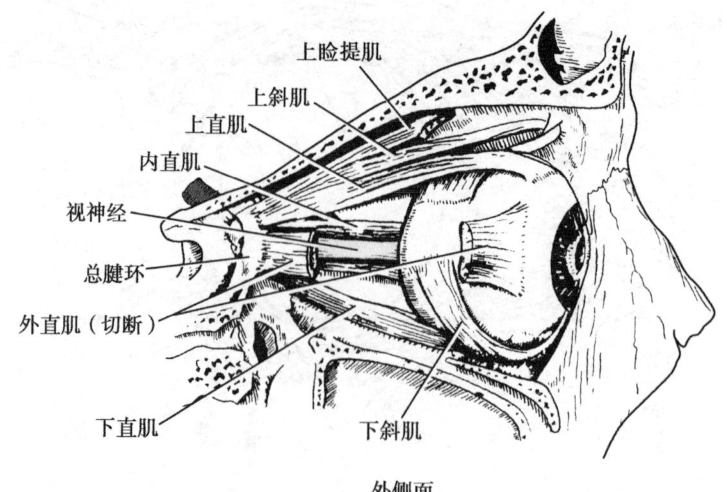

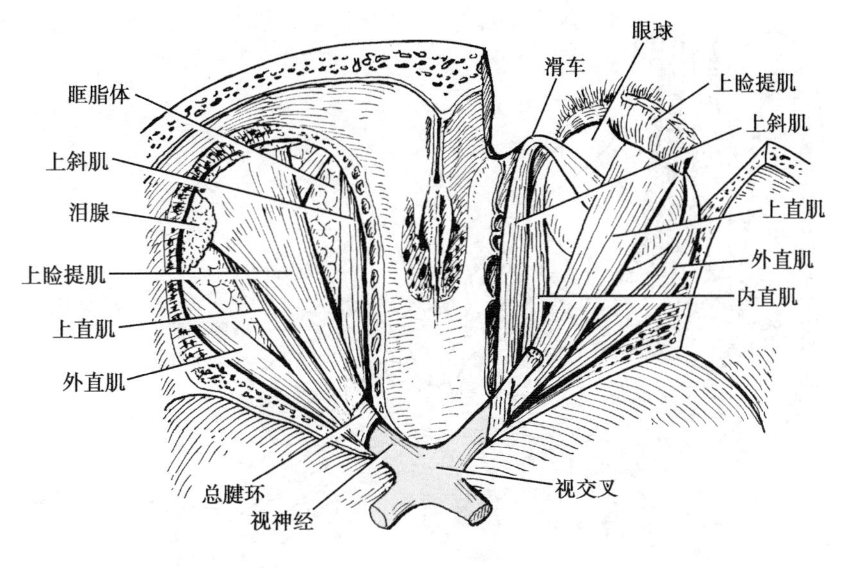

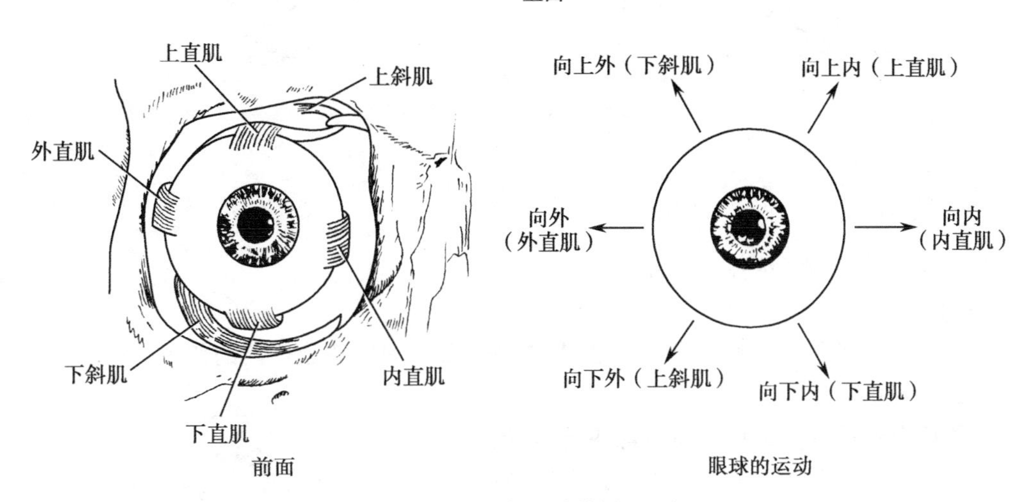

图 10-10 眼球外肌（外侧面观）

第二节 前 庭 蜗 器

前庭蜗器又称位听器，即耳，由外耳、中耳和内耳三部分组成。外耳和中耳是收集和传导声波的装置，内耳是位觉感受器和听觉感受器所在的部位（图 10-11）。

案例

某男，19 岁，与同学打闹时被对方一巴掌打在其右耳上，顿时，右耳像被针扎了一样，随即出现疼痛、头昏、耳鸣、堵塞感，右耳还伴有少量血液流出。随即到医院检查，确诊为外伤性右耳鼓膜穿孔。

请问：1. 气传导和骨传导的途径如何？

2. 声音是如何产生的？

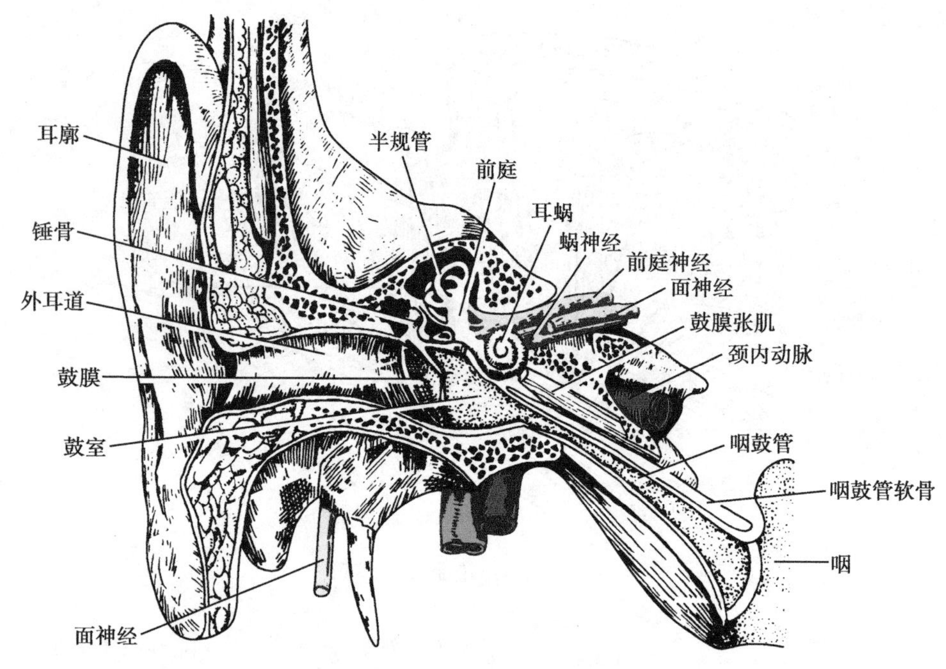

图 10-11 前庭蜗器

一、外耳

包括耳廓、外耳道和鼓膜三部分。

(一) 耳廓

耳廓位于头部两侧,以弹性软骨为支架,外被皮肤。具有收集声波的作用(图 10-12)。

(二) 外耳道

外耳道为外耳门至鼓膜之间的弯曲管道,成人长约 2.5cm。可分为外侧 1/3 的软骨部和内侧 2/3 的骨部,具有传递声波的功能。

外耳道皮下组织较少,皮肤紧贴骨膜和软骨膜,发生炎症时疼痛剧烈。

(三) 鼓膜

鼓膜位于外耳道底与中耳鼓室之间的椭圆形半透明的薄膜。中心向内凹陷,称为鼓膜脐;上 1/4 薄而松弛,称为松弛部;下 3/4 紧张而坚实,称为紧张部。其前下方有一三角形反光区,称为光锥(图 10-13)。

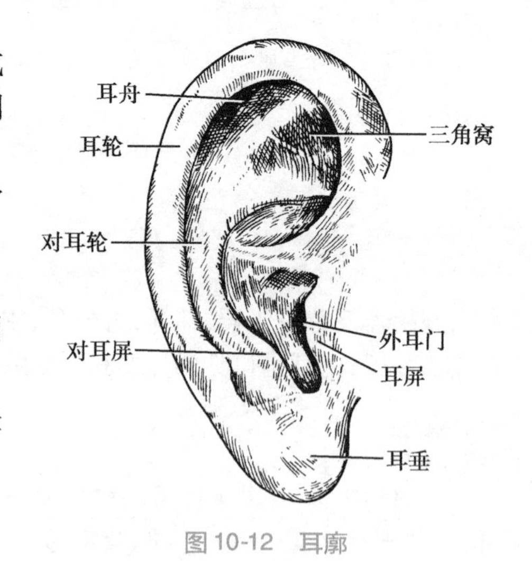

图 10-12 耳廓

二、中耳

中耳包括鼓室、咽鼓管、乳突窦和乳突小房。

(一) 鼓室

鼓室是颞骨岩部内的不规则含气小腔,位于鼓膜与内耳外侧壁之间。鼓室内有 3 块听

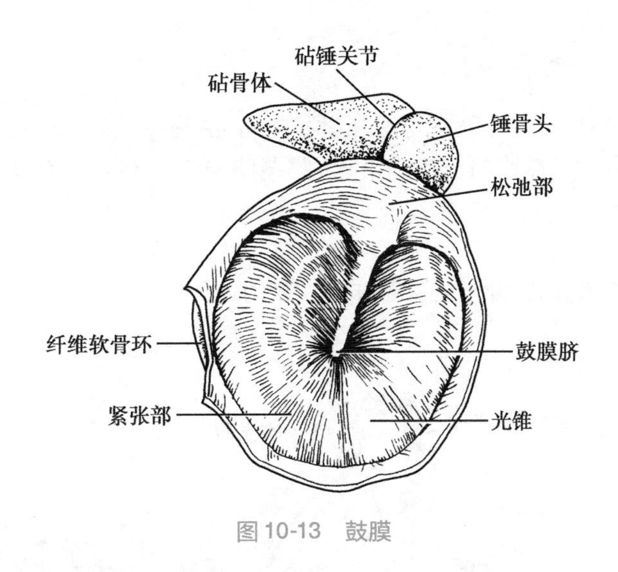

图 10-13 鼓膜

小骨，由外至内依次为锤骨、砧骨和镫骨(图 10-14)。3 块听小骨以关节连成听骨链，通过 3 块听小骨的连续运动，将声波从鼓膜传到内耳前庭窗。

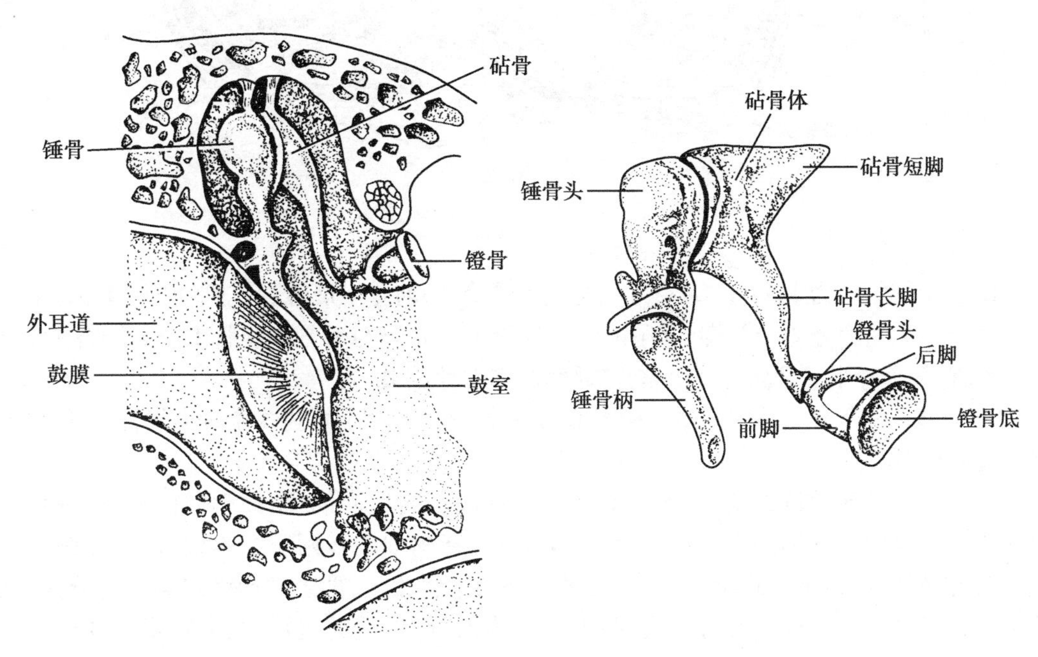

图 10-14 听小骨

(二) 咽鼓管

咽鼓管为连通鼓室与鼻咽部之间的一个斜向内下方的扁管。其功能是使鼓室内气压与外界相同，以保持鼓膜的正常功能(见图 10-11)。

(三) 乳突窦和乳突小房

乳突窦为连接于鼓室与乳突小房之间的腔隙，向前开口于鼓室；乳突小房为颞骨乳突内的许多互相交通的蜂窝状含气小腔，借乳突窦与鼓室相通。其内面覆有黏膜，并与鼓室黏膜相连续，故中耳炎可蔓延成乳突炎。

三、内耳

内耳位于颞骨岩部内，中耳鼓室与内耳道底之间，由构造复杂的管腔组成，故又称迷路，包括骨迷路和膜迷路。膜迷路内充满内淋巴，膜迷路与骨迷路之间有外淋巴，内、外淋巴互不相通。

（一）骨迷路

由相互连通的骨半规管、前庭和耳蜗组成（图 10-15）。

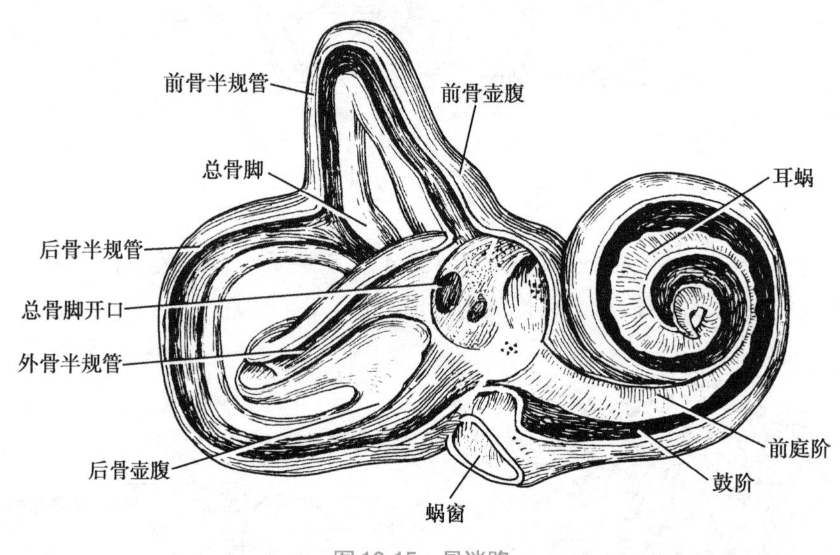

图 10-15 骨迷路

1. 骨半规管　为 3 个呈"C"形互相垂直的骨管，即前骨半规管、后骨半规管和外骨半规管。每个骨半规管有 2 个骨脚，其中前骨半规管 1 个骨脚与后骨半规管 1 个骨脚合并成 1 个总骨脚，每个骨半规管均有一个单骨脚膨大，称为骨壶腹。

2. 前庭　位于骨迷路中部略呈椭圆形的腔隙，其通耳蜗。后通 3 个骨半规管，外侧壁上有前庭窗和蜗窗。

3. 耳蜗　位于前庭的前方，形似蜗牛壳。蜗底朝向后内侧，蜗顶朝向前外侧，蜗顶与蜗底之间为蜗轴。耳蜗是由蜗螺旋管（骨蜗管）环绕蜗轴旋转两圈半构成，以盲端终于蜗顶；蜗轴向蜗管内伸出骨螺旋板，后者与膜迷路的蜗管相连，两者共同将蜗螺旋管分为上、下两部，上部称前庭阶，向后通前庭窗；下部称为鼓阶，向后通蜗窗，两者在蜗顶处经蜗孔相通（图 10-17）。

（二）膜迷路

由椭圆囊、球囊、膜半规管和蜗管组成。

1. 椭圆囊和球囊　位于前庭内，椭圆囊在后上方，球囊在前下方，两者之间借椭圆球囊管相连。两囊的壁内分别有椭圆囊斑和球囊斑（图 10-16），均为位置觉感受器，能感受直线变速运动的刺激。

2. 膜半规管　套在 3 个骨半规管内，与骨半规管同名，每个骨壶腹内均有一个膨大的膜壶腹，膜壶腹壁上有隆起的壶腹嵴（图 10-16），是位置觉感受器，能感受旋转变速运动的刺激。

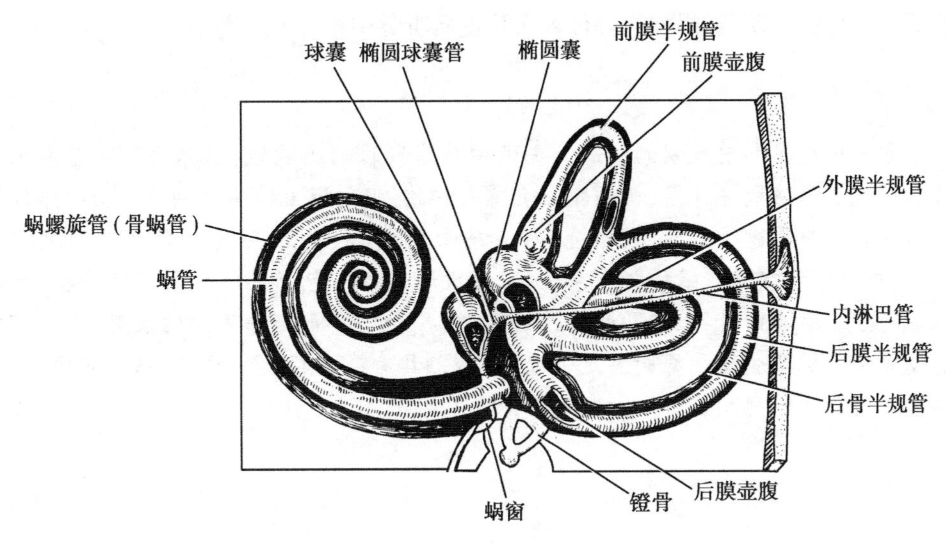

图 10-16 内耳模式图

3. 蜗管 位于耳蜗内,其顶端为盲端,下端以连合管与球囊相通。横切面上呈三角形,位于前庭阶和鼓阶之间。膜螺旋板又称蜗管鼓壁,由螺旋膜(基底膜)构成,上有螺旋器,又称 Corti 器,为听觉感受器(图 10-17)。

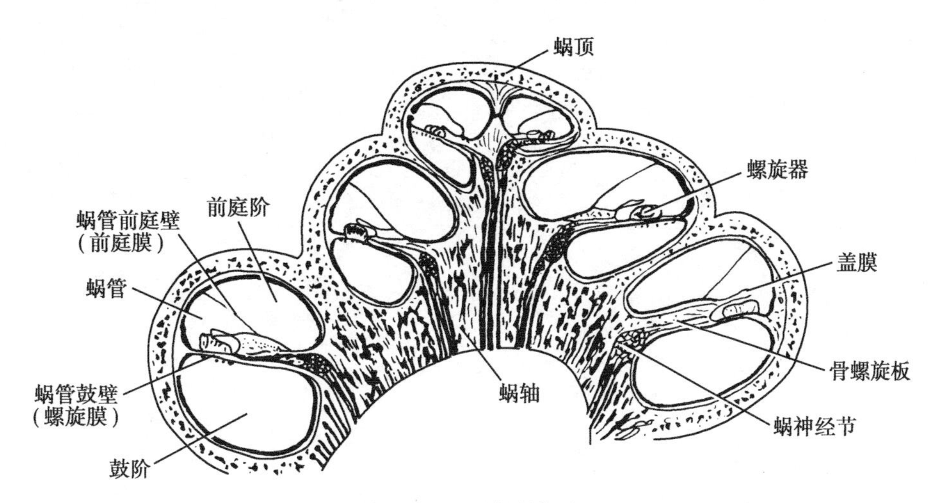

图 10-17 耳蜗轴切面

四、声波传入内耳的途径

声波传入内耳的途径可分为空气传导和骨传导,正常情况下以前者为主。

(一)空气传导

声波→外耳道→鼓膜→听骨链(锤骨→砧骨→镫骨)→前庭窗→前庭阶外淋巴(振动)→前庭膜→蜗管内淋巴(振动)→螺旋膜(基底膜)→螺旋器(产生神经冲动)→蜗神经→大脑皮质听觉中枢→听觉。

(二)骨传导

声波引起的振动经颅骨(包括骨迷路)传入,使耳蜗内的淋巴液产生波动,刺激基底膜上的螺旋器产生神经冲动，经蜗神经等传入大脑皮质听觉中枢，产生听觉。

本章小结

感觉器由视器和前庭蜗器组成。①眼由眼球和眼副器构成，眼球由眼球壁和眼球内容物构成。眼球壁分3层，视网膜上有感光细胞，视网膜上的感光细胞包括视锥细胞和视杆细胞。前者感受强光，能辨色；后者感受弱光，无色觉；眼球内容物包括晶状体等，它们与角膜一起构成眼的折光系统，眼视近物的调节包括晶状体的调节、瞳孔缩小和眼球会聚。②耳由外耳、中耳和内耳组成，外耳和中耳是传导声波的装置；内耳有听觉感受器和位觉感受器。螺旋器是听觉感受器，具有感音换能的作用；椭圆囊斑、球囊斑和壶腹嵴是位觉感受器，维持机体平衡。

（马 鸣）

目标测试

思考题

1. 简述房水的产生、循环途径及生理作用。
2. 光线射到视网膜要依次经过哪些结构？

第十一章　生命活动的调节

学习目标

1. 掌握：神经系统的常用术语；脊髓的位置、外形特点及内部结构；脑干的分部；大脑半球的分叶及主要沟、回；脑脊液的产生及循环途径；内分泌系统的组成；生长激素、甲状腺激素、糖皮质激素和胰岛素的生理作用；消化、呼吸和心血管系统功能活动的调节。
2. 熟悉：颈丛、臂丛、腰丛和骶丛的位置和主要分支；正中神经、尺神经、桡神经和腓总神经损伤后的临床表现；脑神经与脑的连接关系及损伤后的临床表现；交感神经和副交感神经的区别；激素的概念和分类；胃肠激素的作用。
3. 了解：脑干、小脑、间脑的位置和外形；脊神经的构成和分支；胸神经前支的分布特征；神经系统的传导通路；下丘脑与垂体的关系；甲状腺、甲状旁腺和肾上腺的位置、形态。

生命活动的调节主要有神经调节和体液调节。神经调节必须有神经系统参与，而体液调节的体液因子主要由内分泌系统产生。

第一节　神 经 系 统

一、概述

（一）神经系统的分部

神经系统按部位分为中枢神经系统和周围神经系统两部分（图11-1）。中枢神经系统包括脑和脊髓，周围神经系统包括与脑相连的脑神经和与脊髓相连的脊神经。在周围神经系统中，按作用性质把分布于皮肤、运动系统的神经称为躯体神经，把分布于内脏、心血管、平滑肌和腺体的神经称为内脏神经。

（二）神经系统常用的术语

1. 灰质和白质　在中枢神经系统中，神经元的胞体和树突集中处色泽灰暗，称灰质；神经元的轴突集中处色泽白亮，称白质。在大、小脑，灰质主要集中在表层，又称皮质；在大、小脑的白质主要集中在深层，又称髓质。

2. 神经核和神经节　由形态和功能相同的神经元胞体聚集成的团块，在中枢神经系统，称神经核；在周围神经系统，称神经节。

3. 纤维束和神经　在中枢神经系统，起止和功能基本相同的神经纤维集合成束，称纤

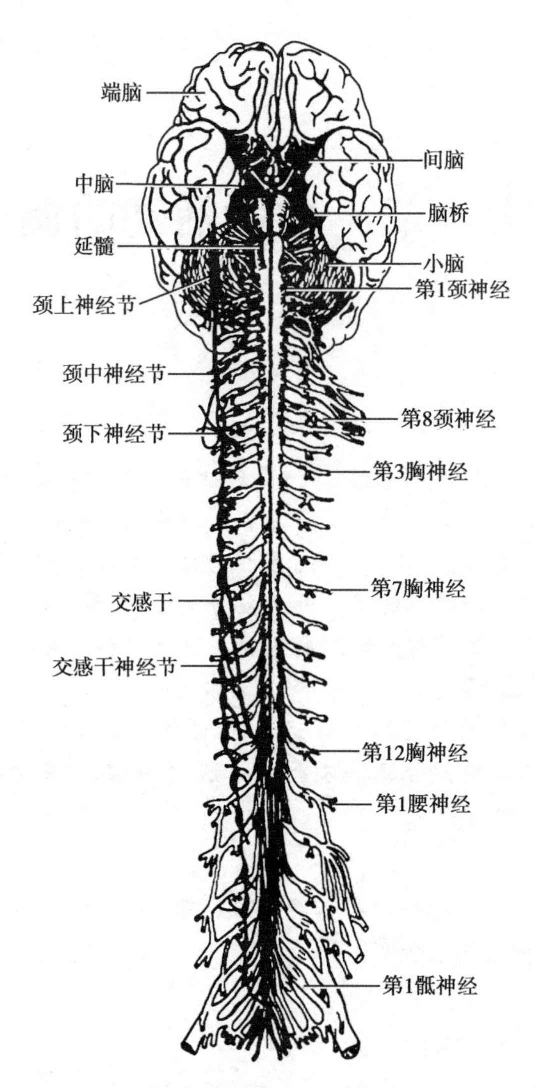

图11-1 神经系统的构成

维束;在周围神经系统,神经纤维聚集成条索状,称神经。

神经系统常用的术语

4. 网状结构 在中枢神经系统内,由灰质和白质混杂而成的部位,即神经纤维交织成网,灰质团块散在其中的结构,称网状结构。

二、中枢神经系统

(一)脊髓

1. 脊髓的位置与外形 脊髓位于椎管内,上端于枕骨大孔处与延髓相连,下端成人平第1腰椎体下缘,新生儿则平第3腰椎体下缘。

成人脊髓长约42~45cm,呈细长而前后略扁的圆柱形,全长有两处膨大部,上部称颈膨大,下部称腰骶膨大。脊髓末端变细呈圆锥状,称脊髓圆锥,其向下延续的细丝,称终丝(图11-2)。

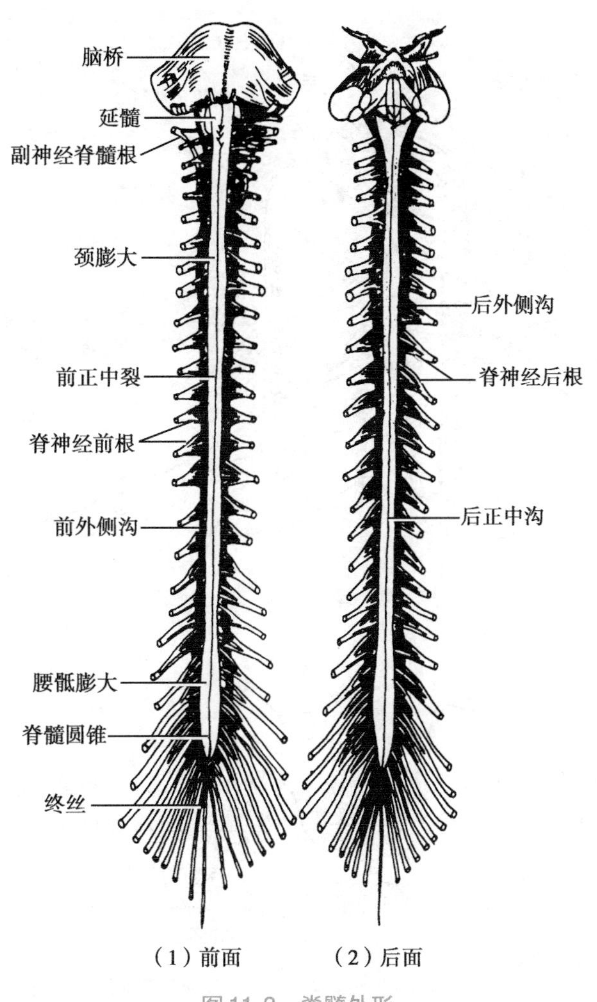

图 11-2 脊髓外形

脊髓表面前、后正中线上，各有一条纵贯其全长的沟，分别称为前正中裂和后正中沟。在前正中裂两侧，各有一条前外侧沟；在后正中沟两侧，各有一条后外侧沟。前、后外侧沟分别有脊神经前、后根的根丝相连（图 11-3）。每个节段的前、后根丝分别聚合成脊神经的前、后根，再于椎间孔处合成脊神经，共形成 31 对脊神经，脊神经后根在近椎间孔处有一椭圆形膨大，称脊神经节，主要由感觉神经元胞体组成。

脊髓两侧连有 31 对脊神经，与每一对脊神经相连的一段脊髓，称一个脊髓节段。因此，共有 31 个脊髓节段，即颈髓 8 节（C_1 ~ C_8）、胸髓 12 节（T_1 ~ T_{12}）、腰髓 5 节（L_1 ~ L_5）、骶髓 5 节（S_1 ~ S_5）和尾髓 1 节（C_0）。

2. 脊髓的内部结构　脊髓左右两侧基本对称，中央有中央管，中央管周围是略呈“H”状的灰质，其周围是白质（图 11-4）。

考点提示

脊髓前后角的神经元

（1）灰质：纵贯脊髓全长，呈 H 形围绕在中央管周围。每一侧灰质分别向前方和后方伸出前角（柱）和后角（柱）。前角主要由运动神经元的胞体构成；后角主要由联络神经元胞体构成。在脊髓的第 1 胸节至第 3 腰节的前、后角之间还有向外侧突出的侧角（柱），内含交感神经元，是交感神经的低

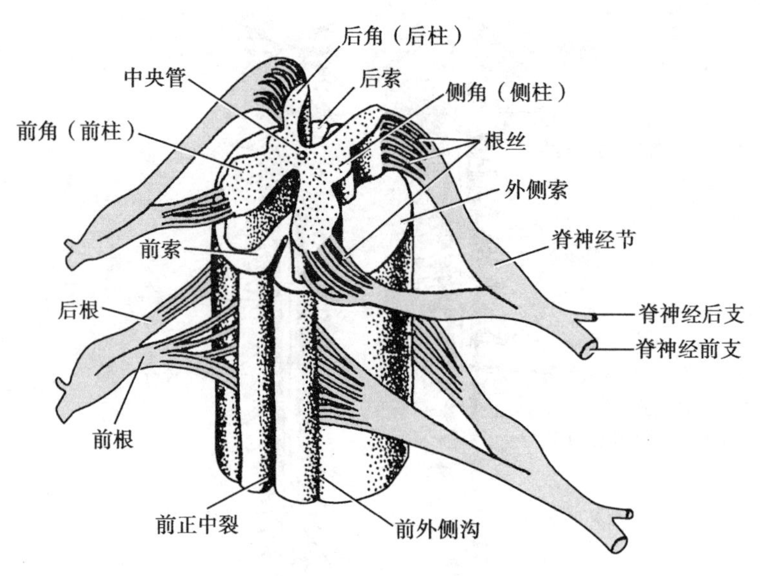

图 11-3 脊髓立体结构示意图

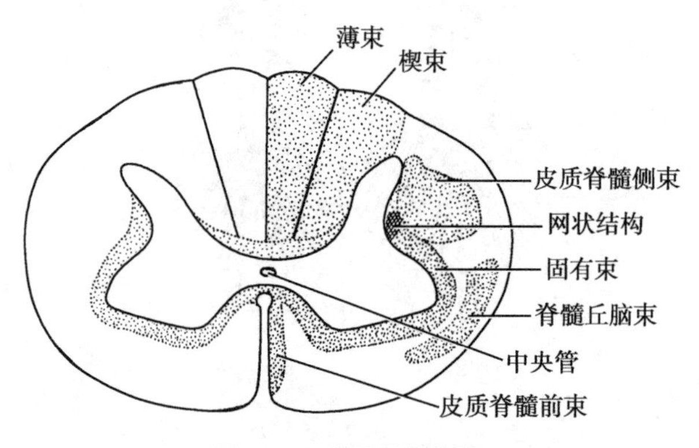

图 11-4 脊髓的横断面

级中枢，侧角发出的轴突加入前根，支配平滑肌、心肌和腺体等。此外，脊髓 $S_2 \sim S_4$ 节段前、后角之间有不甚突出的部分，内含骶副交感核，是副交感神经的低级中枢。

知识链接

脊髓灰质炎

脊髓灰质炎（又称小儿麻痹症）是一种由病毒引起、传播广泛且对儿童健康危害很大的急性传染病。病变部位主要位于脊髓灰质前角，故只表现肢体运动障碍，而感觉功能正常。

（2）白质：每侧脊髓的白质被表面的沟裂分为 3 个部分：后正中沟与后外侧沟之间的为后索；前、后外侧沟之间的为外侧索；前正中裂与前外侧沟之间的为前索。每个索都由若干上、下行的纤维束构成（图 11-4）。

3. 脊髓的功能

（1）传导：脊髓通过上行纤维束，把躯干、四肢的各种感觉冲动传至脑；通过下行纤维束,将脑发出的各种运动冲动传给前角、侧角,再经脊神经的穿出神经支配效应器。

(2) 反射:脊髓是某些内脏活动如排尿、排便、发汗、血管舒缩等的初级中枢。临床上观察到,脊髓与高位中枢离断的患者,由于脊髓失去高位脑中枢的控制,其反射活动暂时丧失,称脊休克。在脊休克过去以后,血管张力反射、发汗反射、排尿反射、排便反射以及勃起反射等均有一定程度的恢复,说明脊髓中枢可以完成一些基本的内脏调节反射活动。但这种反射调节功能只是初级的,如果没有高位脑中枢的调控,这些反射是不能很好适应正常生理功能需要的。如高位截瘫患者,虽然排便、排尿反射能发生,但不受意识控制,临床上称为大、小便失禁。

(二) 脑

1. 脑的组成与位置 脑位于颅腔内,可分为端脑、间脑、小脑和脑干4部分(图11-5),成人脑重约1400g。

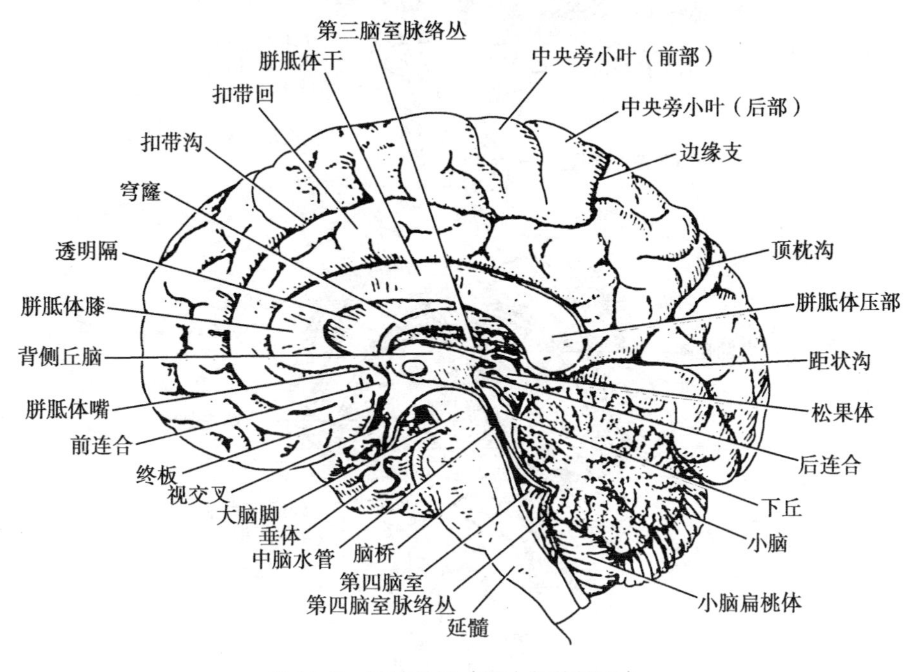

图11-5 脑的外形(正中矢状切面)

(1) 脑干:上接间脑,下在枕骨大孔处续于脊髓,背侧与小脑相连。脑干自下而上分为延髓、脑桥和中脑3部分(图11-6)。

1) 延髓:位于脑干的最下部,腹侧面正中有与脊髓相续的前正中裂,其两侧各有一个纵行隆起,称锥体,锥体的下方形成锥体交叉。背侧面下部的后正中沟两侧可见两对隆起,内侧的称薄束结节,内有薄束核;外侧的称楔束结节,内有楔束核。

2) 脑桥:位于延髓的上部,借横行的延髓脑桥沟分界。脑桥腹侧面宽阔而膨隆,称脑桥基底部。基底部正中有一纵行浅沟,称基底沟,有基底动脉通过。在延髓背侧面的上部和脑桥背侧面共同形成菱形凹陷,称菱形窝,构成第四脑室底,与后方的小脑围成第四脑室。

3) 中脑:位于脑干的最上部,腹侧面有两个粗大的纵行柱状结构,称大脑脚,两脚之间的凹窝,称脚间窝。背面有两对隆起称为四叠体,由一对上丘和一对下丘构成,分别与视觉、听觉的传导、反射等有关。脑干外侧逐渐变窄,借小脑脚与背侧的小脑相连。中脑内有一狭

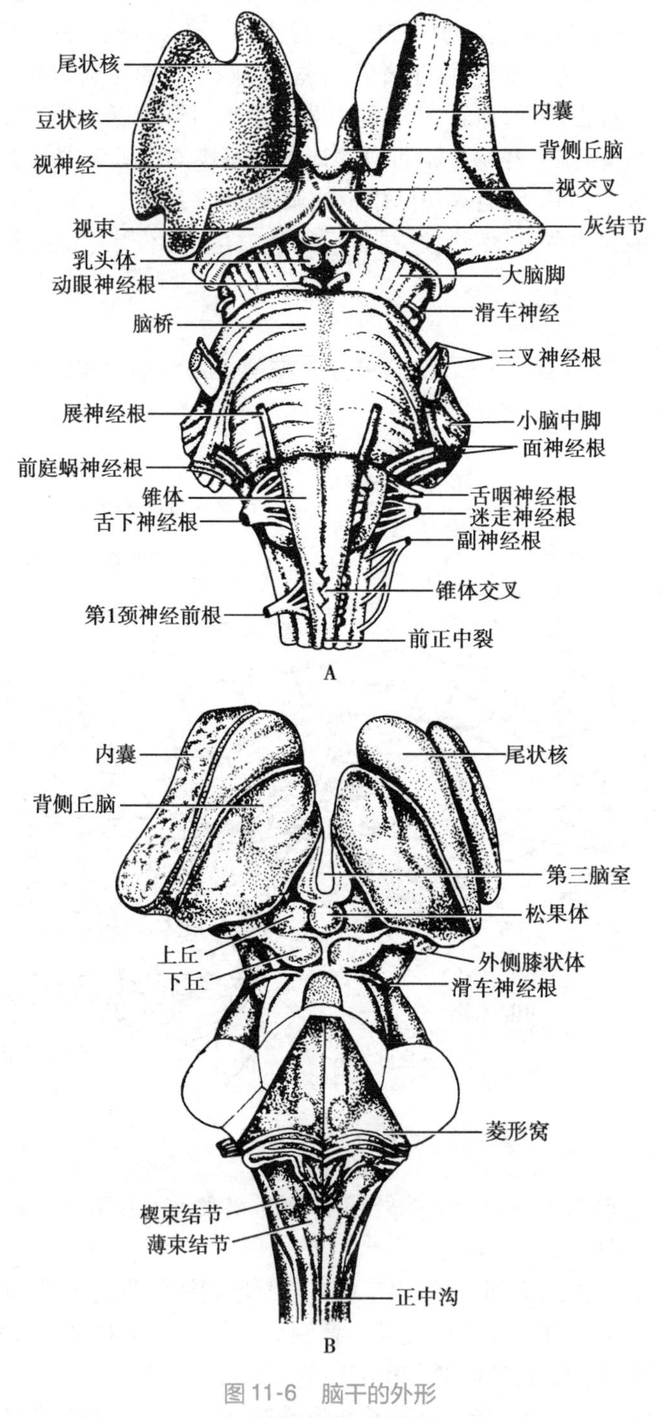

图 11-6 脑干的外形

A. 腹侧面;B. 背侧面

窄的管道,称中脑水管。

12 对脑神经中有 10 对连于脑干(图 11-6),其中与中脑相连的有动眼神经和滑车神经;与脑桥相连的有三叉神经、展神经、面神经和前庭蜗神经;与延髓相连的有舌咽神经、迷走神经、副神经和舌下神经。滑车神经是唯一的一对自脑干背面穿出的脑神经。

（2）小脑：位于颅后窝，脑干背面、端脑枕叶下方（图 11-5）。小脑两侧膨大，称小脑半球，中间窄细，称小脑蚓。小脑半球下面近枕骨大孔处膨出部分，称小脑扁桃体（图 11-7）。

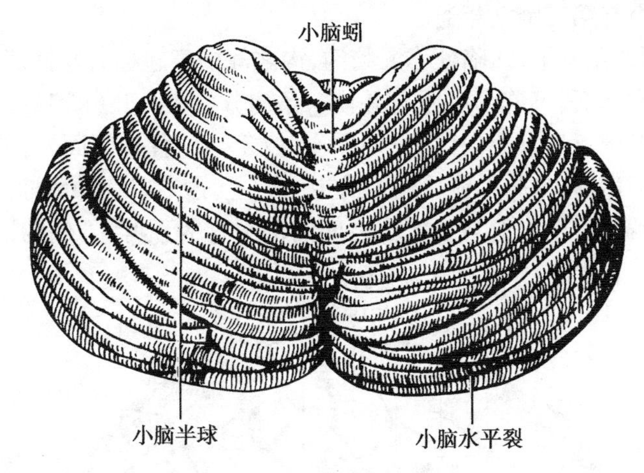

A. 背侧面

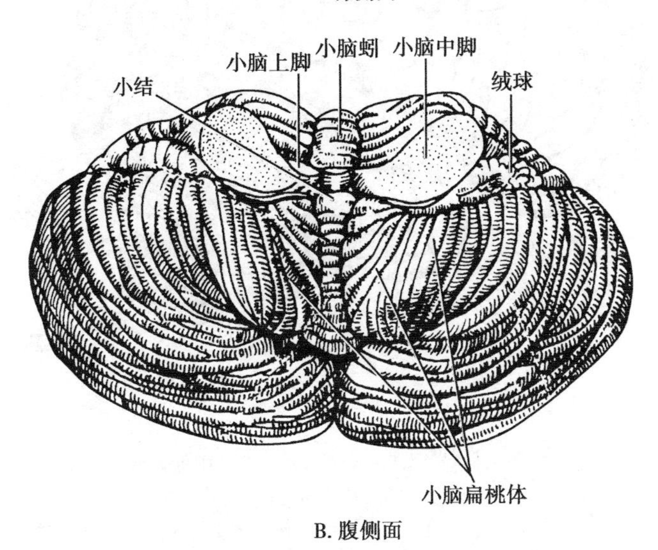

B. 腹侧面

图 11-7 小脑外形

第四脑室是位于延髓、脑桥与小脑之间的腔隙，呈四棱锥状，其底即菱形窝，顶朝向小脑，向上借中脑水管与第三脑室相通，向下续脊髓中央管，并借一个正中孔和两个外侧孔与蛛网膜下隙相通。

（3）间脑：位于中脑上方，大部分被端脑掩盖，包括背侧丘脑和下丘脑（图 11-5）。间脑正中有矢状位的腔隙为第三脑室，经室间孔与侧脑室相通，向后下经中脑水管通第四脑室。

1）背侧丘脑：简称丘脑，为间脑最大的部分，由位于第三脑室左、右两侧的两个卵圆形灰质块构成，其后部外下方，各有一对隆起，为内侧膝状体和外侧膝状体，分别与听觉冲动和视觉冲动的传导有关。

2）下丘脑：位于间脑的前下部，包括视交叉、灰结节、漏斗、脑垂体和乳头体（图 11-5）。

（4）端脑：是脑的高级部分，由左、右大脑半球，借胼胝体连接而成。两侧大脑半球之间为大脑纵裂，纵裂底部为连接两侧半球的胼胝体。左右大脑半球内部的空腔，分别称为左、右侧脑室，借室间孔与第三脑室相通。

大脑半球表面凹凸不平，凹陷处称大脑沟，沟之间的隆起称大脑回。每侧大脑半球分为背外侧面、内侧面和下面（又称为底面），并借3条沟分为5个叶（图11-8）。中央沟，位于半球背外侧面，自上缘中点后方走向前下；外侧沟，位于半球背外侧面，自前下走向后上；顶枕沟，位于半球内侧面后部，自胼胝体后端稍后走向后上，达半球背外侧面。外侧沟以上，中央沟以前的部分称为额叶；中央沟与顶枕沟之间的部分称为顶叶；外侧沟以下部分称为颞叶；

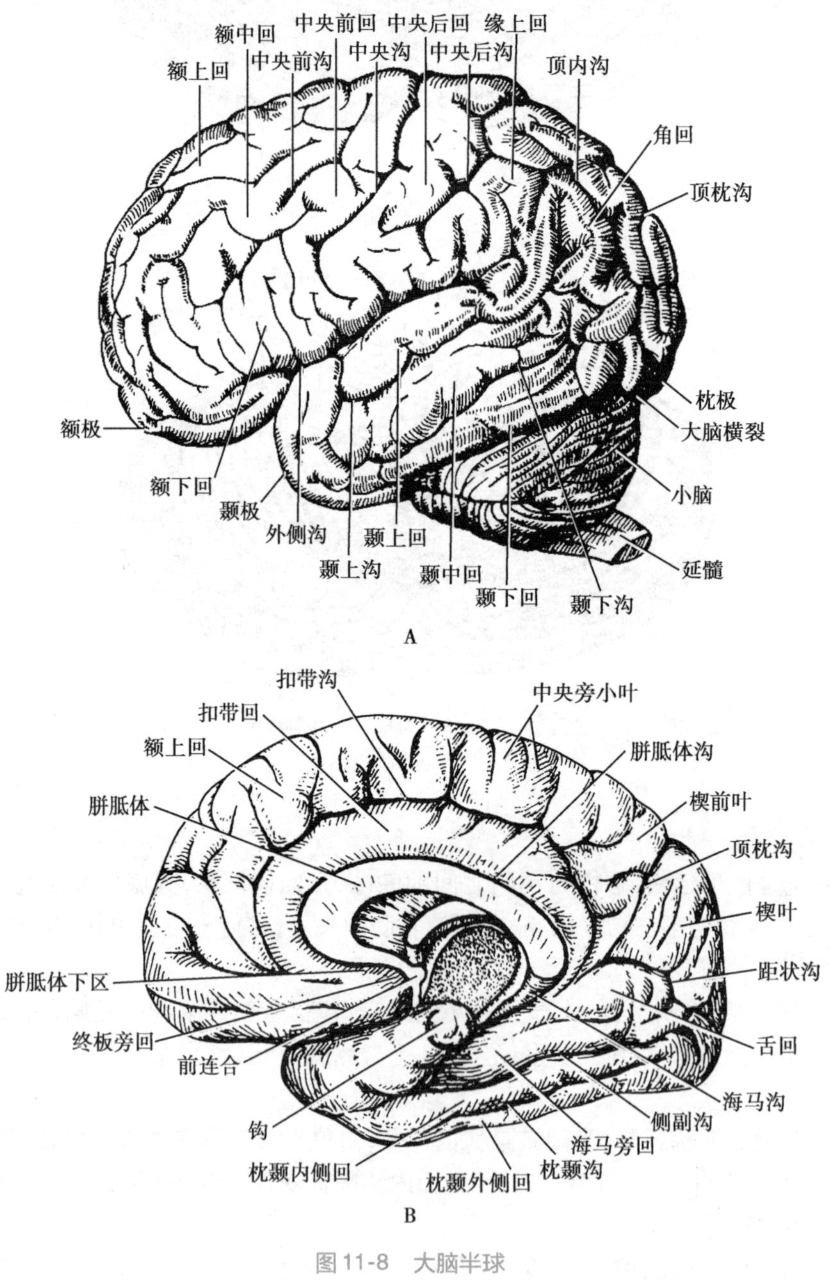

图11-8　大脑半球

A. 背外侧面；B. 内侧面

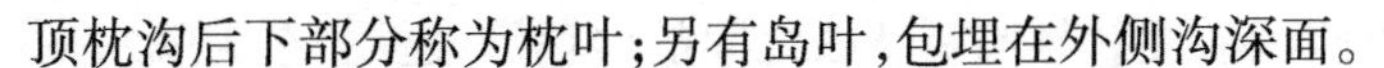

顶枕沟后下部分称为枕叶；另有岛叶，包埋在外侧沟深面。

2. 脑的内部结构及主要功能　脑由灰质、白质构成。大脑皮质与小脑、脊髓之间通过相互联系的上、下行纤维束进行信息传递。

（1）脑干

1）白质和灰质：脑干的白质由若干纤维束构成，包括内侧丘系、脊髓丘系、三叉丘系等上行纤维束，皮质脊髓束和皮质核束下行纤维束，且大多数都在此处有交叉。并将其中的灰质分散成许多团块状，称神经核，包括与脑神经相连脑神经核和具有传导冲动作用的非脑神经核。脑干内存在还有许多反射中枢，中脑内有瞳孔对光反射中枢，脑桥内有呼吸调整中枢和角膜反射中枢，延髓内有心血管中枢和呼吸中枢等（称为“生命中枢”），可完成相应反射活动。

2）脑干网状结构：具有维持大脑皮质觉醒、调节骨骼肌张力和调节内脏活动等功能。

（2）间脑：背侧丘脑被“Y”形的白质髓板分隔为前核群、内侧核群和外侧核群。其中，外侧核群腹侧后部的核群称腹后核，为全身深、浅感觉的中继核。

下丘脑是调节内脏活动的高级中枢。具有调节体温、摄食、水平衡、内分泌、情绪反应和生物节律等作用。具体表现为：

1）体温调节：视前区-下丘脑前部有温度敏感神经元，既能感受温度变化，也能整合传入的温度信息，使体温保持相对稳定。

2）水平衡调节：下丘脑通过调节水的摄入和排出，来维持机体水的平衡。①下丘脑能调节饮水行为。②视上核、室旁核合成和释放抗利尿激素，实现对肾排水量的调节。③下丘脑前部有渗透压感受器，能按血液的渗透压调节抗利尿激素的分泌。

3）摄食行为调节：下丘脑外侧区存在摄食中枢，腹内侧核存在饱中枢，两中枢相互制约，饱中枢的活动加强时可抑制摄食中枢的活动。若饱中枢损伤时，对摄食中枢的抑制作用减弱，食欲增加，摄食量增大，导致肥胖。

4）对腺垂体和神经垂体激素分泌的调节：下丘脑神经内分泌细胞能合成下丘脑调节肽，调节腺垂体激素的分泌（详见第二节内分泌系统）。

（3）小脑：小脑浅层的灰质，又称皮质；深层的白质，又称髓质。在小脑髓质中含有数对神经核，称小脑核。小脑的功能可维持身体的平衡、调节骨骼肌的紧张度、协调肌群的随意运动。

（4）端脑：

1）灰质（皮质）：在大脑皮质的不同部位，机体各种功能活动的最高级中枢与大脑皮质上具有定位关系，形成许多重要的中枢，称大脑皮质的功能定位。①第Ⅰ躯体运动区：位于中央前回和中央旁小叶前部，管理全身骨骼肌的随意运动。②第Ⅰ躯体感觉区：位于中央后回和中央旁小叶后部，接受全身的深、浅感觉。③视区：位于枕叶内侧面距状沟两侧的皮质。④听区：位于颞横回。⑤语言中枢：人类语言中枢高度发达。听觉性语言中枢，又称听话中枢，位于颞上回后部；运动性语言中枢，又称说话中枢，位于颞下回后部；视觉性语言中枢，又称阅读中枢，位于角回；书写中枢，位于颞中回后部。

2）白质（髓质）：大脑髓质中的纤维束可分3类：①联络纤维：在同侧大脑半球内走行，在半球各叶、回之间传递信息。②连合纤维：联系左、右大脑半球，主要为胼胝体。③投射纤维：联系大脑皮质与皮质下中

考点提示

内囊与三偏征

枢,集中形成内囊。内囊是位于背侧丘脑、尾状核与豆状核之间的白色纤维板。在大脑水平切面上,内囊呈“><”形(图 11-9),可分为内囊前肢、内囊膝和内囊后肢 3 部分。内囊前肢位于豆状核与尾状核之间;内囊后肢位于豆状核与背侧丘脑之间,主要有皮质脊髓束、丘脑皮质束、视辐射和听辐射等通过;前、后肢结合处称内囊膝,有皮质核束通过。

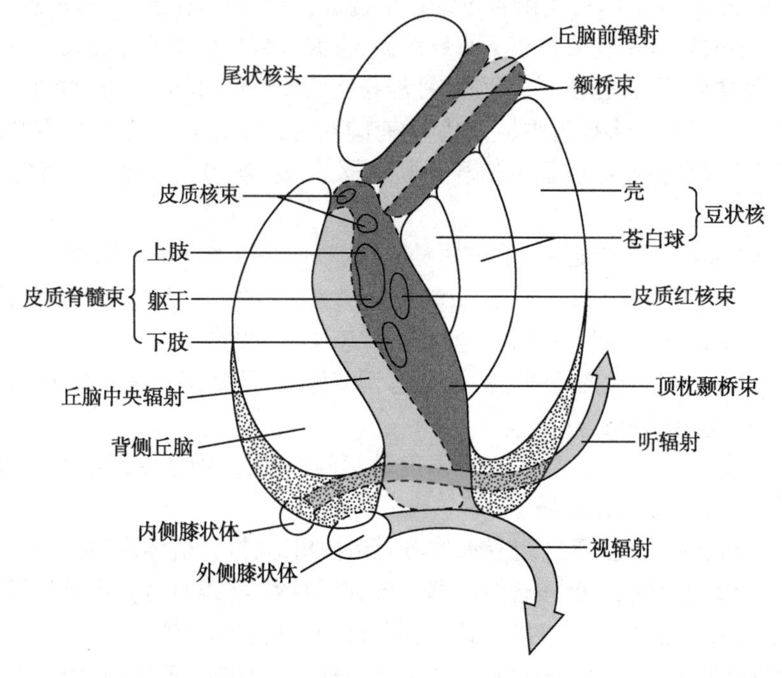

图 11-9 内囊示意图

3)神经核:在大脑的髓质内埋藏着的灰质团块,称基底核。基底核包括尾状核、豆状核和杏仁体等。豆状核位于背侧丘脑外侧,包括壳和苍白球;尾状核围绕在背侧丘脑、豆状核之间的周围,豆状核和尾状核合称纹状体,主要作用是调节肌张力和协调骨骼肌群运动。杏仁体连于尾状核尾部前端。

人的大脑除了能产生感觉、协调躯体运动和调节内脏活动外,还有一些更为复杂的高级功能,如语言、思维、学习和记忆、复杂的条件反射、睡眠等。这些高级功能主要属于大脑皮质的活动。条件反射是大脑皮质活动的基本形式。大脑活动时伴有生物电变化,可用于研究大脑皮质功能活动和临床检查。

知识链接

“三偏征”

常见的内囊损伤是出血,典型表现为“三偏”,即锥体束损伤引起的对侧四肢肌、睑裂以下表情肌、舌肌偏瘫,丘脑中央辐射损伤引起的对侧半身深浅感觉障碍,视辐射损伤引起的双侧视野同向偏盲。

(三)脑和脊髓的被膜、血管

1. 脑和脊髓的被膜 脑和脊髓由外向内分别被硬膜、蛛网膜、软膜包裹,对脑和脊髓起着保护、支持、营养等作用。

(1) 硬膜:为一层厚而坚硬的致密结缔组织膜。呈管状包绕脊髓的称硬脊膜,位于脑表面的称硬脑膜。硬脊膜上端附着于枕骨大孔边缘,与硬脑膜延续,下端附于尾骨。硬脊膜与椎管之间的狭窄腔隙,称硬膜外隙,硬膜外隙不与颅内相通,呈负压(图 11-10),其内除有脊神经根通过外,还有疏松结缔组织、脂肪、淋巴管和静脉丛等。硬膜外麻醉即将麻醉药注射入此间隙,以麻醉脊神经根,用以止痛。

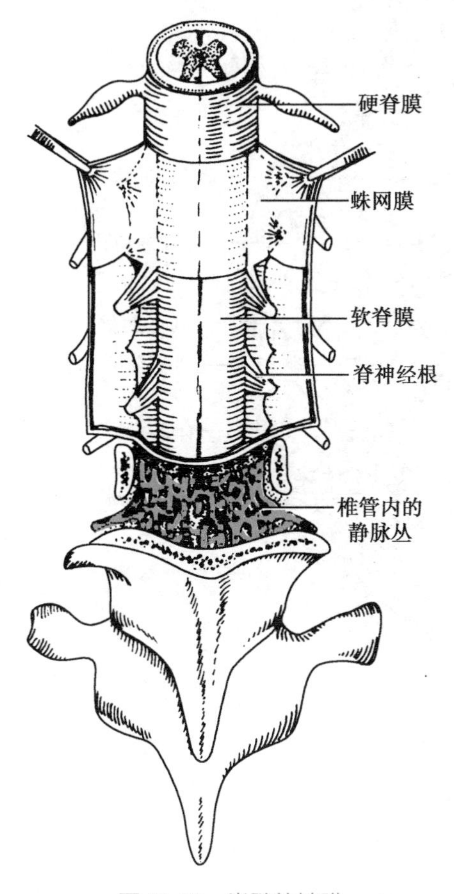

图 11-10 脊髓的被膜

硬脑膜由内、外两层构成。硬脑膜外层与颅盖骨结合疏松易分离,所以颅盖骨骨折常导致硬膜外血肿;而与颅底骨结合紧密,发生骨折时常常一并撕裂。内、外 2 层在特定部位分离,形成颅内特殊的静脉,称硬脑膜窦。

(2) 蛛网膜:脊髓蛛网膜为半透明无血管的薄膜,向上与脑蛛网膜相延续。蛛网膜与软膜间的腔隙,称蛛网膜下隙,脑和脊髓的蛛网膜下隙相通,都含脑脊液。蛛网膜下隙在脊髓下端至第 2 骶椎之间扩大,称终池,临床上常在此进行穿刺;蛛网膜下隙在小脑与延髓之间形成小脑延髓池。

脑蛛网膜在上矢状窦周围形成许多颗粒状突起,突入上矢状窦内,称蛛网膜粒。脑脊液通过蛛网膜粒渗入上矢状窦,这是脑脊液回流静脉的重要途径。

(3) 软膜:软膜很薄,富含血管和神经。软脑膜与软脊膜在枕骨大孔处相续,紧贴于脑和脊髓表面,并随着其沟、裂深入。软脑膜突入脑室内,其血管反复分支形成脉络丛,为产生脑脊液的部位。

2. 脊髓和脑的血管

(1) 脊髓的血管

1) 动脉:脊髓的动脉来源于椎动脉和节段性动脉。椎动脉发出脊髓前动脉、脊髓后动脉,沿脊髓表面下降,与肋间后动脉、腰动脉发出的阶段性动脉分支吻合成网,分支营养脊髓。

2) 静脉:汇集成脊髓前、后静脉,注入椎内静脉丛。

(2) 脑的血管

1) 脑的动脉:有颈内动脉和椎-基底动脉 2 个来源。①颈内动脉起自颈总动脉,入颅后的主要分支有大脑前动脉和大脑中动脉,供应大脑半球前 2/3 和间脑前部。②椎-基底动脉:椎动脉发自锁骨下动脉,穿经 6 ~ 1 颈椎横突孔,经枕骨大孔入颅,左、右两侧合为基底动脉。供应大脑半球后 1/3、间脑后部、小脑和脑干。③大脑动脉环:又称 Willis 环,围绕在视交叉、灰结节和乳头体周围,由前交通动脉、大脑前动脉、颈内动脉、后交通动脉和大脑后动脉吻合而成。该环可将颈内动脉与椎动脉及左右大脑半球的动脉相吻合,对脑血液供应起调节和代偿作用(图 11-11,图 11-12)。

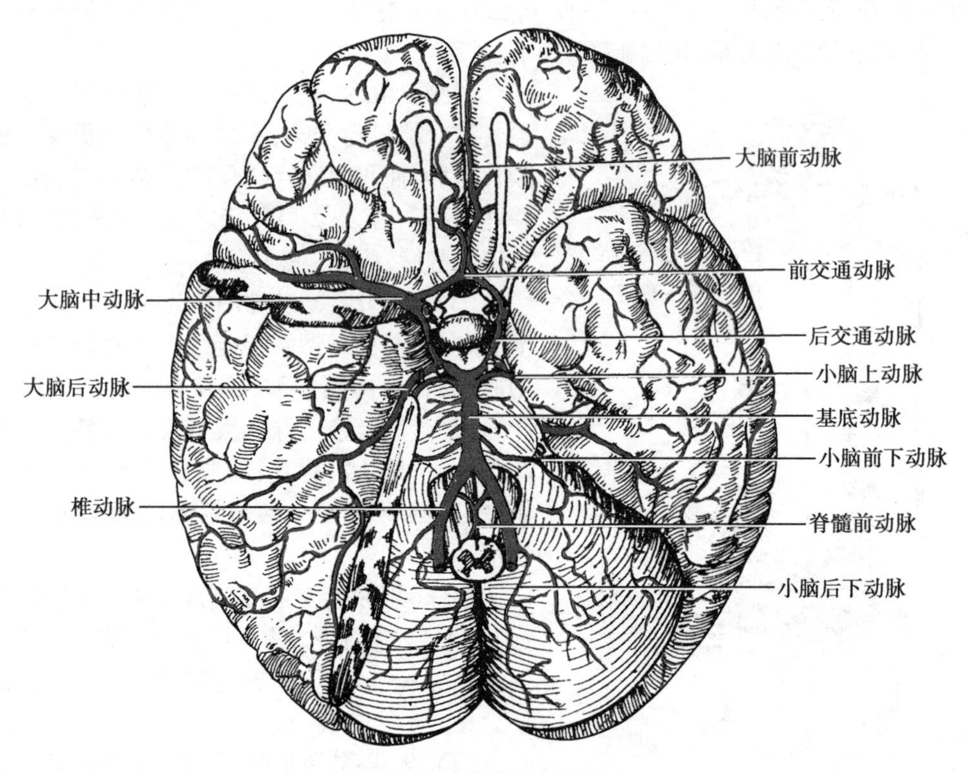

图 11-11 脑底面的动脉

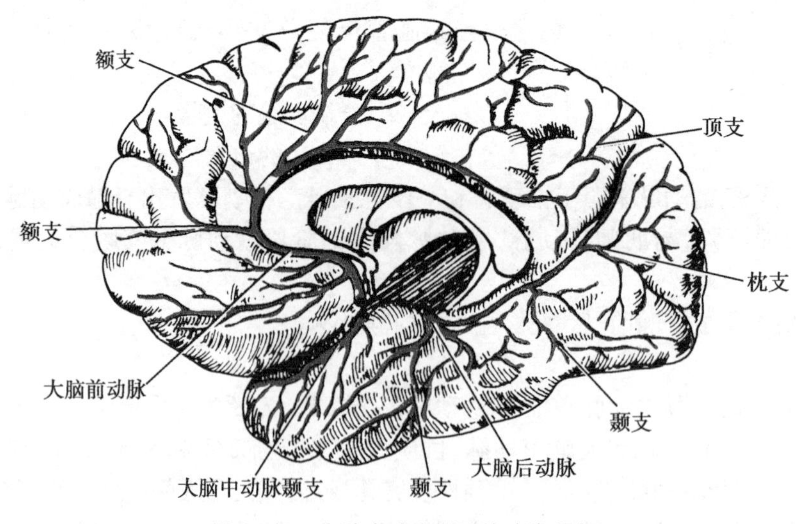

图 11-12 大脑半球内侧面的动脉分布

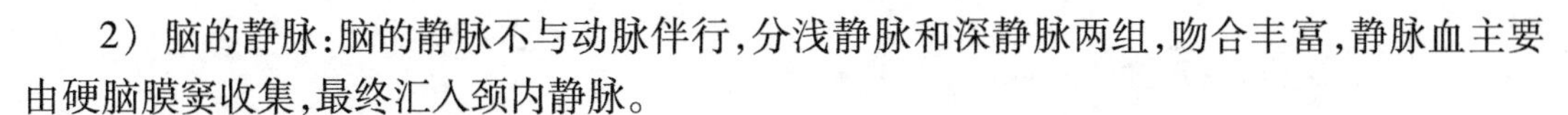

2）脑的静脉：脑的静脉不与动脉伴行，分浅静脉和深静脉两组，吻合丰富，静脉血主要由硬脑膜窦收集，最终汇入颈内静脉。

（四）脑脊液和血脑屏障

1. 脑脊液　为无色透明液体，充满各脑室、脊髓中央管及蛛网膜下隙，成人总量约150ml，对中枢神经系统起保护、营养、运输代谢产物、缓冲震荡、调节颅内压力等作用。

侧脑室脉络丛产生的脑脊液，经室间孔流入第三脑室，汇合第三脑室脉络丛产生的脑脊液，经中脑水管流入第四脑室，再汇合第四脑室脉络丛产生的脑脊液，经第四脑室正中孔、外侧孔流到蛛网膜下隙，经蛛网膜粒流入上矢状窦，最后注入颈内静脉（图11-13）。脑脊液循环受阻时，会引起颅内压增高。

2. 血脑屏障　血脑屏障由神经胶质细胞与脑毛细血管内皮和基膜共同构成，能有效阻止某些物质（多半是有害的）进入脑组织，而选择性让营养物质和代谢产物通过，从而保持脑组织内环境的基本稳定，对维持中枢神经系统正常生理状态具有重要意义。

> **考点提示**
> 脑脊液循环

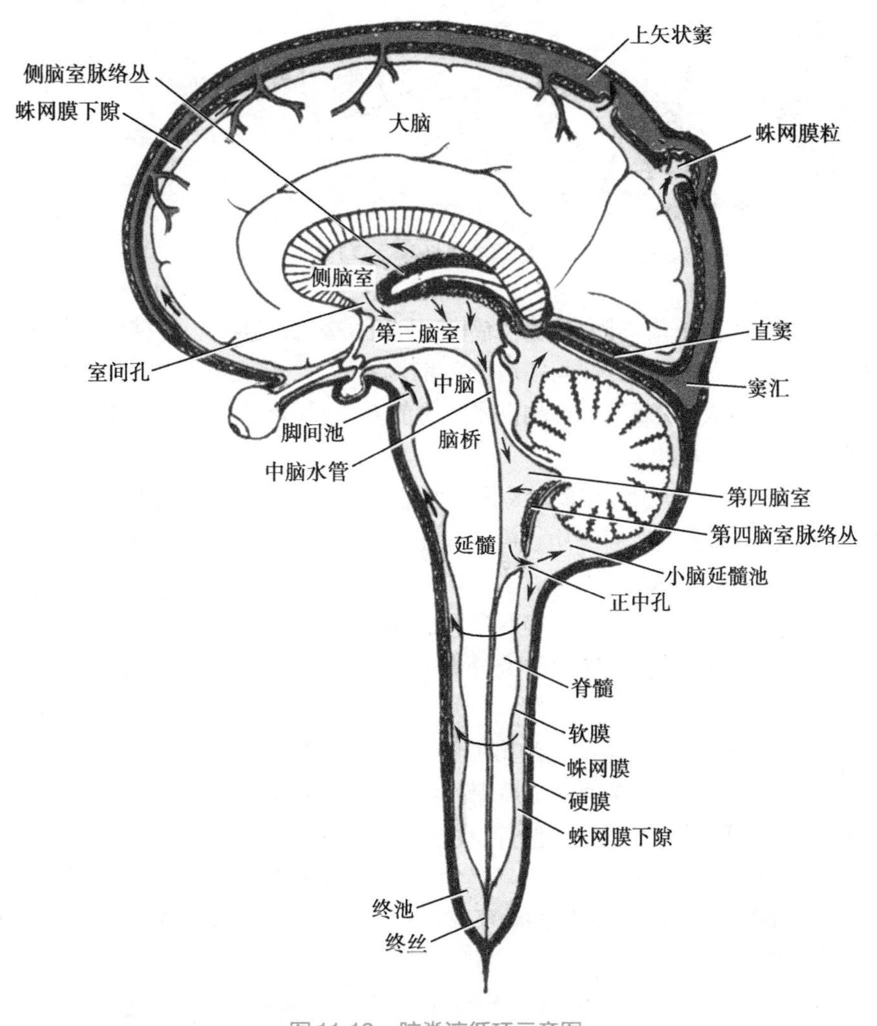

图11-13　脑脊液循环示意图

三、周围神经系统

（一）脊神经

脊神经与脊髓相连，共 31 对，由前根、后根在椎间孔处汇合而成，包括 8 对颈神经、12 对胸神经、5 对腰神经、5 对骶神经和 1 对尾神经（图 11-14）。

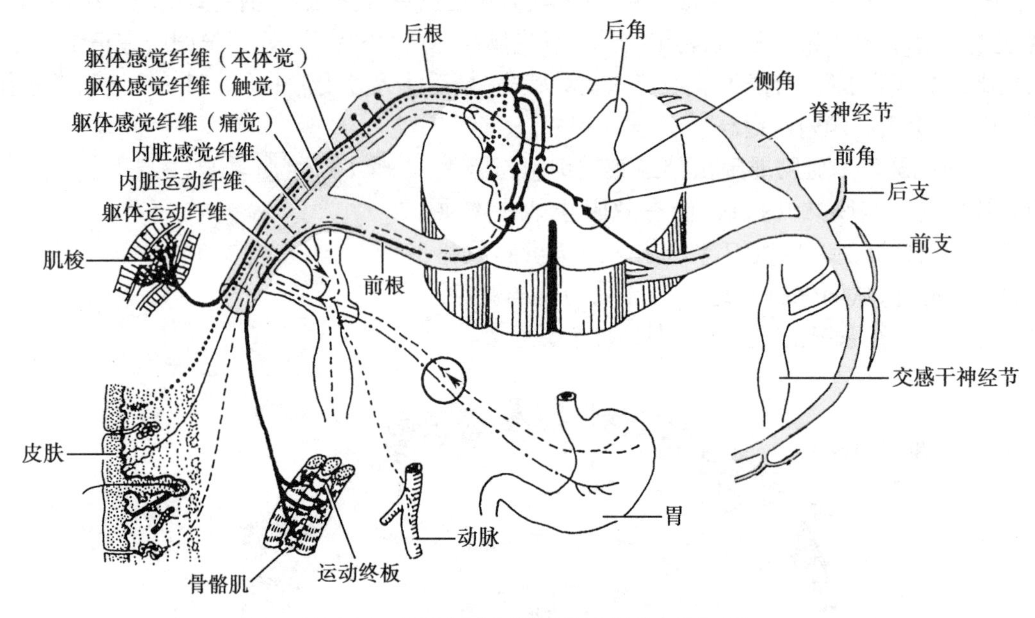

图 11-14 脊神经的纤维成分及其分布示意图

脊神经是混合性神经，前根为运动性纤维，后根为感觉性纤维。脊神经后根上有一椭圆形膨大，称脊神经节。脊神经出椎间孔后分为前、后两支。后支细小，分布于躯干背侧的深层肌和皮肤。前支粗大，除第 2 ~ 11 对胸神经的前支外，其余脊神经的前支分别交织成神经丛，包括颈丛、臂丛、腰丛和骶丛。

1. 颈丛 位于胸锁乳突肌上部的深面。由第 1 ~ 4 颈神经的前支构成。

（1）皮支：自胸锁乳突肌后缘中点附近浅出，呈放射状分布于颈前外侧、肩、头后外侧及耳廓等处的皮肤（图 11-15A）。

（2）膈神经：颈丛的主要分支。经胸廓上口进入胸腔，沿肺根的前方、心包外侧下行达膈。运动纤维支配膈肌的运动，感觉纤维分布于心包、胸膜及膈下部分腹膜，右膈神经还分布于肝和胆囊（图 11-15B）。

2. 臂丛 由第 5 ~ 8 颈神经前支和第 1 胸神经前支的大部分组成。臂丛经锁骨下动脉和锁骨的后方进入腋窝，围绕在腋动脉周围，主要有以下分支（图 11-16）：

（1）肌皮神经：肌支支配肱二头肌等，皮支分布于前臂外侧皮肤（图 11-17）。

（2）正中神经：沿肱二头肌内侧下降，经肘窝下行于前臂前群浅、深层肌之间，经腕入手掌。肌支主要支配前臂前群桡侧的屈肌、手掌外侧肌群；皮支分布于掌心、鱼际、桡侧三个半指掌面的皮肤（图 11-17，图 11-18A）。

（3）尺神经：随肱动脉下行，在臂中部转向后下，经尺神经沟进入前臂，沿尺动脉内侧下降达腕部。肌支支配前臂前群尺侧的屈肌、手掌内侧和中间肌群；皮支分布于手掌尺侧及尺侧一个半指、手背尺侧半及尺侧两个半指的皮肤(图 11-17,图 11-18)。

(4) 桡神经:沿桡神经沟向外下,经前臂背侧深、浅肌群之间下行。肌支支配上肢的伸肌;皮支分布于上肢背面、手背桡侧半及桡侧两个半指的皮肤(图 11-17,图 11-18B)。

臂丛主要分支和分布

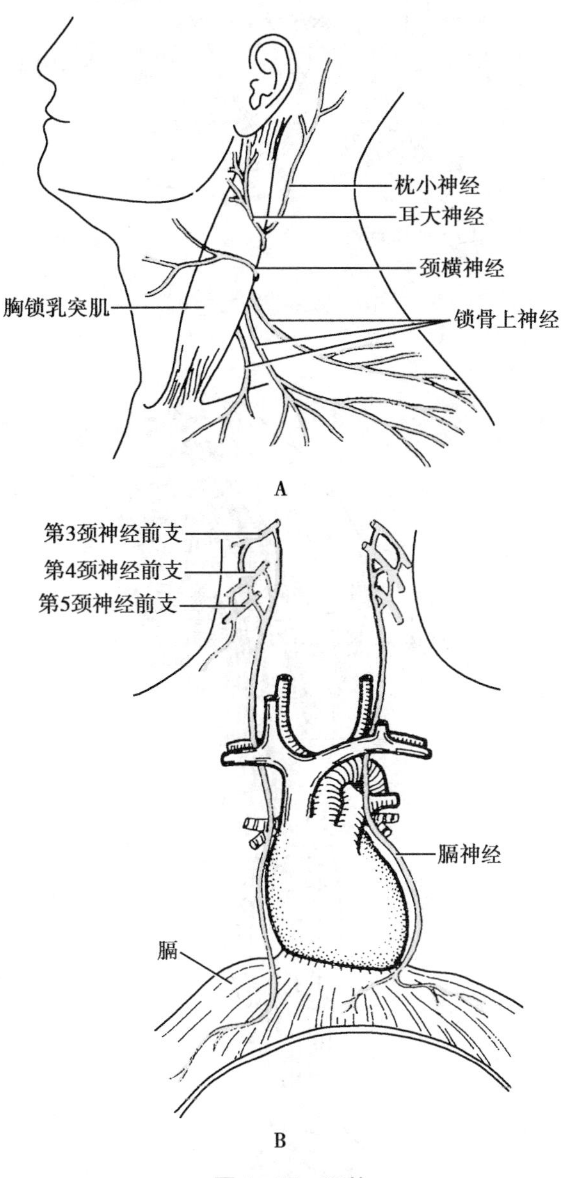

图 11-15 颈丛

A. 颈丛皮支;B. 膈神经

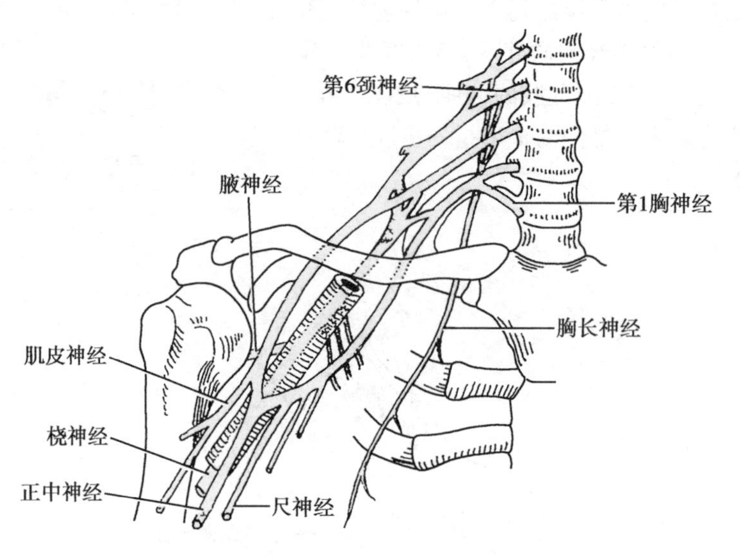

图 11-16　臂丛的组成模式图

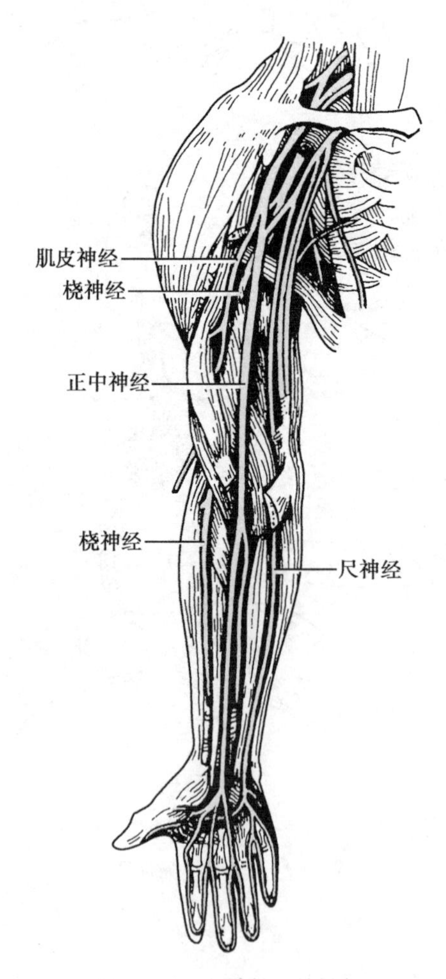

图 11-17　上肢前面的神经

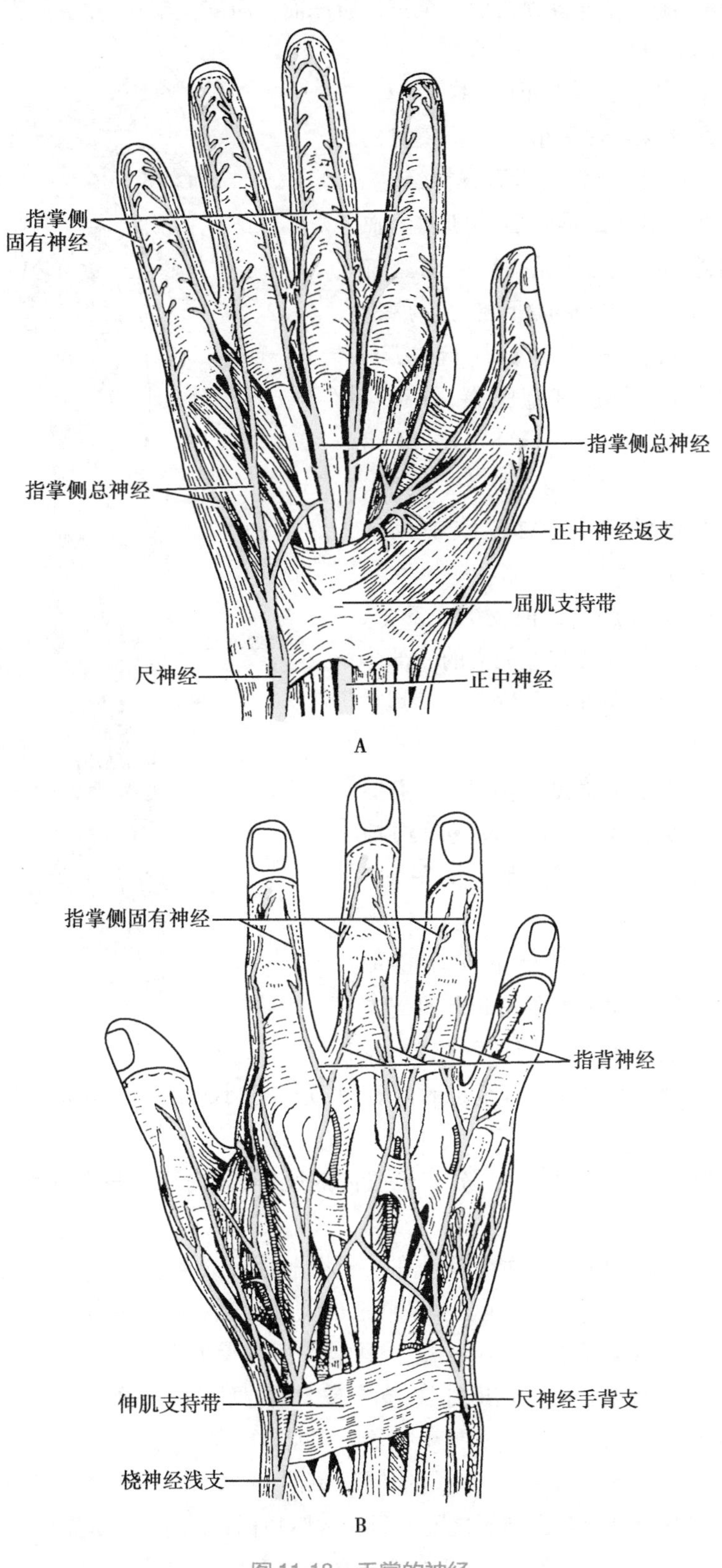

图 11-18 手掌的神经

A. 手掌前面；B. 手掌后面

（5）腋神经：绕肱骨外科颈的后方至三角肌深面。肌支支配三角肌；皮支分布于肩关节周围的皮肤（图 11-19）。

3. 胸神经前支　胸神经前支共 12 对。除第 1 对的大部分参与臂丛组成，第 12 对的少部分参与腰丛组成外，其余不形成神经丛。第 1～11 对胸神经前支出椎管后伴随肋间血管行走于肋间隙，称肋间神经；第 12 对胸神经前支位于第 12 肋下方，称肋下神经。胸神经前支分布于肋间肌、腹前外侧肌群和胸、腹壁皮肤及相应的壁胸膜和壁腹膜，分布具有明显的节段性。第 2、4、6、8、10 和 12 对胸神经终支分别与胸骨角、乳头、剑突、肋弓、脐和脐与耻骨联合上缘连线中点平面对应（图 11-20）。

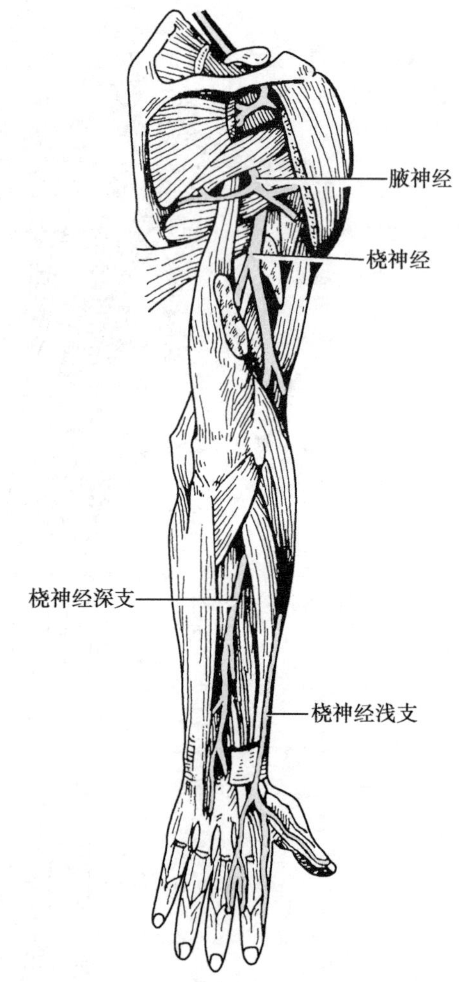

图 11-19　上肢后面的神经

4. 腰丛　由第 12 胸神经前支的一部分、第1～3 腰神经前支、第 4 腰神经前支的一部分组成，位于腰大肌上部深面（图 11-21）。其主要分支有：

（1）髂腹下神经和髂腹股沟神经：主要分布于腹股沟区的肌和皮肤。髂腹股沟神经还分布于阴囊或大阴唇皮肤（见图 11-21）。

（2）股神经：在腰大肌外侧下行，经腹股沟韧带深面，股动脉外侧进入股三角。肌支支配大腿前群肌；皮支分布于大腿前面皮肤，发出一支隐神经，伴随大隐静脉下行至足的内侧缘，分布于小腿内侧面和足内侧缘的皮肤（见图 11-21，图 11-22A）。

（3）闭孔神经：穿闭孔出盆腔，分布于股内侧肌群、股内侧面皮肤及髋关节（见图 11-21，图 11-22A）。

5. 骶丛　由腰骶干（第 4 腰神经前支的一部分和第 5 腰神经前支合成）与全部骶、尾神经的前支组成（见图 11-21），位于骶骨和梨状肌的前面。骶丛主要的分支有：

（1）臀上神经：经梨状肌上孔出骨盆，支配臀中肌和臀小肌（见图 11-22B）。

（2）臀下神经：经梨状肌下孔出骨盆，支配臀大肌（见图 11-22B）。

（3）阴部神经：分布于会阴部和外生殖器。（见图 11-22B）。

（4）坐骨神经：为全身最粗大、最长的神经（见图 11-22B）。从梨状肌下孔出骨盆腔后，在臀大肌深面、经坐骨结节与大转子之间下行至大腿后面，在股二头肌深面下降达腘窝上方分为胫神经和腓总神经。坐骨神经本干分布于髋关节和股后群肌。

1）胫神经：为坐骨神经的延续，在腘窝下行至小腿后部，分布于小腿后群肌、足底肌以

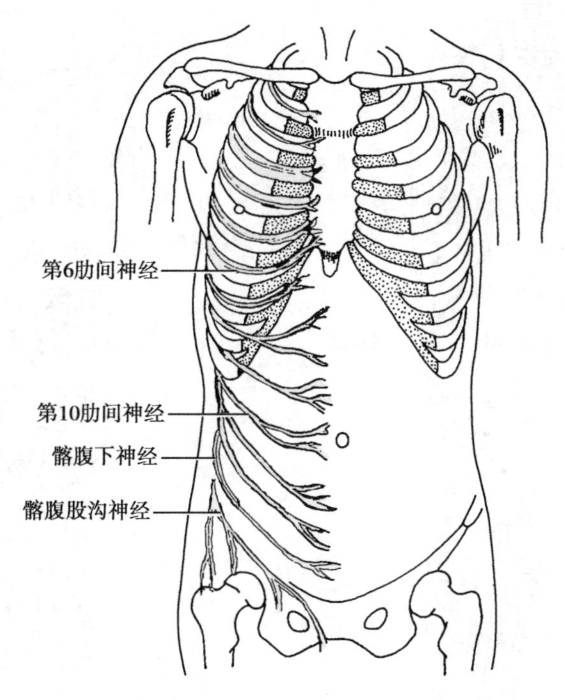

图 11-20 胸神经前支

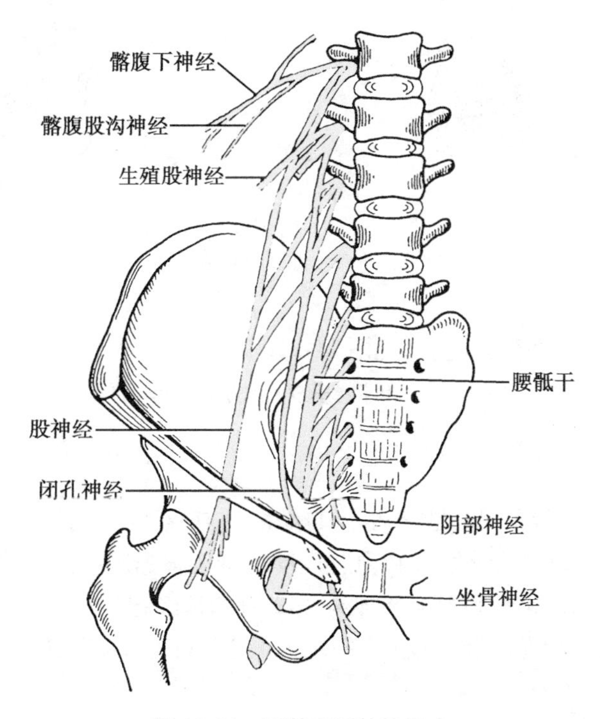

图 11-21 腰丛和骶丛的组成

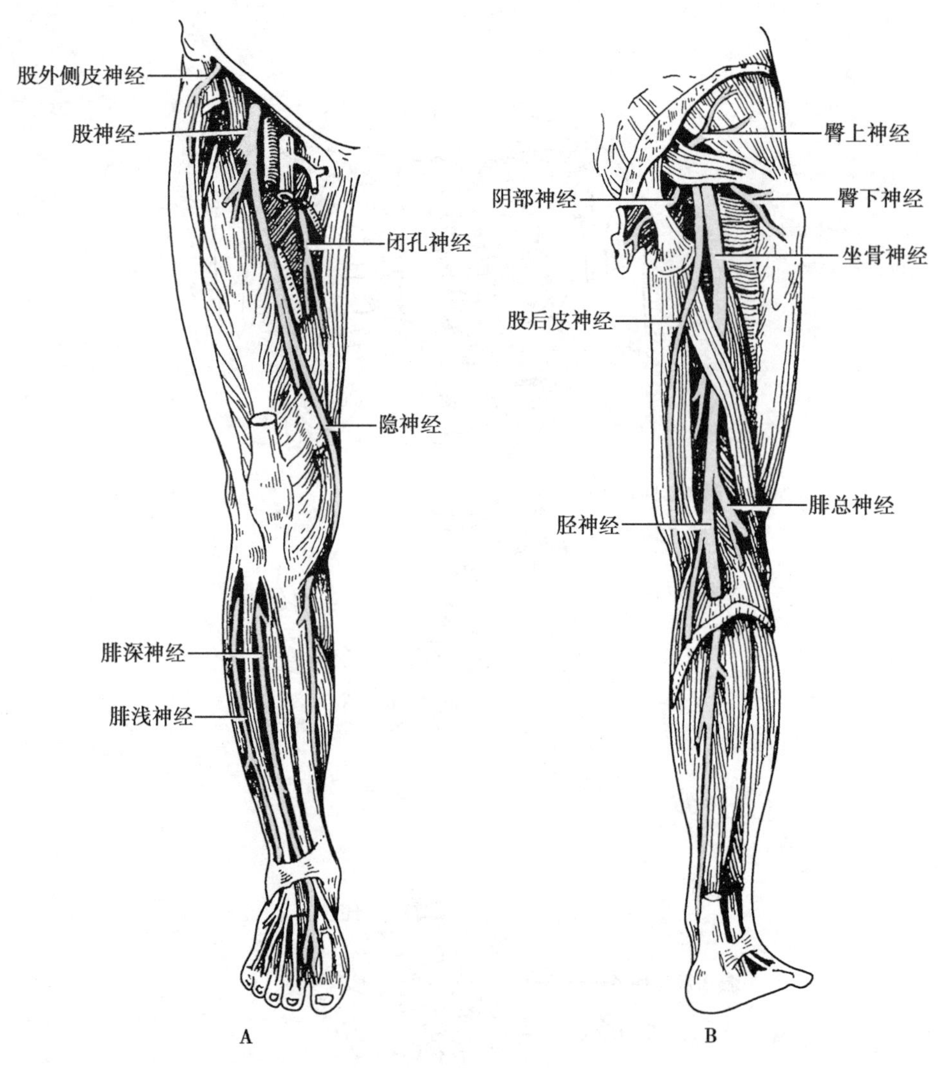

图 11-22 下肢的神经

A. 前面观;B. 后面观

及小腿后面、足底和足背外侧的皮肤(见图 11-22B)。

2）腓总神经:沿腘窝外侧下行,绕腓骨头外下方达小腿前面分为腓浅神经和腓深神经(见图 11-22B)。分布于小腿和足的皮肤。

（二）脑神经

脑神经共 12 对，一般用罗马数字表示其顺序。脑神经纤维成分主要有 4 种：躯体感觉纤维、躯体运动纤维、内脏感觉纤维和内脏运动纤维。根据脑神经所含纤维成分不同，可分为感觉性神经、运动性神经和混合性神经（12 对脑神经记忆口诀：一嗅二视三动眼，四滑五叉六外展，七面八听九舌咽，十迷十一副舌下全）（图 11-23，表 11-1）。

（三）内脏神经

内脏神经主要分布于内脏、心血管和腺体,含有感觉纤维和运动纤维。内脏运动神经在很大程度上不受意志的支配,又称为自主神经(图 11-24),分为交感神经和副交感神经,管

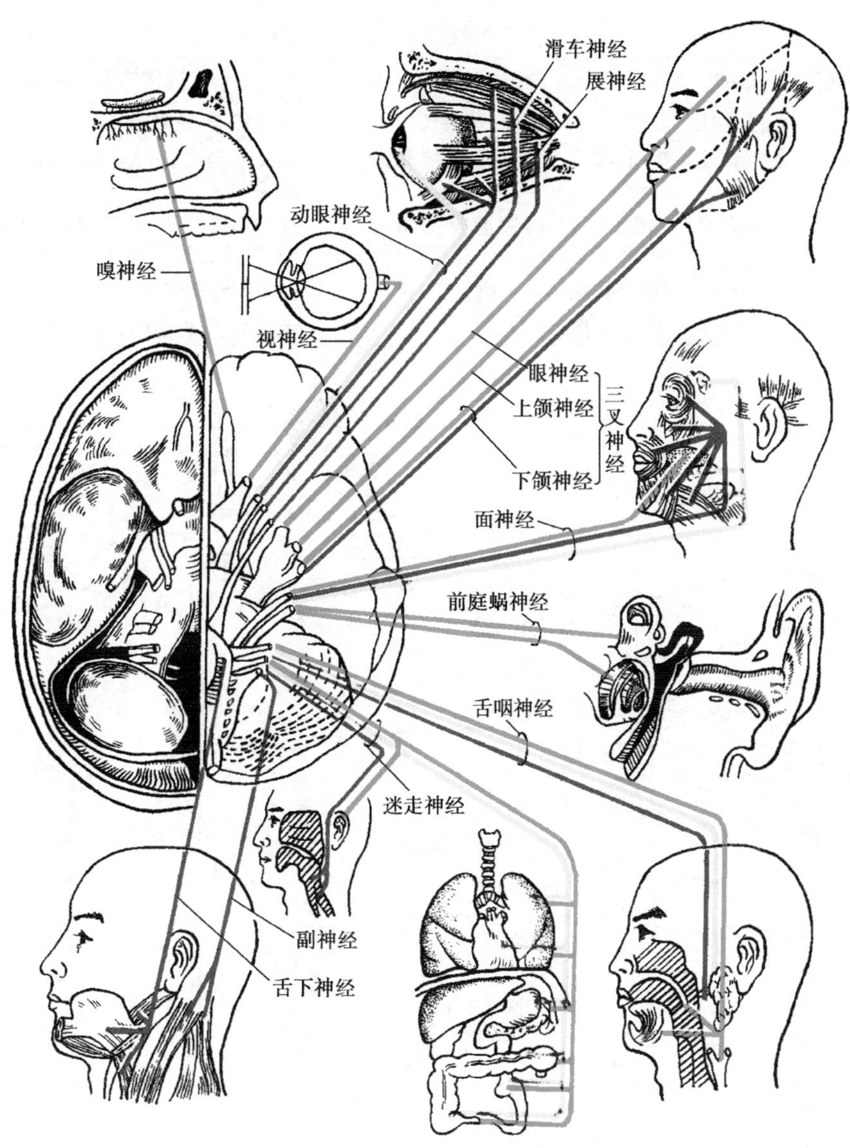

图 11-23 脑神经概况

红色:运动纤维;黄色:副交感纤维;蓝色:感觉纤维

表 11-1 脑神经名称、分布和损伤后主要表现

脑神经的名称	性质	分布	损伤后主要表现
Ⅰ 嗅神经	感觉性	嗅黏膜	嗅觉障碍
Ⅱ 视神经	感觉性	视网膜	视觉障碍
Ⅲ 动眼神经	运动性	上、下、内直肌,下斜肌,上睑提肌瞳孔括约肌、睫状肌	眼外下斜视,上睑下垂,对光反射消失
Ⅳ 滑车神经	运动性	上斜肌	眼不能向外下斜视
Ⅴ 三叉神经	混合性	面部皮肤,舌前 2/3 黏膜,牙及牙龈,咀嚼肌	面部皮肤,口鼻腔黏膜感觉障碍
Ⅵ 展神经	运动性	外直肌	眼内斜视
Ⅶ 面神经	混合性	面肌,泪腺,下颌下腺,舌下腺,舌前 2/3 味蕾	面肌瘫痪,额纹消失,口角歪向健侧,舌前 2/3 味觉障碍

续表

脑神经的名称	性质	分布	损伤后主要表现
Ⅷ 前庭蜗神经	感觉性	壶腹嵴,椭圆囊斑,球囊斑	听力障碍,眩晕,眼球震颤
Ⅸ 舌咽神经	混合性	咽肌,腮腺,舌后1/3黏膜和味蕾	咽反射消失,分泌障碍,舌后1/3味觉障碍
Ⅹ 迷走神经	混合性	咽喉肌,胸、腹腔脏器平滑肌,心肌,腺体,硬脑膜,耳廓和外耳道	发声困难,声音嘶哑,吞咽困难,内脏运动、腺体分泌障碍,内脏感觉障碍
Ⅺ 副神经	运动性	咽喉肌,胸锁乳突肌,斜方肌	面不能转向健侧
Ⅻ 舌下神经	运动性	舌内、外肌	舌肌瘫痪,伸舌时,舌尖偏向患侧

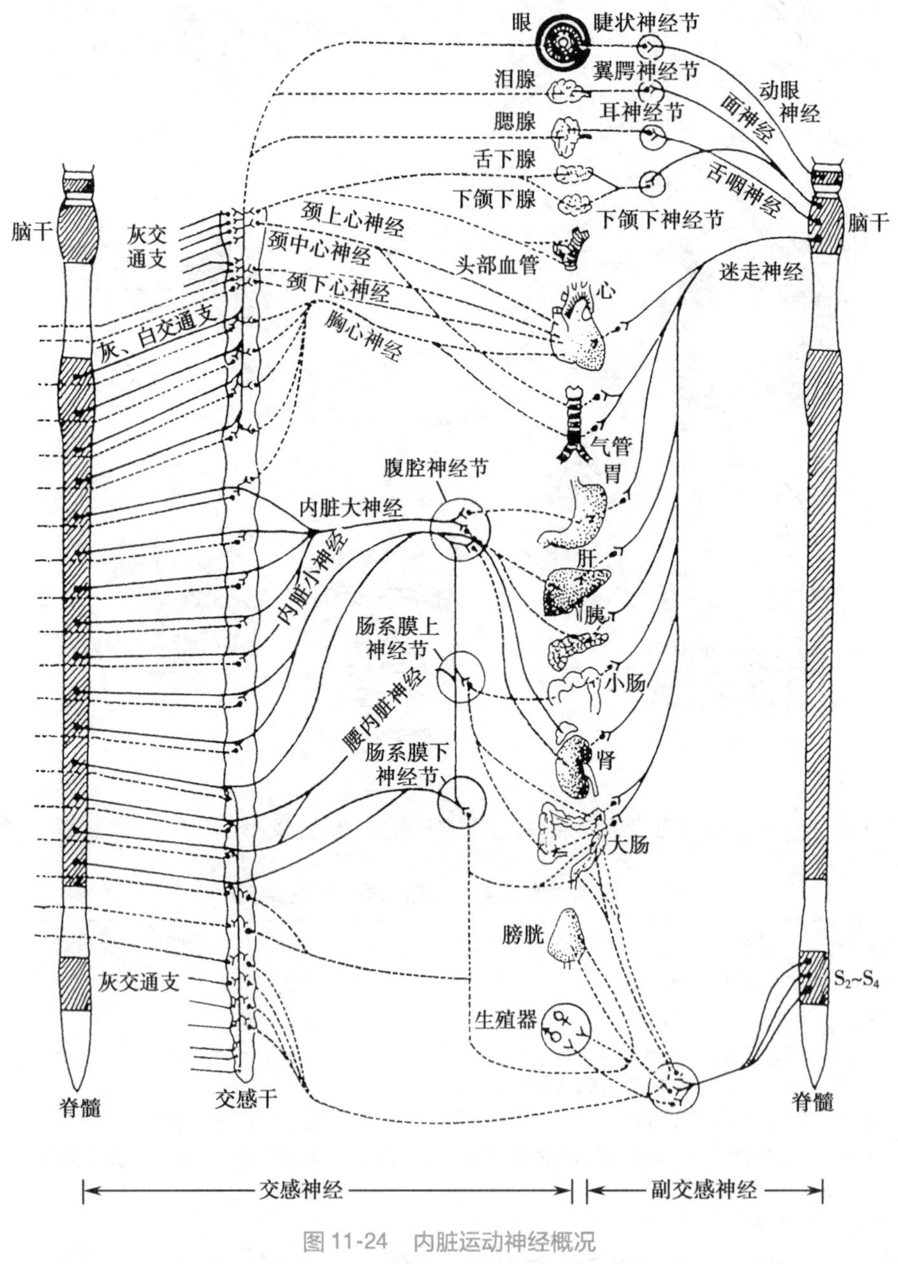

图 11-24 内脏运动神经概况

——节前纤维;- - - - 节后纤维

理平滑肌、心肌的运动和腺体的分泌。内脏感觉神经主要分布于内脏、心血管壁的内感受器。

1. 内脏运动神经　内脏运动神经与躯体运动神经相比，在功能和形态上有许多不同（表11-2）。

表11-2　内脏运动神经与躯体运动神经比较

	内脏运动神经	躯体运动神经
效应器	平滑肌、心肌和腺体等	骨骼肌
支配效应器的形式	神经干	神经丛
神经元数量	两级神经元（节前和节后神经元）	一级神经元
低级中枢	脑干、脊髓 T_1 ~ L_3 灰质侧角及 S_2 ~ S_4 段	脑干的躯体运动核 脊髓灰质前角
神经纤维成分	两种：交感神经和副交感神经	一种
意识控制	不受意识控制	受意识控制

（1）交感神经：交感神经的低级中枢位于脊髓胸1至腰3节段的侧角，由此发出节前纤维；交感神经节分为椎旁节和椎前节，其发出节后纤维分布至心肌、内脏和血管的平滑肌、腺体、躯干四肢的汗腺和立毛肌、瞳孔括约肌等（图11-25）。

（2）副交感神经：副交感神经低级中枢位于脑干的副交感神经核和脊髓骶2~4节灰质的副交感核内；副交感神经节多位于器官附近或器官壁内，称器官旁节或器官内节，主要分

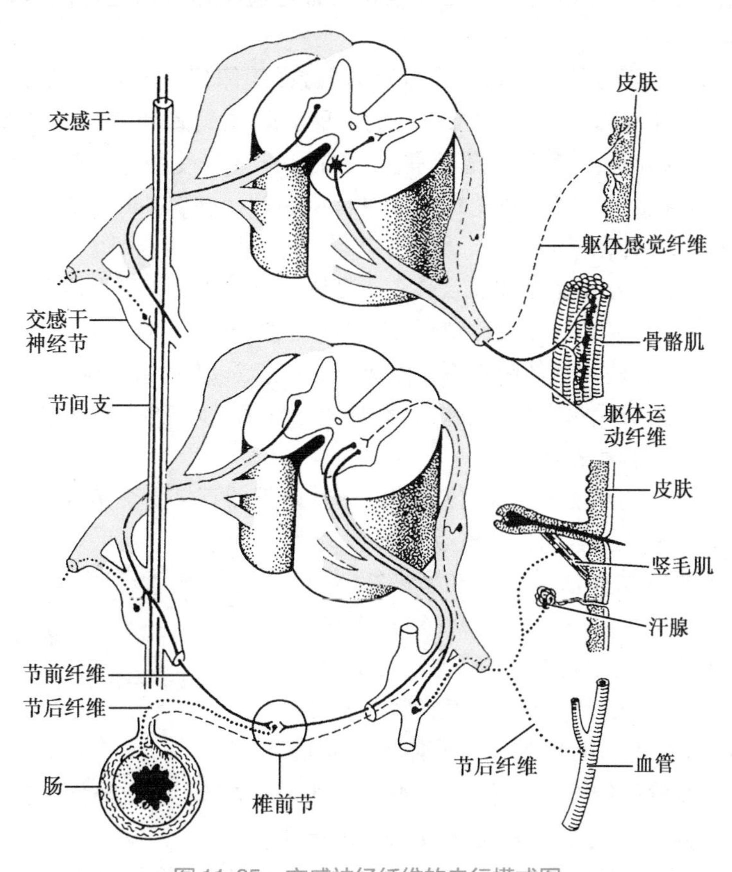

图11-25　交感神经纤维的走行模式图

布在心肌、腺、瞳孔括约肌、睫状肌和部分内脏平滑肌。

交感神经与副交感神经的主要区别见下表(表11-3)

表11-3 交感神经与副交感神经的主要区别

	交感神经	副交感神经
低级中枢	脊髓胸1至腰3节段侧角	脑干内副交感神经核、脊髓的骶副交感核
周围神经节	椎旁节、椎前节	器官旁节、器官内节
节前、节后纤维	节前纤维短、节后纤维长	节前纤维长、节后纤维短
分布范围	全身血管及胸、腹、盆腔内脏的平滑肌、心肌、腺体、竖毛肌和瞳孔开大肌	胸、腹、盆腔内脏的平滑肌、心肌、腺体、瞳孔括约肌、睫状肌

(3)内脏运动神经对内脏功能活动的调节:内脏运动神经对内脏器官的作用是通过节前纤维、节后纤维及其所释放的外周递质与节后神经元或效应器上相应的受体实现的。

1)外周递质:主要是乙酰胆碱(ACh)和去甲肾上腺素(NE)。末梢释放乙酰胆碱的纤维称胆碱能纤维,包括副交感神经节前与节后纤维、交感神经节前纤维和极少数交感神经节后纤维,如支配汗腺、骨骼肌和腹腔器官的舒血管纤维等。末梢释放去甲肾上腺素的纤维称为肾上腺能纤维,包括绝大部分交感神经节后纤维。

2)受体:自主神经节细胞与效应器细胞膜上有与递质相应的受体,主要有胆碱能受体和肾上腺能受体。

胆碱能受体分为毒蕈碱性受体(M受体)和烟碱样受体(N受体)。乙酰胆碱与M受体结合后产生M样作用,表现为心活动抑制,瞳孔括约肌、支气管和胃肠道平滑肌、膀胱逼尿肌收缩,消化腺、汗腺分泌,骨骼肌血管舒张。乙酰胆碱与N受体结合后产生N样作用,表现为神经节细胞和骨骼肌兴奋。阿托品是M受体阻断剂,它能与M受体结合从而阻断M样作用;筒箭毒碱是N受体阻断剂。

肾上腺素能受体分为α受体和β受体。α受体分布在小血管平滑肌上,尤其是皮肤、肾和胃肠血管。去甲肾上腺素与α受体结合后,引起血管、子宫和瞳孔开大肌收缩,并使小肠平滑肌舒张。酚妥拉明是α受体阻断剂。β受体分布广泛,去甲肾上腺素与β受体结合后,可引起心活动加强,脂肪代谢增加,冠脉血管、骨骼肌血管、支气管、胃肠平滑肌舒张。普萘洛尔(心得安)是β受体阻断剂。

3)内脏运动神经的功能和意义:体内绝大多数内脏器官接受交感神经和副交感神经的双重支配,它们对同一个器官的作用既互相拮抗又互相统一,使体内各器官功能活动达到动态平衡,使机体更好地适应内、外环境的变化(表11-4)。如当机体处于兴奋、紧张或剧烈运动时,交感神经的活动增强,主要表现为心跳加快、血压升高、支气管扩张、瞳孔开大、毛发直立,消化功能抑制。当机体处于安静或睡眠状态时,副交感神经的活动增强,主要表现为心跳减慢、血压降低、支气管收缩、瞳孔缩小、消化功能增强,有利于机体消化吸收和储存能量。

交感神经和副交感神经的主要区别

2. 内脏感觉神经　内脏感觉神经接受内脏的各种刺激,并将其传到中枢。

表 11-4 自主神经的主要生理功能

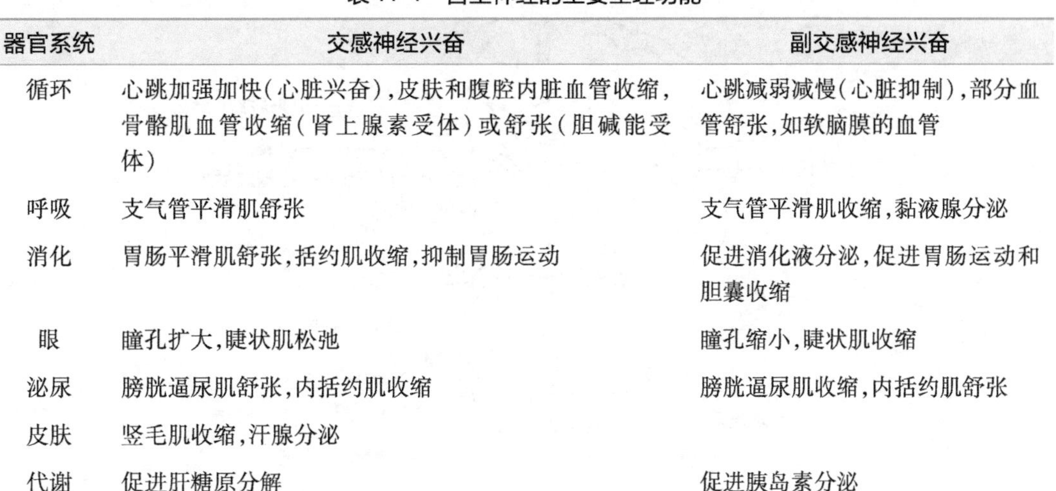

器官系统	交感神经兴奋	副交感神经兴奋
循环	心跳加强加快(心脏兴奋),皮肤和腹腔内脏血管收缩,骨骼肌血管收缩(肾上腺素受体)或舒张(胆碱能受体)	心跳减弱减慢(心脏抑制),部分血管舒张,如软脑膜的血管
呼吸	支气管平滑肌舒张	支气管平滑肌收缩,黏液腺分泌
消化	胃肠平滑肌舒张,括约肌收缩,抑制胃肠运动	促进消化液分泌,促进胃肠运动和胆囊收缩
眼	瞳孔扩大,睫状肌松弛	瞳孔缩小,睫状肌收缩
泌尿	膀胱逼尿肌舒张,内括约肌收缩	膀胱逼尿肌收缩,内括约肌舒张
皮肤	竖毛肌收缩,汗腺分泌	
代谢	促进肝糖原分解	促进胰岛素分泌

内脏对烧灼、切割等刺激不敏感,对膨胀、痉挛、牵拉以及化学刺激、缺血和炎症等刺激敏感。内脏痛是弥散的,定位不准确。在某些内脏器官发生病变时,常在体表的一定区域产生感觉过敏或疼痛,这种现象称牵涉性痛。例如肝、胆疾病时可出现右肩感到疼痛,心绞痛时常在胸前区及左臂内侧皮肤感到疼痛。了解牵涉痛的部位,对某些内脏疾病的诊断具有一定意义。

四、神经系统的传导通路

人体各种感受器可接受体内、外环境的刺激,并转化为神经冲动,经传入神经到中枢神经系统相应部位,通过大脑皮质分析、综合并产生相应感觉,这种神经冲动的传导通路称为感觉传导通路。而大脑皮质发出的指令到脑和脊髓的运动神经元,经传出神经到效应器,作出相应的反应,这种神经冲动的传导通路称为运动传导通路。

(一)感觉传导通路

感觉传导通路的共同特点是:均由 3 级神经元传导,都有 1 次交叉。

1. 躯干、四肢深感觉和精细触觉传导通路　深感觉又称本体感觉,指肌、腱、关节的位置觉、运动觉和振动觉。第 1 级神经元的胞体位于脊神经节内,其周围突布于肌、腱、关节及皮肤的感受器,中枢突进入脊髓同侧后索,其纤维组成薄束和楔束上行至延髓。第 2 级神经元在延髓的薄束核和楔束核内,换神经元后,发出神经纤维左右交叉形成内侧丘系,并上行止于背侧丘脑腹后核。第 3 级神经元位于背侧丘脑的腹后核,由此发出丘脑皮质束,经内囊后肢上行至大脑皮质中央后回上 2/3 和中央旁小叶的后部(图 11-26)。

2. 躯干、四肢痛、温觉和粗触觉传导通路　又称浅感觉传导通路。第 1 级神经元位于脊神经节,其周围突随脊神经布于躯干、四肢皮肤的感受器,中枢突随脊神经后根入脊髓后角。第 2 级神经元位于脊髓后角,换元后发出纤维交叉到对侧,组成脊髓丘脑束上行至背侧丘脑腹后核。第 3 级神经元位于背侧丘脑腹后核,换元后发出的纤维经内囊后肢投射到大脑皮质中央后回的上 2/3 和中央旁小叶的后部(图 11-27)。

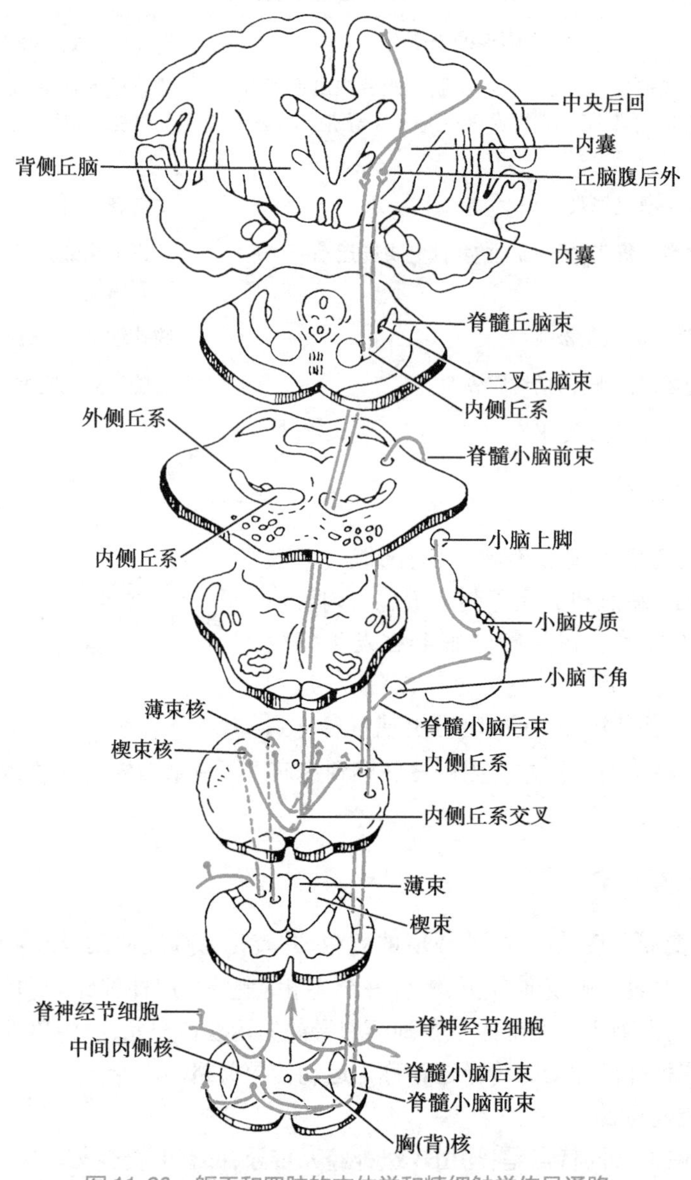

图 11-26 躯干和四肢的本体觉和精细触觉传导通路

3. 头面部痛、温觉和粗触觉传导通路 第 1 级神经元位于三叉神经节，其周围突组成三叉神经三大分支分布于头面部的皮肤和口腔、鼻腔黏膜等感受器，中枢突经三叉神经根进入脑干内的三叉神经感觉核群。第 2 级神经元为三叉神经感觉核群，换元后发出纤维左右交叉形成三叉丘系，上行至背侧丘脑腹后核。第 3 级神经元位于背侧丘脑腹后核，换元后发出纤维经内囊后肢投射至中央后回的下 1/3 的皮质(图 11-27)。

4. 视觉传导通路 视网膜的感光细胞接受光的刺激并产生神经冲动，经双极细胞(第 1 级神经元)传给节细胞(第 2 级神经元)，节细胞的轴突汇集成视神经，经视神经孔入颅形成视交叉，并向后延续为视束。每侧视束由来自同侧视网膜颞侧半的纤维和对侧视网膜鼻侧半的纤维共同组成。视束向后至外侧膝状体(第 3 级神经元)，发出视辐射，投射至枕叶距状沟两侧的皮质，产生视觉(图 11-28)。

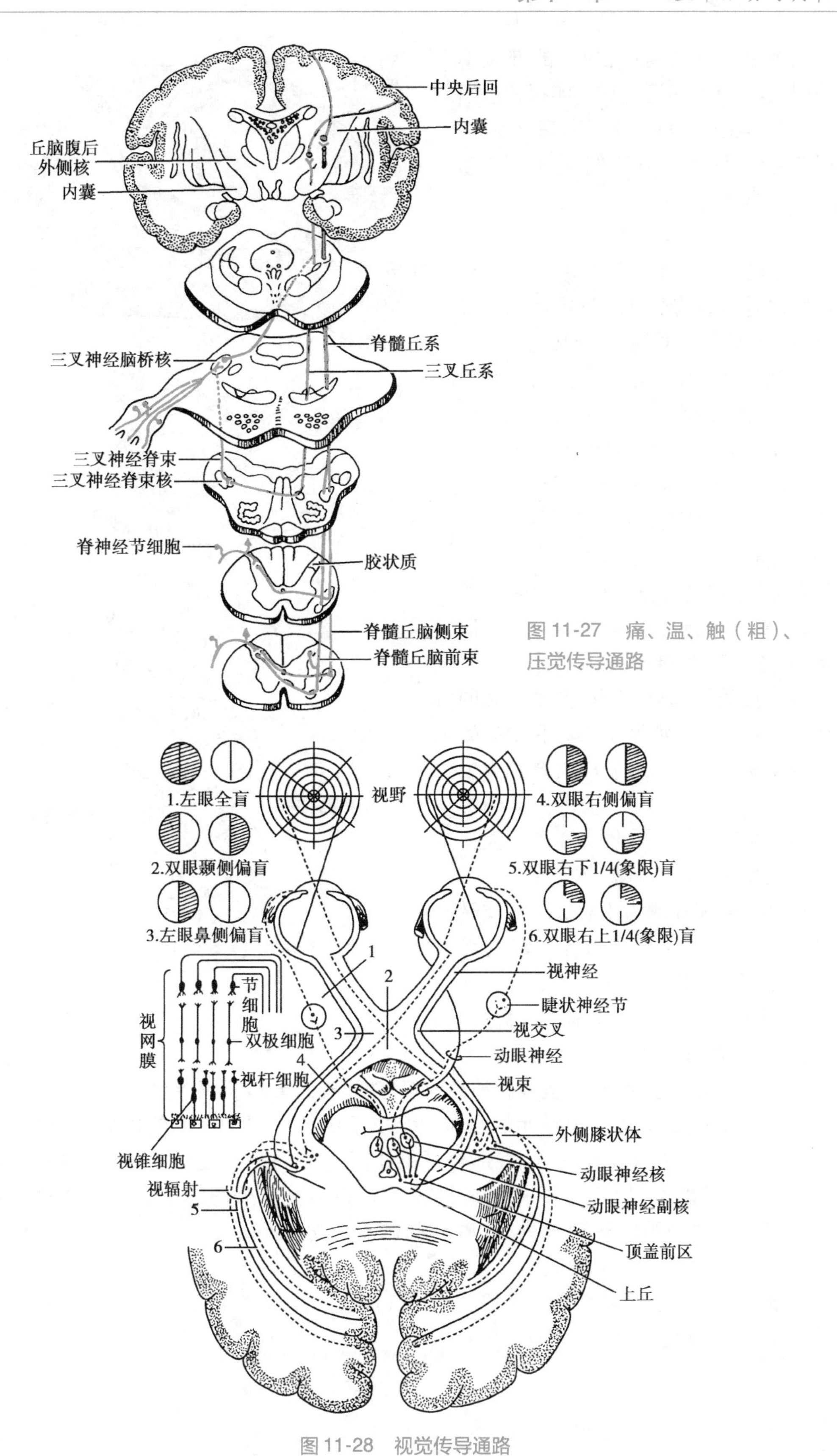

图 11-27 痛、温、触（粗）、压觉传导通路

图 11-28 视觉传导通路

在视觉传导通路中，损伤的部位不同，其临床症状也不同。如一侧视神经损伤，引起患侧眼全盲；一侧视束完全损伤，则引起患侧眼鼻侧半视野偏盲、健侧眼颞侧半视野偏盲。

（二）运动传导通路

大脑皮质是躯体运动的最高级中枢，其对躯体运动的调节是通过锥体系和锥体外系2部分传导通路来实现的。

1. 锥体系　锥体系的主要功能是管理骨骼肌的随意运动。锥体系由上、下运动神经元组成。上运动神经元是位于大脑皮质内的椎体细胞，其轴突组成下行的纤维束；下运动神经元位于脑干躯体运动核和脊髓前角，发出的轴突分别参与脑神经和脊神经的组成。其中下行至脊髓的纤维，称皮质脊髓束；下行至脑干止于躯体运动神经核的纤维，称皮质核束。

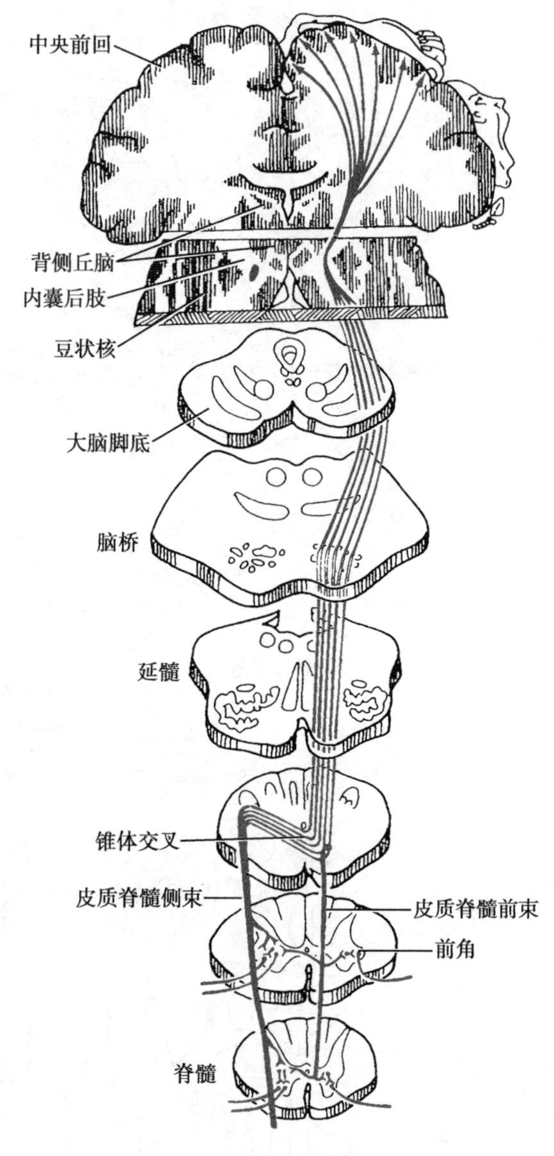

图 11-29　皮质脊髓束

(1) 皮质脊髓束：上运动神经元的胞体主要位于中央前回上2/3和中央旁小叶的皮质，其轴突组成皮质脊髓束下行，经内囊后肢、中脑、脑桥至延髓形成锥体（图 11-29）。在锥体下端，大部分纤维交叉到对侧形成锥体交叉，交叉后的纤维沿脊髓外侧索下行，称皮质脊髓侧束，沿途终止于脊髓各节段的前角，主要支配四肢肌；小部分没有交叉的纤维，下行于同侧的脊髓前索，称皮质脊髓前束，支配躯干肌。下运动神经元为脊髓前角运动神经元，轴突组成脊神经前根，随脊神经分布于躯干和四肢的骨骼肌。

(2) 皮质核束：上运动神经元的胞体主要位于中央前回下1/3的皮质，其轴突组成皮质核束下行，经内囊膝至脑干，大部分纤维止于双侧的脑神经运动核，面神经核下半（支配眼裂以下的面肌）和舌下神经核只接受对侧皮质核束的纤维。下运动神经元的胞体位于脑干的脑神经运动核内，其轴突随脑神经分布到头、颈、咽、喉等处的骨骼肌（图 11-30）。

2. 锥体外系　主要功能是调节肌紧张、维持肌群的协调性运动，并与锥体系配合共同完成人体的各种随意运动。

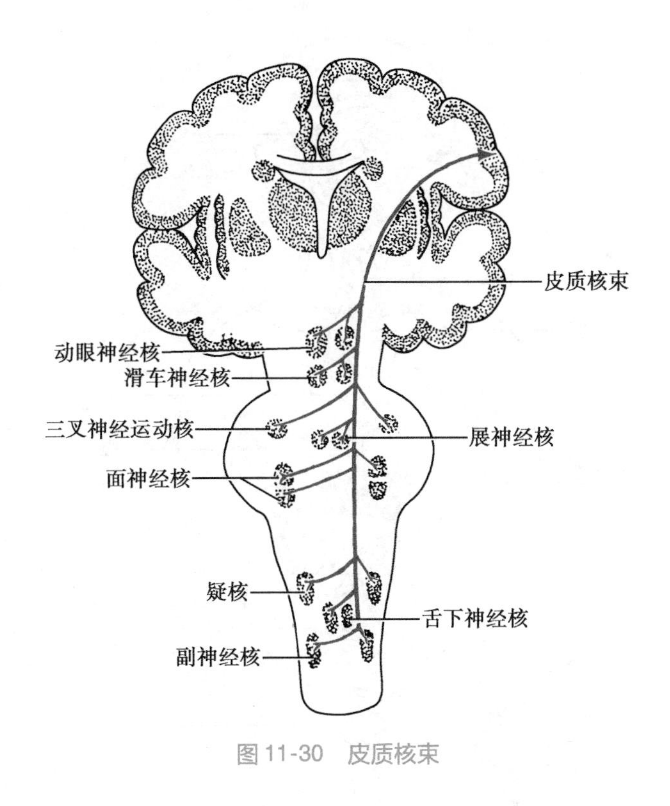

图 11-30 皮质核束

第二节 内分泌系统

一、概述

（一）内分泌系统的概念及组成

内分泌系统由内分泌腺及分散在某些组织器官中的内分泌组织和内分泌细胞所组成。主要的内分泌腺有垂体、甲状腺、甲状旁腺、肾上腺等（图 11-31）。内分泌组织如胰腺中的胰岛、睾丸内的间质细胞和卵巢中的卵泡和黄体等，以及在消化管黏膜、肾、心、肺、下丘脑、皮肤和胎盘等处的内分泌细胞。

（二）激素的概念及分类

1. 激素　激素是由内分泌腺和内分泌细胞分泌的高效能的生物活性物质，主要调节机体的新陈代谢、生长发育及生殖等。激素所作用的器官、组织和细胞，分别称为靶器官、靶组织和靶细胞。

> 考点提示
>
> 激素的概念

2. 激素的种类　根据化学性质可分为两类，即含氮激素和类固醇激素。

（1）含氮激素：体内多数激素属于含氮激素，主要有：①蛋白质激素：包括胰岛素、甲状旁腺素和垂体分泌的各种激素。②肽类激素：包括抗利尿激素、降钙素和胰高血糖素等。③胺类激素：包括肾上腺素、去甲肾上腺素和甲状腺激素。含氮激素（甲状腺激素除外）易被消化液分解而破坏，口服无效，须注射用药。

（2）类固醇激素：常以胆固醇为原料合成，由肾上腺皮质和性腺分泌，如皮质醇、醛固酮和性激素等。此外，还有固醇类激素，如 1,25-二羟维生素 D_3 等。类固醇激素不被消化液破

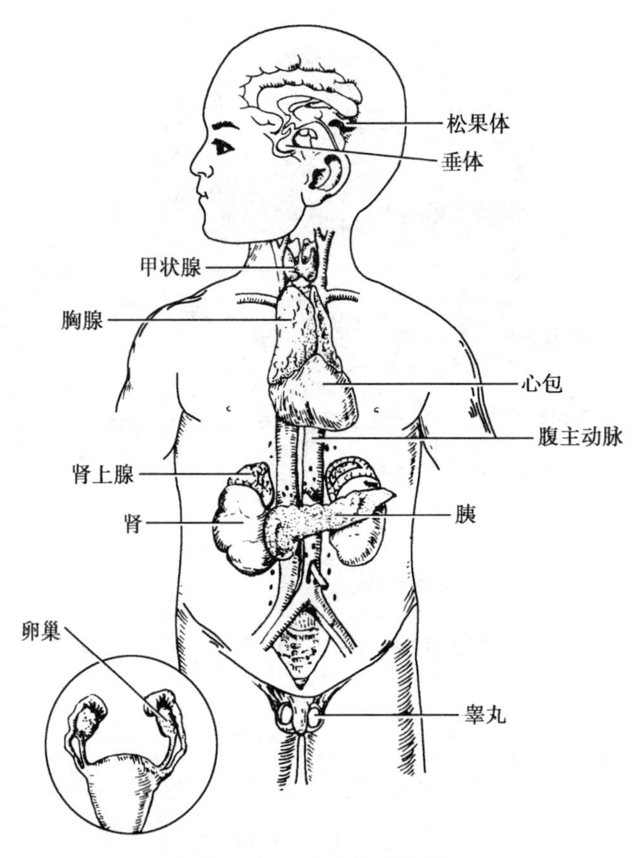

图 11-31 内分泌腺概观

坏，可口服用药。

二、下丘脑与垂体

（一）下丘脑

1. 下丘脑的位置和形态 下丘脑位于背侧丘脑（丘脑）的前下方，在脑底面由前向后可见视交叉、灰结节和乳头体，灰结节下延伸为漏斗，漏斗下端连垂体。下丘脑很小，直径约为2.5cm，重量仅为脑的1/300。

2. 下丘脑的内分泌功能 下丘脑内的一些神经元能合成和分泌至少7种肽类激素，调节腺垂体的分泌活动，这些激素称为下丘脑调节肽（表11-5）。

（二）垂体

1. 垂体的形态、位置和分部 垂体呈椭圆形，色灰红，直径0.8～1cm，重约0.6g，位于颅底的垂体窝内，借漏斗连于下丘脑。根据结构和功能，垂体可分为腺垂体和神经垂体两部分（图11-32）。

2. 腺垂体 腺垂体是体内十分重要的内分泌腺，主要分泌以下6种激素。

（1）生长激素（GH）：主要作用有：①促进机体生长：生长激素能促进全身组织器官的生长发育，尤其对骨骼、肌肉和内脏器官最为显著。人幼年时期如缺乏生长激素，将出现生长停滞，身材矮小，导致侏儒症；如生长激素分泌过多，则导致巨人症。成年后生长激素分泌过多，导致肢端肥大症。②调节新陈代谢：生长激素可加速蛋白质合成；促进脂肪分解，提供

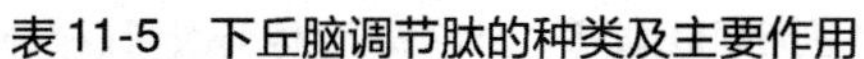
表 11-5 下丘脑调节肽的种类及主要作用

种类	主要作用
促肾上腺皮质激素释放激素(CRH)	促进促肾上腺皮质激素的合成与释放
促甲状腺激素释放激素(TRH)	促进促甲状腺激素的合成与释放
促性腺激素释放激素(GnRH)	促进促性腺激素的合成与释放
生长激素释放激素(GHRH)	促进生长激素的释放
生长激素释放抑制激素(GHIH)	抑制生长激素的释放
催乳素释放因子(PRF)	促进催乳素的释放
催乳素释放抑制因子(PIF)	抑制催乳素的释放

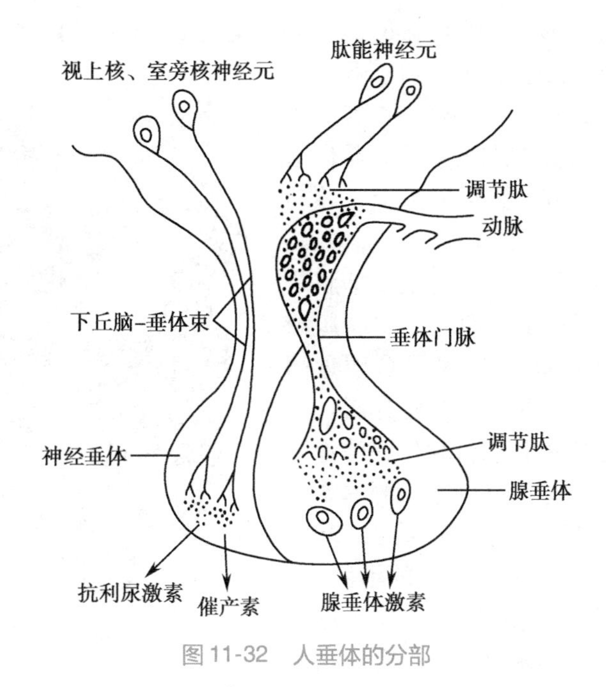

图 11-32 人垂体的分部

能量;抑制外周组织对的葡萄糖摄取与利用,减少消耗,升高血糖。若生长激素分泌过多可导致垂体性糖尿病。

(2) 催乳素(PRL):促进乳腺的生长发育,引起和维持分娩后的泌乳,并调节性腺的功能等。

(3) 促激素:包括促甲状腺激素(TSH)、促肾上腺皮质激素(ACTH)和促性腺激素(CTH)。促性腺激素包括卵泡刺激素(FSH,又称精子生成素)和黄体生成素(LH,又称间质细胞刺激素)。促激素的作用是促进靶腺器官增生并分泌相应的靶腺激素。这样,下丘脑、腺垂体和靶腺器官之间就形成了 3 个密切联系的功能调节轴,分别称为下丘脑-腺垂体-甲状腺轴、下丘脑-腺垂体-肾上腺皮质轴和下丘脑-腺垂体-性腺轴。

3. 神经垂体　神经垂体没有分泌功能,只有贮存和释放下丘脑合成分泌的抗利尿激素(血管加压素,AVP)和缩宫素(催产素,OXT)的作用。

(1) 抗利尿激素:又称血管加压素,主要为下丘脑视上核所分泌。小剂量能促进肾远曲小管和集合管对水的重吸收，使尿量减少；大剂量可使小动脉平滑肌收缩，血压升高。

（2）缩宫素：主要是由下丘脑室旁核所分泌，可引起子宫平滑肌强力收缩，使胎儿娩出，也促进乳腺排乳。

（三）下丘脑与垂体的联系

下丘脑分泌的下丘脑调节肽，经垂体门脉系统运送至腺垂体，调节腺垂体功能，构成下丘脑-腺垂体系统。下丘脑的视上核和室旁核合成并分泌的抗利尿激素（血管加压素）和缩宫素（催产素）经垂体束运送至神经垂体贮存，构成下丘脑-神经垂体系统。神经垂体贮存的激素在接受适宜刺激时释放入血发挥作用。

三、甲状腺和甲状旁腺

（一）甲状腺

1. 甲状腺的位置和形态　甲状腺重 20～30g，是人体内最大的内分泌腺，略呈“H”形，由左、右叶及中间的峡部组成，两叶贴于喉下部和气管上部两侧，峡部一般位于第 2～4 气管软骨的前方，有时有一向上的锥状叶。甲状腺借结缔组织附于喉软骨上，吞咽时，可随喉上下移动（图 11-33）。

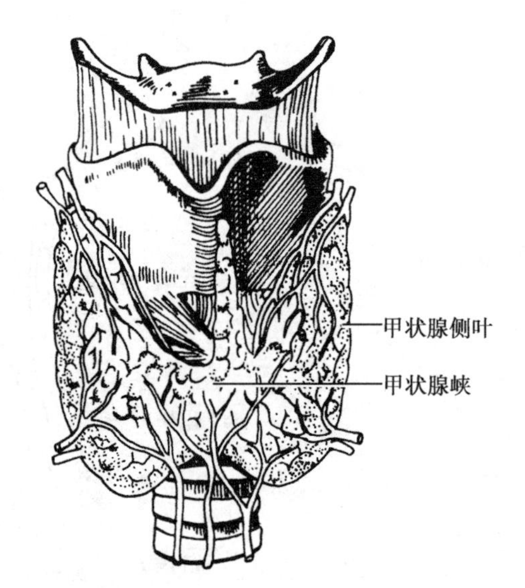

图 11-33　甲状腺（前面）

2. 甲状腺的功能　甲状腺滤泡上皮细胞是合成甲状腺激素的部位，主要原料是甲状腺球蛋白和碘。碘主要来自食物，特别是含碘量高的海产品；甲状腺球蛋白由滤泡上皮分泌。甲状腺滤泡上皮细胞合成甲状腺激素后在滤泡腔内贮存。甲状腺激素可分为三碘甲状腺原氨酸（T_3）和四碘甲状腺原氨酸（T_4），T_4 约占 93%，是甲状腺激素主要的贮存形式；T_3 的活性高，约为 T_4 的 5 倍。在滤泡间或滤泡上皮细胞之间有滤泡旁细胞，可分泌降钙素，降低血钙和血磷（图 11-34）。

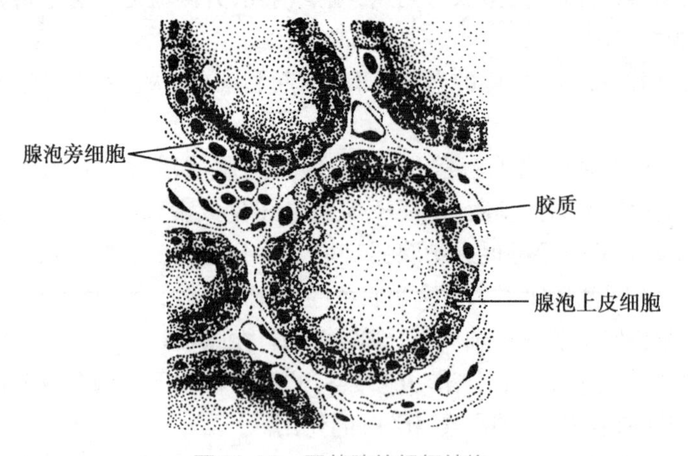

图 11-34　甲状腺的组织结构

3. 甲状腺激素的生理作用

（1）促进新陈代谢：甲状腺激素对机体的物质代谢和能量代谢有重要的促进作用。①糖代谢：甲状腺激素能促进小肠黏膜吸收葡萄糖，促进糖原分解和糖异生，使血糖浓度升高。同时甲状腺激素还能加强周围组织对糖的利用，使血糖浓度降低。升高血糖作用大于降低血糖作用。因此，甲状腺功能亢进（甲亢）的患者血糖值高，甚至出现糖尿。

甲状腺激素的生理作用

②脂肪代谢：甲状腺激素既能促进脂肪合成又能加速其分解，总的效果是分解作用大于合成作用，故甲亢患者血胆固醇量低于正常。反之，甲状腺功能减退（甲低）的患者，血浆胆固醇明显升高，易患动脉粥样硬化。③蛋白质代谢：生理剂量的甲状腺激素能促进蛋白质合成，尤其是使骨骼肌和肝脏等处的蛋白质合成明显增加；而大剂量的甲状腺激素却促进蛋白质的分解，特别是骨骼肌的蛋白质大量分解。所以甲亢患者出现身体消瘦无力；甲低患者，其蛋白质合成减少，皮下组织细胞间黏蛋白增多，形成黏液性水肿。④能量代谢：甲状腺激素能促进细胞内的生物氧化，增加组织耗氧量和产热量，使基础代谢率增高。甲亢患者因产热量增多而体温偏高，喜凉怕热，多汗，基础代谢率明显增高，可比正常值高25%～80%，甲低患者与之相反。因此，测定基础代谢率有利于了解甲状腺的功能状态。

（2）促进生长发育：甲状腺激素是维持机体正常生长发育所必需的激素，特别是促进婴儿时期脑和骨的生长发育，在出生后最初的4个月内最为明显。婴幼儿甲状腺功能减退时，会出现生长发育迟缓，智力低下，身材矮小等现象，称呆小症（或克汀病）。

（3）其他作用

1）对神经系统的作用：甲状腺激素能提高神经系统的兴奋性。因此，甲亢患者常有失眠多梦、喜怒无常、肌肉震颤和注意力不集中等现象发生；而甲低患者表现为嗜睡、记忆力减退、动作迟缓、表情淡漠等。

2）对心血管系统的作用：甲状腺激素可使心跳加快、心肌收缩力加强、心输出量增加，还能增加组织耗氧量、使小血管扩张、外周阻力降低，结果是收缩压增高、舒张压降低、脉压增大。甲状腺功能亢进的患者可有心动过速，严重者可致心力衰竭。

3）对消化系统和生殖的作用：甲状腺激素能促进胃肠的蠕动、增加食欲。甲状腺激素分泌异常会导致生殖功能的紊乱。

4. 甲状腺激素分泌的调节　甲状腺激素的分泌主要受下丘脑-腺垂体-甲状腺轴的负反馈调节（图11-35）。下丘脑释放的促甲状腺激素释放激素作用于腺垂体，促使腺垂体分泌促甲状腺激素，后者刺激甲状腺增生和分泌甲状腺激素。血液中甲状腺激素达到一定水平时，又能反馈抑制促甲状腺激素释放激素和促甲状腺激素的分泌。

此外，甲状腺滤泡细胞可以根据血中碘的含量自动调节对碘的摄取能力。

当食物中长期缺碘，机体合成甲状腺激素不足，反馈性引起垂体分泌过量的促甲状腺激素，刺激甲状腺增生肥大，导致地方性甲状腺肿（俗称大脖子病）。

（二）甲状旁腺

甲状旁腺位于甲状腺两侧叶的后面，上、下各1对，为棕黄色的扁椭圆形小体，形似黄豆，少数可埋入甲状腺实质内。甲状旁腺主细胞可合成和分泌甲状旁腺素（PTH），调节钙、磷代谢，使血钙升高和血磷降低。若甲状腺手术时不慎将甲状旁腺切除可导致患者发生低钙抽搐，严重者可引起窒息死亡。

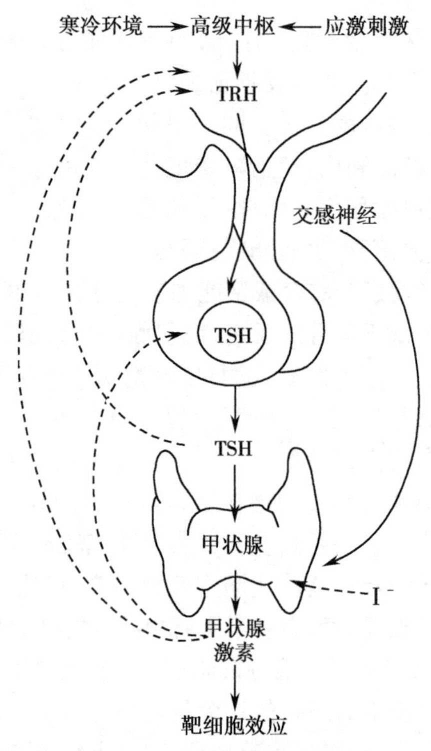

图 11-35 甲状腺激素分泌调节示意图

——→ 表示促进；----→ 表示抑制

四、肾上腺

（一）肾上腺的位置和形态

肾上腺在肾筋膜内，位于肾的内上方，左、右各一，左肾上腺呈半月形，右肾上腺呈三角形。

（二）肾上腺的微细结构和功能

肾上腺的表面被覆有被膜，实质可分为外周部的皮质和中央部的髓质两部分。

1. 肾上腺皮质 根据细胞的排列形式，肾上腺皮质由外向内分为球状带、束状带和网状带。

（1）球状带：分泌盐皮质激素，以醛固酮为主，其作用详见第八章泌尿系统。

（2）束状带：分泌糖皮质激素。

（3）网状带：分泌雄激素和少量的雌激素。

2. 肾上腺髓质 主要由髓质细胞构成，因细胞质内有能被铬盐染成棕黄色的嗜铬颗粒，又称嗜铬细胞。嗜铬细胞能合成和分泌肾上腺素（AD）和去甲肾上腺素（NE），以肾上腺素为主，约占 80%。

（三）糖皮质激素的生理作用及调节

1. 糖皮质激素的生理作用 糖皮质激素在物质代谢和参与人体的应激反应方面起着重要的作用。

（1）对物质代谢的作用：①蛋白质：糖皮质激素能促进肝外组织特别是肌肉组织蛋白分

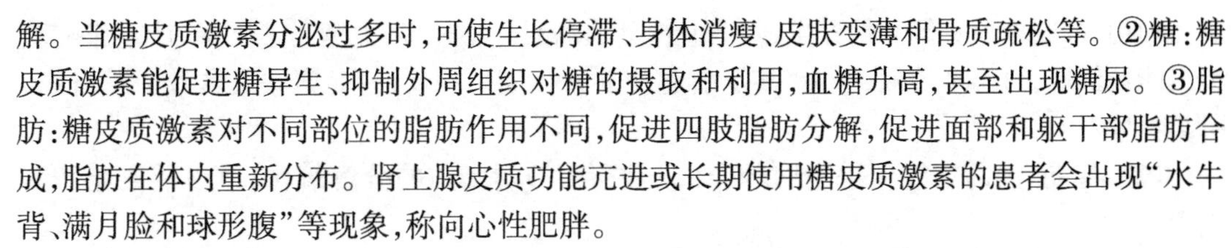

解。当糖皮质激素分泌过多时，可使生长停滞、身体消瘦、皮肤变薄和骨质疏松等。②糖：糖皮质激素能促进糖异生、抑制外周组织对糖的摄取和利用，血糖升高，甚至出现糖尿。③脂肪：糖皮质激素对不同部位的脂肪作用不同，促进四肢脂肪分解，促进面部和躯干部脂肪合成，脂肪在体内重新分布。肾上腺皮质功能亢进或长期使用糖皮质激素的患者会出现“水牛背、满月脸和球形腹”等现象，称向心性肥胖。

（2）在应激反应中的作用：当机体受到伤害性刺激时，如创伤、失血、感染、缺氧、中毒、饥饿、过敏、寒冷和休克等，血液中的促肾上腺皮质激素和糖皮质激素大量分泌，产生一系列反应，称应激反应。通过应激反应，机体可增强对有害刺激的耐受能力，提高生存能力。

（3）对器官组织的作用：①血细胞：糖皮质激素能增强骨髓的造血功能，使血液中红细胞、血小板和中性粒细胞的数量增多，同时糖皮质激素还能促进淋巴细胞和嗜酸性粒细胞的破坏，嗜酸性粒细胞和淋巴细胞减少。②消化系统：糖皮质激素能增加胃酸和胃蛋白酶的分泌，增进食欲和消化功能。因糖皮质激素能减弱胃黏膜的保护和修复功能，胃溃疡患者应慎用。③心血管系统：糖皮质激素对儿茶酚胺类激素具有允许作用，即在糖皮质激素存在的前提下，血管平滑肌对儿茶酚胺的敏感性增强，儿茶酚胺类激素能使血管平滑肌明显收缩。糖皮质激素能间接升高血压。④神经系统：糖皮质激素能维持中枢神经系统正常的兴奋性。

2. 糖皮质激素分泌的调节　糖皮质激素的分泌主要受下丘脑-腺垂体-肾上腺皮质轴的调节，此调节与甲状腺激素的内分泌轴调节相似，均属负反馈调节。当血中糖皮质激素浓度升高时，可负反馈作用于下丘脑、腺垂体，最终使糖皮质激素分泌减少。因此，长期大量应用糖皮质激素的患者可引起肾上腺皮质萎缩，若突然停药，可出现肾上腺皮质功能不全的表现，严重时危及生命。

（四）肾上腺髓质激素的生理作用

肾上腺髓质激素的生理作用广泛且相似，肾上腺素主要兴奋 α 和 β 受体，去甲肾上腺素主要兴奋 α 受体。肾上腺髓质受交感神经的节前纤维支配，两者在结构和功能上有密切联系，称交感-肾上腺髓质系统。当人体遇到紧急情况，如剧痛、失血、窒息、寒冷、焦虑和恐惧等，交感-肾上腺髓质系统活动显著增强，肾上腺髓质激素大量分泌，表现为反应灵敏；心肌收缩力加强、心率加快，血压升高；支气管平滑肌舒张，呼吸加深加快；代谢增强，血糖升高等，这种在紧急情况下由交感-肾上腺髓质系统活动明显增强所发生的适应性变化，称应急反应，能使人体处于警觉状态，有利于克服环境的突变和应对紧急情况。

引起应急反应和应激反应的刺激几乎相同，尽管机体发生反应的系统和作用不同，但两者相辅相成，共同提高机体适应环境的能力。

五、胰岛

胰岛是散在于胰腺外分泌细胞之间的内分泌细胞群的总称。胰岛内主要有 A 细胞，分泌胰高血糖素；B 细胞，分泌胰岛素。

（一）胰岛素

1. 胰岛素的生理作用　胰岛素是促进合成代谢的激素。

（1）糖：胰岛素是生理状态下唯一能降血糖的激素。其能促进全身组织对葡萄糖的摄取和利用，抑制糖原分解和糖异生，降低血糖。胰岛素分泌过多，血糖迅速下降，严重影响脑组织能量供应，可出现惊厥、昏迷，甚至引起胰岛素休克。相反，胰岛素缺乏常致血糖升高，引起糖尿。

（2）脂肪：胰岛素能促进脂肪的合成与贮存，抑制脂肪的分解氧化，血中游离脂肪酸减少。

（3）蛋白质：胰岛素能促进蛋白质的合成，抑制蛋白质的分解。与生长激素共同促进入体的生长发育。

2. 胰岛素分泌的调节

（1）血糖浓度：血糖浓度是调节胰岛素分泌最重要并经常起作用的因素，属负反馈调节。血糖升高可直接刺激B细胞分泌胰岛素，相反，抑制胰岛素的分泌。

考点提示

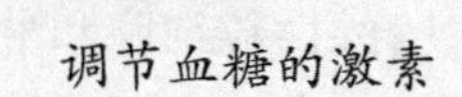

（2）其他激素：促胃液素、促胰液素和抑胃肽等胃肠激素，甲状腺激素，生长激素能促进胰岛素的分泌；肾上腺素抑制胰岛素的分泌。

（3）神经系统：迷走神经兴奋时促进胰岛素分泌，交感神经兴奋时抑制胰岛素分泌。

（二）胰高血糖素

胰高血糖素的作用与胰岛素相反，能促进糖原分解和糖异生，血糖升高；促进脂肪的分解和脂肪酸的氧化，使血中酮体增多；抑制蛋白质的合成。胰高血糖素的分泌主要受血糖浓度的调节，血糖浓度降低时胰高血糖素分泌增加，反之则减少。

第三节 消化、呼吸和心血管系统功能活动的调节

一、消化系统功能活动的调节

（一）神经调节

1. 消化系统的神经支配和作用　消化管除口腔、咽、食管上段及肛门外括约肌为骨骼肌，受躯体运动神经支配外，其余部分均受交感神经和副交感神经的双重支配：交感神经兴奋可引起胃肠运动减弱、腺体分泌减少和括约肌收缩；副交感神经兴奋可致消化管壁平滑肌收缩、括约肌舒张、胆囊收缩和消化液分泌增多等。另外，大部分消化管壁内还有壁内神经丛，其中的感觉神经能感受胃肠道内化学、机械和温度等刺激，运动神经支配平滑肌和腺体。

2. 消化器官活动的反射调节　包括非条件反射性调节和条件反射性调节两种。

（1）非条件反射性调节：食物入口刺激口腔黏膜、舌和咽等处的感受器，可反射性地引起唾液分泌、胃容受性舒张和胃液、胰液、胆汁和小肠液的分泌，为食物的消化做好准备；食物入小肠，又可反射性减弱胃的运动，使胃排空速度适应小肠的消化。因此，消化管上段的活动可反射地引起下段活动的增强，为食物的消化提供有利条件；而消化管下段的活动又可通过反馈作用抑制上段的活动，使食物向下推进的速度适应下部消化器官的活动进程。

（2）条件反射性调节：食物的色、香、味、形及与食物有关的语言、甚至进食的时间和环境等均可成为条件刺激。这些刺激通过人的视、嗅、味和听觉感受器经传入神经传至中枢，

再由传出神经引起消化腺的分泌和消化管的运动。因此,人的精神状态和情绪对消化功能有着极为明显的影响。长期精神紧张可以使自主神经系统功能紊乱引起消化器官疾病。

(3) 排便反射:排便是一种受意识支配的反射活动(图 11-36)。当粪便到直肠后,肠壁内的牵张感受器兴奋,冲动沿传入神经至脊髓腰骶段的初级排便中枢,同时上传至大脑皮质,产生便意。如条件允许,中枢的传出冲动经传出神经,使降结肠、乙状结肠及直肠收缩,肛门内、外括约肌舒张,粪便排出体外。此外,膈肌和腹肌也收缩协助排便。如果条件不允许,大脑皮质发出冲动,抑制初级排便中枢的活动,暂不排便。

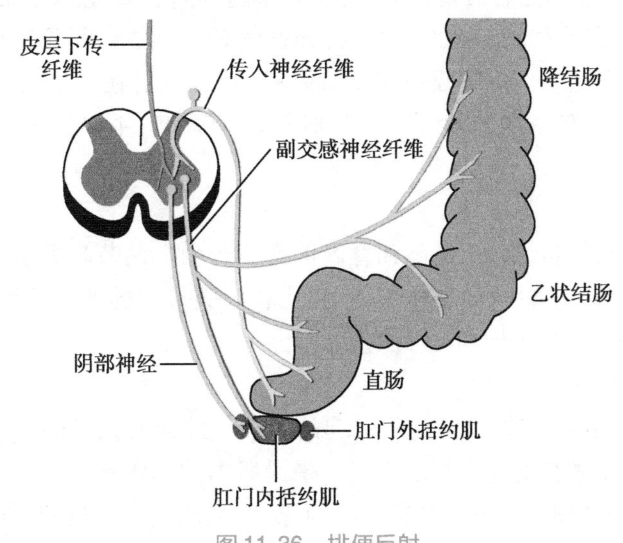

图 11-36 排便反射

(二)体液调节

在胃肠黏膜层内散在着的内分泌细胞,能合成和释放多种有生物活性的化学物质,统称为胃肠激素,其化学结构都是肽类,又称胃肠肽。主要有促胃液素、促胰液素、胆囊收缩素和抑胃肽(表 11-6)。

表 11-6 几种主要胃肠激素概况

激素	分泌细胞	分布部位	主要作用	引起释放因素
促胃液素	G	胃壁、十二指肠	促进胃液分泌和胃的运动;促进胰、胆分泌;促进胃黏膜生长	迷走神经兴奋 蛋白质分解产物
促胰液素	S	十二指肠、空肠	促进胰液分泌;促进胆汁和小肠液分泌;抑制胃液分泌和胃的运动	蛋白质分解产物 盐酸
胆囊收缩素	I	十二指肠、空肠	促进胆囊收缩;促进胰液分泌;促进胰腺生长	蛋白质、脂肪分解产物
抑胃肽	K	十二指肠、空肠	抑制胃液分泌和运动;促进胰岛素分泌	葡萄糖、氨基酸、脂肪酸

胃肠激素不仅能调节消化器官的功能,而且能广泛地影响体内其他器官的活动。

1. 调节消化腺的分泌和消化管的运动 不同的胃肠激素对不同的器官、组织可产生不同的调节作用(见表11-9)。

2. 调节其他激素的释放　刺激胰岛素分泌,将消化道的吸收功能同体内物质代谢的活动有机地联系了起来。

3. 促进消化管组织代谢和生长的营养作用　一些胃肠激素具有促进消化道组织代谢和生长的作用。

二、呼吸系统功能活动的调节

呼吸运动是一种节律性的活动,其深度和频率随体内、外环境条件的改变而改变。例如劳动或运动时,代谢增强,呼吸加深加快,肺通气量增大,摄取更多的 O_2,排出更多的 CO_2,以与代谢水平相适应。但呼吸肌属于骨骼肌即随意肌,在一定情况下呼吸运动可受大脑皮质的意识控制,有一定的随意性。呼吸运动的改变,主要通过神经系统的调节来实现。

(一)呼吸中枢

分布在大脑皮质、间脑、脑桥、延髓和脊髓等部位产生和调节呼吸运动的神经中枢。延髓是产生节律性呼吸的基本中枢,脑桥有调节、完善呼吸节律的呼吸调整中枢,正常呼吸运动是在各级呼吸中枢的相互配合下进行的。

(二)呼吸反射

1. 肺牵张反射　由肺扩张或肺萎陷引起的肺吸气抑制或兴奋的反射,称肺牵张反射。吸气时,肺扩张到可刺激在支气管与细支气管平滑肌内的牵张感受器,产生冲动,沿迷走神经传至延髓,使吸气中枢抑制、呼气中枢兴奋,使吸气停止,转向呼气;呼气时,对牵张感受器的刺激减弱,传入冲动减少,解除了对吸气中枢的抑制而再次兴奋,引起吸气。其生理意义是使吸气及时向呼气转化,防止吸气过长、过深。

2. 化学感受性反射　指血液或脑脊液中某些化学物质浓度或分压的改变,刺激相关的化学感受器,反射性地引起呼吸运动变化的反射。

(1) CO_2 对呼吸的影响:一定水平的 P_{CO_2} 对维持呼吸和呼吸中枢的兴奋性是必要的,是调节呼吸运动最重要的体液因素。CO_2 对呼吸的兴奋作用是通过两条途径实现的:①刺激中枢化学感受器,引起延髓呼吸中枢兴奋,使呼吸加深加快;②刺激外周化学感受器,冲动传入延髓,兴奋延髓的呼吸中枢,反射性的使呼吸加深加快。

(2) O_2 对呼吸的影响:血 P_{O_2} 降低对呼吸中枢的直接作用是抑制,但通过对外周化学感受器的刺激却是兴奋呼吸中枢,引起呼吸加深加快,这样在一定程度上可以对抗低 O_2 对呼吸中枢的直接抑制作用。

低 O_2 刺激颈动脉体和主动脉体外周化学感受器产生冲动,经舌咽神经和迷走神经传至延髓,兴奋延髓呼吸中枢。

(3) H^+ 对呼吸的影响:动脉血 H^+ 浓度升高,可使呼吸运动加深加快,肺通气量增加;H^+ 浓度降低,呼吸运动抑制。H^+ 对呼吸运动的调节可以通过外周化学感受器和中枢化学感受器实现的。但 H^+ 不易透过血-脑屏障,限制了对中枢化学感受器的作用。所以,H^+ 对呼吸运动的调节作用主要是通过刺激外周化学感受器实现的。

3. 防御性呼吸反射

(1) 咳嗽反射:是常见的防御性反射。当有异物或炎症时,可刺激喉、气管和支气管的

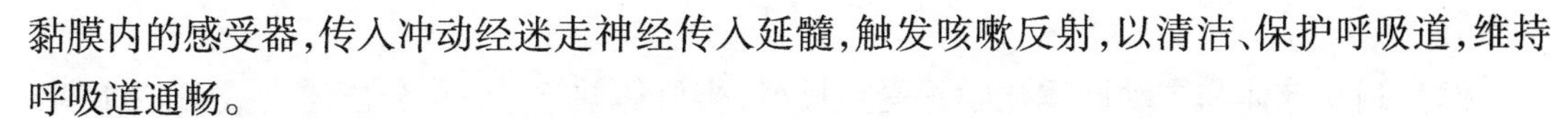

黏膜内的感受器，传入冲动经迷走神经传入延髓，触发咳嗽反射，以清洁、保护呼吸道，维持呼吸道通畅。

（2）喷嚏反射：是鼻腔黏膜受到刺激引起的一种防御反射，以清除鼻腔中的刺激物。

三、心血管系统活动的调节

案例

陈某，男，53岁，晨练过程中与人争吵后出现心前区疼痛，压榨感，120急救给予硝酸甘油舌下含服，疼痛缓解。入院后诊断为心绞痛，心功能2级。

请问：1. 患者晨练时出现心绞痛的原因是什么？

2. 心血管活动受哪些因素的调节？

心血管系统的活动主要在神经调节和体液调节的作用下，保持正常的心率、心输出量、血压，维持各组织器官血流量，并能根据机体内外环境的变化作出相应的调整，使心血管的活动与机体的状态和代谢活动相适应。

（一）神经调节

1. 心血管的神经支配

（1）心脏的神经支配：①心迷走神经：支配窦房结、心房肌、房室结、房室束及其分支。迷走神经兴奋，使心率减慢，心房肌收缩力减弱，心输出量减少。②心交感神经：支配窦房结、房室结、房室束、心房肌和心室肌。交感神经兴奋，使心率增快，心肌收缩力增强，心输出量增多。

（2）血管的神经支配：①交感缩血管神经：引起血管收缩的神经都是交感神经，支配全身血管平滑肌。交感缩血管神经兴奋，引起血管收缩，外周阻力增加，血压升高。②舒血管神经：包括交感舒血管神经和副交感舒血管神经，前者布于骨骼肌的血管平滑肌，其兴奋时，使骨骼肌血管舒张，血流量增多；后者布于脑、唾液腺、胃肠道腺体和外生殖器等少数器官的血管，其兴奋时，引起局部血管舒张，增加该器官的血流量。

2. 心血管中枢　心血管活动的最基本中枢位于延髓。延髓的心血管中枢包括心迷走中枢、心交感中枢和交感缩血管中枢，这些神经元在机体处于安静状态时都有紧张性活动，以此来控制心血管活动，使心率、血压维持在正常范围。

3. 心血管反射　当机体处于不同的生理状态如运动、睡眠时，或当机体内、外环境发生变化时，可通过心血管反射，使循环功能能很快适应于当时机体所处的状态或环境的变化。

（1）颈动脉窦和主动脉弓压力感受性反射：动脉血压升高时，可引起压力感受性反射，使血压回降。因此，这一反射也称为减压反射。

当血管壁随血压升高扩张到一定程度时就会引起颈动脉窦和主动脉弓压力感受器兴奋，其冲动分别由传入神经传至延髓心血管中枢，使心迷走中枢功能加强的同时，使心交感中枢和交感缩血管中枢功能减弱。其效果是使心脏活动不致过强，血管外周阻力不致过高，动脉血压保持比较低的水平。当血压降低时，该反射也可发挥作用，使血压回升。

（2）颈动脉体和主动脉体化学感受性反射：当机体缺 O_2、CO_2 分压增高或 H^+浓度增高时，可刺激颈动脉体和主动脉体化学感受器发生兴奋，经传入神经传入至延髓呼吸中枢和心血管中枢，呼吸中枢兴奋，主要使呼吸加深加快。化学感受性反射在平时对心血管活动并不起明显的调节作用。只有在低氧、窒息、失血、动脉血压过低和酸中毒情况下才发生作用。

（二）体液调节

1. 全身性体液调节

（1）肾素-血管紧张素-醛固酮系统：详见第八章泌尿系统。血管紧张素Ⅱ是血管紧张素中最重要的升高血压的体液因素，可直接使全身微动脉收缩，升高血压，还可收缩静脉，增加回心血量。

（2）肾上腺素（AD）和去甲肾上腺素（NE）：循环血液中的肾上腺素（AD）和去甲肾上腺素（NE）主要来自于肾上腺髓质的分泌，肾上腺能神经纤维末梢释放的神经递质 NE 也有小部分进入血液循环。两者对心和血管的作用不尽相同，总体说来，在整体内，肾上腺素主要对心有强心作用，故被用作强心剂；去甲肾上腺素主要对血管有收缩作用，血压升高，被用作升压药。

2. 局部性体液调节　当组织代谢活动增强时，局部组织的代谢产物如 CO_2、腺苷、乳酸、H^+、K^+等增多可使局部组织血管扩张，血流量增多。组胺可舒张小动脉，增加血管壁的通透性，组织液生成增多。

本章小结

神经系统由中枢神经系统和周围神经系统组成。中枢神经系统包括脑和脊髓，周围神经系统包括脑神经和脊神经。脊髓是躯体运动最基本的反射中枢，它可以完成简单的躯体运动反射，如牵张反射。脑干在肌紧张的调节中起着重要作用，它通过其网状结构易化区和抑制区的活动调控脊髓躯体运动中枢的活动。小脑也是调节躯体运动的重要中枢。它在维持身体平衡、调节肌紧张和协调随意运动方面有重要作用。人体内脏器官的活动主要受自主神经系统的调节。自主神经系统可分为交感神经系统和副交感神经系统两大部分，它们的功能在于调节心肌、平滑肌和腺体的活动，人体多数器官都接受交感和副交感神经系统的双重支配。

内分泌系统由内分泌腺和内分泌细胞构成，其分泌的激素能通过血液被运送至全身的靶组织或细胞来实现对机体功能的调节，生长激素、甲状腺激素、糖皮质激素、胰岛素等具有重要的生理作用。

（韩爱国　张鹤　杨黎辉　张冬华）

目标测试

思考题

1. 临床上常选择何处进行腰椎穿刺，为什么？

2. 左肩落一蚊子叮咬,右手将其拍死,试述其传导通路。
3. 请解释“三偏征”,试述原因。
4. 左侧 L_2 脊髓半离断的患者有何症状?
5. 呆小症和侏儒症有何区别?
6. 影响蛋白质代谢的激素有哪些?
7. 消化系统的神经调节的方式及其特点。

第十二章　生殖和胚胎学概要

学习目标

1. 掌握：男性尿道的分部、狭窄、弯曲；胎儿血液循环特点。
2. 熟悉：睾丸、卵巢的位置、形态、结构；男、女性生殖管道的形态、位置；受精与卵裂；植入和蜕膜；三胚层的形成与分化。
3. 了解：男、女性外生殖器；乳房的位置、形态、构造；会阴的概念、区分；男、女性生殖细胞的成熟；胎膜与胎盘；双胎、多胎和联胎。

生殖是生物体生长发育成熟后，能够产生与自己相似的子代个体的生理过程。生殖系统包括男性生殖系统和女性生殖系统，两者均可分为内生殖器和外生殖器两部分。功能是产生生殖细胞、繁殖后代和分泌性激素。

案例

某女，26岁，结婚1年，近日出现恶心、呕吐、尿频。今日突然出现下腹坠痛，有排便感，面色苍白，阴道有少量出血。随即到医院就诊，诊断为异位妊娠。

请问：1. 精子和卵子是怎样产生的？

2. 精子与卵子在什么地方相遇？

3. 正常的胚胎应在哪里发育？

第一节　男性生殖系统

一、男性内生殖器

（一）睾丸

睾丸是男性生殖腺，具有产生精子和分泌雄性激素的功能。

1. 睾丸的位置形态　睾丸位于阴囊内，左右各一。呈扁的卵圆形，表面光滑，分内、外两面，前、后两缘和上、下两端。前缘游离，后缘和上端有附睾附着，血管、神经及淋巴管经后缘进出睾丸。睾丸随性成熟而迅速生长，老年人的睾丸随性功能的衰退而逐渐萎缩变小（图12-1）。

2. 睾丸的结构　睾丸表面包有一层坚厚的致密结缔组织膜，称为白膜。白膜在近睾丸后缘处增厚，进入睾丸实质内形成睾丸纵隔，睾丸纵隔发出许多睾丸小隔，呈放射状伸入睾丸实质，将其分隔为许多锥形的睾丸小叶。每一睾丸小叶内含有1～4条盘曲的精曲小管。

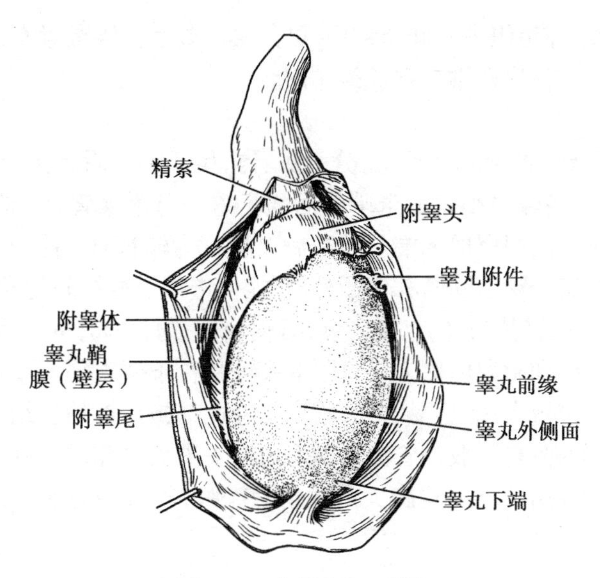

图 12-1 右侧睾丸及附睾

精曲小管在睾丸纵隔处相互汇合成网，称为睾丸网。从睾丸网发出 12～15 条睾丸输出小管，汇入附睾头部（图 12-2）。精曲小管的上皮是精子发生的部位，其管壁主要由生精上皮构

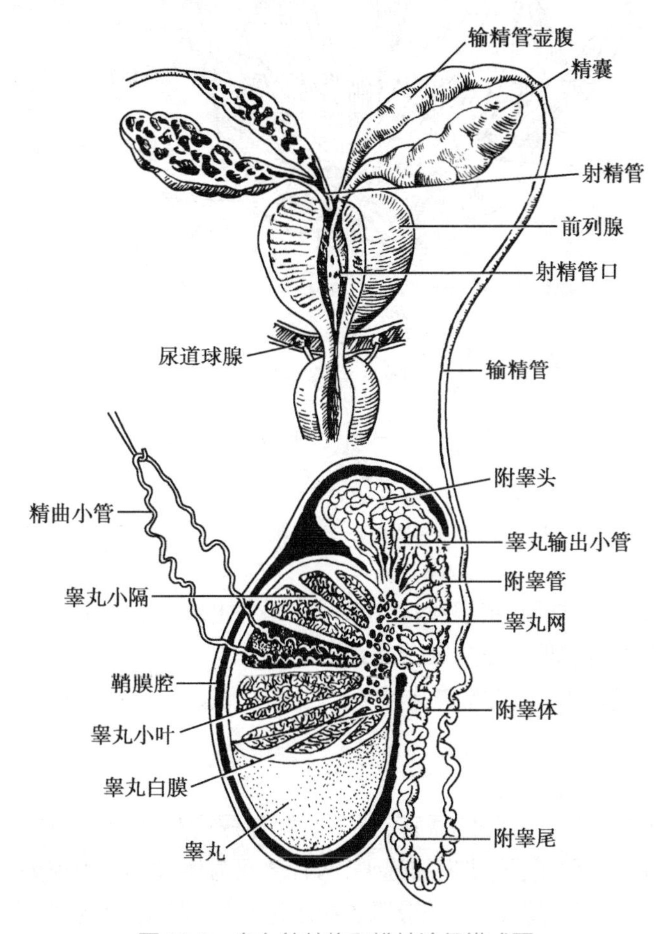

图 12-2 睾丸的结构和排精途径模式图

成。精曲小管之间的结缔组织内有间质细胞，可分泌雄激素。雄激素有促进精子发育、促进男性生殖器官的发育、维持男性第二性征等作用。

（二）生殖管道

1. 附睾　紧贴于睾丸的上端和后缘，分为头、体、尾3部。附睾头由睾丸输出小管盘曲而成，贴附于睾丸上端，各输出小管的末端最后均汇入一条附睾管；中部扁圆，称为附睾体；下端较细，称为附睾尾。附睾尾的末端急转向后上移行为输精管（图12-1）。附睾具有暂时贮存精子和分泌功能，其分泌物除营养精子外，并能促进精子继续分化成熟。

2. 输精管　输精管是附睾管的直接延续，行程较长，约50cm，可分为4部：①睾丸部：起于附睾尾部，沿睾丸后缘和附睾内侧上升至附睾头处移行于精索部。②精索部：介于附睾头与腹股沟管浅环之间，位置表浅，容易触及，临床常在此部施行输精管结扎术。③腹股沟部：位于腹股沟管内。④盆部：自腹股沟管深环起弯向内下进入盆腔，经输尿管末端的前上方至膀胱底部，两侧输精管逐渐接近并均膨大为输精管壶腹，其末端变细，与精囊腺排泄管合成射精管（图12-3）。

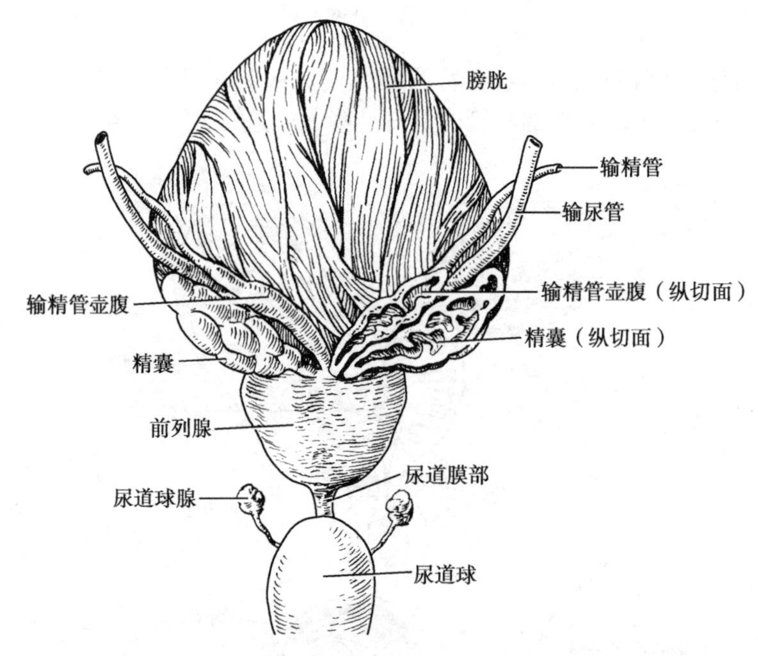

图12-3　膀胱、前列腺、精囊和尿道球腺（后面）

精索是柔软的圆索状结构，由腹股沟管深环至睾丸上端，由输精管、睾丸动脉、蔓状静脉丛、神经丛和淋巴管等结构外包三层被膜构成。

3. 射精管　由输精管末端与精囊排泄管汇合而成，长约2cm，穿经前列腺实质，开口于尿道的前列腺部。

（三）附属腺

1. 前列腺　前列腺为一实质性器官，位于膀胱与尿生殖膈之间，包绕尿道起始部。呈倒置的栗子形，上端宽大称底，下端尖细称尖，两者之间为体，体的后面较平坦，贴近直肠，可经直肠指诊触及。前列腺由腺组织、平滑肌各结缔组织构成。前列腺的排泄管细小，数目较多，均开口于尿道前列腺部的后壁。前列腺分泌弱碱性的液体是精液的主要组成部分。小

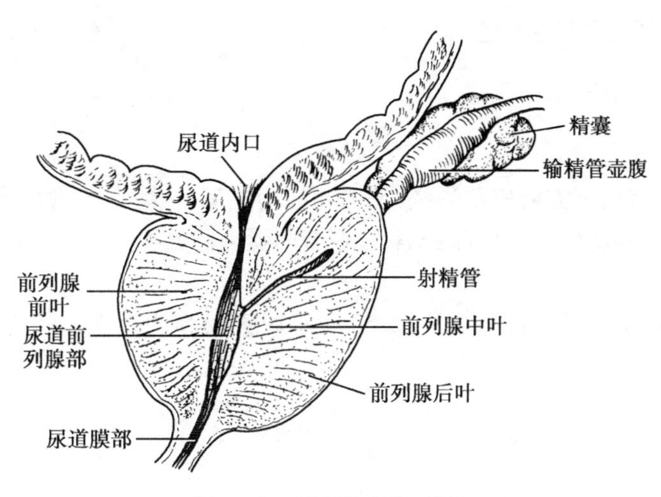

图 12-4 前列腺（纵切面）

儿的前列腺甚小，青春期腺组织生长迅速，中年以后，腺组织逐渐退化(图 12-4)。

2. 精囊腺 精囊腺位于膀胱底与直肠之间，在输精管末端的外侧。是一对长椭圆形的囊状器官，表面凹凸不平，下端为排泄管，与输精管末端汇合成射精管。精囊腺分泌的弱碱性液体成为精液的一部分。

3. 尿道球腺 为一对豌豆大小的球形腺体，埋藏在尿生殖膈内，以细长的排泄管开口于尿道球部(见图 12-3)，尿道球腺的分泌物参与精子的组成。

精液主要由附属腺体的分泌物与精子混合而成。呈乳白色，弱碱性。正常成年男性一

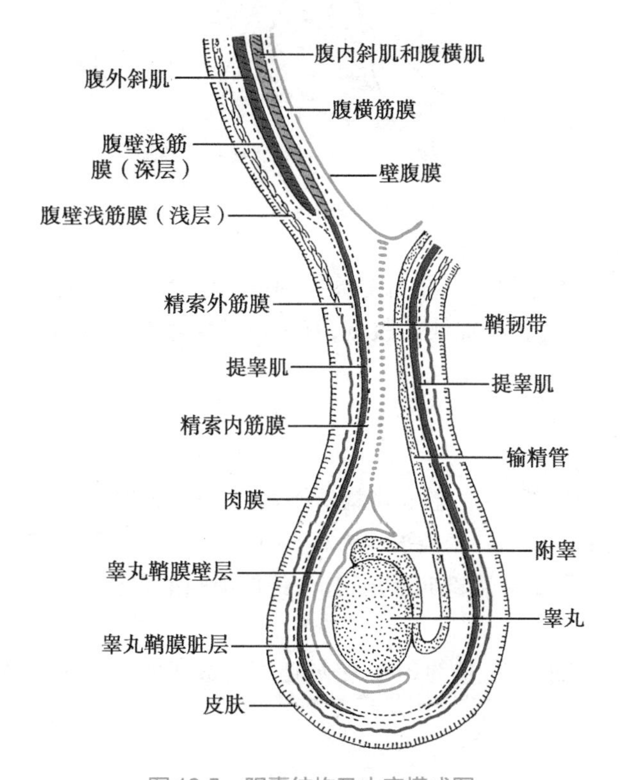

图 12-5 阴囊结构及内容模式图

次射精2～5ml，含精子3亿～5亿个。

二、男性外生殖器

（一）阴囊

阴囊是位于阴茎后下方的皮肤囊袋（图12-5），容纳睾丸、附睾及输精管下段。阴囊的皮肤薄而柔软，可随外界温度的变化而舒缩，以调节阴囊内的温度，有利于精子的生长发育。

（二）阴茎

阴茎可分为头、体、根三部分（图12-6）。前端膨大为阴茎头，尖端有矢状位的尿道外口。

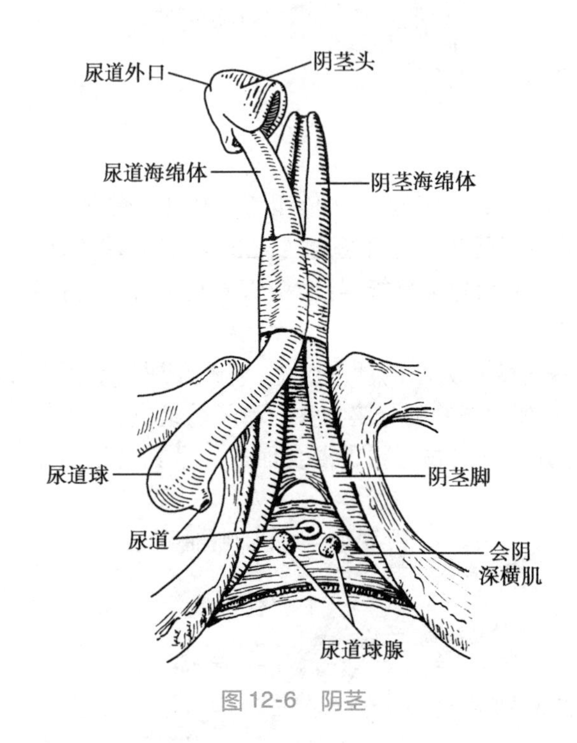

图12-6 阴茎

阴茎由两个阴茎海绵体和一个尿道海绵体构成。阴茎海绵体位于阴茎的背侧，左右各一；尿道海绵体位于两个阴茎海绵体的腹侧，有尿道贯穿其全长，前端膨大，形成阴茎头，后端膨大形成尿道球。

三、男性尿道

男性尿道（图12-7）除排尿外，兼有排精功能。起于膀胱的尿道内口，终于阴茎头的尿道外口。成人尿道全长16～22cm，管径平均为0.5～0.7cm，全长可分为三部：前列腺部、膜部、海绵体部。临床把前列腺部和膜部叫后尿道，海绵体部叫前尿道。

（一）前列腺部

为尿道贯穿前列腺的一段，长约3cm，是尿道直径最宽处。在其后壁上有射精管和前列腺排泄管的开口。

（二）膜部

为尿道穿过尿生殖膈的部分，窄而短，长约1.5cm。其周围有尿道外括约肌环绕，可控

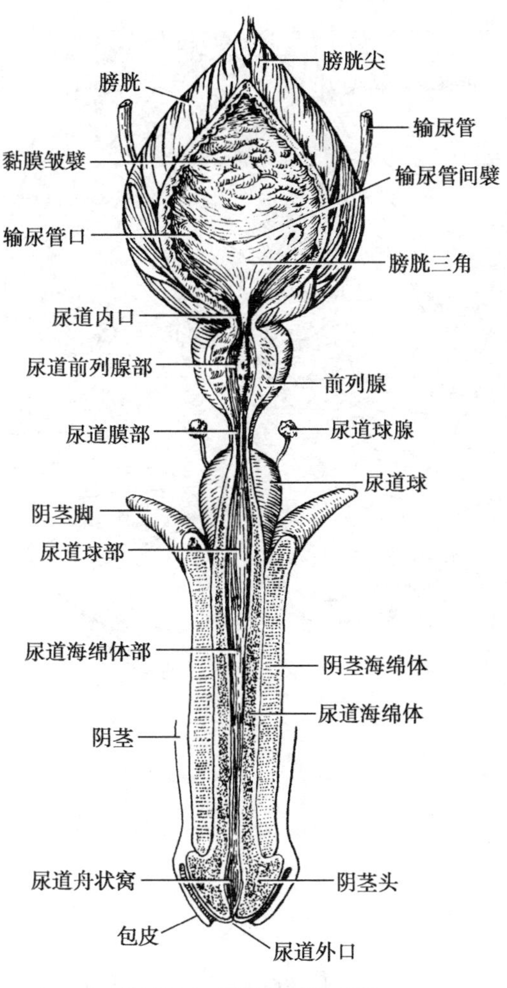

图 12-7　膀胱和男性尿道

制排尿。

（三）海绵体部

为尿道穿过尿道海绵体的一段，是尿道三部中最长的一段，长 12～17cm，其起始部膨大称尿道球部，有尿道球腺开口于此。

尿道有三个狭窄、三个扩大和两个弯曲。三个狭窄处分别位于尿道内口、尿道膜部和尿道外口；三个扩大处位于前列腺部、尿道球部和尿道舟状窝部；阴茎松软下垂时，尿道有两个弯曲，一个是耻骨下弯，位于耻骨联合下方，凹向上，此弯曲恒定，不可改变；另一弯曲是耻骨前弯，位于耻骨联合的前下方，凹向下，位于阴茎体与阴茎根之间，将阴茎体上提时，耻骨前弯即可变直而消失，向尿道内插入器械时均采用此位置。在插入器械通过尿道膜部时，应注意耻骨下弯，以免损伤尿道。

第二节　女性生殖系统

女性生殖系统包括内生殖器和外生殖器。内生殖器包括生殖腺（卵巢）、生殖管道（输卵管、子宫和阴道）等。外生殖器即女阴（图 12-8）。

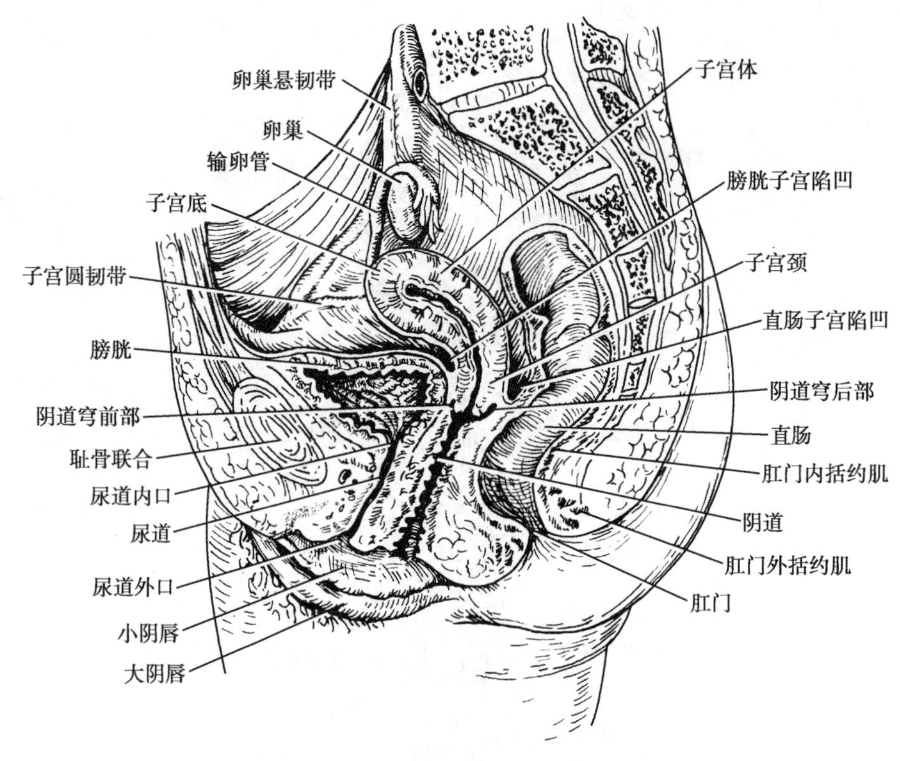

图 12-8 女性盆腔正中矢状切面

一、女性内生殖器

（一）卵巢

卵巢是女性生殖腺，具有产生卵细胞、分泌雌激素和孕激素的功能。

1. 卵巢的形态位置　卵巢位于盆腔内，子宫两侧，左右各一（图 12-9）。呈扁卵圆形，上端与输卵管末端相接触，下端借卵巢固有韧带连于子宫角。前缘中部有血管、神经等出入。

2. 卵巢的结构　卵巢表面覆盖有一层浆膜，深面为一层致密结缔组织，称白膜。卵巢实质可分为浅层的皮质和深层的髓质。卵泡中含卵母细胞，成熟的卵泡以自然破溃的方式将卵细胞从卵巢表面排入腹膜腔，这一过程即称为排卵。一般发生在月经周期（28 天）的第 14 天左右，排卵一般是左右卵巢交替排卵。一个月经周期只排 1 个卵，有时也会排 2 个。卵巢分泌的激素有雌激素、孕激素和少量的雄激素，妇女在生殖年龄期间，一般排卵不超过 400 个，其余的卵泡在不同的阶段退化。排卵后，塌陷的卵泡壁转变成黄体，黄体的发育取决于卵子是否受精，如未受精，约 2 周后逐渐萎缩，最后形成瘢痕，称为白体（图 12-10）；若卵子受精，则可维持到妊娠 4～5 月后才逐渐退化。因此，卵巢大小、形态可因年龄而有所变化。幼女卵巢较小，表面光滑，性成熟期最大，以后由于多次排卵，表面留有瘢痕，故凹凸不平。35～40 岁后卵巢开始缩小，50 岁左右随月经停止而逐渐萎缩。

3. 卵巢的内分泌功能

（1）雌激素的功能：促进卵泡发育；使子宫内膜的血管和腺体增生；促进输卵管的运动，有利于精子和卵子的运动；促进女性第二性征的出现并维持等。

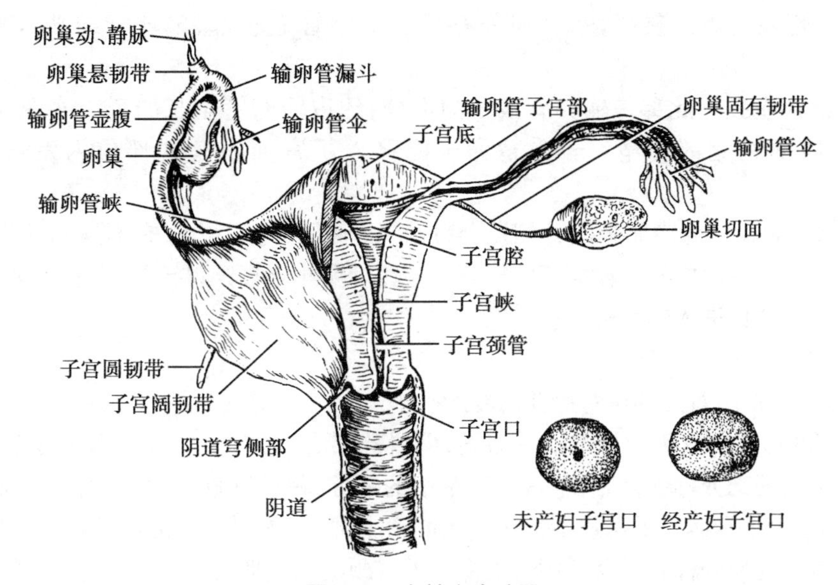

图 12-9 女性内生殖器

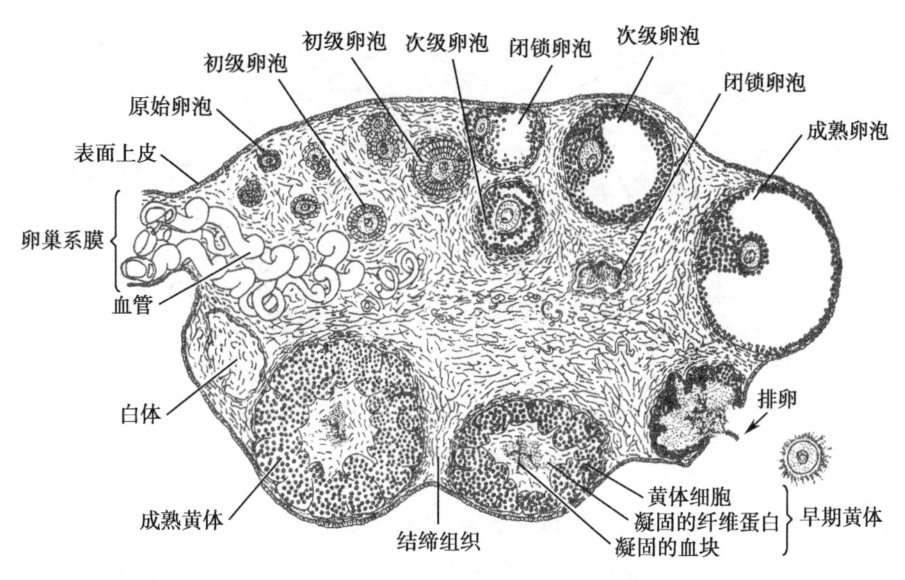

图 12-10 卵巢的微细结构

（2）孕激素的功能：为受精卵着床做准备并维持妊娠。具体作用：

1）在雌激素作用的基础上，是子宫内膜进一步增生，并出现分泌期的改变，为受精卵的生存和着床提供适宜的环境。

2）抑制子宫和输卵管的运动，利于安胎。

3）促进乳腺腺泡发育，为分娩后泌乳做准备。

4）具有产热作用，女性基础体温在排卵日最低，排卵后可升高 0.5℃。

（二）输卵管

输卵管是输送卵子的细长肌性管道（见图 12-9），长 10～14cm，连于子宫底两侧，包裹在子宫阔韧带上缘内。输卵管全程由内向外可分为 4 部：

1. 输卵管子宫部　为贯穿子宫壁内的一段，内侧端以输卵管子宫口开口于子宫腔。

2. 输卵管峡　短而狭窄，水平向外移行于输卵管壶腹部，输卵管结扎术多在此部进行。

3. 输卵管壶腹　此部是输卵管最长的部分，约占输卵管全长的2/3，管腔膨大成壶腹状，卵子通常在此部受精。若受精卵未能移入子宫而在其他部位内发育，即异位妊娠。

4. 输卵管漏斗　为输卵管的外侧段，管腔扩大成漏斗状。边缘有不规则的指状突起，称为输卵管伞，是手术中识别输卵管的标志。输卵管漏斗末端开口于腹膜腔，称为输卵管腹腔口，卵细胞经此口进入输卵管。

（三）子宫

子宫是女性产生月经和孕育胎儿的场所。

1. 子宫的形态　成年子宫呈前后略扁，倒置的梨形。分底、体、颈三部：两侧输卵管子宫口以上，圆凸的部分称子宫底；子宫下部窄细的部分，称子宫颈，是肿瘤的好发部位；底与颈之间的部分为子宫体。子宫颈下1/3突入阴道上部，伸入阴道内的部分称为子宫颈阴道部，在阴道以上的部分称为子宫颈阴道上部。子宫颈阴道上部与子宫体相连，其连接处稍狭细，称为子宫峡（图12-11）。

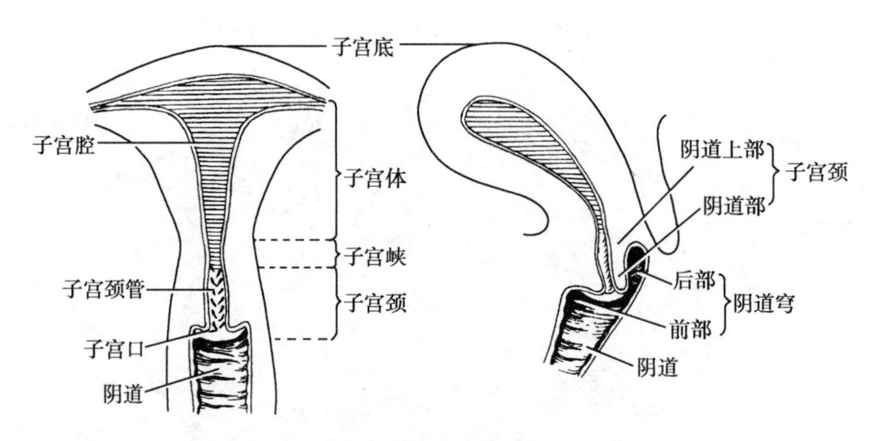

图12-11　子宫的分部

子宫的内腔分为子宫腔和子宫颈管，子宫腔呈倒置的三角形，底的两端与输卵管相通，尖向下通子宫颈管，其下端与阴道相通，称为子宫口（颈管外口）。未产妇的子宫口为圆形。经产妇子宫口呈横裂状（图12-9）。

2. 子宫的结构　子宫壁由内向外可分为：内膜、肌层、外膜三层（图12-12）。

（1）内膜：即子宫黏膜，为单层柱状上皮和固有层构成。从青春期至绝经期，在卵巢分泌的雌激素和孕激素的作用下，子宫内膜呈周期性变化，每28天左右内膜脱落出血，修复、增生，这种周期性变化称月经周期。月经周期中，子宫内膜的变化可分为增生期、分泌期和月经期，子宫内膜周期性变化与卵巢周期性变化关系如下（图12-13，表12-1）：

（2）肌层：由平滑肌和结缔组织组成。

（3）外膜：大部分为浆膜，小部分为结缔组织膜。

3. 子宫的位置　子宫位于小骨盆的中部，在膀胱与直肠之间。成年女性的子宫正常位置呈轻度前倾前屈位（图12-14）。前倾即子宫的长轴与阴道的长轴之间形成向前开放的钝角，前屈为子宫体与子宫颈之间形成的开口向前的钝角。

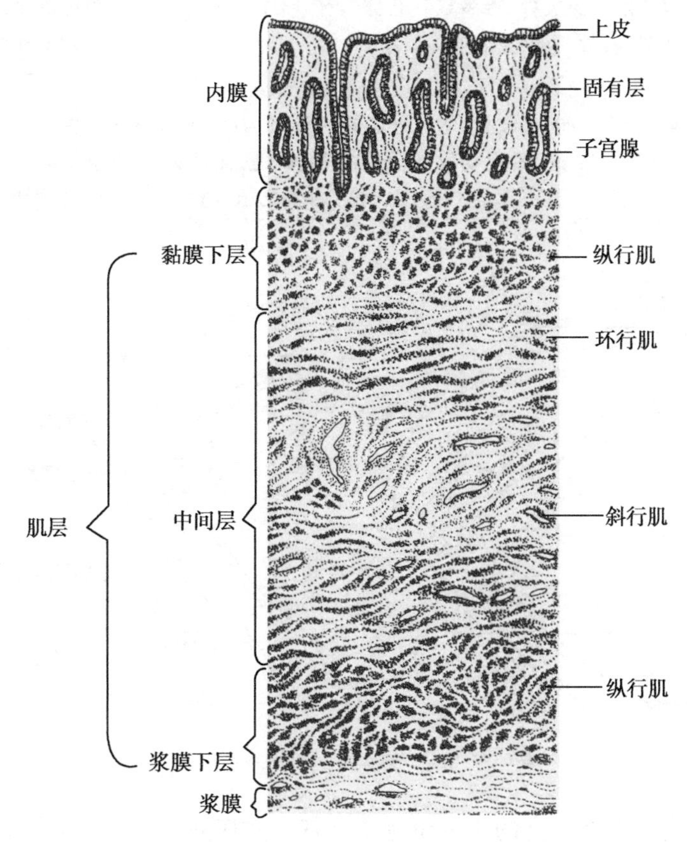

图 12-12 子宫的微细结构

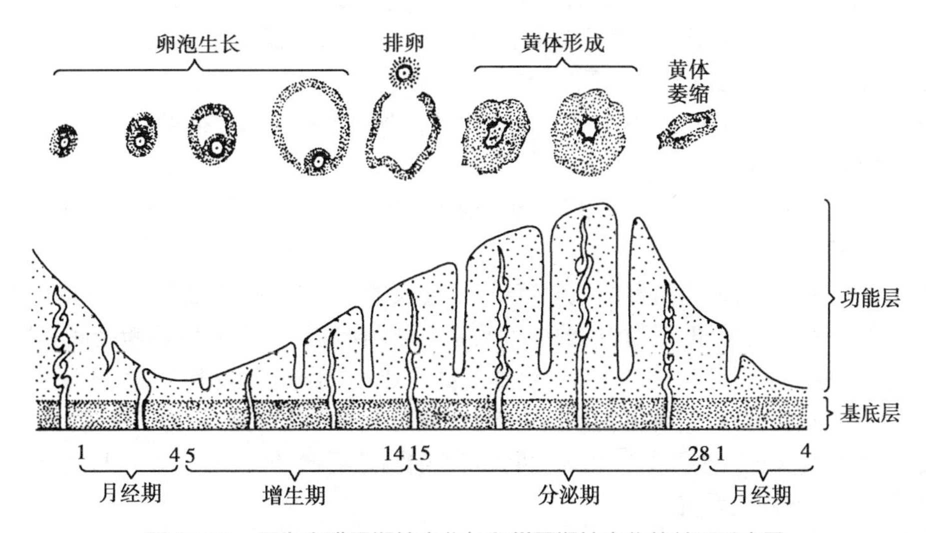

图 12-13 子宫内膜周期性变化与卵巢周期性变化的关系示意图

表 12-1 子宫内膜与卵巢周期性变化的关系

	增生期（5 ~14 天）	分泌期（15 ~ 28 天）	月经期（1 ~ 4 天）
卵巢的变化	卵泡开始生长发育，雌激素分泌增多，卵泡趋于成熟、排卵	排卵，黄体形成	黄体退化，雌激素和孕激素急剧下降
子宫内膜	子宫内膜功能层修复，增厚，子宫腺增多，螺旋动脉增长、弯曲	子宫内膜继续增厚，子宫腺分泌物增多，螺旋动脉充血，适于胚泡的植入和发育	螺旋动脉持续收缩，内膜功能层坏死、脱落，子宫动脉出血，形成月经

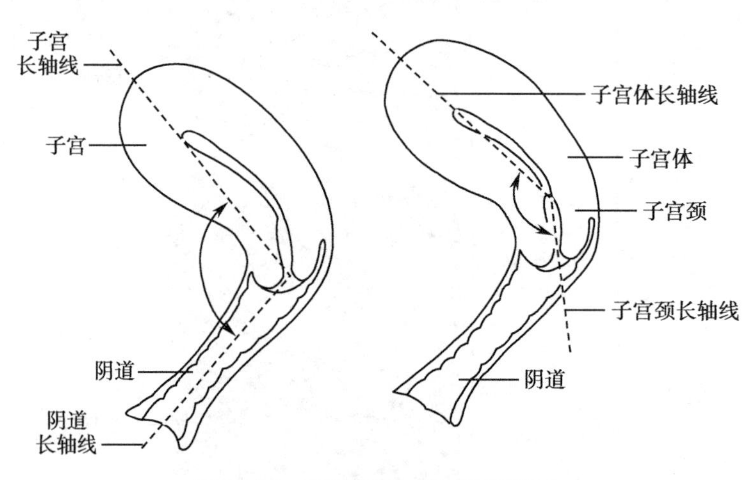

图 12-14 子宫前倾、前屈位示意图

4. 子宫的固定装置 子宫的正常位置主要依靠盆底肌的承托和韧带的牵拉固定。固定子宫的韧带有：

（1）子宫阔韧带：位于子宫两侧，连于小骨盆侧壁，可限制子宫向两侧移动。

（2）子宫圆韧带：起于子宫两侧输卵管子宫口的下方，呈圆索状，向前止于阴阜及大阴唇的皮下，是维持子宫前倾位的主要结构。

（3）子宫主韧带：位于子宫阔韧带下部，由子宫颈两侧连至盆腔侧壁，有固定子宫颈，阻止子宫向下脱垂的作用。

（4）骶子宫韧带：起自子宫颈后面，向后固定于骶骨前面，有维持子宫前屈的作用。

（四）阴道

阴道是连接子宫与外生殖器的肌性管道，是导入精液、排出月经和娩出胎儿的通道。

阴道是由黏膜、肌层和外膜构成的肌性管道，富于伸展性。阴道前邻膀胱底和尿道，后邻直肠，下部较窄，下端以阴道口开口于阴道前庭。处女的阴道口周围有处女膜附着（图 12-15）。阴道的上端较宽阔，包绕子宫颈阴道部，两者间形成环状凹陷，称为阴道穹。阴道穹后部为最深，并与直肠子宫陷凹紧密相邻，两者间仅隔阴道后壁和腹膜，当该陷凹处有积液时，可经阴道穹后部穿刺或引流。

二、女性外生殖器

女性外生殖器，即女阴（图 12-15，图 12-16），包括以下结构：阴阜、大阴唇、小阴唇、阴道

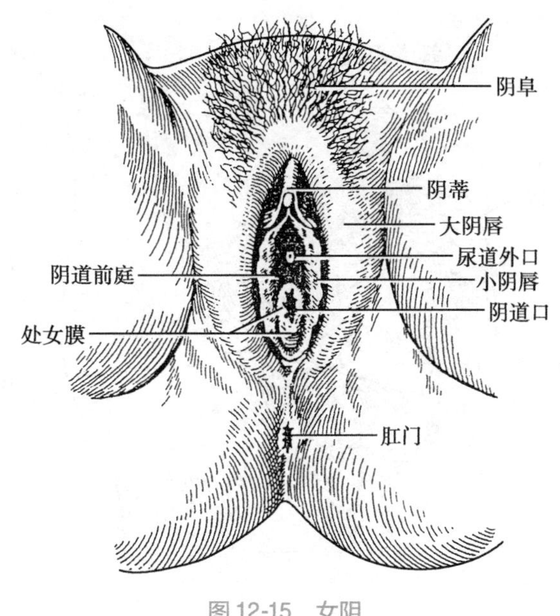

图 12-15 女阴

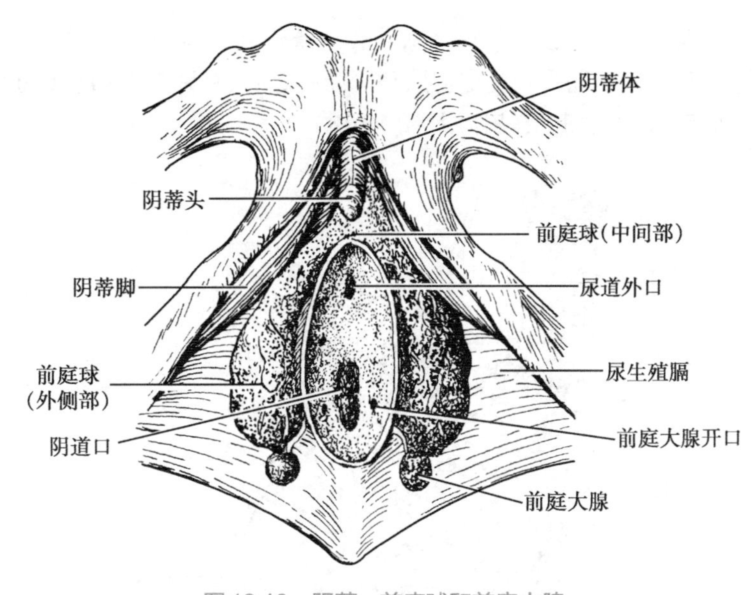

图 12-16 阴蒂、前庭球和前庭大腺

前庭、阴蒂、前庭球、前庭大腺。

三、乳房和会阴

（一）乳房

男性不发达，女性于青春期后开始发育生长，是授乳器官。

1. 位置和形态　乳房位于胸大肌与胸肌筋膜的表面，成年女性（未产妇）的乳房呈半球形，紧张而有弹性。乳房中央为乳头，乳头周围有色素沉着的环形皮肤区，称为乳晕（图 12-17）。

2. 结构　乳房由皮肤、脂肪组织、纤维组织和乳腺构成。纤维组织向深面发生许多小

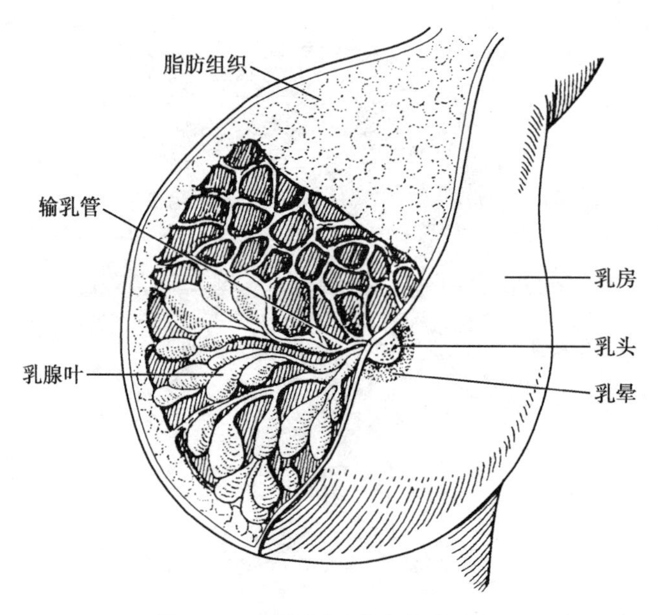

图 12-17 女性乳房的构造模式图

隔，将乳腺分隔为15～20个乳腺叶。每个腺叶有一条输乳管，在近乳头处输乳管扩大成输乳管窦，其末端变细，开口于乳头。乳房皮肤和深筋膜之间，有许多结缔组织小束，称为乳房悬韧带(Cooper 韧带)，对乳腺起支持作用(图 12-18)。

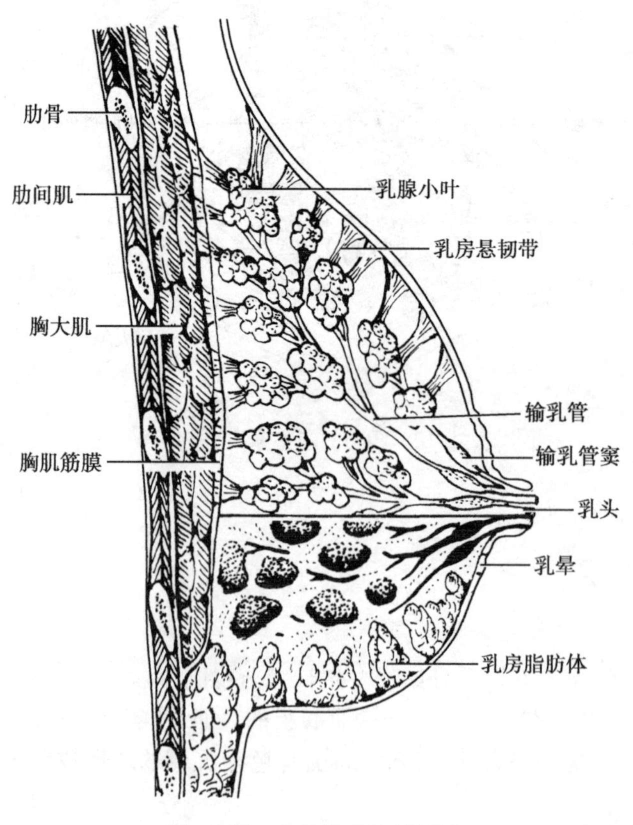

图 12-18 女性乳房矢状切面

（二）会阴

会阴有广义和狭义之分。广义会阴是指封闭骨盆下口的所有软组织。此区呈菱形，两侧坐骨结节之间的连线将会阴分为前后两部：前部为尿生殖区（尿生殖三角），男性有尿道通过，女性有尿道和阴道能过；后部为肛区（肛门三角），有肛管贯穿（图 12-19）。临床上，将肛门和外生殖器之间的区域称狭义会阴，在女性又称产科会阴，妇女分娩时，要保护此区，以免造成会阴撕裂。

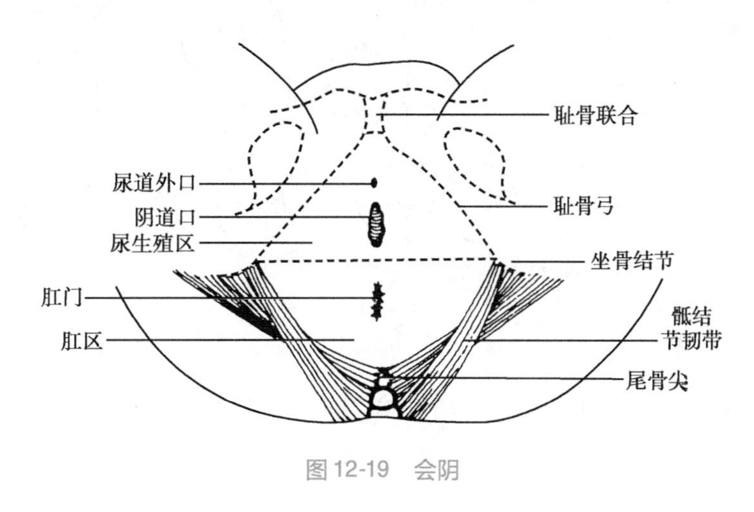

图 12-19 会阴

第三节 胚胎学概要

人体的发生开始于受精卵。受精卵在母体内经过一系列复杂的发育过程，形成胎儿。胚胎发育分期：在胚胎学上，通常把胚胎发育分为两个时期，即胚期和胎期。第 1～8 周的早期发育阶段称胚期；第 9～38 周的进一步发育阶段称胎期。胎龄：胎龄的计算通常有两种方法，即月经龄和受精龄。从末次月经第一天至胎儿娩出所需的时间称月经龄，计约 280 天；月经龄减去 14 天，即为受精龄，计约 266 天。

一、生殖细胞的成熟和获能

（一）精子的成熟和获能

精子产生于精曲小管的生精上皮。每个初级精母细胞，经两次成熟分裂形成 4 个精子，染色体减少一半呈单倍体（23 条），即 2 个精子为（23，X），2 个精子为（23，Y）。贮存于附睾的精子进入女性生殖管道后，方可获得受精能力（图 12-20）。精子在女性生殖管道内可存活 1～3 天，但其受精能力仅可维持 24 小时。

（二）卵子的成熟

卵子产生于卵巢。初级卵母细胞，经过两次成熟分裂形成卵子。第一次成熟分裂，形成一个大的次级卵母细胞和一个小的第一极体，它们各有 23 条染色体（23，X）。第二次成熟分裂，次级卵母细胞分裂形成一个成熟的卵子和一个小的第二极体（图 12-20），各有 23 条染色体（23，X）。第二次成熟分裂要在受精时才能完成，如卵不受精，则第二次成熟分裂不能完成，并于排卵 24 小时后退化。

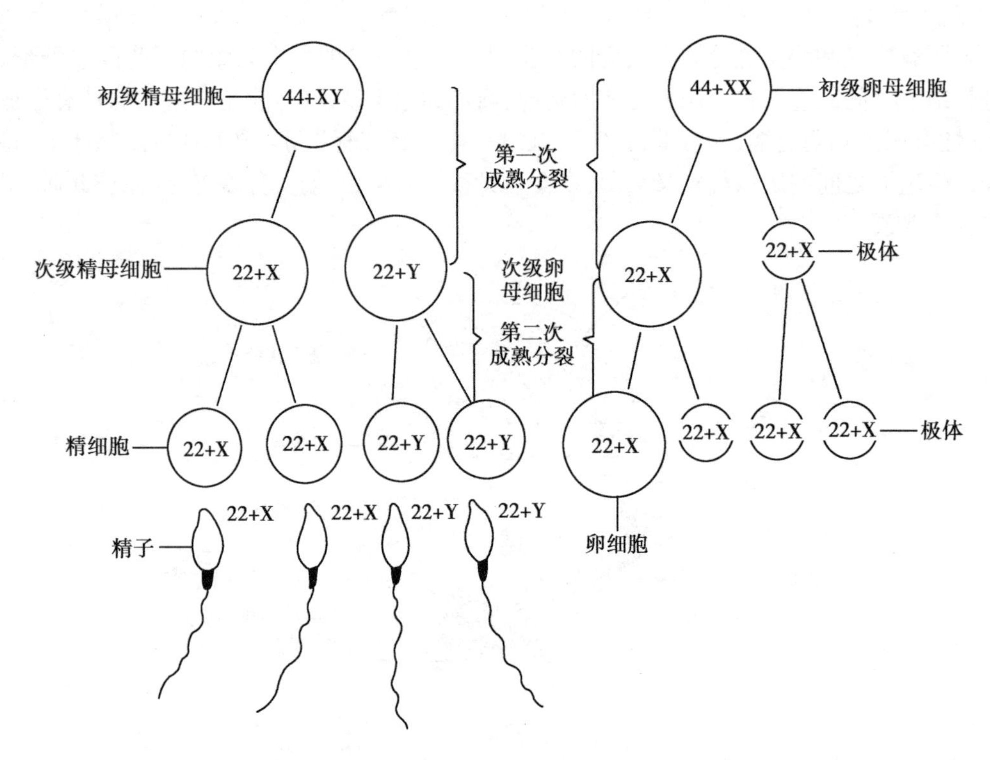

图 12-20 精子和卵子发生过程示意图

二、受精和卵裂

(一) 受精

精子与卵子结合形成受精卵的过程称受精。

1. 受精的部位、时间及过程 受精一般发生在排卵后 12～24 小时之内,受精的部位多在输卵管壶腹部。受精过程:①已获能的精子,穿过放射冠及透明带与卵子接触。②两者细胞膜迅速融合,精子的胞质与核进入卵子内。③精子的核形成雄性原核,卵子的核形成雌性原核。④雄性原核与雌性原核渐靠拢融合,受精卵形成(图 12-21)。

2. 受精的意义 受精标志着新生命的开始,受精卵经生长发育,逐渐形成新个体;染色体数目恢复 23 对,接受双亲的遗传物质;决定性别,如果核型为 23,X 的精子与卵子(核型均为 23,X)受精,新个体的性别为女性(核型为 46,XX);如果核型为 23,Y 的精子与卵子(核型均为 23,X)受精,新个体的性别为男性,核型为(46,XY)。

(二) 卵裂

受精卵早期的细胞分裂称卵裂,卵裂形成的子细胞叫卵裂球。在受精后 72 小时,受精卵分裂成 12～16 个卵裂球,形似桑葚,名桑葚胚(图 12-22)。在卵裂的同时,受精卵在输卵管内逐渐向子宫腔方向移动,桑葚胚继续分裂,进入子宫腔。桑葚胚入宫腔后,继续分裂形成囊泡状的胚泡。胚泡内的腔称胚泡腔,内含液体。胚泡的细胞分两部分,即滋养层和内细胞团(图 12-23)。胚泡形成,透明带消失。

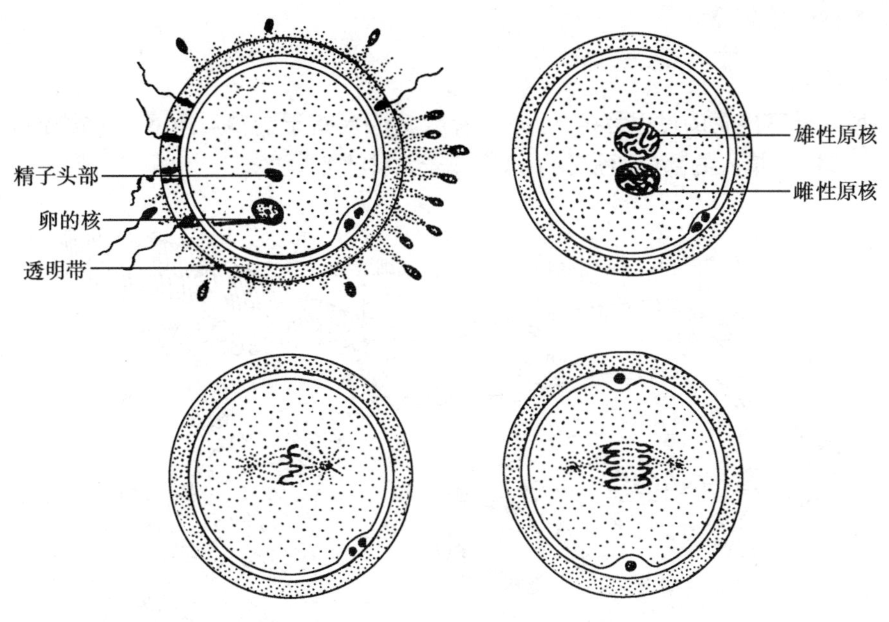

图 12-21 受精过程

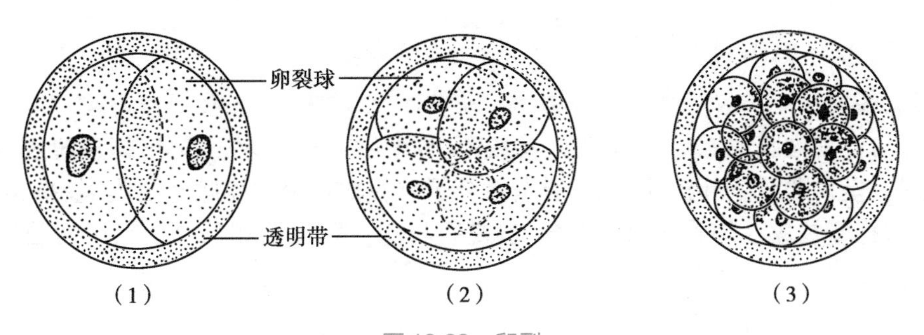

图 12-22 卵裂
(1)二个卵裂球；(2)四个卵裂球；(3)桑葚胚

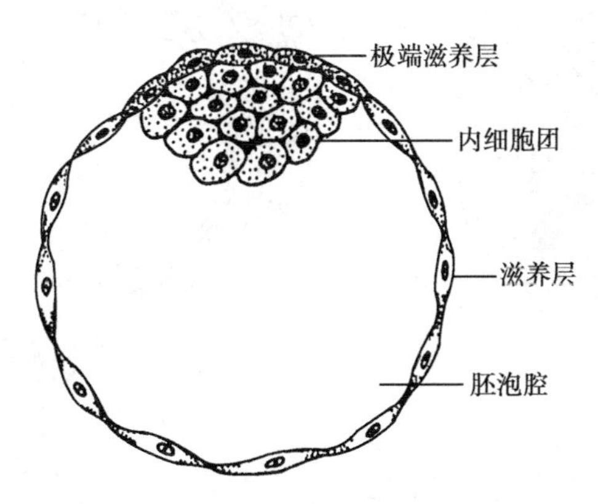

图 12-23 胚泡的形态

三、植入和蜕膜

（一）植入

胚泡埋入子宫内膜的过程称植入，亦叫着床。植入始于受精后第 6 天，至第 11～12 天完成（图 12-24）。植入的部位通常在子宫底或子宫体上部。

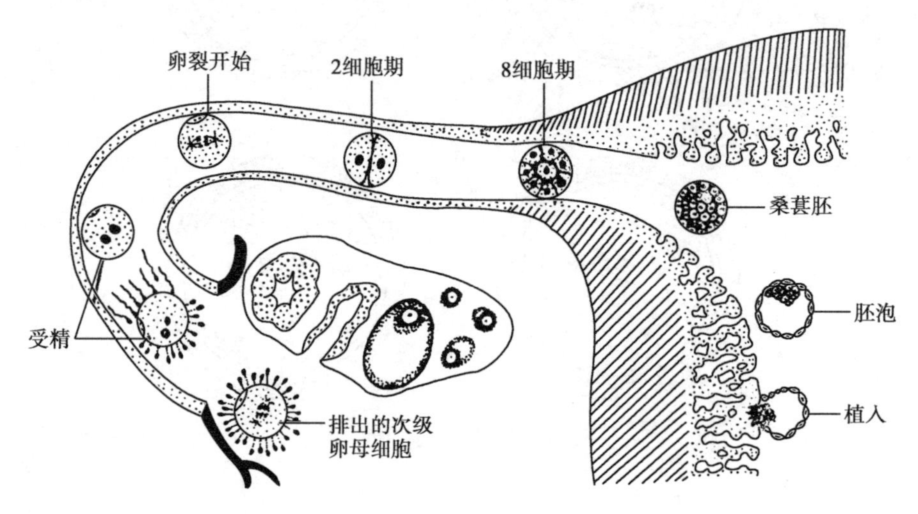

图 12-24 排卵、受精、卵裂和植入的位置

（二）蜕膜

妊娠的子宫内膜功能层，在分娩时将脱落，称蜕膜。蜕膜分三部分，即基蜕膜、包蜕膜和壁蜕膜。基蜕膜位于胚深部，包蜕膜覆盖胚子宫腔面。壁蜕膜除基蜕膜、包蜕膜以外的子宫内膜，称壁蜕膜。随着胚胎的发育，包蜕膜与壁蜕膜逐渐相贴、融合，子宫腔消失（图 12-25）。

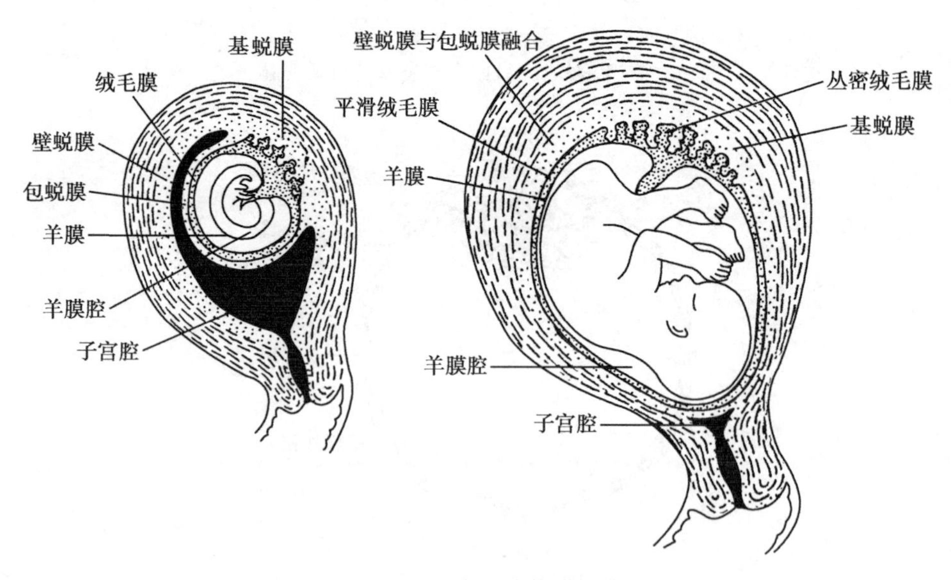

图 12-25 胚胎与子宫蜕膜的关系

四、三胚层的形成与分化

（一）三胚层的形成

1. 内胚层与外胚层的形成　受精后第2周胚泡的内细胞团增殖分化，逐渐排列成两层细胞。靠近胚泡腔的一层称内胚层，内胚层与极端滋养层之间的一层称外胚层。

（1）胚盘：内胚层与外胚层相贴，形成一个圆盘状结构称胚盘（图12-26），它是胎儿的原基。胚盘的外胚层面为背面，内胚层面为腹面。

（2）羊膜腔和卵黄囊：在内、外胚层形成的同时，外胚层的背面形成一个腔称羊膜腔，内胚层的腹侧出现一个囊叫卵黄囊。

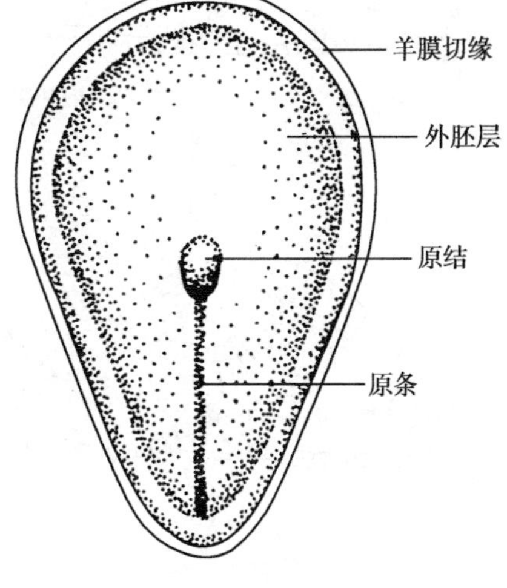

图12-26　胚盘

2. 中胚层的形成　胚胎第3周初，外胚层的细胞向胚盘中轴线的一端迁移，形成一条细胞带，称原条。它的细胞进入内、外胚层之间，形成一个新的细胞层即中胚层（图12-27）。

（1）原结：胚盘出现原条的一端为尾端，另一端则为头端。原条的头端增厚，形成原结。

（2）脊索：原结的细胞向胚盘头端延伸为一条细胞索，称脊索。

原条和脊索为胚胎早期的中轴结构。

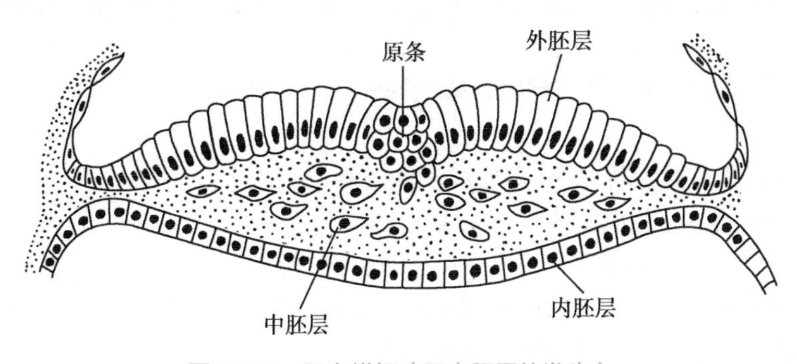

图12-27　胚盘横切（示中胚层的发生）

3. 滋养层与胚外中胚层　胚胎第2周，在内、外胚层形成的同时，滋养层增殖分化，形成内、外两层。外层细胞无边界，称合体滋养层；内层细胞边界清楚，称细胞滋养层。细胞滋养层的部分细胞进入胚泡腔，形成星形细胞网，称胚外中胚层。胚盘尾侧与滋养层之间的部分胚外中胚层形成体蒂（图12-29）。

（二）三胚层的分化

从第4周至第8周，三胚层的细胞经过不断分化和增殖，形成复杂多样的细胞、组织、器官原基。

1. 外胚层的早期分化　随着脊索的形成，外胚层细胞分裂增殖成神经板，继而形成神经褶、神经沟、神经管（图12-28）。神经管头侧发育成脑，尾侧演变成脊髓。外胚层的其余部分，演变成皮肤的表皮及其附属结构。

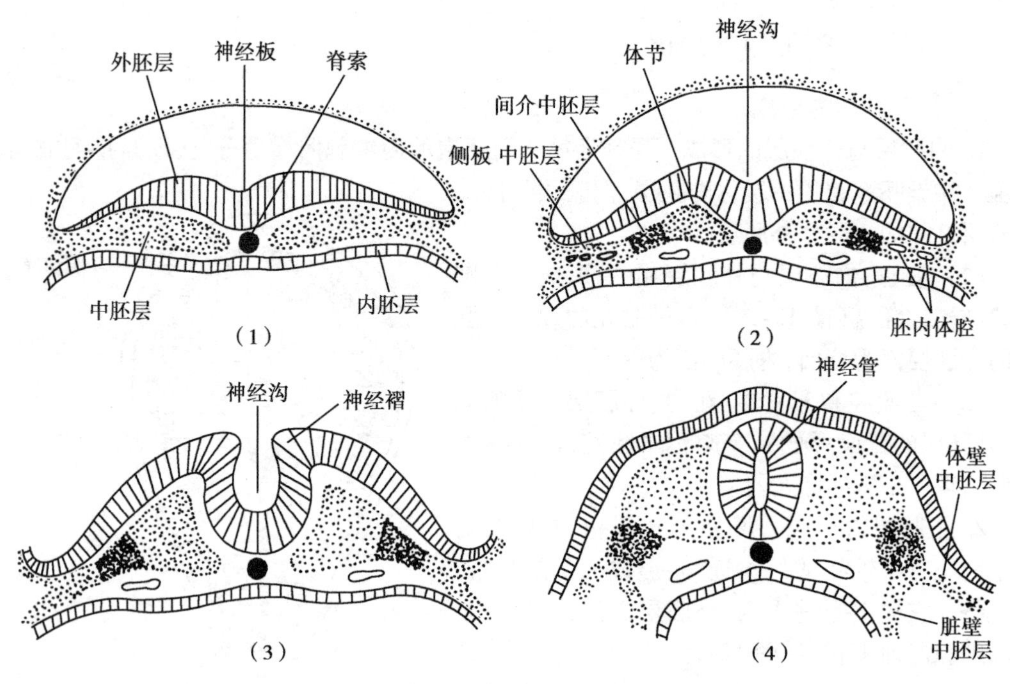

图 12-28 胚盘横切（示中胚层的早期分化和神经管的形成）

2. 内胚层的早期分化　胚胎第 3 周，胚盘的周缘部向腹侧卷折，使平膜状的胚盘变成圆桶状的胚体（图 12-29）。随着胚体的形成，内胚层被包入胚体形成原肠，原肠又分为前肠、中肠和后肠三部分。原肠主要形成消化管、消化腺、气管、肺、膀胱及尿道等处的上皮。

3. 中胚层的早期分化　靠近神经管两侧的中胚层生长加厚，形成节段性的体节（图 12-28）。

（1）体节：将来分化成椎骨、骨骼肌和皮肤的真皮。

（2）间介中胚层：分化成泌尿生殖系统。

（3）脏壁中胚层：与内胚层共同形成消化管、气管等管壁。

（4）体壁中胚层：参与胸腹部前外侧壁的形成。

（5）胚内体腔：形成心包腔、胸膜腔和腹膜腔。

中胚层尚有一些散在于内、外胚层之间的间充质细胞，可向多方面分化，如肌组织和结缔组织。

因此，胚胎发育 3～8 周是分化形成各器官的关键时期。

五、胎膜与胎盘

（一）胎膜

胎膜是胎儿发育过程中的附属结构，主要包括绒毛膜、卵黄囊、尿囊、羊膜和脐带等。它具有保护胚胎和与母体进行物质交换等功能（图 12-29）。胎膜在胎儿娩出时，即与胎儿脱离。

1. 绒毛膜　由滋养层和胚外中胚层发育而成。胚胎发育至第 2 周，滋养层和胚外中胚层的细胞共同向周围生长，形成许多细小的突起，称绒毛。此时胚泡的滋养层就称绒毛膜。

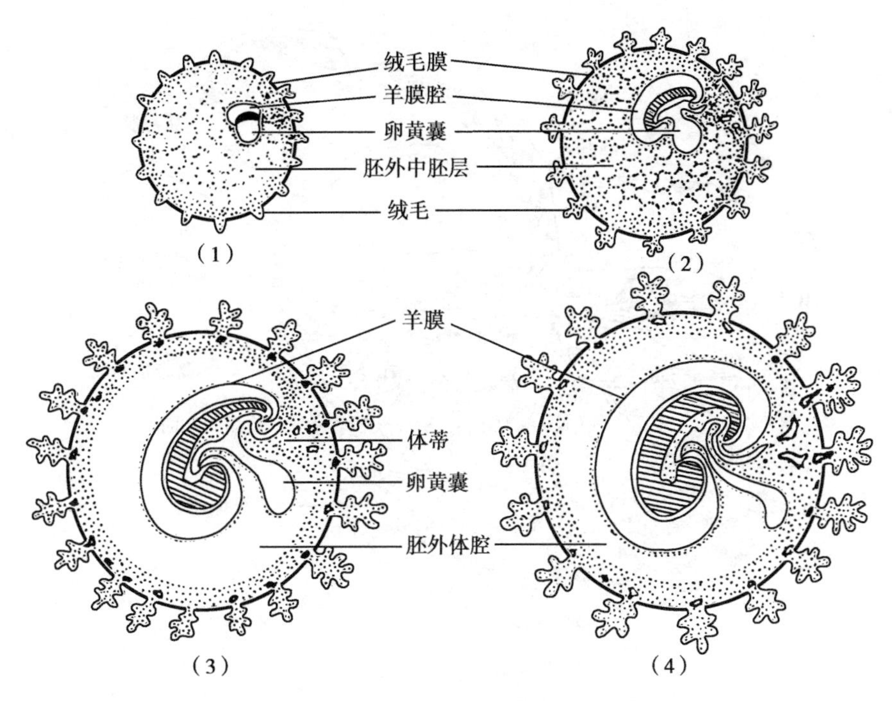

图 12-29 胎膜的形成

此时胚外中胚层进入绒毛的中轴，形成血管。绒毛血管内含胎儿血液。

胚胎早期，绒毛膜表面都有绒毛，后来与包蜕膜邻接，绒毛逐渐退化消失形成平滑绒毛膜。与基蜕膜相邻接的绒毛发育旺盛，反复分支，形成丛密绒毛膜(图 12-25)。

绒毛膜的主要功能是从母体子宫吸取营养，供给胚胎生长发育，同时排出胚胎的代谢产物。

2. 羊膜　羊膜为半透明的薄膜。羊膜最初附着于胚盘的边缘，随着胚体形成、羊膜腔扩大和胚体凸入羊膜腔内，羊膜遂在胚胎的腹侧包裹在体蒂表面，形成原始脐带。羊膜腔的扩大逐渐使羊膜与绒毛膜相贴，胚外体腔消失。

羊膜腔内充满羊水，羊水呈弱碱性。羊水主要由羊膜不断分泌产生，又不断地被羊膜吸收和胎儿吞饮，故羊水是不断更新的。随着胚胎的长大，羊水也相应增多，分娩时约有 1000～1500ml。羊水过少(500ml 以下)，易发生羊膜与胎儿粘连。羊水过多(2000ml 以上)，也可影响胎儿正常发育。羊水含量不正常，还与某些先天性畸形有关。

羊水的功能：保护胎儿，免受外力的震动和挤压。防止胎儿肢体与羊膜发生粘连。分娩时扩张宫颈和冲洗、润滑产道。

3. 脐带　脐带是连于胚胎脐部与胎盘间的索状结构。由羊膜包绕体蒂、卵黄囊和尿囊、脐动脉和脐静脉等构成，长 40～60cm，是胎盘与胎儿之间物质运输的血管通道，也是胎儿与母体间物质交换的通道。

(二) 胎盘

1. 胎盘的形态结构　胎盘是由胎儿的丛密绒毛膜与母体的基蜕膜共同组成的圆盘形结构(图 12-30)。胎盘的胎儿面光滑，表面覆有羊膜，脐带附于中央或稍偏。胎盘的母体面粗糙，被 15～30 个浅沟分隔为胎盘小叶。小叶之间有基蜕膜形成的胎盘隔。胎盘隔之间的腔隙称绒毛间隙，其内充满母体血液，绒毛浸在母血中(图 12-31)。

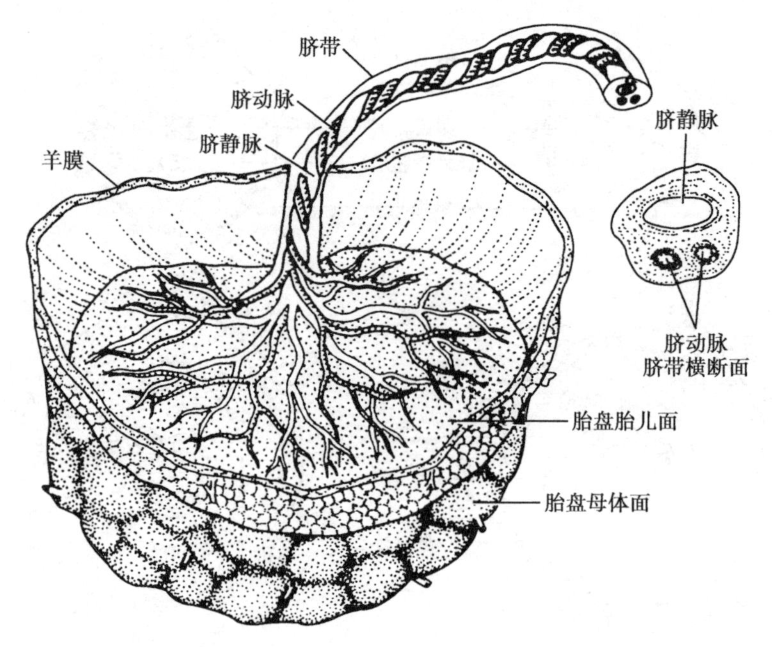

图 12-30 胎盘和脐带

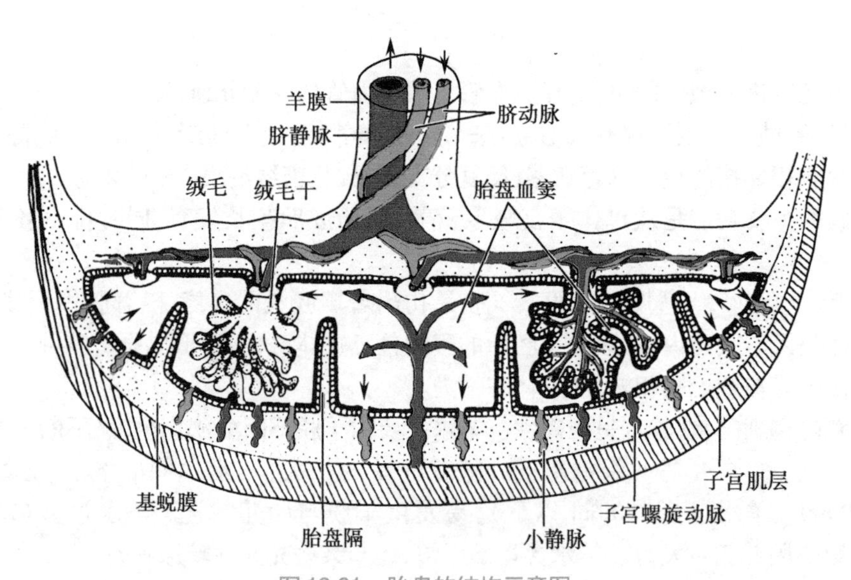

图 12-31 胎盘的结构示意图

胎儿血与母体血在胎盘内进行物质交换所通过的结构，称胎盘膜或胎盘屏障。胎盘膜由合体滋养层、细胞滋养层和基膜、薄层绒毛结缔组织及毛细血管内皮和基膜构成。

2. 胎盘的功能

（1）物质交换：是胎盘的主要功能，胎儿通过胎盘从母血中获得营养和 O_2，排出代谢产物和 CO_2。因此胎盘具有相当于出生后小肠、肺和肾的功能。

（2）屏障作用：胎盘膜是分隔胎儿血与母体血的结构，能阻止母体血液内的大分子物质进入胎儿体内，对胎儿有保护作用，但对抗体，大多数药物、激素、部分病毒（如风疹、麻疹、水痘、艾滋病病毒）和螺旋体等无屏障作用，故孕妇用药需慎重，并预防感染。

（3）内分泌功能：胎盘的合体滋养层能分泌数种激素，对维持妊娠、保证胎儿正常发育起重要作用。主要激素为：①绒毛膜促性腺激素（HCG），其作用与黄体生成素类似，能促进母体黄体的生长发育，从而维持妊娠。②绒毛膜促乳腺生长激素（HCS），能促使母体乳腺生长发育，HCS于妊娠第2月开始分泌，第8月达高峰，直到分娩。③孕激素（E）和雌激素（P），于妊娠第4月开始分泌，以后逐渐增多。母体的黄体退化后，胎盘的这两种激素起着继续维持妊娠的作用。

六、胎儿血液循环特点

（一）胎儿心血管系统的结构特点

1. 卵圆孔和动脉导管　卵圆孔位于房间隔的中下部，血液经卵圆孔由右心房流入左心房。动脉导管是连于肺动脉干与主动脉弓之间的一条短血管，血液可由肺动脉干流入主动脉弓。

2. 脐动脉和脐静脉　脐动脉有两条，起自髂总动脉，经胎儿脐部和脐带进入胎盘。脐静脉为一条，从胎盘经脐带进入胎儿体内，入肝后续为静脉导管，经肝静脉注入下腔静脉回到右心房，并发出分支于肝血管相通。

（二）胎儿血液循环途径

胎儿的血液在胎盘内于母体血液进行物质交换后，经脐静脉进入静脉导管，然后汇入下腔静脉（图12-32）。下腔静脉的血液流入右心房后，大部分经卵圆孔流入左心房，再经左心室流入主动脉。中动脉中的大部分血液经主动脉弓的分支流入头颈部和上肢，只有少量血

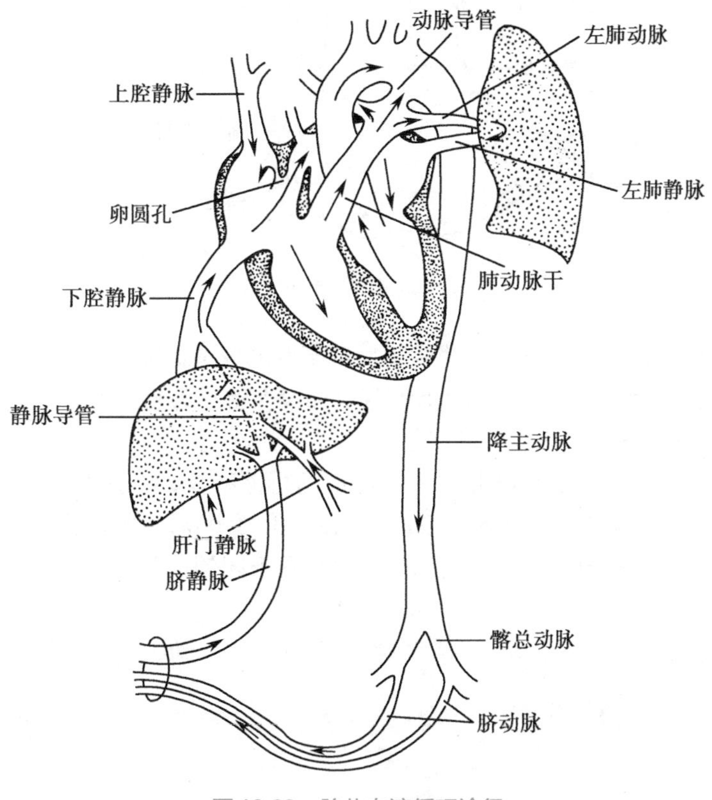

图12-32　胎儿血液循环途径

液流入降主动脉。上腔静脉的血液流入右心房，与少量来自下腔静脉的血液一起流入右心室，再流入肺动脉。因胎儿肺无呼吸功能，肺动脉的血液大部分经动脉导管流入降主动脉。降主动脉中的血液一部分供应躯干和肢体，另一部分经脐动脉流入胎盘，再与母体经行物质交换。

（三）出生后心血管系统的变化

胎儿出生后，脐循环中断，肺开始呼吸，动脉导管、静脉导管和脐血管均废用，血液循环发生一系列改变（图12-33）。主要变化如下：

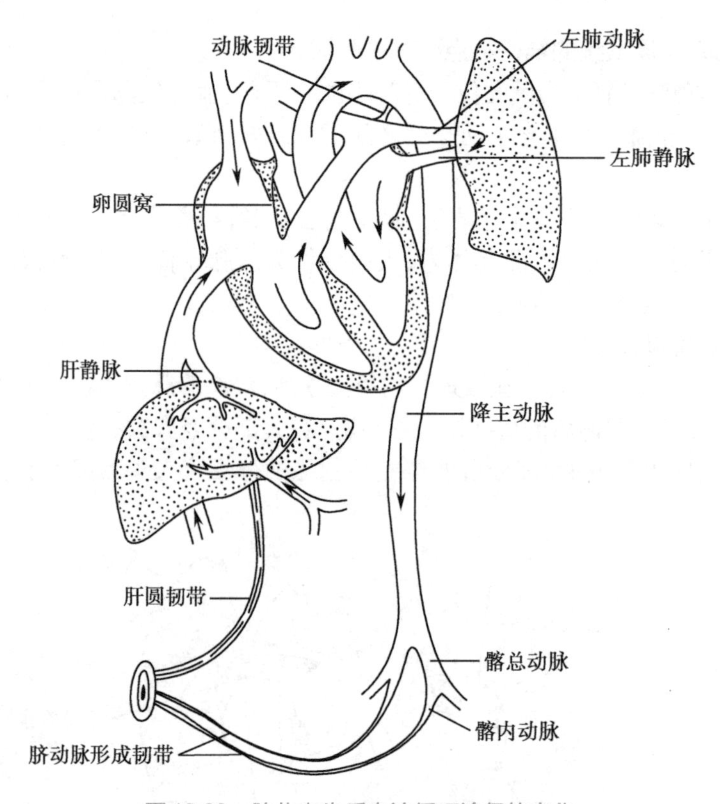

图12-33 胎儿出生后血液循环途径的变化

1. 脐静脉（腹腔内的部分）闭锁，成为由脐部至肝的肝圆韧带。
2. 脐动脉大部分闭锁成为脐外侧韧带，仅近侧段保留成为膀胱上动脉。
3. 肝内的静脉导管闭锁成为静脉韧带。
4. 由于脐静脉闭锁，从下腔静脉注入右心房的血液减少，右心房压力降低；同时，肺开始呼吸，大量血液由肺静脉回流进入左心房，左心房压力增高，于是卵圆孔瓣紧贴于继发隔（第二房间隔），使卵圆孔闭锁。若出生一年后卵圆孔未闭锁或封闭不全，称卵圆孔未闭，属先天性心脏病。
5. 动脉导管闭锁成为动脉韧带。若动脉导管未闭锁，称动脉导管未闭。

七、双胎、多胎和联胎

（一）双胎

又称孪生，双胎的发生率约占新生儿的1%。双胎有两种。一次排出两个卵子分别受精

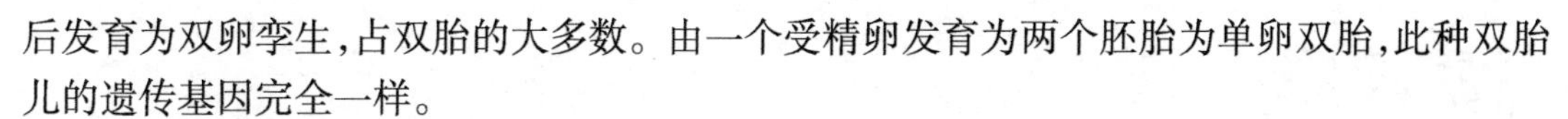

后发育为双卵孪生，占双胎的大多数。由一个受精卵发育为两个胚胎为单卵双胎，此种双胎儿的遗传基因完全一样。

（二）多胎

一次娩出两个以上新生儿为多胎。多胎的原因可以是单卵性、多卵性或混合性，常为混合性多胎。多胎发生率低，三胎约万分之一，四胎约百万分之一，四胎以上更为罕见，多不易存活。

（三）联体双胎

在单卵孪生中，当一个胚盘出现两个原条并分别发育为两个胚胎时，若两原条靠得较近，胚体形成时发生局部联接，称联体双胎。联体双胎有对称型和不对称型两类。对称型指两个胚胎一大一小，小者常发育不全，形成寄生胎或胎中胎。

本章小结

- 男性生殖器官
  - 生殖腺：睾丸：生精小管，产生精子；睾丸位置，分泌雄激素
  - 生殖道
    - 附睾：储存精子，促精子成熟
    - 输精管：结扎术常用的部位，精索
    - 男性尿道：3 分部、3 狭窄和 2 个弯曲
  - 附属腺：精囊、前列腺、尿道球腺：参与精液分泌
  - 外生殖器：阴囊、阴茎
- 女性生殖器官
  - 生殖腺：卵巢：位置与形态，微细结构，卵泡的发育，排卵，黄体，功能和调节
  - 生殖道：
    - 输卵管：位置和形态，输卵管结扎术的常选部位
    - 子宫：子宫的形态、位置、固定装置、微细结构、月经周期的概念，月经周期中卵巢和子宫内膜的变化
    - 阴道
  - 附属腺：前庭大腺
  - 外生殖器：女阴
- 胚胎的早期发育
  - 生殖细胞的成熟：精子的成熟与获能，卵子的成熟
  - 人胚形成和分化：受精，受精的条件、意义，卵裂，胚泡
  - 三胚层的形成及早期分化
  - 植入、蜕膜与胎膜
  - 植入的过程、部位、条件
  - 胎膜包括绒毛膜、卵黄囊、尿囊、羊膜和脐带
  - 胎盘由胎儿丛密绒毛膜和母体基蜕膜紧密结合构成
  - 胎盘的功能

（马　鸣）

目标测试

思考题

1. 男女性生殖腺分别是什么?
2. 男性尿道的狭窄和弯曲分别位于何处?
3. 为什么说胚胎发育的3~8周是致畸敏感期?

实 验 指 导

实验1 显微镜的构造和使用

【实验目的】

1. 认识显微镜的构造。
2. 掌握显微镜的使用。
3. 学会在显微镜下辨别常见基本组织的结构。

【实验准备】

1. 物品 普通光学显微镜,小肠组织切片。
2. 器械 眼科无齿镊。
3. 环境 组织学实验室。

【实验学时】

2 学时。

【实验方法与结果】

(一) 实验方法

1. 普通光学显微镜的构造 由机械部分和光学部分组成(实验图 1-1)。

(1) 机械部分

1) 镜座:为显微镜的底座,底面与实验台桌面接触,呈马蹄形、圆形或方形。

2) 镜臂:呈弧形,是显微镜的支柱,为手握持部分。镜臂与镜座连接处为倾斜关节,可调节镜臂的倾斜角度,有利于实验者使用显微镜。

3) 载物台:固定在镜臂的前方,为放置切片的平台,中间有一小圆形的通光孔。载物台上面装有压片夹和推进器,压片夹用来固定组织切片,推进器用来前后和左右方向移动切片。

4) 镜筒:是镜臂前上方的空心圆筒,上端装目镜,下端接物镜。

5) 焦距调节螺旋:一般位于镜筒与镜臂之间,通过旋转可上下移动镜筒与载物台之间的距离,起到调节焦距的作用。常有两组调节螺旋,即粗调节螺旋和细调节螺旋。粗调节螺旋用于较大幅度的调节,细调节螺旋用于精细调节。通常向前旋转螺旋,镜筒下降,向后旋转螺旋,镜筒上升。

6) 旋转盘:为安装在镜筒下端的圆盘,其上装有不同放大倍数的物镜,旋转时可将不同的物镜镜头对准镜筒。

(2) 光学部分

1) 目镜:安装在镜筒上端,镜头上一般标有“5×”、“10×”等放大倍数。

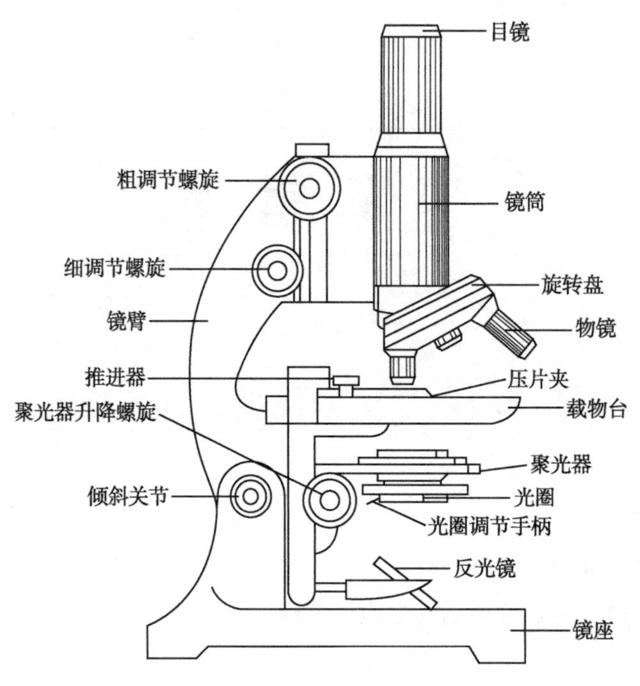

实验图 1-1　光学显微镜的构造

2）物镜：安装在镜筒下端，通常有 3 种。镜头上一般标有“10×”（低倍镜）、“40×”（高倍镜）、“100×”（油镜）等放大倍数。

3）聚光器：位于载物台的下方，有聚集光线，增强视野亮度的作用，在聚光器后方的右侧有聚光器升降螺旋，可升降聚光器，调节视野亮度，聚光器的底部装有光圈，通过光圈的开大或缩小调节光的进入量。

4）反光镜：为装于聚光器下方的小圆镜，有平面镜和凹面镜两面，有反射和聚集光线，增强视野亮度的作用。通常光线强时用平面镜，光线弱时用凹面镜。

2. 显微镜的使用方法

（1）取镜：取镜时要轻拿轻放，右手握住镜臂，左手托住镜座，放于实验台上并偏左，使镜臂朝向自己，镜座一般距实验台边缘 10cm 左右，便于观察。

（2）对光：①调节旋转盘使低倍镜转至与镜筒、目镜在一条直线上，此时可听到“咔”的一声，然后通过升高或降低座位，使镜臂倾斜，把显微镜调整到适于观察的角度。②左眼对准目镜并打开光圈，调节聚光器，转动反光镜，使视野的亮度均匀、适宜。③同时右眼也要睁开用于观察切片或绘图。

（3）低倍镜的使用：①对光完成后，取所观察的组织切片，先用肉眼找到要观察的内容，将正面朝上放在载物台上，用压片夹固定好切片，用推进器将标本移到小孔中央。②先用粗调节螺旋将镜筒下移至距切片 3～5mm 处。③用左眼对准目镜边观察边转动粗调节螺旋，使镜筒慢慢上升，当视野中有物像出现时，改用细调节螺旋进行调节，直到看清物像为止。

（4）高倍镜的使用：①先在低倍镜下找到要放大观察的物象后，用推进器将其移到视野中央。②转动旋转盘，移走低倍镜改换高倍镜观察，同时调节细调节螺旋，直至看清物像。

（5）显微镜的存放：显微镜使用结束后，先提升镜筒，取下玻片，转动旋转盘使物镜呈八

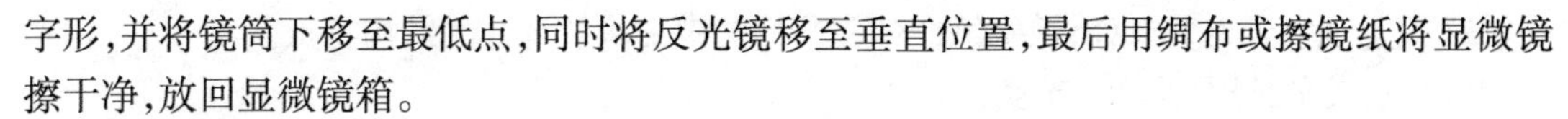

字形，并将镜筒下移至最低点，同时将反光镜移至垂直位置，最后用绸布或擦镜纸将显微镜擦干净，放回显微镜箱。

（二）实验结果

单层柱状上皮（小肠切片、HE 染色）

1. 肉眼　可见小肠黏膜腔面，可见高低不平，染成紫蓝色，有许多突起的是小肠绒毛，染成粉红色的为小肠的其余部分。

2. 低倍镜　黏膜内表面有大量指状突起，选择一段完整的纵切面，观察排列整齐、密集的单层柱状上皮，其间夹杂有杯状细胞。

3. 高倍镜　细胞呈高柱形，排列整齐，细胞质呈粉红色，细胞核呈椭圆形，靠近基底部，呈深蓝色。在镜下还可见柱状细胞间形似高脚杯状的杯状细胞，核呈三角形或扁圆形，位于底部，底部狭窄，上部膨大呈空泡状。

4. 绘图　在高倍镜下绘出单层柱状上皮的游离面、基底面、细胞。

【实验评价】

1. 显微镜的取镜、对光及操作是否规范准确。

2. 应准确辨认出高倍镜下小肠上皮主要细胞。

（张维烨）

实验 2　全身骨及骨连结

【实验目的】

1. 掌握骨的构造；骨的理化特性；脊柱的组成和椎骨间的连结、六大关节的组成和运动。

2. 熟悉骨的形态；脊柱的生理弯曲、胸廓的构成。

3. 了解脊柱和胸廓的运动。

【实验准备】

1. 物品　骨架、散骨标本，长骨冠状切面标本、煅烧骨标本、脱钙骨标本、关节湿标本。

2. 器械　托盘、无齿镊。

3. 环境　解剖实验室。

【实验学时】

2 学时。

【实验方法与结果】

（一）实验方法

1. 观察 4 种形态的骨。

取肱骨、腕骨、颅顶骨、椎骨各一块，根据长骨、短骨、扁骨和不规则骨的形态特征，能区别上述 4 块骨各属何形态的骨。注意观察长骨两端游离面较为圆滑的关节面。注意观察 4 种形态骨的骨密质与骨松质的分布情况。

2. 通过对人体骨架与散骨的对比，识别每块骨的名称、位置。

颅骨：额骨、筛骨、蝶骨、枕骨、顶骨、颞骨、犁骨、下颌骨、舌骨、上颌骨、鼻骨、泪骨、颧骨、腭骨、下鼻甲骨。

躯干骨：椎骨（各部椎骨的特点包括骶骨和尾骨）、胸骨、肋骨。

四肢骨：锁骨、肩胛骨、肱骨、尺骨、桡骨、手骨、髋骨、股骨、髌骨、胫骨、腓骨、足骨。

3. 通过观察骨架关节处,识别组成各关节的关键结构及脊柱的结构特点。

(1) 肩关节:肱骨头和关节盂。

(2) 肘关节:肱骨滑车、肱骨小头、尺骨滑车切迹和桡骨头。

(3) 腕关节:尺、桡骨下端和手舟骨、月骨、三角骨。

(4) 髋关节:髋臼和股骨头。

(5) 膝关节:股骨内外侧髁、胫骨内外侧髁和髌骨。

(6) 踝关节:胫、腓骨下端和距骨滑车。

4. 通过观察关节湿标本,正确识别关节的基本构造及各关节的主要特点及椎骨连结。

5. 引导学生运动身体的主要关节,体会各关节的主要运动形式。

6. 通过观察长骨冠状切面标本及煅烧骨标本和脱钙骨标本,了解骨的构造及化学成分和理化特性。

(二) 实验结果

1. 掌握骨的构造、化学成分和理化特性。

2. 熟记全身各骨的名称和位置

3. 熟记关节的组成,了解关节的运动形式。

【实验评价】

1. 能否识别全身各骨。

2. 能否熟练掌握个关节的组成。

(赵国志)

实验3 骨 骼 肌

【实验目的】

1. 掌握全身主要浅层肌的名称、位置及作用。

2. 熟悉主要深层肌的名称、位置。

【实验准备】

1. 物品 全身肌标本、游离的四肢肌标本。

2. 器械 手术手套、无齿镊。

3. 环境 解剖实验室。

【实验学时】

2 学时。

【实验方法与结果】

(一) 实验方法

1. 对全身肌观察。

2. 游离的四肢肌观察。

(二) 实验结果

1. 肌的分类和构造 在全身肌标本上观察长肌、短肌、扁肌和轮匝肌的形态,辨认肌腹、肌腱和腱膜。

2. 观察全身肌

(1) 背肌:斜方肌、背阔肌、竖脊肌的位置及形态。

(2) 胸肌:胸大肌、胸小肌、前锯肌、肋间内肌、肋间外肌的位置及形态。

(3) 膈肌:形态、结构、位置及起止点。

(4) 腹肌:腹直肌、腹外斜肌、腹内斜肌、腹横肌、腰方肌的位置及形态。

(5) 髋肌:臀大肌、臀中肌、臀小肌、梨状肌的位置及形态。

(6) 头颈肌:颞肌、咬肌、颈阔肌、胸锁乳突肌的位置及形态。

3. 观察四肢肌　三角肌、肱二头肌、肱肌、喙肱肌、肱三头肌、缝匠肌、股四头肌、股二头肌、小腿三头肌的位置及形态。

【实验评价】

1. 熟练掌握各肌的名称。

2. 识别全身各肌的位置。

(赵国志)

实验4　消 化 系 统

【实验目的】

1. 在活体上指出胸腹部标志线并说出消化系统的组成。

2. 掌握消化管各段的位置、形态和分部;肝的位置、形态和体表投影;肝外胆道的组成和通连关系;胰的位置和形态。

3. 熟悉胃、肠的黏膜特点;肝小叶和肝门管区的微细结构。

【实验准备】

1. 物品　消化系统概观标本;人体半身模型;头颈部正中矢状切面标本或模型;各类牙的标本和模型;盆腔正中矢状切面标本或模型;胃、十二指肠、空肠、回肠、直肠、肛管、肝、胰离体标本或模型;70%酒精。胃底切片;空肠或回肠切片;肝切片。

2. 器械　光学显微镜、无齿镊、压舌板。

3. 环境　解剖实验室和组织学实验室。

【实验学时】

2 学时。

【实验方法与结果】

(一) 实验方法

1. 取消化系统概观标本和人体半身模型进行观察。

2. 在活体上确定胸部前正中线、锁骨中线、胸骨线、胸骨旁线、腋前线、腋后线、腋中线、肩胛线、后正中线,描述腹部分区的位置和名称。

3. 取头颈部正中矢状切面标本和离体标本,以及活体口腔进行观察。

4. 取头颈部正中矢状切面标本或模型进行观察。

5. 取胃、肝离体标本进行观察。

6. 取胃底切片(HE 染色)、空肠(HE 染色)或回肠(HE 染色)切片观察。

7. 取肝切片(HE 染色)观察。

(二) 实验结果

1. 利用消化系统概观标本和人体半身模型进行观察,说出消化系统的组成和上、下消化道的范围,注意消化管各段的连续关系;确认十二指肠的形态、分部及十二指肠大乳头、空肠和回肠的位置;胰的形态、分部和胰管及其开口。

2. 观察活体口腔时,部分内容需借助压舌板(70%酒精消毒)。采用对镜自照或互查,先观察口腔的境界、分部和交通关系,再观察口腔各器官的位置和形态。

3. 利用头颈部正中矢状切面标本或模型进行观察,确认咽的位置、结构、分部及咽与鼻腔、口腔、喉腔的连通关系;在胸腹前壁剖开标本上观察并确认食管胸腹段的走行和狭窄位置。

4. 观察胃离体标本,确认胃的形态和分部;观察肝的形态、出入肝门的结构,胆囊的位置和分部,肝外胆道的组成。

5. 胃底切片(HE染色)

(1) 低倍镜观察:辨认胃壁的4层结构,重点观察黏膜。

1) 黏膜:辨认胃小凹、单层柱状上皮,细胞界限清楚,细胞核呈卵圆形,位于细胞的基底部,固有层内有大量的胃底腺。

2) 黏膜下层:染色较浅,为疏松结缔组织,内含血管和神经。

3) 肌层:较厚,由3层平滑肌构成。

4) 外膜:为浆膜。

(2) 高倍镜观察:仔细观察胃底腺,辨认主细胞和壁细胞的形态结构。

1) 主细胞:多位于胃底腺的中、下部,数量较多,细胞呈柱状,细胞核圆形位于基底部,细胞质呈淡蓝色。

2) 壁细胞:多位于胃底腺的上、中部,细胞较大,呈圆形或锥体形,细胞核圆形位于中央,细胞质呈红色。

6. 空肠或回肠切片(HE染色)

(1) 低倍镜观察:黏膜表面有许多指状突起为绒毛,固有层含有肠腺和淋巴组织。黏膜下层为疏松结缔组织,含有血管和神经。肌层由内环外纵两层平滑肌构成。外膜为浆膜。

(2) 高倍镜观察:绒毛的表面由单层柱状上皮细胞和少量杯状细胞构成,柱状细胞游离面可见纹状缘,即微绒毛。绒毛中央的固有层含有毛细血管和散在的平滑肌。绒毛的中轴常可见由内皮细胞围成空腔,为中央乳糜管。

7. 肝切片(HE染色)

(1) 低倍镜:观察肝的被膜和肝小叶,辨认中央静脉、肝索、肝血窦及肝门管区。

(2) 高倍镜:选择典型的肝小叶和肝门管区观察:①肝小叶:观察中央静脉,其管壁不完整与肝血窦相通;肝索由肝细胞构成,肝细胞体积较大,呈多边形。细胞核圆形,1个或2个,位于细胞中央,核仁明显;肝血窦位于肝索之间,窦壁的内皮细胞与肝细胞相贴,细胞核扁小,染色较深。②肝门管区:由结缔组织构成,其中的小叶间胆管的管腔小,管壁由单层立方上皮构成,细胞核圆形,染成紫蓝色。小叶间动脉管腔小而圆,管壁厚,有少量染成红色的环行平滑肌。小叶间静脉管腔大而不规则,管壁薄,着色较浅。

【实验评价】

1. 在活体上指出胸部标志线和腹部分区。

2. 绘制出胃、肝及肝外胆道系统的简图。

(张 鹤)

实验5　呼吸系统

【实验目的】

1. 掌握在标本和模型上观察呼吸系统各器官的位置和形态结构。

2. 掌握在显微镜下辨认肺的微细结构并了解气管的组织结构层次。

3. 熟悉人体肺活量的测定方法。

【实验准备】

1. 物品　呼吸系统概况标本或模型；人体半身模型、头颈部正中矢状面标本或模型；鼻旁窦标本；喉软骨标本；喉腔后壁切开标本；气管和主支气管标本；离体左、右肺标本；胸腔的解剖标本；纵隔标本；气管横切片（HE染色）；肺切片（HE染色）；75%的酒精棉球；消毒液。

2. 器械　光学显微镜；桶式或电子肺活量计。

3. 环境　解剖实验室组织学实验室和生理实验室。

【实验学时】

2学时。

【实验方法与结果】

一、实验方法

（一）呼吸系统大体标本观察

1. 取呼吸系统概况标本及模型观察。

2. 在活体上观察鼻根、鼻尖、鼻翼、鼻孔，观察并触摸甲状软骨及喉结、环状软骨。

3. 取头颈部正中矢状面标本和鼻旁窦标本观察。

4. 取喉软骨标本和喉腔后壁切开的标本观察。

5. 取气管和左、右主支气管标本观察。

6. 取半身模型和标本，观察肺的形态、分叶。

7. 取胸腔解剖标本，观察胸膜和纵隔。

（二）气管和肺的微细结构观察

1. 取气管横切片（HE染色）在显微镜下观察。

2. 取肺组织切片（HE染色）在显微镜下观察。

（三）取桶式肺活量计（或电子肺活量计）测量人体肺活量。

1. 桶式肺活量计测量方法

（1）先将肺活量计的外桶盛上水，水量至桶内通气管顶端下3cm处，将浮桶内空气排出，肺活量计的指针调到零位，关闭排气活塞。

（2）受试者用75%的酒精棉球将肺活量计的吹嘴进行消毒。

（3）受试者自由站立，一只手握通气管，头部略后仰尽力深吸气，直到不能再吸气后，嘴对吹嘴缓慢尽力呼气，直到不能再呼气为止。待浮筒停稳后进行读数。连续测量三次，取最大值。

2. 电子肺活量计测量方法

（1）首先将肺活量计接上电源，按下电源开关，待液晶显示器闪烁“8888”数次后再显示“0”,表示肺活量计已进入工作状态。

(2) 将塑料吹嘴从消毒液中取出,插入进气软管一端,进气软管另一端旋入仪表进气口即可开始使用。

(3) 受试者手握吹嘴下端,取站立位,首先尽力深吸气至最大限度,迅速捏鼻,然后嘴部贴紧吹嘴,徐徐向仪器内呼气,直至不能再呼气为止。此时,显示器上所反映的数值即为测试者的肺活量值。连续测两次,取最大值。

二、实验结果

(一) 呼吸系统大体标本观察

1. 呼吸系统由呼吸道和肺组成。呼吸道由鼻、咽、喉、气管、主支气管及其分支构成。

2. 在活体上能指认外鼻的结构。能触摸到甲状软骨,发现甲状软骨会随吞咽运动而上下移动。在喉的下方能触摸到气管及气管软骨。

3. 鼻腔分鼻前庭和固有鼻腔两部分,鼻腔外侧壁上有上、中、下鼻甲,下方对应为上、中、下鼻道。在鼻腔的周围有鼻旁窦。额窦、上颌窦、筛窦前群、中群开口于中鼻道,筛窦后群开口于上鼻道,蝶窦开口于蝶筛隐窝。

4. 喉软骨包括甲状软骨、环状软骨、杓状软骨、会厌软骨。喉腔内有前庭襞和声襞。喉腔分为喉前庭、喉中间腔和声门下腔。

5. 气管由14~17个呈“C”形的气管软骨连接而成,后方缺口由平滑肌和结缔组织封闭。分为左、右主支气管,左主支气管细而长,走行方向比较水平;右主支气管短而粗,走行方向近乎垂直。

6. 肺呈半圆锥形,有一尖一底两面和三缘,内侧缘中央凹陷血管和主支气管。左肺被斜裂分为两叶,右肺被斜裂和水平裂分为三叶。

7. 肺位于胸腔内,纵隔两侧。在胸壁和肺的表面覆有壁胸膜和脏胸膜,壁胸膜分为四部分。脏、壁胸膜相互移行构成胸膜腔。纵隔分为上、下纵隔,内有气管、食管、心、心包、出入心的大血管、胸主动脉、胸导管和迷走神经等结构。

(二) 气管和肺组织的微细结构观察

1. 气管的微细结构

(1) 低倍镜观察:由内向外依次可见黏膜、黏膜下层和外膜。靠近腔面呈紫红色的区域为黏膜,黏膜外周染成粉红色的区域为黏膜下层,外膜由染成浅蓝色的气管软骨(透明软骨)及其外周的结缔组织构成。

(2) 高倍镜观察:

1) 黏膜层:为假复层纤毛柱状上皮,染成淡紫红色,上皮游离面可见清晰的纤毛,上皮内有空泡状的杯形细胞。

2) 黏膜下层:为疏松结缔组织,内有许多小气管和小血管。

3) 外膜:由淡蓝色的“C”字形气管软骨(透明软骨)和结缔组织构成。

2. 肺的微细结构观察

(1) 低倍镜观察:可见许多染成浅红色、大小不等、形态不规则的肺泡断面。肺泡之间的薄层结缔组织为肺泡隔,肺泡之间还可找到细小的各级支气管断面,小支气管结构与气管相似,但外膜软骨已为碎片。

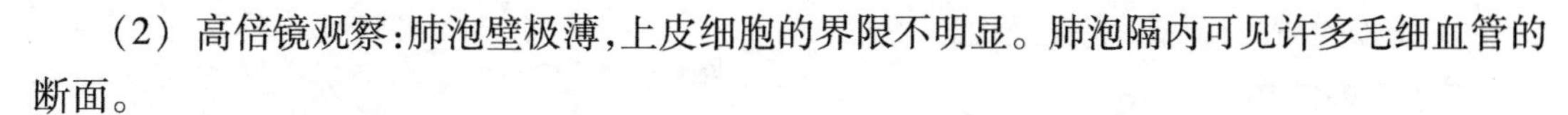

（2）高倍镜观察：肺泡壁极薄，上皮细胞的界限不明显。肺泡隔内可见许多毛细血管的断面。

（三）人体肺活量

人体肺活量的大小受性别、年龄、身高、体重、训练水平和运动项目等因素影响。成年男性的肺活量3500～4000ml，女性为2500～3500ml；若以体重肺活量计算，男性约为62ml/kg体重，女性约为51ml/kg体重。该指标只表示一次呼吸运动的幅度，不能反映呼吸的时间和速度，故不能显示呼吸功能的动态过程。

【实验评价】

1. 能在人体标本或模型上指出鼻、喉、气管、主支气管和肺的形态、位置和重要的结构。
2. 能在显微镜下指出气管和肺的结构。
3. 实验小组成员能配合完成人体肺活量的测定，并能简单分析实验结果。

（张冬华）

实验6 泌 尿 系 统

【实验目的】

1. 掌握泌尿系统器官的形态、结构和位置。
2. 掌握肾的剖面结构，辨认膀胱三角。
3. 熟悉使用显微镜观察肾组织切片，区分肾小体、肾小管和集合管。
4. 观看尿生成的调节录像，能简单分析实验结果。

【实验准备】

1. 物品　男、女性泌尿生殖系统离体概观标本；离体肾及肾的剖面结构标本；膀胱离体标本；男、女性盆腔正中矢状切面标本；显示腹膜后壁及盆腔器官的标本；肾组织切片（HE染色）；家兔及尿生成的调节实验录像。
2. 器械　光学显微镜；无齿镊。
3. 环境　解剖实验室和组织学实验室。

【实验学时】

2学时。

【实验方法与结果】

一、实验方法

（一）肾、输尿管、膀胱和女性尿道大体解剖观察

1. 取男、女性泌尿生殖系统离体概观标本观察泌尿系统的组成。
2. 取腹膜后壁器官的解剖标本观察肾的形态、位置，比较左右肾的位置差异。
3. 取离体肾做冠状切开观察肾的剖面结构。
4. 取离体膀胱标本和男、女性盆腔正中矢状切面模型观察膀胱和女性尿道的位置、形态和结构。

（二）肾的微细结构观察

取肾组织切片（HE染色）在显微镜下观察肾单位的结构。

（三）尿生成的调节（观看录像）

二、实验结果

（一）肾、输尿管、膀胱和女性尿道大体解剖观察结果

1. 泌尿系统由肾、输尿管、膀胱、尿道四个部分组成。

2. 肾形似蚕豆，左右各一。肾分上、下两端，内、外侧缘和前、后两面。肾的内侧缘中部凹陷称肾门，是肾血管、神经、肾盂和淋巴管等出入肾的部位。肾位于腹后壁脊柱两侧，右肾位置比左肾低。

3. 从剖面上可见肾分为肾皮质和肾髓质。可见肾柱、肾锥体、肾乳头、肾小盏、肾大盏和肾盂等结构。

4. 输尿管在肾的下端续于肾盂，为肌性管道，输尿管沿腰大肌的前面下行，降至小骨盆入口处，跨越髂血管（左侧跨越左髂总动脉末端，右侧跨越右髂外动脉起始处）的前面进入盆腔。然后继续下降，从膀胱底的外上角斜穿进入膀胱壁，根据其行程分为腹部、盆部和壁内部。在输尿管起始处、跨髂血管处可见管腔变细形成的生理性狭窄。

5. 膀胱位于盆腔内，耻骨联合后方。男性膀胱后面与精囊腺、输精管壶腹部和直肠相邻，女性与子宫颈和阴道相邻。

6. 膀胱空虚时可分为尖、体、底、颈四部分，切开膀胱壁，在膀胱底内侧面可见输尿管的开口和尿道内口，膀胱黏膜有一处光滑的区域称膀胱三角。

7. 女性尿道短、宽、直，易扩张。起自尿道内口，通过尿道外口开口于阴道前庭。

（二）肾的微细结构观察的结果

1. 低倍镜观察　肾皮质内许多散在的红色圆形结构即肾小体切面。周围密布的管腔断面即肾小管。在皮质深面无肾小体的部分为肾髓质，可见口径大小不同的肾小管和集合管横切面。

2. 高倍镜下观察　重点辨认肾单位各部的结构。

（1）肾小体：由血管球和肾小囊组成。血管球为一团盘曲的毛细血管球，镜下不易分清，只可见许多密集的内皮细胞核。血管球周围白色空隙为肾小囊腔，肾小囊内层与毛细血管紧贴不易分清，外层为单层扁平上皮。

（2）近曲小管：由单层锥体形细胞构成，色深红，细胞境界不清，核圆形，排列疏松。管壁厚，管腔小而不整齐，游离面有刷状缘。

（3）细段：管腔最细，由单层扁平上皮构成。着色浅，卵圆形细胞核凸向管腔。

（4）远曲小管：由单层立方状细胞构成，色较淡，细胞境界清，核圆形，位于中央。管壁较薄，管腔大而规则，游离面无刷状缘。

（5）集合管：由单层立方或柱状上皮构成。染色淡，细胞境界清，核圆形，着色深，管腔较大。

（三）尿生成的调节实验结果

1. 耳缘静脉快速注射38℃生理盐水15～20ml后，家兔的血压立即上升，在生理盐水停止注射后迅速调整至正常水平。尿量也发生了显著的变化，注射生理盐水一段时间后尿量达到顶峰，停止注射后尿量降低，但保持较高的排尿速率。

2. 静脉注射1∶10 000去甲肾上腺素0.5ml后，可以发现尿量显著降低，而血压先上升

再下降。

3. 静脉注射呋塞米(5mg/kg 体重)后,血压发生显著降低,而尿量显著升高。

4. 静脉注射。垂体后叶素 2U,血压发生了显著的升高,而尿量却显著降低。

5. 先进行尿糖定性实验,然后静脉注射 20% 葡萄糖溶液 5ml,血压以及尿量都发生了显著的升高,而试纸检测呈阳性。

6. 结扎并剪断右迷走神经,用中等强度电刺激连续刺激其外周端 20 ~ 30 秒,使血压下降 50mmHg(6.67kPa)左右。电刺激迷走神经后,血压没有发生显著的变化,而尿量降低,因为原本尿量已经很少,点刺激后几乎观察不到排尿反应。

7. 从股动脉放血,当血压迅速下降到 50mmHg 左右时,尿量和血压都急剧下降。立即补充生理盐水 20 ~ 30ml,血压和尿量均上升。

8. 观看尿生成录像。

【实验评价】

1. 在人体标本或模型上能指出肾、输尿管、膀胱的形态、位置和重要结构。

2. 说出显微镜下肾的微细结构。

3. 观看尿生成的调节实验录像后,能简单分析实验结果。

(张冬华)

实验 7　心血管系统

【实验目的】

1. 熟练掌握循环系统的组成和功能,心的位置、形态、心腔结构,全身血管的构成和体循环的主要血管。

2. 学会观察心的血管。

【实验准备】

1. 物品　胸腔纵隔标本(切开心包)、离体心脏标本、心脏放大模型、心脏塑化标本,分离出全身主要血管的人体标本,人体血管的铸型标本,头颈、上肢的血管标本,盆部和下肢的血管标本,腹腔脏器的血管标本、胸部的标本、人体半身模型、带有肝静脉和下腔静脉的肝标本等。

2. 器械　无齿镊。

3. 环境　解剖实验室。

【实验学时】

2 学时。

【实验方法与结果】

(一) 实验方法

1. 描述循环系统的构成,体循环、肺循环的过程。

2. 利用胸腔纵隔标本,观察心脏的位置、外形及其与周围的毗邻关系。

3. 取心脏标本或模型,认真观察心脏的外形:一尖、一底、两面、三缘、三沟。

4. 取心脏放大模型观察心腔,认真辨识心四腔的入口、出口和瓣膜等重要结构,并思考心内血流方向与瓣膜开放方向的关系。

5. 比较心房壁与心室壁的结构和厚薄。站立位和平卧位颈外静脉的充盈程度。

6. 在标本或模型上指出心的兴奋传导顺序。

7. 观察心的血管，认真辨识左、右冠状动脉的起始部、主要分支走行，心小静脉、心中静脉、心大静脉、冠状窦。

8. 观察肺循环的血管。

9. 观察标本或模型上重要体循环的动脉及分布，在实验者身上触摸浅表动脉的搏动。

10. 观察体循环的静脉，在实验者身上触摸浅表的静脉。

11. 比较站立位和平卧位颈外静脉的充盈程度。

（二）实验结果

1. 体循环起自左心室，经主动脉及其各级分支到全身各处毛细血管，再经各级静脉，最终汇入腔静脉注入右心房。肺循环起自右心室，经肺动脉干及各级分支到达肺泡壁毛细血管网，在经肺循环内各级静脉，经 4 条肺静脉注入左心房。体、肺循环在心内借房室口相互连续。

2. 在胸腔纵隔标本上观察到心位于胸腔的中纵隔内，形似前后略扁的倒置圆锥，稍大于本人拳头，其外裹心包。心上方连有出入心的大血管，下方为膈肌，左右借纵隔胸膜与肺相邻，前方大部分被肺和胸膜覆盖，后方与迷走神经、食管、胸主动脉相邻。

3. 在心标本或模型上，观察到心尖由左心室构成；心底连有出入心的大血管，大部分由左心房构成，小部分由右心房构成。心的下面（膈面）由左、右心室构成。心的前面（胸肋面）与胸骨、肋软骨邻近，大部分由右心房、右心室构成，小部分由左心室构成。心下缘主要由右心室和左心室下缘构成；左缘主要由左心耳和左心室构成；右缘主要由右心房构成。心表面有近似环形的冠状沟，是心房与心室在表面的分界标志；前、后室间沟是左、右心室在心表面的分界标志。

4. 观察心腔。取心脏放大模型，取下右心耳后，观察右心房的上腔静脉口、下腔静脉口、右房室口、冠状窦口，房间隔下部的卵圆窝和右心房内的梳状肌；取下右心室前壁，观察右房室口上的三尖瓣及其借腱索相连的乳头肌，肺动脉口、肺动脉口周缘的肺动脉瓣；取下左心耳，观察左心房的 4 个肺静脉口和左房室口；取下左心室前壁，观察左房室口上的二尖瓣、主动脉口、主动脉口周缘的主动脉瓣。动脉瓣由心室指向动脉，房室瓣由心房指向心室。房内压<室内压>动脉压，房室瓣关闭，动脉瓣开放，血液由心室射入动脉；房内压>室内压<动脉压，动脉瓣关闭，房室瓣开放，血液经心房流入心室。

5. 心壁均由心内膜、心肌层和心外膜构成。心房壁较心室壁薄。

6. 心的兴奋传导顺序为窦房结、房室结、房室束及其左右束支、浦肯野纤维网。

7. 左、右冠状动脉起于主动脉根部。左冠状动脉粗而短，前室间支沿前室间沟下行，旋支沿冠状沟左行。右冠状动脉沿冠状沟右行。心大静脉、心中静脉和心小静脉，分别与前室间支、后室间支和右冠状动脉伴行，汇入冠状窦，经冠状窦口入右心房。

8. 观察到肺循环的血管有肺动脉干、左肺动脉、右肺动脉、肺循环毛细血管网、左肺上静脉、左肺下静脉、右肺上静脉、右肺下静脉。

9. 在标本或模型上指出主动脉的分部。升主动脉、主动脉弓、胸主动脉、腹主动脉。在模型或标本中指出主动脉弓从右向左依次发出的头臂干、左颈总动脉和左锁骨下动脉；颈总动脉在甲状软骨上缘分出的颈内动脉和颈外动脉；颈外动脉的主要分支面动脉、颞浅动脉等；指出上肢动脉主干锁骨下动脉及腋动脉、肱动脉、桡动脉、尺动脉；指出腹主动脉的主要分支腹腔干；指出腹主动脉下行至第4腰椎体下缘平面分出左、右髂总动脉；指出髂总动脉在骶髂关节处分出的髂内动脉和髂外动脉；指出髂外动脉延续的股动脉以及足背动脉。在指出相应血管后，深入追踪观察到该血管的分支和分布。在活体上触摸到表浅动脉如肱动脉、桡动脉、面动脉、颞浅动脉、足背动脉等的搏动。

10. 在标本或模型上观察到体循环的主要静脉。深静脉一般与同名动脉相伴行。观察到收集头面部静脉血的颈内静脉和颈外静脉；观察到静脉角；观察到与右心房相连的上腔静脉和下腔静脉；观察到头臂静脉、锁骨下静脉、腋静脉、上肢浅静脉如头静脉、贵要静脉、肘正中静脉、手背静脉网等；观察到肝门静脉系及其属支；观察到髂总静脉、髂内静脉、髂外静脉、股静脉、大隐静脉、小隐静脉。在活体上进行观察和触摸到表浅的静脉如大隐静脉、小隐静脉、手背静脉网、肘正中静脉等。

11. 正常人站位或坐位时，颈外静脉常不显露，平卧时，在下颌角与锁骨上缘间的下2/3段内可稍见充盈。

【实验评价】

1. 能认真对标本和模型进行观察。
2. 能在标本或模型上准确指出重要结构。
3. 能绘制体循环和肺循环示意图、心腔结构图，人体动脉主干图。

（杨黎辉）

实验8　正常人体动脉血压的测量

【实验目的】

1. 学会间接测量人体动脉血压的方法，测量出肱动脉的收缩压与舒张压。
2. 掌握触摸肱动脉的搏动位置。

【实验准备】

1. 物品　水银台式血压计、听诊器。
2. 环境　生理实验室。

【实验学时】

2学时。

【实验方法与结果】

（一）实验方法

1. 熟悉血压计的结构　水银台式血压计由水银检压计、袖带和打气球3部分组成。检压计是一标有刻度的玻璃管，上端与大气相通，下端与水银槽相通。袖带是外包布套的长方形橡皮袋，下有两根橡皮管分别与检压计的水银槽和打气球相连。打气球是一个由螺丝帽控制的橡皮球，可充气和放气。

2. 准备工作

（1）检查血压计完好无损，确认袖带内无空气，打气球阀门关闭。

（2）受检者脱去一臂衣袖，静坐5分钟。

（3）受检者前臂平放在桌上，掌心向上，使前臂与心脏处于同一水平。用袖带缠绕上臂，其下缘应在肘横纹上2cm处，松紧度以容纳2个竖指为宜。

（4）在肘窝内上方扪到肱动脉搏动后，将听诊器的胸件放置在搏动最明显处，松紧适宜（实验图8-1）。

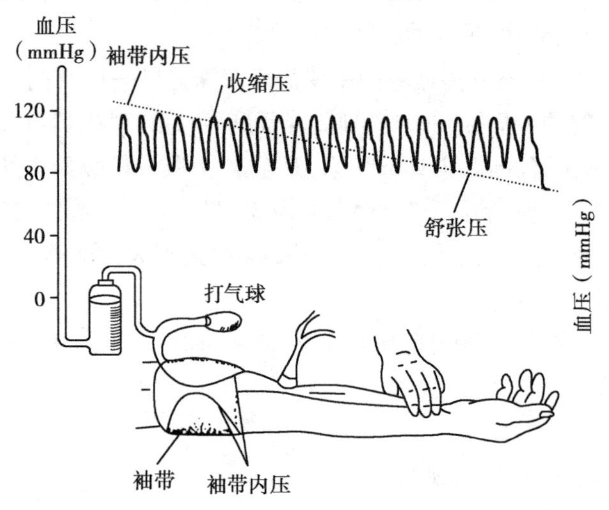

实验图8-1　间接法测量肱动脉收缩压和舒张压

3. 测量动脉血压

（1）测量收缩压：一手握打气球将空气打入袖带内，使检压计上的水银柱一般上升到160mmHg左右（或听诊器中听不见血管音后再使水银柱上升30mmHg为止），随即轻微松开打气球螺丝帽，徐徐放气，在水银柱缓慢下降过程中仔细听诊，当听见“嘣”样微弱的第1声血管音时，血压计上水银柱对应的刻度即为收缩压。

（2）测量舒张压：继续缓慢放气，“嘣”样声音逐渐响亮，然后由高突然变低，随后完全消失。在声音由高突然变低或消失的瞬间，血压计上水银柱对应的刻度即为舒张压。

4. 实验注意事项

（1）室内必须保持安静，以利听诊。

（2）受检者必须处于安静状态，上臂、心脏和血压计零刻度三者处于同一水平。

（3）袖带下缘距肘横纹2cm和松紧度以容纳2竖指为宜，听诊器胸件用手扶稳压紧皮肤即可，不可用力压迫动脉，也不能压在袖带下。

（4）动脉血压通常连测2～3次，以平均数值为准。重复测量时血压计水银柱刻度必须降到“0”后再打气。

（二）实验结果

1. 记录并分析受检者血压。血压：收缩压/舒张压 mmHg。

2. 分析血压是否正常及原因。

【实验评价】

1. 能熟练触及肱动脉搏动。

2. 熟练掌握测量血压的技能。

3. 会分析血压是否正常。

（杨黎辉）

实验9　中枢神经系统

【实验目的】

1. 掌握脊髓的位置、外形和结构；掌握脑的分部和主要结构。
2. 熟悉脑、脊髓被膜的组成。
3. 了解脑脊液的产生和循环途径。

【实验准备】

1. 物品　离体脊髓标本和模型，脊髓横切面标本和模型；整脑标本、模型及各切面标本和模型；脑干、间脑标本和模型，脑室标本、模型，硬脑膜窦标本。
2. 器械　无齿镊。
3. 环境　解剖实验室。

【实验学时】

2学时。

【实验方法与结果】

（一）实验方法

1. 取离体脊髓标本，脊髓切面标本及模型观察脊髓。
2. 取整脑标本、模型及各切面标本、模型观察脑。
3. 取脑干标本和模型观察脑干。
4. 取间脑、脑干正中矢状切面标本或模型观察间脑和第四脑室。
5. 取切除椎管后壁的脊髓标本观察，取包有脑被膜的整脑标本、脑室标本或模型观察脑和脊髓的被膜，取硬脑膜窦标本观察脑的硬膜。

（二）实验结果

1. 脊髓的位置、外形和结构

（1）外形：可见颈膨大、腰骶膨大、脊髓圆锥及终丝，辨认前正中裂、后正中沟，前、后外侧沟及相连的脊神经根、脊神经节。

（2）内部结构：脊髓灰、白质的分部。结合传导束的功能解释脊髓半横断性损伤时会出现什么症状。

2. 脑的分部和主要结构

（1）分部：脑分为脑干、间脑、端脑和小脑。注意各部的位置关系。

（2）主要结构：外形与内部结构较复杂。

1）大脑半球的外形：辨认其上外侧面、内侧面和下面。依次观察到：①大脑半球的3条沟和5个叶：外侧沟、中央沟、顶枕沟，额叶、顶叶、枕叶、颞叶及岛叶。②大脑半球各面的主要沟回：上外侧面的中央前沟、中央前回、额上沟、额下沟以及额上回、额中回、额下回；在顶叶辨认中央后沟、中央后回、缘上回、角回；在颞叶辨认颞上回、颞下回、颞横回；内侧面的距状沟、扣带回、中央旁小叶、海马旁回和钩。

2）大脑半球的内部结构：在大脑水平切面上观察到：①大脑皮质：不同部位的厚度有差别。②基底核：豆状核、尾状核及杏仁体的形态及其与背侧丘脑的位置关系。③大脑髓质：观察胼胝体、内囊等结构。④侧脑室：观察侧脑室的形态及脉络丛。

3. 脑干的位置和外形

（1）腹侧面：自下而上观察到：①延髓：前正中裂、前外侧沟、锥体及锥体交叉，前外侧沟内有舌下神经。②脑桥：延髓脑桥沟、在此沟由内侧向外侧依次可见展神经、面神经和前庭蜗神经，基底沟。脑桥向两侧逐渐变细连于小脑，在变细处寻找三叉神经根。③中脑：大脑脚、脚间窝及其内动眼神经。

（2）背侧面：①延髓：在后外侧沟内自上而下辨认舌咽神经、迷走神经和副神经根。延髓上部形成的菱形窝下半。②脑桥：中下部敞开形成菱形窝的上半。③中脑：辨认上丘、下丘和滑车神经。

4. 间脑的位置和结构　可见间脑的位置、形态和分部，第三脑室的位置；背侧丘脑后下方的内侧膝状体和外侧膝状体。由前向后依次可见下丘脑的各组成部分。

5. 脑和脊髓被膜的组成　由外向内逐层可见脊髓的硬脊膜、硬膜外隙、蛛网膜和蛛网膜下隙，注意观察终池。硬脑膜与颅骨内面的骨膜相愈合，无硬膜外隙；辨认出各硬脑膜窦；蛛网膜与软膜之间有蛛网膜下隙。软膜紧贴脑的表面，不易分离。可见各脑室的位置及沟通，思考脑脊液的产生及循环途径。

【实验评价】

1. 应准确辨认出脊髓的外形、主要沟裂，及灰质、白质的分部。

2. 应准确辨认出大脑的分布结构，大脑半球的外形、分叶及主要脑回。

3. 区分脑、脊髓被膜的结构及脑干的外形。

（张维烨）

实验 10　周围神经系统

【实验目的】

1. 掌握脊神经的数目、组成、纤维成分和分支概况；12 对脑神经的名称、性质，主要脑神经的分支与分布。

2. 熟悉颈丛、臂丛、腰丛、骶丛的位置、主要分支及分布；胸神经前支的分布概况；交感神经、副交感神经的分布概况与规律。

【实验准备】

1. 物品　脊神经、头颈部、上、下肢神经标本或模型；胸神经，腹下壁及腰部神经标本或模型；眶内结构标本；三叉神经、面部浅层结构标本或模型；切除脑的颅底标本；迷走神经和膈神经标本；自主神经标本，内脏神经模型。

2. 器械　无齿镊。

3. 环境　解剖实验室。

【实验学时】

2 学时。

【实验方法与结果】

（一）实验方法

1. 取脊神经、头颈部和上肢神经标本或模型，胸神经标本或模型观察头颈部、上肢和胸部的脊神经。

2. 取腹下壁、腰及下肢神经标本或模型观察脊神经。

3. 取眶内结构标本，三叉神经、面部浅层结构标本或模型观察脑神经。

4. 取迷走神经、膈神经、自主神经、内心脏神经标本或模型观察内脏神经。

（二）实验结果

1. 脊神经的数目、组成、成分和分支概况　在脊神经标本上，可见颈、胸、腰、骶和尾神经的对数及出椎管的部位，辨认出各对脊神经分出的前、后支。

2. 胸神经前支的走行及分布概况　在胸神经标本或模型可见第 1 胸神经至第 12 胸神经前支，注意其与肋间血管的关系。分析当脊髓不同部位外伤时会引起哪些神经支配异常。

3. 颈丛、臂丛、腰丛、骶丛的位置、主要分支及分布

（1）颈丛：利用头颈部和上肢的神经或标本，在胸锁乳突肌后缘中点可见颈丛皮支，观察膈神经的行程和分布。

（2）臂丛：利用头颈部和上肢神经标本或模型，在锁骨中点后方寻找臂丛；在腋窝内观察臂丛的主要分支，如尺神经、正中神经、桡神经、肌皮神经、腋神经的形成及分布。分析神经损伤时会引起哪些功能异常。

（3）腰丛：利用腹下壁、腰及下肢神经标本，在腰大肌的深面可见腰丛的组成及分支。辨认闭孔神经、股神经，追寻股神经的行程和分布。

（4）骶丛：利用腹下壁、腰及下肢神经标本，在盆腔内梨状肌的前方，观察骶丛的组成及臀上神经、臀下神经、阴部神经、坐骨神经的行程和分布。结合所学分析大腿及小腿的神经支配。不同神经损伤时会引起哪些功能异常。

4. 12 对脑神经的名称、性质及主要脑神经的分支分布

（1）利用眶内结构标本，可见视神经、动眼神经、滑车神经及展神经，逐一辨认各神经所支配的眼球外肌。

（2）利用三叉神经标本，可见眼神经、上颌神经、下颌神经的行程、出颅部位及分布范围。

（3）利用面部浅层结构标本，可见面神经的行程及在面部的分布。分析面神经不同部位损伤时会出现哪些临床表现。

（4）利用迷走神经标本，可见迷走神经的行程、主要分支及分布范围。

5. 内脏神经的分布　利用胸、腹后壁标本，可见交感干的位置、组成及分支。结合挂图、模型观察交感干胸部发出的内脏大神经和内脏小神经。分析交感、副交感神经对全身器官的支配。

【实验评价】

1. 应准确辨认出颈丛、臂丛、腰丛、骶丛的位置、主要分支及分布，胸神经前支的节段性分布。

2. 应准确辨认出混合型脑神经、迷走神经主要分支及分布，内脏神经的位置及分布。

（张维烨）

实验11 生殖系统和胚胎学概要

【实验目的】

1. 掌握男女性生殖系统各主要器官的位置、形态。

2. 学会观察胚胎模型及标本。

【实验准备】

1. 物品 男、女性生殖系统全貌标本或模型；男、女性盆腔正中矢状切面标本、模型；男、女性生殖系统离体标本或模型；女性乳房标本或模型；不同发育时期胚胎标本、相关模型及附属结构。

2. 器械 无齿镊。

3. 环境 解剖实验室。

【实验学时】

2学时。

【实验方法与结果】

（一）实验方法

1. 取男性生殖器官的全貌、男性正中矢状切面标本和离体标本或模型观察男性生殖系统。

2. 取女性盆腔标本、内生殖器标本和盆腔正中矢状切标本或模型观察女性生殖系统。

3. 取女阴标本观察女性外生殖器。

4. 取会阴肌标本观察会阴。

5. 取女性乳房标本或模型观察乳房。

6. 取胚胎标本或相关模型观察胚胎的发育过程。

（二）实验结果

1. 在男性生殖器官的全貌和离体标本上观察：睾丸、附睾的形态位置；输精管、射精管、精囊、前列腺、尿道球腺的形态，位置及相互关系；理解精液的排出途径。

2. 在男性正中矢状切面标本、模型和离体标本上观察：阴茎和阴囊构成；男性尿道的分部、弯曲及狭窄部位。

3. 在女性盆腔标本、内生殖器标本和盆腔正中矢状切标本或模型上观察：卵巢的位置、形态；输卵管的位置、形态和分部及各部分的形态特征；子宫的位置、毗邻，子宫的形态、分部，子宫腔的连通关系；阴道的位置、毗邻，查看阴道穹的构成以及与直肠子宫陷凹的关系。

4. 在女阴标本上观察：阴阜、大阴唇、小阴唇、阴道前庭、阴蒂的位置形态，注意阴道口和尿道外口的关系。

5. 在会阴肌标本上观察：会阴的范围、狭义会阴的位置以及广义会阴前后两部分通过的结构。

6. 在女性乳房标本上观察：乳头、乳晕、输乳管、乳房悬韧带。

7. 在胚胎标本或相关模型上观察：

（1）卵裂与桑葚胚：卵裂球的形态、大小及细胞数量的变化，以及桑葚胚的形成。

（2）胚泡：胚泡的滋养层、胚泡腔、内细胞群的位置，以及它们之间的位置关系。

（3）蜕膜：在妊娠子宫剖面的模型上，观察子宫蜕膜与胚胎的关系。

（4）三胚层的形成与分化：羊膜腔、卵黄囊、内、外胚层、胚盘和绒毛膜等结构；由外胚层早期分化形成的神经沟、神经褶，两者都位于胚盘的背侧；由内胚层分化形成的原肠；间介中胚层、侧中胚层和胚外体腔。

（5）胎膜：羊膜、绒毛膜和绒毛膜上的绒毛，辨别丛密绒毛膜与平滑绒毛膜；辨别脐动脉和脐静脉；注意脐带的粗细和长短。

【实验评价】

1. 正确辨认出男女生殖系统主要器官的形态、位置。

2. 绘制出睾丸、子宫输卵管的简图。

3. 辨别出不同发育时期的胚胎结构。

（马　鸣）

参考文献

1. 贺伟,吴金英.人体解剖生理学.第2版.北京:人民卫生出版社,2013.
2. 朱艳平,卢爱青.生理学基础.第3版.北京:人民卫生出版社,2015.
3. 任晖,袁耀华.解剖学基础.北京:人民卫生出版社,2015.
4. 林萍,盖一峰.正常人体结构与功能.北京:人民卫生出版社,2014.
5. 汪华侨.功能解剖学.北京:人民卫生出版社,2013.
6. 邓鼎森,于全勇.遗传与优生.第3版.北京:人民卫生出版社,2015.
7. 李朝鹏,申社林,李朝争.老年人体结构与功能.北京:北京大学出版社,2014.
8. 葛可佑.公共营养师(基础知识).第2版.北京:中国劳动社会保障出版社,2012.
9. 应志国.人体形态.河南:河南科学技术出版社,2014.
10. 陈慧玲,贺耀德.人体机能.河南:河南科学技术出版社,2014.
11. 林忠文,丁明星.人体结构与功能.第2版.河南:河南科学技术出版社,2012.
12. 郑恒,乔建卫,王晓凌.正常人体功能.第2版.武汉:华中科技大学出版社,2014.

《正常人体结构与功能》教学大纲

一、课程性质

《正常人体结构与功能》是中等卫生职业教育营养与保健专业一门重要的专业核心课程，包括解剖学、组织胚胎学、生理学和生物化学等学科内容。

本课程的主要内容是掌握人体各系统主要器官的位置、形态、结构特点，消化生理的基本知识，生物氧化、糖代谢、脂类代谢、蛋白质分解代谢等物质代谢。

本课程的主要任务是：通过学习获得有关正常人体的形态结构、生理功能和物质能量代谢等基本知识和基本理论，能正确辨认人体消化器官的解剖标本、模型，识别人体重要脏器的体表标志，解释人体物质能量代谢；会初步分析环境对人体功能的影响；培养和形成良好的职业素质和职业操守，并具有结合生活实际、临床疾病进行应用的能力，同时为学习医学后续课程奠定基础。本课程的同步和后续课程包括《临床诊断与疾病概要》、《基础营养与食品安全》、《临床营养》、《公共营养》等。

二、课程目标

通过本课程的学习，学生能够达到下列要求：

（一）职业素养目标

1. 具有严谨求实的学习态度、科学的思维能力和创新精神。
2. 具有爱岗敬业、乐于奉献、精益求精的职业素质。
3. 具有团结协作、勇于吃苦、爱护标本仪器的良好品德。

（二）专业知识和技能目标

1. 掌握正常人体各系统主要器官的位置、形态、结构及生理功能。
2. 掌握正常人体的物质代谢和能量代谢的过程。
3. 熟悉人体胚胎发生、发育的基本过程。
4. 熟练掌握规范的基本实践操作，识别人体主要器官的形态、结构、位置和毗邻。
5. 熟练掌握主要器官的体表标志或体表投影。
6. 初步学会分析环境对人体功能的影响。

三、教学时间分配

教学内容	学时		
	理论	实践	合计
一、绪论	2	0	2
二、细胞与基本组织	6	2	8
三、血液	4	0	4
四、运动系统	6	4	10
五、消化系统	8	2	10
六、新陈代谢	10	0	10
七、呼吸系统	4	2	6
八、泌尿系统	4	2	6
九、循环系统	10	4	14
十、感觉器	2	0	2
十一、生命活动的调节	12	4	16
十二、生殖与胚胎学概要	6	2	8
合计	74	22	96

四、课程内容和要求

单元	教学内容	教学目标	教学活动参考	参考学时	
				理论	实践
一、绪论	（一）正常人体结构与功能的内容范围		理论讲授	2	0
	1. 正常人体结构与功能的定义、内容及在医学中的地位	了解	多媒体演示 案例分析		
	2. 正常人体结构与功能的学习方法	熟悉	情景教学		
	3. 人体的组成与分部	掌握			
	4. 正常人体结构常用术语	掌握			
	（二）生命活动的基本特征				
	1. 新陈代谢	了解			
	2. 兴奋性	掌握			
	3. 生殖	了解			
	（三）机体与环境				
	1. 人体对外环境的适应	了解			
	2. 内环境及其稳态	掌握			
	（四）人体生命活动的调节				
	1. 人体生命活动的调节方式	掌握			
	2. 人体生命活动调节的反馈作用	掌握			

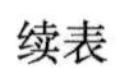

续表

单元	教学内容	教学目标	教学活动参考	参考学时	
				理论	实践
二、细胞与基本组织	（一）细胞		理论讲授	6	
	1. 细胞的结构与功能	掌握	多媒体演示		
	2. 细胞的增殖	了解	情景教学		
	（二）基本组织		角色扮演		
	1. 上皮组织	熟悉	讨论		
	2. 结缔组织	了解	案例分析		
	3. 肌组织	了解			
	4. 神经组织	了解			
	实验1:显微镜的构造和使用	学会	技能实践		2
三、血液	（一）血液的组成和理化性质		理论讲授	4	
	1. 血液的组成	掌握	多媒体演示		
	2. 血液的理化性质	了解	情景教学		
	（二）血浆		角色扮演		
	1. 血浆的成分及其作用	掌握	讨论		
	2. 血浆渗透压	掌握	案例分析		
	（三）血细胞				
	1. 红细胞	掌握			
	2. 白细胞	熟悉			
	3. 血小板	熟悉			
	（四）血液凝固与纤维蛋白溶解				
	1. 血液凝固	掌握			
	2. 纤维蛋白溶解	了解			
	（五）血量与血型				
	1. 血量	掌握			
	2. 血型	熟悉			
四、运动系统	（一）骨		理论讲授	6	
	1. 概述	掌握	多媒体演示		
	2. 躯干骨	熟悉	情景教学		
	3. 四肢骨	熟悉	角色扮演		
	4. 颅骨	熟悉	讨论		
	5. 重要的骨性标志	掌握	案例分析		
	（二）骨连结				

续表

单元	教学内容	教学目标	教学活动参考	参考学时	
				理论	实践
	1. 概述	了解			
	2. 躯干骨的连结	熟悉			
	3. 颅骨的连结	了解			
	4. 四肢骨的连结	熟悉			
	（三）肌				
	1. 概述	了解			
	2. 躯干肌	熟悉			
	3. 头颈肌	了解			
	4. 四肢肌	熟悉			
	实验2:全身骨及骨连结	熟练掌握	技能实践		2
	实验3:骨骼肌	熟练掌握	技能实践		2
五、消化系统	（一）概述		理论讲授	8	
	1. 消化系统组成和功能	掌握	多媒体演示		
	2. 消化管管壁的结构	熟悉	情景教学		
	3. 胸部标志线和腹部分区	了解	角色扮演		
	（二）消化管		讨论		
	1. 口腔	了解	案例分析		
	2. 咽	熟悉			
	3. 食管	熟悉			
	4. 胃	掌握			
	5. 小肠	掌握			
	6. 大肠	熟悉			
	（三）消化腺	掌握			
	1. 肝				
	2. 胰				
	（四）吸收	掌握			
	1. 吸收的部位				
	2. 几种主要营养物质的吸收				
	（五）腹膜	了解			
	1. 腹膜和腹膜腔的概念				
	2. 腹膜与脏器的关系				
	3. 腹膜形成的结构				

续表

单元	教学内容	教学目标	教学活动参考	参考学时	
				理论	实践
	实验4:消化系统	熟练掌握	技能实践		2
六、新陈代谢	（一）生命基本物质		理论讲授	10	
	1. 蛋白质	掌握	多媒体演示		
	2. 酶	掌握	情景教学		
	3. 核酸	熟悉	角色扮演		
	4. 维生素	掌握	讨论		
	5. 水与无机盐	熟悉	案例分析		
	（二）物质代谢	掌握			
	1. 糖代谢				
	2. 脂类代谢				
	3. 氨基酸代谢				
	（三）能量代谢与体温				
	1. 能量代谢	掌握			
	2. 体温	熟悉			
七、呼吸系统	（一）呼吸系统的组成及结构		理论讲授	4	
	1. 呼吸道	掌握	多媒体演示		
	2. 肺	掌握	情景教学		
	3. 胸膜与胸膜腔	了解	角色扮演		
	4. 纵隔	了解	讨论		
	（二）呼吸过程		案例分析		
	1. 肺通气	掌握			
	2. 气体的交换	了解			
	3. 气体在血液中的运输	了解			
	实验5:呼吸系统	学会	技能实践		2
八、泌尿系统	（一）肾		理论讲授	4	
	1. 肾的形态、位置和被膜	掌握	多媒体演示		
	2. 肾的结构	掌握	情景教学		
	3. 尿的生成过程	掌握	角色扮演		
	4. 影响尿生成的因素	掌握	讨论		
	5. 尿量与尿的理化性质	熟悉	案例分析		
	（二）尿的输送、贮存及排放				
	1. 输尿管	掌握			

续表

单元	教学内容	教学目标	教学活动参考	参考学时	
				理论	实践
	2. 膀胱	掌握			
	3. 尿道	了解			
	4. 尿液的排放	了解			
	实验6:泌尿系统	学会	技能实践		2
九、脉管系统	(一) 心		理论讲授	10	
	1. 心的形态结构	掌握	多媒体演示		
	2. 心的泵血功能	掌握	情景教学		
	3. 心肌的生理特性	熟悉	角色扮演		
	(二) 血管		讨论		
	1. 血管的分类、组织学结构和血压	了解	案例分析		
	2. 肺循环的血管	了解			
	3. 体循环的动脉和动脉血压	掌握			
	4. 体循环的静脉和中心静脉压	掌握			
	5. 微循环和组织液的生成与回流	熟悉			
	(三) 淋巴系统				
	1. 淋巴系统的构成	掌握			
	2. 淋巴回流及其生理意义	熟悉			
	实验7:心血管系统	熟练掌握			2
	实验8:正常人体动脉血压的测量	熟练掌握			2
十、感觉器	(一) 视器		理论讲授	2	
	1. 眼球	熟悉	多媒体演示		
	2. 眼副器	了解	情景教学		
	3. 眼的血管	了解	角色扮演		
	(二) 前庭蜗器		讨论		
	1. 外耳	熟悉	案例分析		
	2. 中耳	熟悉			
	3. 内耳	了解			
	4. 声波传入内耳的途径	了解			
十一、生命活动的调节	(一) 神经系统		理论讲授	12	
	1. 概述	掌握	多媒体演示		
	2. 中枢神经系统	掌握	情景教学		
	3. 周围神经系统	熟悉	角色扮演		

续表

单元	教学内容	教学目标	教学活动参考	参考学时	
				理论	实践
	4. 神经系统的传导通路	了解	讨论		
	（二）内分泌系统	掌握	案例分析		
	1. 概述				
	2. 下丘脑与垂体				
	3. 甲状腺和甲状旁腺				
	4. 肾上腺				
	5. 胰岛				
	（三）消化、呼吸和心血管系统功能活动的调节	掌握			
	1. 消化系统功能活动的调节				
	2. 呼吸系统功能活动的调节				
	3. 心血管系统活动的调节				
	实验9：中枢神经系统	熟练掌握	实践技能		2
	实验10：周围神经系统	熟练掌握	实践技能		2
十二、生殖和胚胎学概要	（一）男性生殖系统		理论讲授	6	
	1. 男性内生殖器	熟悉	多媒体演示		
	2. 男性外生殖器	熟悉	情景教学		
	3. 男性尿道	掌握	角色扮演		
	（二）女性生殖系统		讨论		
	1. 女性内生殖器	熟悉	案例分析		
	2. 女性外生殖器	熟悉			
	3. 乳房和会阴	了解			
	（三）胚胎学概要				
	1. 生殖细胞的成熟和获能	了解			
	2. 受精和卵裂	熟悉			
	3. 植入和蜕膜	熟悉			
	4. 三胚层的形成与分化	熟悉			
	5. 胎膜与胎盘	了解			
	6. 胎儿血液循环特点	掌握			
	7. 双胎、多胎和联胎	了解			
	实验11：生殖系统和胚胎	学会	技能实践		2

五、说明

（一）教学安排

本教学大纲主要供中等卫生职业教育营养与保健专业教学使用，第1学期开设，总学时为96学时，其中理论教学74学时，实践教学22学时。

（二）教学要求

1. 本课程对理论部分教学要求分为掌握、熟悉、了解3个层次。掌握：指对基本知识、基本理论有较深刻的认识，并能综合、灵活地运用所学的知识解决实际问题。熟悉：指能够领会概念、原理的基本含义，解释相关现象。了解：指对基本知识、基本理论能有一定的认识，能够记忆所学的知识要点。

2. 本课程重点突出以岗位胜任力为导向的教学理念，在实践技能方面分为熟练掌握和学会2个层次。熟练掌握：指能独立、规范地运用解剖学、生理学实践方法，完成标本、模型的观察、辨认等基本实践操作。学会：指在教师的指导下能初步实施解剖学、生理学实践操作，完成实践课任务。

（三）教学建议

1. 本课程依据营养师岗位的工作任务、职业能力要求，强化理论实践一体化，突出“做中学、做中教”的职业教育特色，根据培养目标、教学内容和学生的学习特点以及职业资格考核要求，提倡项目教学、案例教学、任务教学、角色扮演、情境教学等方法，利用校内外实训基地，将学生的自主学习、合作学习和教师引导教学等教学组织形式有机结合。

2. 教学过程中，可通过测验、观察记录、技能考核和理论考试等多种形式对学生的职业素养、专业知识和技能进行综合考评。应体现评价主体的多元化，评价过程的多元化，评价方式的多元化。评价内容不仅关注学生对知识的理解和技能的掌握，更要关注知识在实践中运用与解决实际问题的能力水平，重视学生职业素质的形成。